축산
기능사 필기+실기

시대에듀

[편·저·자·약·력]

윤예은

[자격 및 경력]
現 고등학교 교사
중등 1급 정교사(동물자원)
건국대학교 동물생명과학대학 동물생명공학 전공

[저서]
축산기사 · 산업기사 실기 한권으로 끝내기
Win-Q 축산기능사 필기+실기 단기합격

PREFACE

축산 분야의 전문가를 향한 첫 발걸음!

변화를 원하는 나를 위한 노력, 자신만이 할 수 있습니다.
'시간을 덜 들이면서도 시험을 좀 더 효율적으로 대비하는 방법은 없을까?'
'짧은 시간 안에 시험을 준비할 수 있는 방법은 없을까?'

자격증 시험을 앞둔 수험생들이라면 누구나 한 번쯤 들었을 법한 생각이다. 실제로도 많은 자격증 관련 카페에 빈번하게 올라오는 질문이기도 하다. 이런 질문들에 대해 대체적으로 기출문제 분석 → 출제경향 파악 → 핵심이론 요약 → 관련 문제 반복숙지의 과정을 거쳐 시험을 대비하라는 답변이 꾸준히 올라오고 있다.

윙크(Win-Q) 시리즈는 위와 같은 질문과 답변을 바탕으로 기획되어 발간된 도서이다.

윙크(Win-Q) 축산기능사는 PART 01 핵심이론과 PART 02 과년도 + 최근 기출복원문제, PART 03 실기로 구성되었다. PART 01에서는 출제기준에 따라 각 단원별로 중요하고 반드시 알아두어야 하는 핵심이론을 제시하고, 빈출문제를 통해 핵심내용을 다시 한번 확인할 수 있도록 하였다. PART 02는 과년도 기출문제와 최근 기출복원문제를 수록하여 PART 01에서 놓칠 수 있는 새로운 유형의 최신 문제에 대비할 수 있게 하였다. PART 03에서는 작업형 실기시험에 대비할 수 있도록 작업별 주의사항 및 핵심설명을 컬러사진과 함께 제시하였다.

윙크(Win-Q) 시리즈는 필기 고득점 합격자와 평균 60점 이상 합격자 모두를 위한 훌륭한 지침서이다. 무엇보다 효과적인 자격증 대비서로서, 기존의 부담스러웠던 수험서에서 필요없는 부분을 제거하고 꼭 필요한 내용만을 수록한 윙크(Win-Q) 시리즈가 수험생들에게 "합격비법노트"로서 함께하기를 바란다. 수험생 여러분들의 건승을 기원한다.

편저자 씀

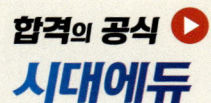

자격증·공무원·금융/보험·면허증·언어/외국어·검정고시/독학사·기업체/취업
이 시대의 모든 합격! 시대에듀에서 합격하세요!
www.youtube.com → 시대에듀 → 구독

[축산기능사] 필기+실기

시험안내

개요
육류 사용의 증가에 따른 축산업 규모의 확대와 아울러 고도의 기술이 필요함에 따라 가축을 합리적으로 사육할 수 있는 전문인력을 양성함으로써 품질 좋은 축산물을 생산·공급하고, 국제경쟁에 대처할 수 있는 축산기술을 발전시키기 위하여 자격제도를 제정하였다.

진로 및 전망
❶ 축산 관련 협동조합, 축산물유통회사, 유가공회사, 사료회사, 축산직공무원 등으로 진출
❷ 농장 경영·근무, 자영업 종사

수행직무
축산에 관한 숙련기능을 가지고 가축의 생산과 작업관리 및 이에 관련되는 업무를 수행한다. 구체적으로 우유, 육류, 난류와 같은 축산물을 생산하기 위하여 소, 돼지, 닭, 토끼, 양, 벌과 같은 가축을 사육, 번식, 관리하는 직무를 수행한다.

시험일정

구분	필기원서접수 (인터넷)	필기시험	필기합격 (예정자)발표	실기원서접수	실기시험	최종 합격자 발표일
제2회	3월 중순	4월 초순	4월 중순	4월 하순	5월 하순	6월 하순
제3회	6월 초순	6월 하순	7월 중순	7월 하순	8월 하순	9월 하순
제4회	8월 하순	9월 중순	10월 중순	10월 중순	11월 하순	12월 중순

※ 상기 시험일정은 시행처의 사정에 따라 변경될 수 있으니, www.q-net.or.kr에서 확인하시기 바랍니다.

시험요강
❶ 시행처 : 한국산업인력공단
❷ 시험과목
  ㉠ 필기 : 가축생산기술, 사료생산 및 이용
  ㉡ 실기 : 축산 실무
❸ 검정방법
  ㉠ 필기 : 객관식 4지 택일형, 60문항(1시간)
  ㉡ 실기 : 작업형(2시간 정도)
❹ 합격기준(필기·실기) : 100점을 만점으로 하여 60점 이상 득점자

검정현황

필기시험

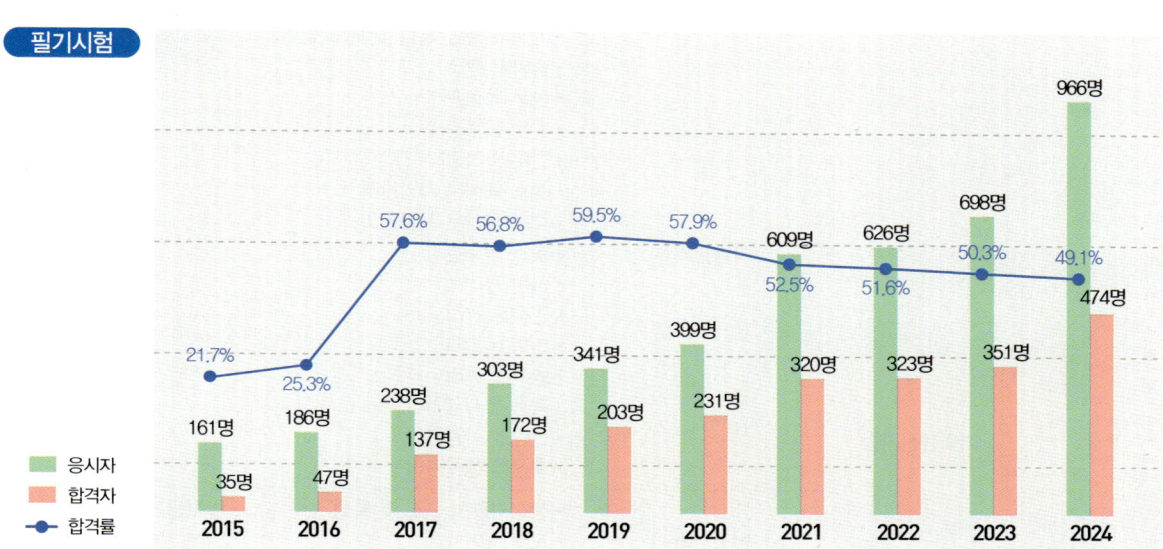

실기시험

출제기준(필기)

필기과목명	주요항목	세부항목	세세항목	
가축생산기술, 사료생산 및 이용	가축생산기술	사양관리	• 가축의 품종 특성 및 외모 평가 • 송아지 관리 • 한우 육성관리 • 한우 비육관리 • 한우 출하관리 • 젖소 육성우 사양관리 • 젖소 경산우 사양관리 • 젖소 착유관리 • 자돈 관리 • 번식돈 관리 • 비육돈 관리 • 병아리 관리 • 육용계 사양관리 • 산란계 사양관리 • 축산물 생산관리	
		번식관리	• 생식기관의 구조 및 특성 • 교배관리 • 인공수정 및 수정란 이식	• 발정관리 • 임신·분만관리 • 능력·혈통 기록 관리
		가축 질병·위생관리	• 예방접종계획 • 전염병 차단방역	• 질병관리 • 위생관리
		축산 시설·환경관리	• 축사 시설관리 • 축사 환경관리 • 착유기 운용 및 관리 • 분뇨처리 기술 • 분뇨처리시설 장비관리 • 동물복지와 윤리	
	사료생산 및 이용	농후사료	• 곡류 원료 사료가치 평가 • 강피류 원료 사료가치 평가 • 박류 원료 사료가치 평가 • 사료 첨가제	
		조사료 (사료작물, 초지관리)	• 화본과 목초 사료가치 평가 • 두과 목초 사료가치 평가 • 초종별 생육 생리 • 생산 및 이용 기술	
		배합사료	• 자가배합사료 • 사료 가공 종류 및 특성	• TMR 사료 • 사료 저장관리

출제기준(실기)

실기과목명	주요항목	세부항목
축산 실무	한우	• 송아지 관리 • 한우 육성관리 • 한우 비육관리 • 한우 출하관리 • 한우 사료관리 • 한우 질병관리 • 한우 방역위생관리
	젖소	• 젖소 번식관리 • 젖소 육성우 사양관리 • 젖소 경산우 사양관리 • 젖소 조사료 생산관리 • 젖소 사료급여 관리 • 젖소 착유 전 관리 • 젖소 착유관리 • 젖소 질병관리 • 젖소 분뇨처리 • 젖소 사육시설 장비관리 • 젖소 생산물 관리
	돼지	• 돼지 교배관리 • 자돈 관리 • 비육돈 관리 • 돼지 방역위생관리 • 돼지 질병예방 • 돼지 분뇨처리 • 돼지 사육시설 장비관리
	가금	• 가금 입추 전 관리 • 육용계 사양관리 • 산란계 사양관리 • 가금 부화관리 • 가금 사육 생산관리 • 가금 사료관리 • 가금 질병진단 • 가금 위생관리 • 가금 축사 내부 환경관리 • 가금 분뇨처리 • 가금 방역관리 • 가금 사육시설 장비관리

[축산기능사] 필기+실기

CBT 응시 요령

기능사 종목 전면 CBT 시행에 따른
CBT 완전 정복!

"CBT 가상 체험 서비스 제공"
한국산업인력공단
(http://www.q-net.or.kr) 참고

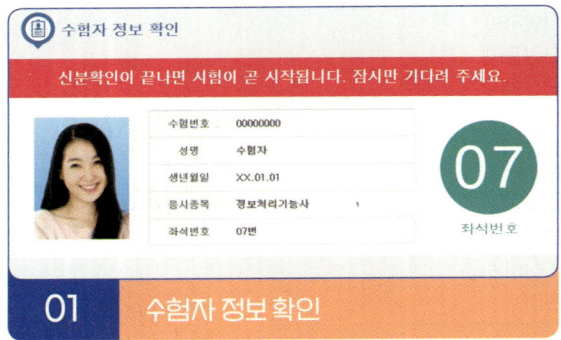

01 수험자 정보 확인

시험장 감독위원이 컴퓨터에 나온 수험자 정보와 신분증이 일치하는지를 확인하는 단계입니다. 수험번호, 성명, 생년월일, 응시종목, 좌석번호를 확인합니다.

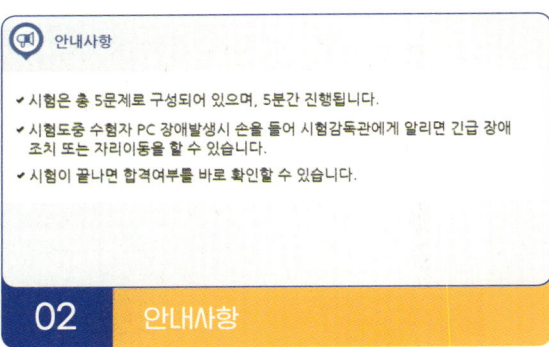

02 안내사항

시험에 관한 안내사항을 확인합니다.

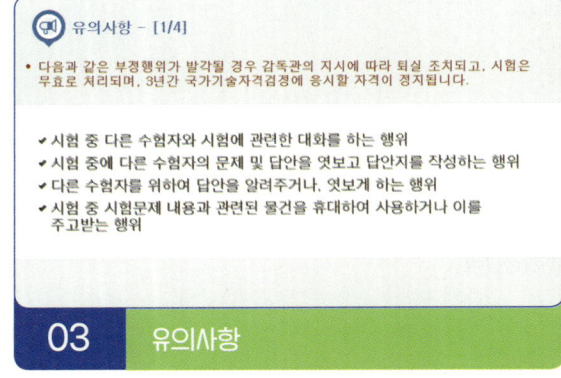

03 유의사항

부정행위에 관한 유의사항이므로 꼼꼼히 확인합니다.

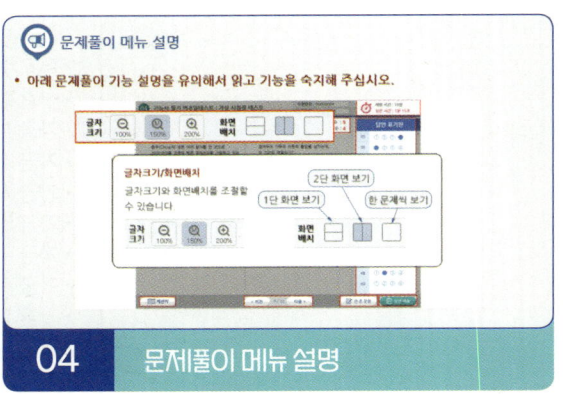

04 문제풀이 메뉴 설명

문제풀이 메뉴의 기능에 관한 설명을 유의해서 읽고 기능을 숙지해 주세요.

FORMULA OF PASS · SDEDU.CO.KR

CBT GUIDE

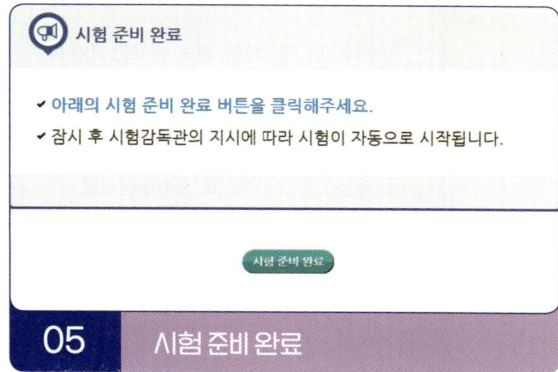

05 시험 준비 완료

시험 안내사항 및 문제풀이 연습까지 모두 마친 수험자는 시험 준비 완료 버튼을 클릭한 후 잠시 대기합니다.

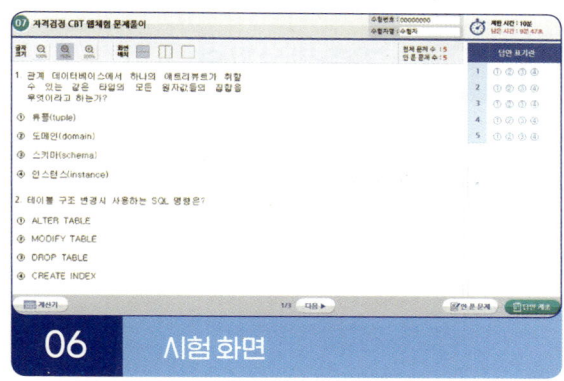

06 시험 화면

시험 화면이 뜨면 수험번호와 수험자명을 확인하고, 글자크기 및 화면배치를 조절한 후 시험을 시작합니다.

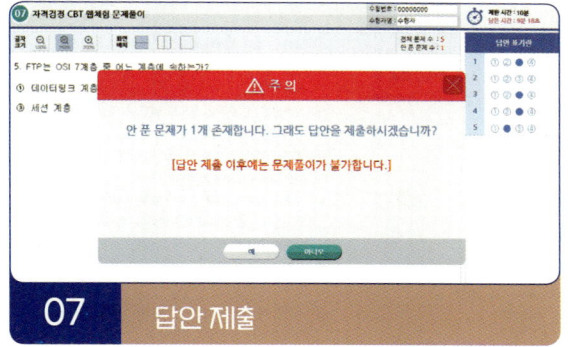

07 답안 제출

[답안 제출] 버튼을 클릭하면 답안 제출 승인 알림창이 나옵니다. 시험을 마치려면 [예] 버튼을 클릭하고 시험을 계속 진행하려면 [아니오] 버튼을 클릭하면 됩니다. 답안 제출은 실수 방지를 위해 두 번의 확인 과정을 거칩니다. [예] 버튼을 누르면 답안 제출이 완료되며 득점 및 합격여부 등을 확인할 수 있습니다.

CBT 완전 정복 Tip

내 시험에만 집중할 것
CBT 시험은 같은 고사장이라도 각기 다른 시험이 진행되고 있으니 자신의 시험에만 집중하면 됩니다.

이상이 있을 경우 조용히 손을 들 것
컴퓨터로 진행되는 시험이기 때문에 프로그램상의 문제가 있을 수 있습니다. 이때 조용히 손을 들어 감독관에게 문제점을 알리며, 큰 소리를 내는 등 다른 사람에게 피해를 주는 일이 없도록 합니다.

연습 용지를 요청할 것
응시자의 요청에 한해 연습 용지를 제공하고 있습니다. 필요시 연습 용지를 요청하며 미리 시험에 관련된 내용을 적어놓지 않도록 합니다. 연습 용지는 시험이 종료되면 회수되므로 들고 나가지 않도록 유의합니다.

답안 제출은 신중하게 할 것
답안은 제한 시간 내에 언제든 제출할 수 있지만 한 번 제출하게 되면 더 이상의 문제풀이가 불가합니다. 안 푼 문제가 있는지 또는 맞게 표기하였는지 다시 한 번 확인합니다.

[축산기능사] 필기+실기
구성 및 특징

핵심이론

필수적으로 학습해야 하는 중요한 이론들을 각 과목별로 분류하여 수록하였습니다. 시험과 관계없는 두꺼운 기본서의 복잡한 이론은 이제 그만! 시험에 꼭 나오는 이론을 중심으로 효과적으로 공부하십시오.

10년간 자주 출제된 문제

출제기준을 중심으로 출제 빈도가 높은 기출문제와 필수적으로 풀어보아야 할 문제를 핵심이론당 1~2문제씩 선정했습니다. 각 문제마다 핵심을 찌르는 명쾌한 해설이 수록되어 있습니다.

STRUCTURES

과년도 + 최근 기출복원문제

지금까지 출제된 과년도 기출문제와 최근 기출복원문제를 수록하였습니다. 각 문제에는 자세한 해설이 추가되어 핵심이론만으로는 아쉬운 내용을 보충 학습하고 출제 경향의 변화를 확인할 수 있습니다.

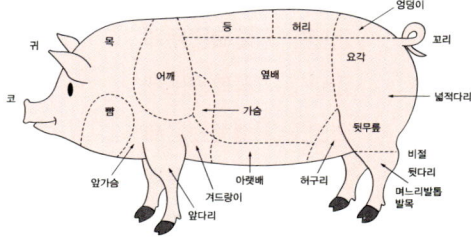

실기(작업형)

작업형 실기를 올컬러로 수록하여 최종 합격의 지름길을 제시하였습니다.

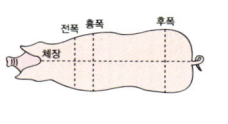
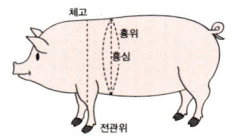

이 책의 목차

빨리보는 간단한 키워드

PART 01 | 핵심이론

CHAPTER 01	가축생산기술	002
CHAPTER 02	사료생산 및 이용	072

PART 02 | 과년도 + 최근 기출복원문제

2014년	과년도 기출문제	118
2015년	과년도 기출문제	130
2016년	과년도 기출문제	142
2017년	과년도 기출복원문제	154
2018년	과년도 기출복원문제	166
2019년	과년도 기출복원문제	177
2020년	과년도 기출복원문제	188
2021년	과년도 기출복원문제	200
2022년	과년도 기출복원문제	212
2023년	과년도 기출복원문제	223
2024년	과년도 기출복원문제	235
2025년	최근 기출복원문제	247

PART 03 | 실기(작업형)

CHAPTER 01	실기(작업형)	274

빨간키

빨리보는 간단한 키워드

CHAPTER 01 가축생산기술

[01] 사양관리

■ 소 품종의 용도에 따른 분류

용도	특징	주요 품종
육용	• 영국, 미국, 프랑스에서 성립되었다. • 고기의 양과 질에 중점을 둔다.	애버딘 앵거스, 샤롤레, 브라만, 헤리퍼드, 한우, 겔로웨이, 데본
유용	• 유럽을 중심으로 성립되었다. • 쐐기모양이다.	홀스타인, 저지, 건지
역용	• 농경중심 시대에 성립되었다. • 전구가 발달한 모양이다.	인도우, 중국우
겸용	• 중간형, 유육의 겸용종이다.	심멘탈

■ **한우종** : 질병에 강하고 육질이 매우 우수하나, 성장이 느리고 후구가 빈약하며 산유량이 적음

■ **애버딘앵거스**
영국이 원산이고, 육용종으로 분류되며 조숙성이며 식욕이 왕성하고 성질이 거칠며 뿔이 없고, 전신 모색이 검은 소의 품종

■ **홀스타인(Holstein-Friesian)**
산유량은 6,000kg 정도로 많으나 평균 유지율은 3.4% 정도로 비교적 낮은 젖소

■ **저지(Jersey)** : 원산지가 영국 해협(저지섬)이고 체형이 젖소 중 가장 작고 유지율이 가장 높은 젖소

■ 소의 치식 = $\dfrac{0 \cdot 0 \cdot 3 \cdot 3}{4 \cdot 0 \cdot 3 \cdot 3}$

■ 한우 체형 측정 부위

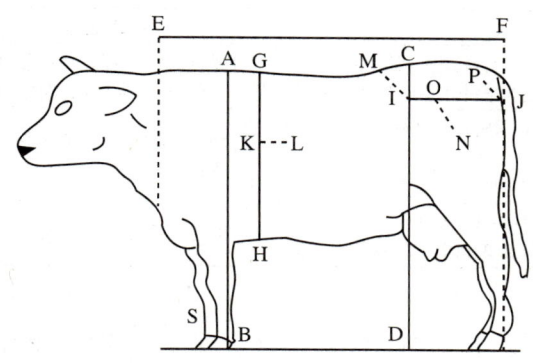

- A-B : 체고
- G-H : 흉심
- I-M : 요각폭
- S : 전관위
- C-D : 십자부고
- I-J : 고장
- N-O : 곤폭
- E-F : 체장(수평체장)
- K-L : 흉폭
- J-P : 좌골폭

※ 흉위는 흉폭과 흉심을 재는 부위를 줄자로 측정한다.

- 체고 : 기갑의 정상에서 지면까지의 수직거리
- 십자부고 : 십자부에서 지면까지의 수직거리
- 체장 : 어깨 전단에서 좌골후단을 직선으로 이은 수평거리
- 흉위 : 견갑골 직후를 통하는 가슴부위 둘레
- 흉폭 : 견갑골 직후의 좌우측가슴사이의 거리
- 흉심 : 견갑골 뒤의 등에서 가슴바닥까지의 수직거리
- 고장 : 요각 전단에서 좌골추단까지의 직선거리
- 곤폭 : 좌우 곤부(고관절) 사이의 가장 넓은 부위의 수평거리

■ 비육대상우(육우) 선정 시 고려사항

- 털은 짧고 윤기가 있으며, 피부가 얇고 부드러우며 탄력이 있는 것
- 나이에 비해 체격이 너무 작지 않고 왜소한 느낌이 들지 않는 것
- 머리가 작고 중구의 길이가 적당하며 비경이 넓은 소
- 목이 짧고, 머리와 어깨사이에 주름이 가늘게 잡힌 소
- 어깨 위쪽이 둥글고 앞쪽으로 튀어나오지 않은 소
- 갈비뼈가 충분히 개장되고 간격이 넓은 소
- 배분이 정상적이고, 배가 크게 늘어지지 않은 소
- 등과 허리의 부착이 좋고 평평하여 부착이 좋은 소
- 요각폭이 넓고 평평한 소
- 엉덩이가 넓고 길며 경사가 심하지 않은 소
- 곤폭은 요각보다 약간 좁고 위치가 낮지 않은 소
- 넓적다리와 궁둥이는 넓고 두꺼우며 비절을 향해 두꺼운 소

■ 돼지 품종의 용도에 따른 분류

용도	특징	주요 품종
라드형	• 체구가 작고 체폭과 체심이 크며, 다리가 짧고 지방이 많이 축적되는 체형이다. • 살이 많이 찌고 지방축적이 많아서 비육능력은 우수하나 번식능력이 떨어져 산자수가 적다.	폴란드차이나종, 두록종, 체스터화이트종, 버크셔종 등
베이컨형	• 낙농부산물, 완두콩, 보리, 밀, 연맥, 호맥, 근채류 등이 많이 이용되는 곳에서 질이 좋은 베이컨 생산을 목적으로 개량된 체형이다. • 몸 안에 지방을 축적시키지 않고 가운데 몸통이 길며 햄이 풍부하며 베이컨이 잘 발달 되었다.	랜드레이스종, 대요크셔종, 탬워스종 등
미트형	• 라드형과 베이컨형의 중간체형이며 생육용으로도 좋고, 산자수도 높다. • 발육이 빠르고 근육 부착상태가 좋으며, 햄 부위가 충실하고 지방의 과다축적이 없다.	햄프셔종, 중요크셔종 등

■ **랜드레이스(Landrace)** : 덴마크에서 흰색 토산종에 요크셔를 교배시켜 베이컨형으로 개량한 흰돼지 품종

■ **두록(Duroc)**

미국의 동부지방이 원산지로, 모색이 갈색 또는 적색이며 3원교잡종을 생산하기 위한 수퇘지로 가장 많이 쓰이는 돼지의 품종

■ **햄프셔(Hampshire)** : 돼지 품종 중 미국 원산으로 어깨에 백색띠가 있는 품종

■ **돼지의 이빨** : 3개월경 젖니 28개, 18개월에 44개의 영구치

■ **돼지의 선발 시 고려사항**
- 품종의 특성을 갖출 것
- 일령에 따른 정상적인 발육을 할 것
- 권장하는 신체상태를 유지할 것
- 골격이 튼튼하고 골격의 구조가 클 것
- 귀와 귀 사이가 넓고, 턱은 바르게 설 것
- 피부와 피모에 광택이 있고 주름살이 없을 것
- 코끝은 넓고 볼은 가벼울 것
- 앞다리 사이가 넓고 가슴과 직사각형을 이룰 것
- 어깨가 가볍고 지방 침착이 적을 것
- 흉심이 깊고 체하선이 평평하여 지면과 수평을 이룰 것
- 엉덩이의 경사가 적고 꼬리가 위에 붙어 있을 것
- 발목은 체형 유지를 위해 탄력이 있어야 하며, 발톱의 크기가 같을 것
- 꼬리가 굵고, 햄 부위는 깊을 것
- 생식기의 발육이 좋고 외음부의 상태가 정상일 것

- **돼지의 경제적 개량형질**

    복당 산자수, 이유 시 체중, 이유 후 성장률, 사료효율, 도체의 품질(도체장, 배장근단면적, 도체율, 햄-로인 비율, 등지방두께, 근내지방도)

- **돼지의 심리적 특성** : 굴토성, 청결성, 마찰성, 후퇴성, 군거성

- **돼지의 생리적 특성** : 잡식성, 다산성, 다육성

- **닭의 품종**
    - 육용종 : 브라마종, 코친종, 도킹종, 코니시종 등
    - 난용종 : 레그혼종, 미노르카종, 안달루시안종, 햄버그종, 캠파인종, 안코나종 등
    - 난육겸용종 : 플리머스록종, 뉴햄프셔종, 로드아일랜드레드종, 오스트랄로프종, 오핑턴종 등
    - 애완용종 : 폴리시종, 오골계(실키, 연산), 장미계, 차보종 등

- **뉴햄프셔(New hamphshire)** : 미국 원산으로 깃털은 적갈색이고 난각은 갈색이며 체구가 비교적 큰 닭

- **산란계 품종 선택 시 고려사항** : 산란능력(산란수, 산란율), 알무게, 난질, 생존율, 사료요구율(사료이용성) 등

- **초유**
    - 상유에 비하여 면역글로불린(immunoglobulin)과 유지방 함량이 높고 유당 함량은 낮다.
    - 카로틴, 비타민 A의 함량이 높다.
    - 태변의 배설을 도와준다.

- **젖소의 사료급여량 계산 시 고려사항** : 영양소 요구량, 체중, 산유량, 유지방 등

- **거세의 장단점**

장점	단점
• 근내지방도가 증가하고, 근섬유가 가늘어지며 향미가 좋아진다.	• 거세우의 발육은 비거세우보다 일반적으로 떨어진다.
• 고기의 연도가 비거세우보다 낮아진다.	• 일당 증체량은 다소 떨어지고 사료효율 역시 낮다.
• 교미능력의 상실로 암수 합사사육이 가능하다.	• 체지방량이 많아 정육량이 다소 떨어진다.
• 소의 성질은 온순하고, 투쟁심이 없어지며, 사양관리가 쉽다.	• 출하체중 도달일수가 지연된다.
• 출하 시 좋은 등급으로 높은 가격을 받을 수 있다	
• 종축으로서의 가치가 없는 가축의 번식을 중단시킬 수 있다.	
• 체지방 축적이 많아지고, 다즙성이 향상된다.	

■ 유즙의 배출경로 : 유선포 → 유선소관 → 유선관 → 유선조 → 유두조 → 유두관

■ 착유한 원유의 저장온도 : 4~5℃

■ 어릴 때 생리적인 빈혈이 많은 가축 : 돼지

■ 돼지에서 영양적 결핍이 가장 민감한 성장단계 : 포유기의 모돈

■ 육성 비육돈의 일반관리
- 구입자돈 입식 2일에는 건강상태를 점검하고 사료를 급여한다.
- 입식 7일경에는 구충 및 예방접종을 실시한다.
- 계절별 적정 온·습도를 유지한다(온도 17~21℃, 습도 65% 내외).
- 적정 사육공간을 유지하고 경지방, 백색지방 돼지고기 생산에 유의한다.
- 조섬유를 많이 함유한 사료 위주로 배합된 비육돈사료를 급여한다.
- 지방사료나 탈지하지 않은 쌀겨 등 급여 시는 연지방 돼지고기가 되므로 제한급여 한다.
- 동물성 지방 첨가 시에는 유리지방산 함량을 15% 이내로 한다.
- 비육 전기와 비육 후기사료의 단백질 수준은 체중증가가 되는 후기에 2~3% 낮추어 주는 것이 좋다.

■ 사료요구율과 사료효율
- 사료요구율 = 사료급여량 / 증체량
- 사료효율 = 증체량 / 사료급여량

■ 닭의 소화기관 : 입, 식도 및 소낭, 선위, 근위, 소장, 맹장 및 대장

■ 부화의 3대(+ 5대) 요소 : 온도, 습도, 환기(+ 전란, 위생)

부화율

- 입란 vs 부화율(%) = $\dfrac{\text{병아리 발생 수}}{\text{입란 수}} \times 100$

- 수정란 vs 부화율(%) = $\dfrac{\text{병아리 발생 수}}{\text{입란 수} - \text{무정란 수}} \times 100$

부리자르기 : 닭의 쪼는 습성(카니발리즘, 식우증)을 예방하는 방법이다.

식우증이 발생하는 원인
- 과도한 밀사사육 시, 고온사육 시
- 직사광선 또는 과도한 조도로 밝기가 너무 밝을 때
- 지나친 농후사료로 섬유질이 부족한 때
- 사료 중에 비타민, 단백질, 무기성분이 결핍되었을 때
- 유전적 영향과 습성

산란계의 시기별 사양관리

산란 초기	• 초산 후 산란피크 기간이 거의 끝나는 20~36주령 사이의 기간이다. • 정상적인 산란을 유지하고 난중을 최대한 크게 하려면 단백질, 아미노산, 비타민, 광물질 등을 충분히 급여하여야 한다.
산란 중기	• 성장이 거의 끝나는 36주령부터 52주령까지에 해당한다. • 산란 초기에 비해 단백질 요구량이 감소하지만 칼슘 요구량은 증가한다. • 이 기간 중 증체가 계속되면 과비(過肥)하여 오히려 산란능력이 떨어진다. ※ 산란계의 경우 알이 배란되어 난관을 통과하여 산란하기까지의 평균 소요시간 : 24~26시간
산란 후기	• 52주령 이후에는 체중변화가 거의 없으며, 난중이 약간 증가하는 시기이다. • 영양소의 공급을 감소시켜야 한다.

산란피크로 올라가는 시기의 사양관리
- 물과 사료는 항상 먹을 수 있도록 충분한 영양을 공급한다.
- 20주령을 전후로 점등시간을 증가시켜 주며 백색계에 비해 체중이 무거운 갈색계는 점등교체 시기를 빠르게 해 준다.
- 온도, 습도 및 환기상태를 수시로 점검하고 최적의 환경조건을 만들어 준다.
- 산란피크에 도달하면 생리적으로 질병에 대한 저항력이 약해지므로 질병이 발생하지 않도록 주의한다.
- 뉴캣슬이나 산란저하증후군 등의 예방접종을 산란 개시 전에 완료해 병을 이길 수 있는 힘을 키워놓아야 한다.

■ **점등관리의 원칙**
- 15일령부터는 점등시간을 동일하게 유지한다.
- 육성기간 동안은 점등기간(일조시간)이나 조도를 절대로 증가시키지 않는다.
- 산란기에는 점등시간(일조시간)이나 조도를 절대로 감소시키지 않는다.
- 계군이 50% 산란을 할 때, 최소 14시간 이상 점등하여야 한다.
- 점등시간의 연장은 아침과 저녁으로 나누어 조절한다.
- 일령이 다른 인근계사에 점등영향을 받지 않도록 주의한다.
- 무창계사는 작은 빛이라도 들어오지 못하도록 해야 한다.

■ **산란계 강제환우(털갈이)의 목적**
- 달걀 생산시기 조절, 계획적인 난중생산
- 환우기간의 단축, 산란기간 연장
- 육성비의 절감
- 달걀의 품질개선(수정률, 부화율이 개선, 특란 및 대란 생산율 향상)
- 건강하고 충실한 병아리를 많이 생산

■ **탈항의 예방책**
- 계사 안의 점등광도를 어둡게 하여 준다.
- 부리자르기를 실시한다.
- 콕시듐병, 회충병, 설사병의 감염을 피한다.
- 가급적 산란 케이지에 늦게 올린다.
- 다른 계사의 점등 불빛이 들어오지 못하게 한다.
- 중추 및 대추의 제한급사를 신중히 한다.
- 초산 시 점등을 일시에 증가하지 말고 점차 증가하되 규칙적인 점등과 소등을 한다.

■ **닭의 산란성을 지배하는 유전적 요소** : 조숙성(초산일령), 산란강도, 산란지속성, 취소성, 동기 휴산성

■ **계란의 품질 평가기준**
- 외부 난질 지표 : 알의 크기(난중), 난형과 난각(난각색, 난각두께, 난각밀도), 난형지수, 난각강도
- 내부 난질 지표 : 난백의 높이, 호우유니트(HU), 난황색, 난황과 난백의 pH 및 점도 측정

[02] 번식관리

▌ 수컷의 생식기관

기관		기능	기관	기능
정소		정자의 생산, 웅성호르몬의 생산	음낭	정소의 지지, 온도조절 및 보호
정소상체		정자의 운반, 농축, 성숙 및 저장	음경	수소의 교미기관, 오줌의 배설
부생식선	정낭선	정액의 영양물질, 완충제 및 액체분비	포피	음경의 끝부분은 둘러쌈
	전립선	정액의 무기이온성 물질 및 액체분비	정관	정자의 이동통로
	요도구선	요도에 잔류된 오줌의 세척	요도	정액의 이동통로

▌ 암컷의 생식기관

기관	기능	기관	기능
난소	• 난자의 생산 • 난포호르몬(estrogen)의 생산 • 황체호르몬(progesterone)의 생산난관	난관	• 정자와 난자의 이동 • 정자와 난자의 수정장소
자궁	수정란과 태아의 발육장소 및 기능 유지	자궁경	발정기와 분만 시에만 열리고 평소에는 밀폐되어 이물의 침입을 방지한다.
자궁경관	• 자궁의 미생물학적 오염원 방지 • 정액의 저장소 및 정자의 이동통로	질	• 교접기관 • 자연종부 시 정액의 사정부위

▌ 돼지의 경우 난자와 정자가 수정된 후 착상이 이루어지는 부위 : 자궁각

▌ 발정징후

- 식욕감퇴로 사료섭취량이 감소한다.
- 다른 암컷이나 수컷이 올라타는 것(승가)을 허용한다.
- 허리를 누르면 부동반응을 나타낸다.
- 거동이 불안하고 보행수가 증가한다.
- 신경이 예민하고, 자주 큰소리로 운다.
- 외음부가 충혈되어 부어오른다.
- 질 밖으로 점액을 분비한다.

▌ 소의 수정적기

일반적으로 발정개시 후 12~18시간(배란 전 13~18시간) 또는 발정종료 전후 3~4시간 사이

▌ 정자의 첨체반응 : 수정능력을 획득한 정자가 난자의 투명대를 통과하기 위하여 일어나는 현상

■ **가축별로 가장 많이 사용되는 임신진단 방법**
- 젖소 : 우유 내 프로게스테론 농도 측정
- 소 : 직장검사법
- 돼지 : 초음파검사법
- 면양 : non-return법
- 말 : 직장검사, 초음파진단법

■ **직장질법**
한손을 직장에 넣어 자궁경관부를 잡고 오른손으로는 정액주입기를 자궁경관에 천천히 넣어 경관부를 손으로 확인한 다음 주입하는 인공수정 방법

■ **분만 직전에 일어나는 분만징후**
- 유방이 커지고 유즙이 비친다.
- 외음부가 충혈되고 종창된다.
- 점액성 분비물의 누출량이 많아진다.
- 미근부의 양쪽이 함몰되어 간다.
- 점조성의 점액이 질 내에 고인다.
- 에스트로겐(estrogen)과 릴랙신(relaxin)의 작용에 의하여 골반은 치골결합과 인대가 늦춰져 가동성이 늘어난다.

■ **옥시토신**
- 사양규모가 중간 이하인 경우
- 유우의 개체관리를 통하여 생산성의 향상이 특별히 요구될 경우
- 노동력의 유동성이 클 경우
- 충분한 면적과 조사료의 공급이 원활하고 저장이 용이한 경우
- 사양규모가 큰 경우(적어도 50두 이상)
- 유우의 군관리가 유리한 경우
- 노동력이 비싸고 기계의 도입이 유리한 경우
- 혹한지대가 아닌 경우
- 호르몬 중 암컷의 자궁수축, 출산촉진, 유즙 배출에 관계한다.
- 뇌하수체 후엽에서 분비된다.

■ 인공수정에서 정액채취 방법
- 마사지법 : 닭
- 전기자극법 : 돼지, 소, 양, 개
- 인공질법 : 소, 말, 양, 토끼

■ 정액의 육안적 검사
- 정액량, 색깔, 냄새, 농도(점조도), pH 등으로 구분하여 실시한다.
- 30~35℃의 보온이 유지되어야 하며, 직사광선이나 한랭한 장소는 피한다.
- 정액의 농도가 진하고 우수할 때에는 운무상을 띤다.
- 색깔은 유백색이 정상이고, 황색을 띠면 정액 속에 요가 포함되었을 가능성이 있으며 붉은색은 피가 포함, 청색은 질병에 감염되어 있을 가능성이 높다.

■ 수정란 이식의 장단점

장점	단점
• 우수한 송아지를 단기간에 생산 가능하다. • 쌍태를 생산할 수 있다(수정란 2개 이식). • 젖소에 한우의 수정란을 이식하여 한우를 생산할 수 있다. • 해외에서의 고능력우 수입 시 가격과 시간이 효율적이다.	• 전문 지식과 고도의 기술이 필요하다. • 무균 시설이 필요하다. • 윤리문제, 생명의 존엄성 상실 문제가 우려가 있다. • 수정란 공급 문제, 수태율 저하 문제가 있다.

■ 정액의 동결보존 시 항동해제 : 글리세롤

■ 냉동정액을 액체질소에서 보관할 때의 온도 : -196℃

■ 발정주기 동기화의 장단점

장점	단점
• 발정관찰이 정확하여 인공수정의 실시가 용이하다. • 정액공급 및 보관 등 제반업무를 효율적으로 수행할 수 있다. • 분만 관리와 자축 관리가 더욱 용이하다. • 계획번식과 생산조절이 가능하다. • 발정의 발견과 교배적기 파악이 용이하다. • 수정란 이식기술의 발전에 공헌한다. • 가축개량과 능력검정사업을 효과적으로 수행할 수 있다.	• 사용약품(호르몬제의 처리)에 따른 부작용이 나타날 위험성이 있다. • 인건비와 약품비의 부담이 있다. • 전문지식과 숙련된 기술이 필요하다.

[03] 가축 질병·위생관리

■ 법정전염병의 종류

구분	소	돼지	닭
제1종	우역, 우폐역, 구제역, 가성우역, 블루텅병, 리프트계곡열, 럼피스킨병, 양두, 수포성 구내염	구제역, 아프리카돼지열병, 돼지열병, 돼지수포병, 수포성 구내염	뉴캣슬병, 고병원성 조류인플루엔자
제2종	탄저, 기종저, 브루셀라, 결핵, 요네병, 소해면상뇌증, 큐열	돼지오제스키병, 돼지일본뇌염, 돼지테센병	추백리, 가금티푸스, 가금콜레라
제3종	소유행열, 소아카바네, 소전염성 비기관염, 소류코시스, 렙토스피라	전염성 위장염, 돼지단독, 생식기호흡기증후군, 유행성 설사, 위축성 비염	닭마이코플라스마, 저병원성 조류인플루엔자, 뇌척수염, 전염성 후두기관염, 마렉병, 전염성 F낭병

■ 구제역(제1종 가축전염병, 바이러스성)
- 소, 돼지, 양, 염소, 사슴 등 발굽이 둘로 갈라진 동물(우제류)에서 발생한다.
- 환우의 혀 또는 발굽에 궤양이 생기고 침을 흘린다.
- 입안의 점막, 발굽, 발굽 사이 등의 상피에 수포 및 난반이 형성되는 것이 특징이다.

■ 돼지열병(돼지콜레라)(제1종 가축전염병, 바이러스성)
- 급성, 전신성, 열성전염병으로 변비증상(변비와 설사)을 일으키며 피부(귀, 목, 엉덩이)에 괴사반점이 생긴다.
- 40~42℃의 고열이 지속되고, 뒷다리가 마비되어 비틀거리는 신경증상이 나타나며, 임신돈의 경우 유산이나 사산이 일어난다.

■ 돼지의 톡소플라즈마증
다른 기생충병과는 달리 색소반응, 적혈구, 응집반응, 보체결합반응 등으로 진단하는 기생충병

■ 추백리(제2종 가축전염병, 세균성)
석고상태의 회백색 설사를 한 후 항문이 막혀서 죽게 되며, 혈액응집 반응검사로 보균계를 가려낸다.

■ 닭마이코플라즈마병(제3종 가축전염병) : 겨울철 극히 건조할 때 발생하는 닭의 호흡기 질병이다.

■ 바이러스성 질병
뉴캣슬병, 마렉병, 가금 인플루엔자, 전염성 기관지염, 전염성 후두기관지염, 전염성 낭병, 계두, 산란저하증후군, 닭백혈병

■ **마렉병(바이러스성)**

우리나라에서 많이 발병되고, 급성은 브로일러 생산에 큰 피해를 주는 헤르페스바이러스인 MDV에 의하여 일어난다.

■ **닭의 원충성 질병** : 닭콕시듐병, 류코사이토준병

■ **계분의 퇴비화**

후숙기간 중에도 뒤집기를 실시하여 퇴비단 내에 축적된 암모니아 등의 악취유발성 가스를 휘산시켜주면 퇴비사용 시 악취 발생 우려도 줄어들고 경작지에서의 식물에 대한 가스 피해도 경감시킬 수 있다.

■ **계분의 사료이용법** : 건조법, 발효법, 사일로법, 화학법

■ **인수공통 전염병**

장출혈성대장균감염증, 일본뇌염, 브루셀라증, 탄저, 공수병, 동물인플루엔자 인체감염증, 중증급성 호흡기증후군(SARS), 변종크로이츠펠트-야콥병(vCJD), 큐열, 결핵, 중증열성 혈소판감소증후군(SFTS)

■ **기생충성 질병**

간질충증, 간흡충증, 개선충증, 낭미충증, 네오스포라병, 다방조충증, 닭콕시듐병, 돼지옴, 등포자충증, 류코사이토준병, 선모충증, 소아나플라즈마병, 소바베시아병, 심장사상충증, 왜소조충증, 요충증, 톡소플라즈마병, 트리코모나스병, 편충증, 폐흡충증, 회충증 등

■ **차단방역의 단계**

1단계
농장 입구
	• 차량 : 모든 차량 소독 후 출입 허용
	• 사람
	  - 방역복, 덧신, 장갑 착용 확인
	  - 철저한 소독 조치 후 출입 허용

2단계 농장 내 통로 및 시설 주변	• 농장 입구에서부터 축사까지의 농장로 출하대, 분뇨처리장, 사료 저장 시설 • 물을 뿌리고 생석회를 살포
3단계 축사 입구	• 방역에 가장 중요한 장소 • 가급적 외부인 출입 금지 • 방역복과 장화를 갈아 신고 출입 • 출입자의 손과 기구 및 장비 소독

■ **병원체와 관련된 요인** : 병원, 숙주, 환경

▌ **미생물 증식 환경인자** : 산소, 온도, 습도, pH

▌ **소독의 종류**
- 물리적 방법 : 열(소각, 건열, 습열), 광선, 방사선
- 화학적 방법 : 소독약
- 물리·화학적 방법 : 소독약 + 열
- 기타 : 건조, 발효 등

▌ **소독용으로 쓰이는 알코올 농도** : 70%

[04] 축산 시설·환경관리

▌ **계류식 유우사와 방사식 유우사**

구분	계류식 유우사	방사식 유우사
특징	• 개체 관리 • 유우의 행동이 제한된다. • 급사와 착유 시 사람이 사조(구유)나 스탠천(stanchion)으로 이동해서 행한다.	• 군 관리 • 유우의 행동이 자유롭다. • 급사와 착유 시 유우가 이동하므로 사람의 작업량이 적다.
적합 조건	• 토지면적이 좁고 조사료의 공급 및 이용을 제한할 필요가 있는 경우 • 사양규모가 중간 이하인 경우 • 유우의 개체 관리를 통하여 생산성의 향상이 특별히 요구될 경우 • 노동력의 유동성이 클 경우	• 충분한 면적과 조사료의 공급이 원활하고 저장이 용이한 경우 • 사양규모가 큰 경우(적어도 50두 이상) • 유우의 군 관리가 유리한 경우 • 노동력이 비싸고 기계의 도입이 유리한 경우 • 혹한지대가 아닌 경우

▌ **축사의 입지조건**
- 주변보다 높고 일광, 통풍이 좋으며 배수가 용이하고 용수 등이 좋아야 한다.
- 까운 곳에 다른 축사가 있거나 민가 근처는 피하여야 하며 농경지에서 멀리 떨어진 곳이 좋다.
- 교통, 전기, 물 사정이 좋으면서 분뇨의 처리가 용이한 곳이 여러모로 유익하다.
  ※ 교통은 위생환경과 밀접한 관계를 가지는 환경요소로 돼지의 방역 및 소음과 주거환경에 영향을 갖는 장소는 피하는 것이 좋다.
- 진입로는 단독으로 사용하는 것이 좋다.
- 지하수위의 상승점이 낮아 돈사 내부의 지하수위로 인한 과습과 피해를 억제할 수 있어야 된다.
- 북향의 경사지에 위치한 곳은 자연환경을 이용하기에는 여러모로 불리한 곳이므로 가급적 피하는 것이 좋다.

착유기 단계별 점검사항

단계	점검 사항	주요 확인 내용
착유 전 준비	착유기 예비 세척 및 작동 점검 (냉각기 점검)	온수온도, 세척 상태 확인, 진공발생장치 작동상태, 맥동기 작동상태(50~60회/분)
착유 준비물	착유 준비물 점검	소독제, 유방 세척 수건, 스트립컵(CMT검사)
착유	전착유	유방 세척 전에 전착유 실시 및 이상유(CMT)검사
착유	유방 세척 및 수분 제거	유방 및 유두의 세척과 충분한 착유 자극, 유방 및 유두의 수분 제거
착유	유두컵 부착	공기 흡입을 최소화하고 착유기 이연 호스의 방향을 확인
착유	착유 중 관찰	착유중 소의 건강 상태 및 발정 관찰
착유	끝착유	유방 내 잔류 우유 착유(기계끝 착유)
유두컵 분리 및 침지 소독	진공 차단과 유두컵 분리	진공차단 전 유두컵 분리 금지
유두컵 분리 및 침지 소독	유두 소독	착유 유니트 제거 후 유두 침지
유두컵 분리 및 침지 소독	착유 유니트 세척	오염된 착유 유니트 세척 실시
착유기 세척 및 정리	착유기 세척 및 소독	세척수 온도 확인(45℃), 알칼리 세척수 온도 확인(70℃ 이상)
착유기 세척 및 정리	냉각기 작동 점검	착유 후 1시간 이내, 7℃ 이하(저녁) 착유 중 10℃ 초과 금지(아침)

가축분뇨 발생량

- 가축 1두당 1일 분뇨 발생량 : 젖소 > 한우 > 돼지 > 닭, 오리
- 축종별 분뇨 발생량 : 돼지 > 한·육우 > 가금

혐기성 액비화와 호기성 액비화 비교

구분	혐기성 액비화	호기성 액비화
체류기간	비교적 길다.	짧음
처리경비	저렴	고가
투자비	비교적 낮음	높음
시비 전 희석	3~5배(필요시)	필요 없음
악취	악취 악취가 많아 시비 전 전처리 필요	악취가 없음
저장 방법	용이함	처리 후 저장 시에 동력 소모

동물이 누려야 할 5대 자유

- 갈증과 배고픔으로부터의 자유
- 정상적인 행동을 표현할 자유
- 불편함으로부터의 자유
- 두려움과 스트레스로부터의 자유
- 고통, 상해, 질병으로부터의 자유

■ **농장동물의 복지**
- 외부의 환경 및 스트레스, 질병에 의한 피해 발생을 최소화한다.
- 농장동물의 습성을 고려한 사양 관리 체계를 유지한다.
- 적절한 양의 양질의 사료, 신선한 물을 공급한다.
- 철저한 위생 및 전염병 예방을 위한 차단방역 및 소독을 실시한다.
- 큰 통증이 따르는 거세는 마취를 실시한다.
- 수송 차량에는 적절한 수의 개체를 탑승시킨다.
- 수송 차량에는 환기, 온도조절, 급수를 할 수 있도록 한다.
- 도축은 짧은 시간에 고통을 최소화할 수 있는 방법으로 효과적으로 진행되어야 한다.
- 성장 단계에 따라 생산성을 극대화하기 위한 사료가 아닌 각 가축의 소화 생리에 맞는 사료를 급여해야 한다.

사료생산 및 이용

[01] 농후사료

■ **곡류사료**

에너지 함량은 높으나 단백질 함량이 낮고 아미노산 조성이 좋지 않다.
예 옥수수, 밀, 수수, 보리 등

■ **옥수수**

- 농후사료로 가장 많이 사용되며, 전분질이 많고 에너지가가 높다.
- 과다하게 섭취 시에 나이아신(niacin) 결핍증이 유발되기 쉽다.

■ **수수**

- 주로 전분이며 섬유소 함량이 적어 TDN가가 옥수수만큼 높다.
- 타닌 성분을 가지고 있어 단백질의 소화를 억제한다.

■ **강피류 사료**

곡류에 비하여 부피가 크고 전분은 적지만 조단백질 및 인의 함량은 곡류보다 높다.
예 밀기울, 쌀겨, 옥수수겨, 전분박 등

■ **박류 원료 사료**

콩, 목화씨, 땅콩, 해바라기 등 각종 종실에서 기름을 짜고 남은 깻묵(유박)류이다.

■ **식물성 단백질사료 중 유박류에 함유되어 있는 독성물질**

- 대두박 : 트립신
- 면실박 : 고시폴
- 낙화생박 : 아플라톡신
- 아마박 : 청산
- 채종박 : 미로시나제

- **사료첨가제** : 광물질, 비타민, 아미노산, 호르몬 및 항생제

- **비타민**
  - 지용성 비타민 : 비타민 A · D · E · K
  - 수용성 비타민 : 비타민 B_1 · B_2 · B_6 · B_{12} · C, 니아신, 판토텐산, 엽산, 비오틴 등

- **비타민 결핍증**
  - 비타민 A : 요로결석
  - 비타민 B
    - 비타민 B_1 : 조류에서 다발성 신경염, 맥박수의 감소
    - 비타민 B_2 : 구순구각염, 설염, 눈이 부시는 현상, 다리 마비, 피부 각질화, 성장률 감퇴 등
    - 비타민 B_6 : 피부염, 빈혈, 신경염
    - 비타민 B_{12} : 닭에서 부화율 저하, 병아리 다리에 이상
  - 비타민 D : 구루병, 골연화증, 골다공증
  - 비타민 E : 번식장애
  - 비타민 K : 병아리의 피하출혈, 산란율 · 부화율 감소 등
  ※ 셀레늄(Se) 결핍 : 삼출성 소질(滲出性 素質), 지방 조직염, 췌장의 섬유화 등

- **아미노산** : 체내에서 합성이 불가능한 필수아미노산과 합성이 가능한 비필수아미노산이 있다.

필수아미노산	아르기닌(arginine), 라이신(lysine), 트립토판(tryptophan), 히스티딘(histidine), 페닐알라닌(phenylalanine), 류신(leucine), 아이소류신(isoleucine), 트레오닌(threonine), 메티오닌(methionine), 발린(valine)
비필수아미노산	글리신(glycine), 알라닌(alanine), 세린(serine), 아스파르트산(aspartic acid), 글루탐산(glutamic acid), 프롤린(proline), 하이드록시프롤린(hydroxyproline), 시스테인(cysteine), 타이로신(tyrosine), 하이드록시라이신(hydroxylysine)

※ 돼지와 다르게 닭에서 추가되는 필수아미노산 : 글리신

[02] 조사료(사료작물, 초지관리)

- **조사료의 생육특성에 따른 분류**
  - 봄, 가을 단경기 사료작물 : 귀리, 유채 등
  - 여름 사료작물 : 옥수수, 수수류, 사료용 피 등
  - 겨울 사료작물 : 이탈리안라이그래스, 호밀, 보리 등

조사료 생산기반 분류
- 밭 : 옥수수, 수단그래스, 수수×수수교잡종, 귀리, 귀리와 유채 혼파
- 답리작 : 이탈리안라이그래스, 청보리, 호밀, 벼 대체 사료작물 재배
- 초지

목초의 식물학적 분류
꽃차례나 외부형태 및 세포학, 생화학, 생리학 등의 지식을 총동원하여 분류하는 방식이다.

목초의 형태상 분류

벼과(화본과)	오처드그라스, 톨페스큐, 티머시, 리드카나리그라스, 레드톱, 이탈리안라이그래스, 일반 벼과 목초류, 화곡류, 잡곡류 등
콩과(두과)	알팔파류, 클로버류(레드클로버, 화이트클로버), 베치류(커먼베치, 헤어리베치 등), 콩류, 자운영, 매듭풀(레스페데자) 등
십자화과	유채, 무, 배추, 갓, 순무 등
국화과	해바라기, 돼지감자
기타	고구마 줄기 등

오처드그라스(Orchard grass, 오리새)
- 생육에 가장 알맞은 기온은 15~21℃ 정도이다.
- 우리나라에서 지역적응성이 넓은 목초 중의 하나이며 그늘에서도 잘 자란다.

톨페스큐(Tall fescue)
- 추위는 물론 더위에도 잘 견디고, 한여름철의 가뭄에도 강하다.
- 엔도파이트 곰팡이에 감염된 이 목초를 섭취한 가축은 생산성이 떨어지는 등 장애를 일으킨다.

티머시(Timothy)
- 추위에 강하기 때문에 우리나라 고랭지에서 재배하기에 알맞다.
- 인경(비늘줄기)에 양분을 축적하여 영양번식을 한다.
- 사료가치가 높아 건초용으로 알맞다(1차, 2차 건초, 3차 이후 방목).

리드카나리그라스(Reed canarygrass)
- 한지형 다년생 상번초(100~150cm)로 땅속줄기로 번식한다.
- 습한 곳이 적지(하천 범람지)이며, 침수에 강하다.
- 기호성이 낮고 수확시기가 늦어지면 사료가치가 떨어진다.

▊ 레드톱(Red top)
- 줄기는 원형으로 직립성 및 포복성을 가지며 좋은 땅에서는 초장이 1m까지 자라고, 이삭의 길이는 20cm이다.
- 주요 목초 및 일반 사료작물의 생육 최저산도가 가장 낮다.

▊ 수단그라스(Sudangrass)
- 수수속에 속하는 1년생 화본과 사료작물이다.
- 재생이 왕성하여 연간 3~4회 정도 예취가 가능하다.
- 초장이 너무 낮을 때 예취하여 급여하면 청산중독의 위험이 있다.

▊ 알팔파(Alfalfa)
- 단위면적당 생산성이 높고 사료가치가 매우 우수하여 목초의 여왕이라 불린다.
- 강산성이나 배수가 나쁜 토양에서는 잘 자라지 못하며 처음 조성 시 붕소와 근류균 접종이 꼭 필요하다.
- 잎이 부드럽고 뿌리의 비대가 좋으며 근류균(뿌리혹박테리아)에 의해 질소고정을 한다.

▊ 화이트클로버(White clover)
- 생태형으로 분류할 때 야생형, 보통형, 라디노형으로 나눈다.
- 각 마디에서는 잎자루와 뿌리를 내며 잎자루 끝에 3개의 작은 잎을 가진다.
- 다량 급여 시 고창증을 유발한다.

▊ 레드클로버(Red clover)
- 1년생 상번초로 다발형이며, 잎은 길쭉하며 흰무늬가 있고, 줄기와 잎에 잔털이 많다.
- 주로 건초로 이용하며, 토양개량 작물로도 우수한 콩과 작물이다.
- 다량 급여 시 고창증을 유발한다.

▊ 버즈풋트레포일(Bird's foot trefoil)
- 콩과 목초로 토양을 가리는 성질이 적어 사토에서 사양토까지 가리지 않는다.
- 산성토양 및 염분이 많은 토양도 가리지 않고 방목 시 고창증의 위험도 없으나 예취 후 재생이 느리다.

▊ 목초의 생존 연한에 의한 분류

1년생	콩, 옥수수, 연맥(월동이 불가능한 경우), 수단그라스류, 수수, 진주조(pearl millet), 피, 매듭풀, teosinte, triticale 등
월년생	크림슨클로버, 베치, 이탈리안라이그래스, 호맥(rye), 연맥(oat, 월동이 가능한 경우), 보리, 귀리, 유채, 자운영 등
2년생	레드클로버, 스위트클로버, 알사이크클로버, 커먼라이그래스 등
다년생	알팔파, 화이트클로버, 버즈풋트레포일, 오처드그라스, 티머시, 톨페스큐, 리드카나리그라스, 페레니얼라이그래스, 켄터키블루그래스, 레드톱, 스무드브롬그래스, 라디노클로버 등

■ 목초의 기상생태적 분류

구분		화본과	두과
한지형 (북방형)	다년생	오처드그라스, 티머시, 톨페스큐, 메도페스큐, 켄터키블루그래스, 레드톱, 스무드브롬그래스, 리드카나리그라스, 페레니얼라이그라스, 크리핑벤트그래스	화이트클로버, 라디노클로버, 레드클로버, 알사이크클로버, 알팔파, 스위트클로버, 버즈풋트레포일
	월년생	이탈리안라이그라스, 호밀, 귀리, 밀, 보리	크림슨클로버, 서브트레니언클로버, 커먼베치, 헤어리베치, 자운영, 루핀
난지형 (남방형)	다년생	버뮤다그래스, 달리스그래스, 존슨그래스, 판골라그래스, 로즈그래스, 위핑러브그래스, 잔디	칡, 세리시아레스페데자
	1년생	기장, 조, 옥수수, 수수, 수단그라스	코리안레스페데자, 커먼레스페데자, 콩, 완두 등

■ 목초의 이용 형태에 의한 분류 : 청예용, 방목용, 건초용, 사일리지용, 총체용

■ 목초의 형태적 분류

• 화본과 목초와 두과 목초

화본과 목초	• 뿌리는 섬유모양의 수염뿌리이다. • 잎은 잎집(엽초), 잎몸(엽신), 잎귀(엽이), 잎혀(엽설)로 구성된다. • 엽맥은 나란히맥으로 되어 있다. • 줄기는 대체로 속이 빈 원통형이고, 마디가 뚜렷하다. • 꽃차례는 수상, 원추 또는 총상꽃차례로 되어 있다.
두과 목초	• 뿌리는 천근성 혹은 직근성이다. • 뿌리에는 질소고정이 가능한 근류균이 있다. • 줄기는 속이 차 있는 형태이고, 마디가 뚜렷하지 않다. • 꽃은 10개의 수술, 1개의 암술이 있다. • 종자는 하나의 꼬투리로 되어 있다

• 주형과 포복형

주형 (다발형)	• 다발형태이며 상번초 • 오처드그라스, 크림슨클로버, 티머시
포복형 (방석형)	• 지표에 기어 뿌리 발생 • 켄터키블루그래스, 화이트클로버, 리드카나리그라스

• 상번초와 하번초

상번초	• 건초용으로 재배되고 수량이 많으며, 기호성이 좋다. • 오처드그라스, 티머시, 톨페스큐, 이탈리안라이그라스, 레드클로버, 알팔파, 리드카나리그라스, 스무드브롬그래스, 메도페스큐, 메도폭스테일, 톨오트그래스 등
하번초	레드페스큐, 켄터키블루그래스, 페레니얼라이그라스, 화이트클로버, 화이트 벤트그래스, 크레스티드 폭스테일, 거친줄기메도그래스, 옐로오트그래스, 버즈풋트레포일 등

■ **초지조성 작업단계** : 경운 → 석회살포 → 쇄토 → 비료, 종자살포 → 복토 → 답압

■ **석회 시용** : 우리나라 토양은 대부분 산성토양이므로 초지조성 시 석회를 충분히 시용한다.

■ **파종량**

ha당 30~35kg 정도로, 초종별 파종량(kg/ha)은 오처드그라스 16, 톨페스큐 9, 페레니얼라이그래스 3, 화이트클로버 2 정도이다.

■ **경운 초지조성의 장단점**

장점	단점
• 경운을 해 줌으로서 자연식생의 제거가 가능하다. • 짧은 기간 동안에 생산성이 높은 초지 조성이 가능하다. • 초지의 경운에 의해 땅 표면이 고르기 때문에 목초를 수확할 때 기계작업이 가능하다. • 잡목과 산야초의 재생이 적어 초지 사후 관리에 용이하다. • 초지의 초기수량이 높다.	• 경운으로 땅 표면을 갈아엎기 때문에 토양이 유실되기 쉽다. • 경운에 필요한 농기계를 구입하는 데 비용이 많이 든다. • 표고 및 경사 때문에 지대에 따라 농기계의 사용이 불가능하다.

■ **불경운 초지조성의 장단점**

장점	단점
• 토양침식이나 토양유실의 위험이 적다. • 작업이 간편하고 비용이 적게 든다. • 경사가 심하고 장애물이 많아서 기계를 사용할 수 없는 곳에도 조성이 가능하다. • 1년생 잡초가 침입할 수 있는 기회를 줄여 준다. • 토양의 수분함량이 높을 때(우중이나 강우 직후)에도 목초종자 파종이 가능하다. • 한발, 홍수 및 산불 등으로 긴급복구가 필요할 때 유효한 방법이다.	• 종자와 토양의 접촉이 어려워 발아와 정착이 어렵다. • 시간과 비용투입에 비하여 개량성과가 낮은 경우가 있다. • 개발은 신속하나 단위면적당 목초의 수량이 더디게 증가된다. • 초지의 목양력 증가가 느리다. • 초지완성기간이 2~3년으로 길며, 기술적인 사후 관리 없이는 성공률이 낮다.

■ **제경(발굽갈이) 초지조성**

땅을 갈아엎지 않고 초지대상지에 가축을 방목하여 야생초나 잡관목을 밟아 없애거나 약하게 만든 다음 초지를 조성하는 방법

■ **조성 초기의 초지 관리**

• 진압의 효과 : 뿌리의 활착으로 고사 방지, 서릿발 피해 방지, 부슬부슬한 토양 안정의 효과
• 목초 조성 초기 토핑의 목적 : 목초의 분얼 촉진효과

예취적기
- 첫 번째 예취는 화본과 목초 출수 초기(출수 직전이나 출수 직후), 두과 목초 개화 초기이다.
- 두 번째 이후에는 초장이 30~50cm인 범위에서 예취간격을 고려하여 적절히 예취한다.

예취높이
- 상번초는 높게, 하번초는 약간 낮게 벤다.
- 오처드그라스, 톨페스큐 등 우리나라 초지의 예취높이는 6cm 정도로 하는 것이 좋다.

방목 방법

연속방목 (고정방목, 전기방목)	• 봄철 풀이 왕성하게 자라는 시기부터 가을까지(방목 전기간) 방목지를 옮기지 않고 가축을 한 곳에서 방목시키는 방법이다. • 시설 관리와 방목 관리의 노력이 적게 드는 장점이 있다.
윤환방목	• 몇 개의 목구(牧區)로 분할하고 각 목구에 순차적으로 방목하는 집약적인 방법이다. • 윤환방목을 위한 이동식 목책으로는 전기목책이 가장 적합하다.
대상방목 (1일 방목, 구획방목)	• 목구를 전기목책으로 나누고 가축이 12시간 또는 이보다 짧은 시간 동안 한 목구에서 머물 수 있도록 초지를 할당하는 형태의 방목이다. • 초지의 방목이용 중 생산성이 가장 높고 집약적인 방목 방법이다.

집약적(목구수나 체목일수)인 방목이 강한 순서 : 대상방목 > 윤환방목 > 연속방목

방목이용의 장단점

장점	단점
• 영양생장기 목초로 유지할 수 있어 영양적으로 유리하다. • 전지 효과에 의한 성장 촉진 효과가 있다. • 초지생태계의 양분순환을 촉진한다. • 수확, 이용 및 분뇨의 시비노력이 절약된다. • 기호하는 목초를 마음대로 채식할 수 있다. • 토지의 수분스트레스를 방지하고, 식생을 조절한다. • 목초종자의 토양혼입이 가능하고, 갑작스런 추위에 의한 손실을 방지할 수 있다.	• 단위면적당 수량이 청예법에 비해 적다. • 제상에 의한 가식초량 감소 및 식생이 파괴된다. • 과도방목에 다른 토양침식이 우려된다. • 제반시설에 비용이 투자되고, 유지에너지가 증가된다.

파종방법
- 점파(점뿌림)
- 산파(흩어뿌림) : 넓은 방목지에 적당한 파종방법
- 조파(줄뿌림)
- 대상조파(대상줄뿌림) : 씨앗과 거름이 직접 닿지 않기 때문에 거름의 염해를 줄이고, 생산량이 높은 초지를 만들 수 있는 파종방법
- 적파(무더기뿌림)

▌작부체계의 종류
- 연작(이어짓기) : 동일한 밭에 같은 종류의 작물을 계속해서 재배하는 것
- 간작(사이짓기) : 한 가지 작물이 생육하고 있는 줄 사이에 다른 작물을 재배하는 것
- 윤작(돌려짓기) : 합리적으로 조합된 작물을 같은 토양에서 일정한 순서에 따라 규칙적으로 돌려가며 재배하는 작부방식

▌혼파조합의 기본원칙
- 혼파되는 초종은 서로 기호성(방목)이나 경합력이 너무 차이가 나지 않고 비슷해야 한다.
- 단순혼파가 중심이 되어야 하고, 4종 이상 혼파하지 않는다.
- 의도된 목적에 맞도록 관리되어야 한다.
- 최소한 콩과 1초종과 화본과 1초종이 혼파되어야 한다.
- 초기 정착을 고려하여 방석형 초종을 혼파한다.
- 조성 초기 수량과 정착 후 수량 및 지속성을 고려한다.
- 화본과와 두과의 비율을 7 : 3으로 유지한다.

▌초지의 잡초 방제
- 애기수영
  - 개화 초기(5~6월)에 메코프로프 액제를 200배액으로 희석하여 충분히(1,500L/ha) 살포한다.
  - MCPP 4L + 디캄바 2L + 물 1,200L/ha 살포한다.
  - 디캄바 300배액을 1차 살포하고 목초 파종 후 디캄바 300배액을 살포한다.
- 소리쟁이 방제 : ha당 반벨 액제 2L를 물 1,200L에 희석하여 갱신 30일 전에 살포한다.

▌토양전염성 병해 방제
- 추운지방 : 설부병
- 더운지방 : 엽부병 및 백견병
- 방제
  - 설부병 : 유기수은제와 PCNB제를 눈이 덮이기 전에 살포한다.
  - 엽부병 : 사용 초지에서 예방이 이루어지고 있다.

▌초지갱신과정 : 기존식생 제거 → 석회 및 비료 사용 → 파종 → 갈퀴질 및 진압

[03] 배합사료

■ 한국가축사양표준

가축의 종류, 성별, 성장단계 및 생산목적에 따라 유지와 생산에 필요한 1일 영양소 요구량을 과학적인 실험을 통해 결정해 놓은 기준이다.

■ 사양표준에 사용된 기준

- 에너지 : TDN, DE, ME 등
- 단백질 : DCP, CP
- 비타민 : 수용성 비타민과 지용성 비타민(A, D, E, K)
- 무기질 : 칼슘, 인
- 급여상태

■ TMR(Total Mixed Ration) 사료

소가 하루 동안에 필요한 조사료, 농후사료, 무기물, 비타민, 기타 미량요소 등 모든 영양소를 함유하도록 여러 종류의 사료를 혼합한 사료를 TMR(완전혼합사료)이라 한다.

■ TMR 사료의 장단점

장점	단점
• 고능력우 사양에 적합하고 산유량과 유지율이 증가된다. • 가장 단순한 방법으로 노동시간 단축 및 시간의 활용이 용이하다. • 편식을 방지하고 영양소가 균형 있게 섭취되어 사료의 이용 효율을 높인다. • 기호성이 좋으므로 사료섭취량이 증가하고 산유량 및 유지율이 향상된다. • 한 가지 사료를 한꺼번에 급여하므로 고용인력이나 헬퍼 요원들에게도 안심하고 사료급여를 맡길 수 있다. • 적절한 조사료 첨가로 인해 반추시간이 길어져 반추위조건이 좋아진다. • 계약진료에 의해 분만간격 단축, 도태율 및 질병발생빈도가 감소된다. • 번식 효율과 건강이 개선되어 약값, 진료비 등의 지출 감소로 농가의 소득이 향상된다. • 우군의 성질이 온순해지고 능력도 향상된다. • 자유 채식을 해도 식체 발생빈도가 감소된다. • 추가 조사료 구입이 필요치 않게 되고 다른 조사료 급여량도 감소된다. • 농가 부산물의 이용이 가능하여 부산물의 폐기에 따른 환경오염 방지에도 공헌을 한다.	• TMR에 대한 충분한 이해와 지식이 필요하다. • TMR배합용 단미사료의 확보 및 유통이 원활해야 한다. • 사양 관리상의 시설투자에 큰 비용이 소요된다. • TMR배합을 위한 사료배합프로그램의 확보와 운영에 대한 지식이 필요하다. • 비유단계별, 성장단계별, 산유능력별 등 우군분리가 전제되어야 하나 중소규모 낙농가의 경우 군분리가 어려워 과비우나 마른소가 나올 수 있고 번식장애 및 각종 대사장애가 발생할 가능성이 높다. • 원료의 변화가 있을 때 정확한 사료적 가치를 평가하기 어렵다. • 볏짚이나 베일형태의 긴 건초는 배합기에 넣기 전에 적당한 길이로 세절해야 하는 번거로움이 있다. • 소규모 사육농가에 부적당하다. • 사양 관리상의 시설개선 및 기술이 필요로 한다. • 습식사료이므로 장기간 보관이 어렵고 사료 내 이물질이 함유될 경우가 있다.

■ **한우 TMR 사료로 활용 가능한 농식품 부산물**

두부박(비지), 맥주박, 주정박, 설탕제조 부산물(당밀), 전분제조 부산물(전분박), 과일부산물(감귤박, 사과박, 당근박, 배박, 포도박, 토마토박 등), 제과제빵 부산물, 버섯부산물(폐배지) 등

■ **펠리팅(pelleting)** : 가루사료를 고온·고압하에서 단단한 알맹이(펠릿)사료로 만든다.

■ **펠리팅의 장단점**

장점	단점
• 사료의 부피를 줄여 취급 및 수송이 용이해진다. • 사료로부터 발생하는 먼지를 막을 수 있다. • 사료 중 열에 약한 병원성 세균 및 독성물질이 파괴된다. • 사료 섭취량과 소화율을 향상시킨다. • 사료 이용효율 및 기호성을 증진한다. • 영양소 불균형과 사료 허실 발생을 예방한다. • 가축의 선택적 채식이 방지되고, 짧은 시간에 많은 사료를 먹일 수 있다.	• 가공 과정에서 비타민 등 열에 약한 영양소가 파괴될 수 있다. • 음수량이 증가한다. • 젖소에 급여하는 조사료를 분쇄 및 펠리팅하면 유지방의 함량이 나빠진다. • 가공을 위한 시설투자 비용이 비싸고 가공비용이 소요되는 단점이 있다.

■ **플레이킹(flaking, 박편처리)**
• 주로 곡류(옥수수, 루핀, 귀리, 보리, 수수 등)를 납작하게 압착한 것으로 박편이라고도 한다.
• 옥수수 내 전분이 젤라틴화(호화)되어 점도와 부피가 증가하고 가용성이 증가되어 소화율이 증가하게 된다.
• 사료는 부패 및 곰팡이 오염의 가능성이 높다.

■ **익스트루전(extrusion)**
• 원료사료에 고열·고압을 가한 후 조그만 구멍을 통하여 밀어내면 사료가 부풀어 오르면서 기공이 생기게 되는데 이것을 적당한 틀을 이용하여 여러 가지 모양으로 만든다.
• 사료의 기호성이 향상된다.
• 항영양성 인자나 성장저해 요소 중 열에 약한 성분을 효과적으로 파괴하거나 불활성화시킬 수 있다.

■ **조사료의 가공** : 세절, 알칼리 처리, 가성소다 처리, 암모니아 처리, 석회 처리, 과산화수소 처리

■ **건초**
• 야생초나 목초를 이삭이 패는 때부터 꽃피기 시작하는 사이에 베어, 햇빛이나 열풍으로 건조한다.
• 안전한 저장을 위한 수분함량은 15% 이하이다.

건초의 품질평가 시 고려해야 할 사항

녹색도, 잎의 비율, 방향성과 촉감, 이물질의 혼입 정도, 수분 함량, 단백질 함량, 조섬유 함량 등

사일리지

- 저장성을 극대화하기 위해 목초, 풋베기 작물, 곡식용 작물 및 농산부산물 등에 유산균을 이용하여 발효시킨 다즙질 사료이다.
- 사일리지를 만드는 기본 원리는 혐기적인 젖산발효에 의해 조사료를 발효시키는 것이다.
- 체중의 1~2%를 급여한다.

사일리지에 첨가하는 물질(첨가제)

- 발효 자극제(pH를 4.0 이하로 낮추어야 함)
  - 젖산균 첨가제
  - 영양소 첨가제 : 효소 및 당밀
- 발효 억제제(산도를 저하시켜 보존 능력 증진) : 개미산, 프로피온산
- 양분(단백질) 첨가제 : 요소, 암모니아, 모레아, 기타 무기물, 곡류
- 기타
  - 수분조절 : 비트펄프, 밀기울, 볏짚
  - 세포벽 분해 : 셀룰로스 및 곰팡이
  - 부산물 : 계분, 채소잎 등

각 사료작물의 사일리지 이용 시 수확적기

- 옥수수 : 황숙기 또는 건물 함량 30% 내외
- 호밀 : 개화기~유숙기
- 사초용 수수 : 호숙 중기~호숙 말기
- 혼파목초 : 출수 초기 또는 개화 초기

사일리지의 품질

- 외관에 의한 품질판정
  - 향취 : 시큼한 냄새가 나는 것이 정상이고, 두엄·곰팡이 냄새가 나면 질이 나쁜 것이다.
  - 맛 : 새콤하고 향긋한 산미가 좋고, 무미·떫은맛은 질이 좋지 않다.
  - 색깔 : 황록색이 좋고 재료에 따라 색이 다양하다.
  - 감촉 : 부슬부슬하고 부드러운 것이 좋고, 끈적끈적한 것은 불량이다.

- 화학적 방법에 의한 품질평가
    - pH 측정 : pH 3.5~4.0
    - 유기산의 조성 : Flieg 방법으로 유산, 초산, 낙산을 정량한 다음 조성비율을 계산한다.
    - 질소화합물의 함량에 따른 판정 : 제조 중 단백질의 일부가 휘발성 염기질소로 변하고 이것이 산패취의 원인이다.

사일리지의 급여
- 젖소 : 50~70kg/1일, 체중의 5~6%
- 한우 : 볏짚 4kg와 엔실리지 15kg 급여
- 송아지 : 생후 6개월이 지난 후

헤일리지(저수분 사일리지)의 장점
- 고수분 사일리지보다 유통과 보관이 쉽다.
- 건초보다 만들기 쉽다.
- 수분함량을 낮추어 건물 섭취량을 증가시킨다.
- 재료의 운반이 편리하다.
- 즙액의 유실로 인한 손실이 적다.
- 발효가 억제되어 pH가 일반 사일리지에 비해 높다.
- 건물 손실이 적다.
- 겨울에 얼지 않는다.

수분함량에 따른 분류 및 장단점

구분	건초	헤일리지	사일리지
수분함량	15~20% 이하	40~60%	60~70% 또는 이상
장점	• 정장제 효과(설사 방지) • 수분함량이 적어 운반과 취급이 용이하다. • 비타민 D 함량이 높다.	2~3일 예건으로 생산이 가능하다.	• 날씨의 영향이 적다. • 건초에 비해 단백질 비타민 함량이 높다. • 기호성과 저장성이 좋다.
단점	• 기상의 영향을 많이 받는다. • 강우 시 품질 저하가 우려된다.	발효가 잘 되지 않아 미생물 첨가제가 필요하다.	특수한 기계 및 시설이 필요하다.

PART 01

핵심이론

CHAPTER 01   가축생산기술

CHAPTER 02   사료생산 및 이용

CHAPTER 01 가축생산기술

제1절 사양관리

핵심이론 01 소의 품종 특성(1) 육용종

① 용도에 따른 분류

용도	특징	주요 품종
육용	• 영국, 미국, 프랑스에서 성립되었다. • 고기의 양과 질에 중점을 둔다.	애버딘앵거스, 샤롤레, 브라만, 헤리퍼드, 한우, 겔로웨이, 데본
유용	• 유럽을 중심으로 성립되었다. • 쐐기모양이다.	홀스타인, 저지, 건지
역용	• 농경중심 시대에 성립되었다. • 전구가 발달한 모양이다.	인도우, 중국우
겸용	• 중간형, 유육의 겸용종이다.	심멘탈

② 육용종의 품종별 특성
  ㉠ 앵거스(Angus)종
    • 영국 스코틀랜드가 원산으로, 전신이 흑색이고 무각이다.
    • 전형적인 육용종으로 늑골이 길며 체형이 풍만하고 꼬리 부위가 융기되어 있다.
    • 임신기간이 다른 소에 비하여 짧고, 매우 신경질적이다.
    • 장방형의 고기형으로 방목에 적합하며 다리가 짧다.
  ㉡ 샤롤레(Charolais)종
    • 프랑스 샤롤레 지방이 원산으로, 송아지 때는 황갈색이나 자라면서 크림 백색의 단색이 된다.
    • 이마의 털이 곱슬하고, 성질이 온순하다.
    • 비육성이 양호하며 지방의 부착이 적은 중숙종이다.
    • 체폭이 넓고 후구가 발달된 대형종이다.
  ㉢ 브라만(Brahman)종
    • 인도가 원산이나 미국에서 교잡되어 새롭게 품종화되어 사육되고 있다.
    • 주로 갈색이나 붉은색을 띠지만 검은색이나 흰색 및 반점이 있는 것도 있다.
    • 귀가 처지고 긴 얼굴이며, 어깨 부위에 혹이 있다.
    • 내서성이 좋으나 추위에는 약하며, 육질은 좋은 편이 아니다.
  ㉣ 헤리퍼드(Hereford)종
    • 영국의 헤리퍼드 지방이 원산이다.
    • 육용종 중 성질이 가장 온순하고, 방목지에서 사육하기 좋다.
    • 얼굴과 배, 옆구리, 가슴, 무릎 아래에 흰 점이 있는 붉은 체모를 가지고 있다.
    • 안면의 백색은 우성 백색이다.
    • 조숙조비이지만 옆구리와 엉덩이 사이에 지방이 축적되기 쉽다.
  ㉤ 한우종
    • 모색은 황갈색이고, 기타 칡소, 흑소 등이 있다.
    • 체고에 비해 다리와 체장이 길고, 체폭이 좁으며 앞가슴이 발달되어 있다.
    • 발굽이 튼튼하여 역용에 적합하고, 온순하며 일을 잘한다.
    • 질병에 강하고, 육질이 매우 우수하다.
    • 성장이 느리고 후구가 빈약하며, 산유량이 적다.
  ㉥ 기타 육우의 품종
    • 갤로웨이종 : 영국 스코틀랜드 남서부 갤로웨이 지방이 원산이다.

- 쇼트혼(Shorthorn)종
  - 영국 북동부가 원산이며 뿔이 짧다.
  - 미국에서 개량된 대형 종이다.
  - 도체율 60%, 육질이 연하다.
- 미국에서 육종됨 : 산타 거트루디스, 바르존, 비프마스터, 브라퍼드, 브랑거스, 차브레이, 무각 헤리퍼드, 무각 쇼트혼, 레인저, 텍사스 롱혼 등
- 웰시블랙종(영국 웰시), 데본종(영국), 서섹스종(잉글랜드)
- 스코취하이랜드종 : 스코틀랜드
- 타랑테종 : 프랑스

10년간 자주 출제된 문제

1-1. 육용종 소 품종에 해당되는 것은?
① 로드아일랜드 ② 오핑턴
③ 앵거스 ④ 오골계

1-2. 고기소 품종에 대한 설명이 옳은 것은?
① 헤리퍼드종은 미국이 원산지이다.
② 브라만종은 추위에 강한 품종이다.
③ 샤롤레이종은 유육 겸용종이다.
④ 앵거스종은 모색이 흑색이다.

1-3. 영국이 원산이고, 육용종으로 분류되며 조숙성이며 식욕이 왕성하고 성질이 거칠며 뿔이 없고, 전신 모색이 검은 소의 품종은?
① 리무진 ② 헤리퍼드
③ 애버딘앵거스 ④ 샤롤레

[해설]

1-2
① 헤리퍼드종은 영국이 원산지이다.
② 브라만종은 내서성이 강하나 추위에 약한 품종이다.
③ 샤롤레이종은 육용종이다.

1-3
① 리무진 : 19세기 프랑스 남서부 지역에서 유럽의 새로운 육우 품종 개량한 품종으로, 짐을 나르는 용도와 고기소로 우수하다.
② 헤리퍼드 : 영국의 헤리퍼드 지방이 원산으로, 육우종 중 성질이 가장 온순하고 방목지에서 사육하기 좋은 품종이다.
④ 샤롤레 : 프랑스 샤롤레 지방이 원산으로 체모는 송아지 때는 황갈색이나 자라면서 크림 백색의 단색이 된다.

정답 1-1 ③ 1-2 ④ 1-3 ③

핵심이론 02 소의 품종 특성(2) 유용종

① 홀스타인(Holstein-Friesian)종
  ㉠ 원산지는 네덜란드이며 나라에 따라 홀스타인 또는 홀스타인프리지안이라 한다.
  ㉡ 모색은 검고 희거나 붉고 흰 반점으로 되어 있다.
  ㉢ 사육 역사는 2,000년 전으로 온대지방에서 많이 사육한다.
  ㉣ 산유량은 6,000kg 정도로 많으나 평균유지율은 3.4% 정도로 비교적 낮다.
  ㉤ 체격은 젖소 중 가장 큰 편으로 암컷 500~700kg, 수컷 900~1,100kg 정도이다.
  ㉥ 체형은 전구에 비해 후구가 매우 발달된 쐐기형으로, 머리는 몸에 비해 작은편이며, 유방이 크고 잘 발달되어 있다.
  ㉦ 성질이 온순한 편이나 황소인 경우에는 거친 소도 있다.
  ㉧ 초산은 29개월령 전후이고 환경 적응력이 강하여 전세계에서 사육되고 있다.
  ㉨ 최근 종모우나 정액이 미국 또는 캐나다에서 수입되어 이용되고 있다.

② 저지(Jersey)종
  ㉠ 원산지는 영국 해협(저지섬)이고 체형이 젖소 중 가장 작다.
  ㉡ 모색은 담갈색부터 농갈색까지 매우 다양하다.
  ㉢ 체중은 암컷 350~450kg, 수컷 550~700kg이다.
  ㉣ 유방의 형태가 매우 이상적이며, 유지율이 가장 높다.
  ㉤ 성질이 신경질적이나 송아지를 잘 기른다.
  ㉥ 성 성숙이 빠르고, 유지율 및 전고형분 함량이 다른 품종보다 높다.

③ 건지(Guernsey)종
- ㉠ 영국령 건지섬이 원산으로, 추위에 강하고 체격은 저지보다 조금 크다.
- ㉡ 모색은 갈색이나 뚜렷한 흰 무늬가 있다.
- ㉢ 성질이 온순하고 얼굴이 길며, 뿔이 앞쪽으로 뻗어 끝으로 갈수록 뾰족하다.
- ㉣ 우유는 황색에 가깝고, 청초로 사육하면 그 색깔이 더욱 진해진다.
- ㉤ 유지율은 5% 정도이며, 전고형분 함량도 높은 편이다.

④ 에어셔(Ayrshire)종
- ㉠ 스코틀랜드 남서부 에어셔 지방이 원산이다.
- ㉡ 모색은 적색, 담적색, 갈색, 암적색 등 다양하며 흰 무늬가 있거나 완전히 흰 것도 있다.
- ㉢ 뿔이 앞쪽 상방으로 굴곡된 것이 특징이다.
- ㉣ 성질은 활발하나 신경질적이며, 채초능력이 우수하다.
- ㉤ 풍토에 대한 적응능력이 뛰어나고, 홀스타인보다 조숙성이며 장수한다.
- ㉥ 연간 산유량은 3,500~4,500kg, 유지율은 4% 정도이며 지방구가 작아 치즈 제조용으로 좋다.

⑤ 유용 쇼트혼(Milking Shorthorn)종
- ㉠ 토마스 베이트에 의해 쇼트혼 중 유용으로 선발된 품종으로 잉글랜드 지방이 원산이다.
- ㉡ 모색은 적색, 흰색 및 이 두 가지 색의 조합으로 다양하며 짧고 가는 뿔이 있다.
- ㉢ 성질은 온순한 편이며 지방구가 작고 흰색으로 시유, 치즈, 연유로 적당하며 비육성이 매우 좋다.

⑥ 브라운스위스(Brown Swiss)종
- ㉠ 스위스의 알프스 지역이 원산으로, 유용종 중 체형이 큰 편이다.
- ㉡ 모색은 갈색이고, 코나 혀는 검고 콧구멍 주위는 연한 빛이다.
- ㉢ 전형적인 산악형 젖소로서 사지가 튼튼하고, 성질은 매우 온순하며 조악한 사료와 기후조건이 나쁜 곳에서도 잘 적응한다.
- ㉣ 만숙종이며 성 성숙이 늦은 대신 장수하고 불임문제가 거의 없다.
- ㉤ 스위스에서는 유(乳), 육(肉), 역(役)으로 이용하고, 미국에서 유용종으로 개량하였다.
- ㉥ 송아지는 인공포유가 어렵다.
- ㉦ 연간 산유량은 3,000~4,000kg이며 유지율은 4% 내외이고, 지방구가 작고 우유는 흰색이다.

10년간 자주 출제된 문제

2-1. 산유량은 6,000kg 정도로 많으나 평균 유지율은 3.4% 정도로 비교적 낮은 젖소의 품종은?
① 홀스타인종 ② 저지종
③ 건지종 ④ 샤롤레종

2-2. -10~24℃ 사이 온도의 범주 내에서는 생리적으로 별다른 영향을 받지 않는 가축은 어느 것인가?
① 산란계 ② 육계
③ 비육돈 ④ 젖소(홀스타인종)

2-3. 원산지가 영국 해협이고 체형이 젖소 중 가장 작고 유지율이 가장 높은 젖소 품종은?
① 저지 ② 건지
③ 에어셔 ④ 홀스타인

|해설|

2-2
젖소(홀스타인종)는 환경 적응력이 강하여 전 세계에서 사육되고 있다.

정답 2-1 ① 2-2 ④ 2-3 ①

핵심이론 03 소의 외모 평가

① 소의 형태 및 해부학적 특징
  ㉠ 두개골의 분류

구분		주요 품종
유원우	약간 긴 두개골	홀스타인, 에어셔, 앵거스
장액우	긴 두개골	브라운스위스, 저지, 건지
대액우	큰 두개골	심멘탈
단두우	짧은 두개골	헤리퍼드

  ㉡ 소는 윗앞니가 없고 대신 치판이 있다.
  - 윗턱 : 0 + 6 + 6 = 12개
  - 아래턱 : 8 + 6 + 6 = 20개
  - 총합 = 12 + 20 = 32개
  - 치식 = $\dfrac{0 \cdot 0 \cdot 3 \cdot 3}{4 \cdot 0 \cdot 3 \cdot 3}$

② 소의 외모 심사
  ㉠ 체형 측정 부위

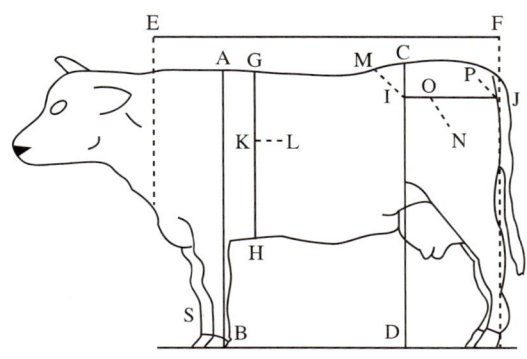

  - A-B : 체고
  - E-F : 체장(수평체장)
  - I-J : 고장
  - M-I : 요각폭
  - P-J : 좌골폭
  - C-D : 십자부고
  - G-H : 흉심
  - K-L : 흉폭
  - O-N : 곤폭
  - S : 전관위
  ※ 흉위는 흉폭과 흉심을 재는 부위를 줄자로 측정한다.

- 체고 : 기갑의 정상에서 지면까지의 수직거리
- 십자부고 : 십자부에서 지면까지의 수직거리
- 체장 : 어깨 전단에서 좌골후단을 직선으로 이은 수평거리
- 흉위 : 견갑골 직후를 통하는 가슴부위 둘레
- 흉폭 : 견갑골 직후의 좌우측가슴사이의 거리
- 흉심 : 견갑골 뒤의 등에서 가슴바닥까지의 수직거리
- 고장 : 요각 전단에서 좌골추단까지의 직선거리
- 곤폭 : 좌우 곤부(고관절) 사이의 가장 넓은 부위의 수평거리

㉡ 한우의 실격 조건
  - 전신 이모색(전신 혼합모 포함)
  - 부분 이모색
    - 암소와 유방부위, 수소 치골부(恥骨部)의 심한 백반(白斑)
    - 백반과 부분 호반모 및 부분 흑갈색모
    - 흑만선(黑鰻線), 백만선(白鰻線)
  - 눈꺼풀과 눈언저리의 흑색 및 흑비경
  - 유전적 불량형질 및 이성쌍태아(異性雙胎兒)중 불임축
  - 외모심사 시 감점(減點) 50% 이상 부위가 있는 것
  - 부정한 행위로 실격조건을 은폐시킨 것

㉢ 젖소의 실격 조건
  - 모색
    - 흑 또는 백의 전신 단일모색
    - 미방 또는 복부의 흑색
    - 한 다리라도 제관부가 흑모로 쌓인 것
    - 혼합모
  - 유방 : 선천적인 1유구 이상의 결여
  - 이성쌍태아의 불임축
  - 부정행위
  - 유전적인 불량형질

② 소의 선택
　㉠ 육우(비육대상우) 선정 시 고려사항
　　• 털은 짧고 윤기가 있으며, 피부가 얇고 부드러우며 탄력이 있는 것
　　• 나이에 비해 체격이 너무 작지 않고 왜소한 느낌이 들지 않는 것
　　• 머리가 작고 중구의 길이가 적당하며 비경이 넓은 소
　　• 목이 짧고, 머리와 어깨사이에 주름이 가늘게 잡힌 소
　　• 어깨 위쪽이 둥글고 앞쪽으로 튀어나오지 않은 소
　　• 갈비뼈가 충분히 개장되고 간격이 넓은 소
　　• 배분이 정상적이고, 배가 크게 늘어지지 않은 소
　　• 등과 허리의 부착이 좋고 평평하여 부착이 좋은 소
　　• 요각폭이 넓고 평평한 소
　　• 엉덩이가 넓고 길며 경사가 심하지 않은 소
　　• 곤폭은 요각보다 약간 좁고 위치가 낮지 않은 소
　　• 넓적다리와 궁둥이는 넓고 두꺼우며 비절을 향해 두꺼운 소
　㉡ 건강하고 우수한 젖소의 체형
　　• 적당한 크기와 품종의 특징이 뛰어난 것
　　• 이상적인 엉덩이 구조를 갖추어 번식능력이 우수한 것
　　• 소화기관이 튼튼하고 섭취한 사료를 효율적으로 우유생산으로 환원할 수 있을 것
　　• 다리가 튼튼해 몸을 잘 유지하고 오랫동안 생활할 수 있을 것
　　• 장기간 착유를 견뎌 낼 수 있는 높고, 넓고, 강하고, 균형 잡힌 유방일 것
　　• 각 부위별로 균형과 이행이 우수하며 관리하기 용이한 몸구조일 것
　㉢ 젖소의 선택
　　• 산유량이 가장 많은 품종 : 홀스타인
　　• 유지율이 좋은 품종 : 저지
　　• 유육겸용 품종 : 홀스타인, 브라운스위스
　　• 방목에 적합한 품종 : 에어셔, 브라운스위스

더 알아보기

가축의 유전력

가축	형질	유전력
돼지	증체량	0.24
	체장	0.50
	등지방두께	0.55
젖소	체형	0.14
	비유량	0.20
	유지율	0.60
고기소	도체등급	0.14
	생시체중	0.34
	증체량	0.60

10년간 자주 출제된 문제

3-1. 한우의 외모심사에서 실격 조건이 아닌 것은?
① 전신 이모색
② 백반과 부분 호반
③ 흑만선
④ 감점 40점 이상 부위가 있는 것

3-2. 가축 체형 측정에서 기갑부의 가장 높은 곳에서 지면까지 수직 높이를 잰 것을 무엇이라 하는가?
① 체장   ② 체고
③ 흉심   ④ 고장

3-3. 비육대상우를 선정할 때 고려해야 할 사항 중 가장 부적합한 것은?
① 목이 짧으며 배가 너무 늘어져 있지 않은 소
② 몸의 길이가 충분하고 가슴이 넓은 살이 잘 찔 수 있는 소
③ 피부가 두꺼우며 탄력이 있고 피모가 굵으며 거친 소
④ 머리가 작고 중구의 길이가 적당하며 비경이 넓은 소

3-4. 다음 중 유용가축의 체형에 관한 설명으로 옳은 것은?
① 체폭과 체심 모두 큰 것이 좋다.
② 체심보다는 체폭이 큰 것이 좋다.
③ 체폭보다 체심이 큰 것이 좋다.
④ 체폭이나 체심과는 관계가 없다.

[해설]

3-1
④ 외모심사 시 감점(減點) 50% 이상 부위가 있는 것

3-2
① 체장 : 어깨 전단에서 좌골후단을 직선으로 이은 수평거리
③ 흉심 : 견갑골 뒤의 등에서 가슴바닥까지의 수직거리
④ 고장 : 요각 전단에서 좌골추단까지의 직선거리

3-3
③ 털은 짧고 윤기가 있으며, 피부가 얇고 부드러우며 탄력이 있는 것

정답 3-1 ④ 3-2 ② 3-3 ③ 3-4 ③

핵심이론 04 돼지의 품종 특성

① 용도에 따른 분류

용도	특징	주요 품종
라드형 (지방형, lard type)	• 체구가 작고 체폭과 체심이 크며, 다리가 짧고 지방이 많이 축적되는 체형이다. • 살이 많이 찌고 지방축적이 많아서 비육능력은 우수하나 번식능력이 떨어져 산자수가 적다.	폴란드차이나종, 두록종, 체스터화이트종, 버크셔종 등
베이컨형 (가공형, bacon type)	• 낙농부산물, 완두콩, 보리, 밀, 연맥, 호맥, 근채류 등이 많이 이용되는 곳에서 질이 좋은 베이컨 생산을 목적으로 개량된 체형이다. • 몸 안에 지방을 축적시키지 않고 가운데 몸통이 길며 햄이 풍부하며 베이컨이 잘 발달되었다.	랜드레이스종, 대요크셔종, 탬워스종 등
미트형 (고기형, pork type, meat type)	• 라드형과 베이컨형의 중간체형이며 생육용으로도 좋고, 산자수도 높다. • 발육이 빠르고 근육 부착상태가 좋으며, 햄 부위가 충실하고 지방의 과다축적이 없다.	햄프셔종, 중요크셔종 등

[라드형]

[베이컨형]

[고기형]

② 돼지의 품종별 특성

㉠ 랜드레이스(Landrace)종
- 덴마크에서 흰색 토산종에 요크셔를 교배시켜 베이컨형으로 개량하였다.
- 몸은 백색이고 체형이 유선형으로 미끈하게 뻗어 있다.
- 머리는 작은 편이며 귀가 크고 앞쪽으로 늘어져 있다.
- 번식능력과 비유능력이 우수하다.
- 적육과 지방의 비율이 적당하여 베이컨 생산에 유리하다.

ⓒ 대요크셔(Large Yorkshire)종
- 영국 요크셔 지방의 재래종 돼지에 몇 가지 다른 계통을 교배하여 성립된 품종이다.
- 3원교잡 시 모계로 적합하여 널리 이용된다.
- 조숙성으로 번식능력이 우수하고 포유능력이 양호하다.

ⓒ 두록(Duroc)종
- 미국의 동부지방이 원산지로, 모색이 갈색 또는 적색이다.
- 3원교잡종을 생산하기 위한 수퇘지로 가장 많이 쓰인다.
- 개량된 저지레드종과의 교잡에서 육종된 육질이 가장 우수하다.
- 도체율이 타 돼지 품종보다 높다.

ⓒ 햄프셔(Hampshire)종
- 미국 옥수수 지대가 원산으로, 체장이 길고 안면이 바르며 귀는 서고 턱은 가볍다.
- 피모는 거칠지 않으며, 모색은 흑색이고 어깨에 백색띠가 있다.
- 유전력과 번식력이 강하고 성질이 활발하며, 체질이 강건하여 기후풍토에 적응성이 강하다.

ⓒ 버크셔(Berkshire)종
- 영국 버크셔 지방의 재래종에 중국종 및 다른 계통을 교배하여 성립된 품종이다.
- 몸 전체가 흑색인데 얼굴과 사지, 꼬리의 끝만 백색인 육백이라 한다.
- 산자수가 적은 것이 단점이다.

ⓒ 한국 재래종
- 모색이 흑색이고 주둥이는 길며 귀는 직립해 있다.
- 체구는 작으며 허리와 배가 아래로 처지고 전구의 발달이 불량하다.
- 체질이 강건하고 질병에 대한 저항성도 강하다.
- 성장률과 도체율이 낮아 경제성이 떨어지지만 육질이 양호하다.

ⓢ 폴란드차이나(Poland China)종
- 미국이 원산지로 흑색 6백이다.
- 산자수가 적고, 라드형이다.

10년간 자주 출제된 문제

4-1. 덴마크에서 흰색 토산종에 요크셔를 교배시켜 베이컨형으로 개량한 흰돼지 품종은?
① 폴란드차이나 ② 체스터화이트
③ 햄프셔 ④ 랜드레이스

4-2. 미국의 동부지방이 원산지로, 모색이 갈색 또는 적색이며 3원교잡종을 생산하기 위해 수퇘지로 가장 많이 쓰이는 돼지의 품종은?
① 랜드레이스종 ② 요크셔종
③ 버크셔종 ④ 두록종

4-3. 돼지 품종 중 미국 원산으로 어깨에 백색띠가 있는 품종은?
① 버크셔종 ② 요크셔종
③ 햄프셔종 ④ 탐워스종

해설

4-1
랜드레이스종
덴마크가 원산지인 베이컨형의 대형 백색종으로 19~20세기 초에 걸쳐 덴마크의 재래종과 대요크셔종의 교잡종을 기초로 후대검정을 통하여 산육능력이 우수한 랜드레이스종이 만들어지게 되었다.

4-2
두록종
미국이 원산이며 털빛이 적갈색으로 도체율이 타 돼지 품종보다 높다.

4-3
햄프셔종
털색이 대부분 검은색이지만 검은 바탕의 어깨부터 앞다리에 걸쳐서 흰 띠가 있다.

정답 4-1 ④ 4-2 ④ 4-3 ③

핵심이론 05 돼지의 외모 평가

① 돼지의 특성
  ㉠ 돼지의 생활적온은 15~25℃이다.
  ㉡ 돼지의 이빨은 3개월경에 젖니 28개, 18개월이 되면 44개의 영구치를 갖게 된다.
  ※ $\dfrac{3\text{-}1\text{-}4\text{-}3}{3\text{-}1\text{-}4\text{-}3} \times 2 = 44$
  ㉢ 돼지는 후각과 청각이 매우 발달하여 주인의 발소리를 기억하고 냄새로 새끼를 구별할 수 있다.
  ㉣ 심리적 특성
   • 굴토성 : 태생부터 흙을 좋아하고 땅을 코로 파는 성질이 있다. 코에는 연골판이 있어서 쉽게 팔 수 있다.
   • 청결성 : 돼지는 배설하는 곳과 잠자는 곳을 구별할 수 있다.
   • 마찰성 : 피지샘과 땀샘이 퇴화하여 피부가 건조하고, 목이 굵고 꼬리가 짧아서 가려움을 해결하지 못해 주변의 사물이나 땅에 몸을 마찰시켜 해소한다.
   • 후퇴성 : 꼬리를 잡으면 앞으로 가고, 위턱을 잡으면 뒤로 가는 성질로, 이를 이용해 돼지를 보정한다.
   • 군거성 : 돼지는 무리를 지어 생활하는 습성이 있다.
  ㉤ 생리적 특성
   • 잡식성 : 돼지는 동물성, 식물성 사료를 모두 소화할 수 있는 소화기관의 구조이다.
   • 다산성 : 한 배에 10~12마리 정도의 새끼를 가지며 1년에 2~2.5산이 가능하다.
   • 다육성 : 적은 양의 사료로 많은 양의 고기를 생산할 수 있다. 5~6개월이면 110kg에 도달한다.

② 돼지의 외모 심사
  ㉠ 체형 측정 부위

  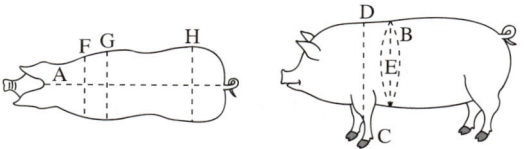

   • A : 체장   • B : 흉위
   • C : 전관위 • D : 체고
   • E : 흉심   • F : 전폭
   • G : 흉폭   • H : 후폭
   • 체장 : 양 귀 사이에서 미근까지의 길이
   • 흉위 : 앞다리 꿈치 바로 뒤의 몸의 둘레
   • 체고 : 어깨상단에서 지면까지의 직선거리
   • 흉심 : 가슴의 깊이(흉위 측정 부위)
   • 전폭 : 앞몸 제일 넓은 부위의 너비
   • 흉폭 : 앞다리 꿈치 바로 뒤의 가슴 너비
   • 후폭 : 뒷몸에서 가장 넓은 부위의 너비
   • 전관위 : 앞다리 정강이의 제일 가는 부위 둘레
  ㉡ 실격 조건
   • 귀가 앞으로 심하게 늘어진 것
   • 피부에 반점이 있는 것
   • 정상적인 유두가 12개 미만 또는 유두의 형질이 불량한 것
   • 수컷의 생식기가 정상적이 아닌 것

③ 돼지의 선택
  ㉠ 돼지 품종의 선택기준
   • 복당산자수가 많아야 한다.
   • 젖 생산량과 새끼를 돌보는 능력이 우수해야 한다.
   • 수태율이 높아야 한다.
   • 등지방층두께가 얇고, 배장근단면적이 넓으며, 도체율, 정육률이 좋아야 한다.
  ㉡ 돼지의 선발 시 고려사항
   • 품종의 특성을 갖출 것
   • 일령에 따른 정상적인 발육을 할 것
   • 권장하는 신체상태를 유지할 것

- 골격이 튼튼하고 구조가 클 것
- 귀와 귀 사이가 넓고, 턱은 바르게 설 것
- 피부와 피모에 광택이 있고 주름살이 없을 것
- 코끝은 넓고 볼은 가벼울 것
- 앞다리 사이가 넓고, 가슴과 직사각형을 이룰 것
- 어깨가 가볍고 지방 침착이 적을 것
- 흉심이 깊고 체하선이 평평하여 지면과 수평을 이룰 것
- 엉덩이의 경사가 적고, 꼬리가 위에 붙어 있을 것
- 발목은 체형 유지를 위해 탄력이 있어야 하며, 발톱의 크기가 같을 것
- 꼬리가 굵고, 햄 부위는 깊을 것
- 생식기의 발육이 좋고, 외음부의 상태가 정상일 것

※ 돼지의 경제적 개량형질 : 복당산자수, 이유 시 체중, 이유 후 성장률, 사료효율, 도체의 품질(도체장, 배장근단면적, 도체율, 햄-로인 비율, 등지방두께, 근내지방도)

10년간 자주 출제된 문제

돼지의 경제적 개량형질이 아닌 것은?

① 체형
② 이유 시 체중
③ 복당산자수
④ 도체의 품질

|해설|

돼지의 경제적 개량형질 : 복당산자수, 이유 시 체중, 이유 후 성장률, 사료효율, 도체의 품질

정답 ①

핵심이론 06 닭의 품종 특성

① 닭 품종의 분류

㉠ 용도에 따른 분류

용도	특징	주요 품종
육용종	고기를 생산하기 위해 단기간 동안 사육하는 닭으로서 몸집이 정방형이며, 브로일러라고 한다.	브라마종, 코친종, 도킹종, 코니시종 등
난용종	계란을 생산하기 위해 사양되는 닭으로, 몸의 앞부분보다 뒷부분이 잘 발달된 체형이다.	레그혼종, 미노르카종, 안달루시안종, 햄버그종, 캠파인종, 안코나종 등
난육 겸용종	고기와 계란 생산을 겸하는 품종이다.	플리머스록종, 뉴햄프셔종, 로드아일랜드레드종, 오스트랄로프종, 오핑턴종 등
애완용종	애완용으로 사육하기 위한 품종이다.	폴리시종, 오골계(실키, 연산), 장미계, 차보종 등

㉡ 원산지에 따른 분류
- 동양 : 코친종, 브라마종, 량산종, 말레이종, 오골계(실키), 차보종 등
- 지중해 연안 : 레그혼종, 미노르카종, 안코나종, 스페니시종, 안달루시안종 등
- 미국 : 뉴햄프셔종, 로드아일랜드종, 플리머스록종, 와이언도트종 등
- 영국 : 서섹스종, 도킹종, 햄버그종, 코니시종 등
- 기타 : 유럽종, 한국재래종 등

② 닭의 품종별 특성

㉠ 브라마(Brahma)종
- 원산지는 동인도 브라마버터 지방이다.
- 닭 중에서 체구가 가장 크고, 깃털이 많이 발생하여 발육이 늦다.
- 사료를 많이 소비하기 때문에 경제적인 가치가 없어 애완용으로 사육한다.

㉡ 코친(Cochin)종
- 원산지는 중국 북부이며, 영국에서 개량된 아시아의 대표적인 품종이다.

- 체구가 거대하고 육질이 좋다.
- 깃털이 밀생하여 추위에 견디는 힘이 강하다.
- 담황색종, 흑색종, 백색종 등이 있다.
- 볏은 단관으로 소형이고, 부리와 정강이는 황색이며, 난각은 적갈색이다.

ⓒ 코니시(Cornish)종
- 원산지는 영국의 콘월 지방으로, 고대 인도의 강하고 우수한 품종들을 교배시킨 품종이다.
- 암수의 체형이 같고, 깃털이 건실하며, 우면의 색이 선명하다.
- 난각은 진갈색이다.
- 내종으로는 암색, 백색, 담황색 등이 있다.
- 육용으로 우수할 뿐만 아니라 1대 잡종 육용계 부계통의 기초닭으로도 널리 이용되고 있다.

ⓔ 레그혼(Leghorn)종
- 원산지는 이탈리아의 레그혼항이며, 영국과 미국에서 조숙·다산인 난용으로 개량하여 전 세계적으로 사양되고 있다.
- 전형적인 난용종의 체형으로 경쾌하고 부드러운 곡선을 가지고 있으며, 체질은 강건하고 민첩하다.
- 단관백색 레그혼종이 모든 능력에서 우수한데, 특징은 깃털, 귓불, 난각 등이 백색이고 피부와 정강이는 황색이다.

ⓜ 미노르카(Minorca)종
- 원산지는 스페인의 미노르카섬이며 영국에서 랑산종, 코친종, 오핑턴종 등과 교잡하여 개량되었다.
- 외형적 특징으로는 체형이 직선형이고 배선은 뒤쪽으로 경사져 있으며, 고기수염은 길고 귓불이 크다.
- 부리와 정강이, 발가락 등은 흑색이고 피부는 회흑색이며, 난각은 백색이다.

ⓗ 플리머스록(Plymouth rock)종
- 원산지는 미국 메사추세츠주이다.
- 깃털의 색에 따라 횡반종, 백색종, 담황색종 등 7가지의 내종이 있다.
- 육용종처럼 체형이 크고 체질이 강건하며, 케이지 사육 및 방사에도 적당하다.

ⓢ 뉴햄프셔(New hamphshire)종
- 미국 뉴햄프셔주가 원산이며, 1930년대에 로드아일랜드종을 기초로 개량된 품종이다.
- 취소성이 없고 육질이 양호하며, 조숙성이고 깃털의 발생이 빠르다.
- 깃털은 적갈색이고, 난각은 갈색이며, 체구가 비교적 크다.

ⓞ 로드아일랜드레드종
- 원산지는 미국 동부 로드아일랜드주의 해안이며, 체질이 강건하고 조사료에 잘 적응하는 재래종이다.
- 홑볏 또는 장미볏을 가지고 있으며, 귓불은 적색이고 다리와 피부는 황색이며, 깃털과 난각은 적갈색이다.
- 성질이 온순하고 취소성이 있으며, 부화와 육추에 능숙하고, 육량과 육질 모두 우수하나 만우성이다.
- 오늘날 다수의 갈색란 산란계가 로드아일랜드레드종과 횡반플리머스록종의 특정 계통 간 교잡에 의하여 생산되었다.

10년간 자주 출제된 문제

6-1. 앞몸은 작고 뒷몸이 잘 발달된 닭은?
① 난용종　　　　　② 육용종
③ 난육겸용종　　　④ 애완용종

6-2. 닭 품종 중 난육겸용종인 품종은?
① 코친종　　　　　② 로드아일랜드레드종
③ 코니시종　　　　④ 레그혼종

6-3. 다음 중 원산지가 동양종인 닭은?
① 레그혼　　　　　② 코친
③ 플리머스록　　　④ 미노르카

6-4. 다음 닭 중 미국 원산으로 깃털은 적갈색이고 난각은 갈색이며 체구가 비교적 큰 닭은?
① 미노르카　　　　② 레그혼
③ 뉴햄프셔　　　　④ 플리머스록

[해설]

6-2
①·③ 코친종, 코니시종 : 육용종
④ 레그혼종 : 난용종

6-3
② 코친종 : 중국 북부
① 레그혼종 : 이탈리아의 레그혼항
③ 플리머스록종 : 미국 매사추세츠주
④ 미노르카종 : 스페인 미노르카섬

6-4
뉴햄프셔
로드아일랜드를 기초로 개량한 품종으로, 체질이 강건하고 성질이 온순하며 케이지 사육에 적합하다.

정답 6-1 ①　6-2 ②　6-3 ②　6-4 ③

핵심이론 07 닭의 외모 평가

① 닭의 형태
　㉠ 닭은 볏의 모양에 따라 홑볏, 완두볏, 호두볏, 장미볏, 털볏 등으로 구분한다.
　㉡ 닭의 피부에는 땀샘과 피지샘이 없어 피부의 표면이 건조하고 더위에 견디는 힘이 약하나 추위에는 강하다.
　㉢ 꼬리에는 기름샘이 있어 부리로 이곳의 기름을 묻혀서 털의 방습 및 파손을 관리한다.
　㉣ 뼈에는 함기골이 있어 가볍고 단단하다.
　㉤ 체온은 41~42℃로 포유동물보다 높다.
② 닭의 경제형질
　㉠ 산란계 : 산란수, 산란율, 초산일령, 알무게, 난각색, 생존율, 사료요구율 등
　㉡ 육용계 : 생체중, 성장률, 사료효율, 도체율, 육질, 생존율, 사료요구율 등
③ 닭의 선발 요건
　㉠ 산란계의 선발 요건
　　• 산란을 많이 할 것(다산일 것)
　　• 산란기간 내 폐사율이 낮을 것
　　• 난질이 양호하고 난중이 무거운 것
　　• 사료의 이용성이 좋을 것(사료소비량이 적은 것)
　　• 몸 크기를 작게 할 것

더 알아보기

닭의 산란능력 개량을 위해 고려할 사항
• 능력이 우수한 기초 계군을 확보한다.
• 산란성 향상을 위한 유효한 선발 방법을 선택한다.
• 단기검정법을 이용하여 세대간격을 줄인다.
• 사육규모 확대로 선발강도를 높인다.

ⓒ 육용계 선발 요건
- 정강이 길이가 긴 것, 1차 선발 4~6주령, 2차 선발 10~12주령
- 우모의 발육이 빠르고 백색일 것(육계의 도체품질을 가장 좋게 하는 우모)
- 건강하고 산란능력이 우수하며 사료요구율이 낮은 것
- 가슴과 다리부분의 착육성을 높일 것
- 특히 수탉선발에 유의할 것
- 육용계에서 생체중의 실현유전력 : 0.30~0.40
- 성장에 관련된 형질의 유전력이 높은 편이므로 개체선발이 효과적이다.
  ※ 개체선발 : 육용계의 선발에서 복강지방에 대하여 선발할 경우 이용하기 어려운 선발 방법이다.
- 부계통은 성장률과 체형, 체지방, 사료효율, 수정률 등을 고려하여 선발하여야 한다.
- 모계통의 선정 시에는 성장률보다도 산란율이나 부화율과 같은 번식능력을 고려하여야 한다.
- 브로일러 생산을 위한 이상적인 종계의 교배체계 : 겸용종(♀) × 육용종(♂)
  ※ 잡종강세의 이용
  - 산란계 : 4원교배, 3원교배, 2원교배 등
  - 육용계 : 모계 코시니, 부계 백색플리머스록종 등

10년간 자주 출제된 문제

산란계 품종 선택 시 고려할 사항과 가장 거리가 먼 것은?
① 알무게
② 체형
③ 산란능력
④ 사료이용성

해설
산란계 품종 선택 시 고려사항 : 산란능력(산란수, 산란율), 알무게, 난질, 생존율, 사료요구율(사료이용성) 등
※ 육용계 선택 시 고려사항 : 발육속도, 생존율, 사료요구율, 체형, 깃털의 색, 도체율

정답 ②

핵심이론 08 송아지 관리

① 분만 후~생후 3일령
ⓐ 분만 후 콧구멍과 입에 있는 점액을 닦아 준다.
ⓑ 호흡 곤란 시 흉벽을 눌러 주거나 송아지 뒷다리를 잡고 거꾸로 하여, 기관지나 콧구멍에 있는 점액을 제거해 준다.
ⓒ 탯줄은 배꼽에서 5~7cm 정도를 가위로 잘라 주고 소독한다.
ⓓ 즉시 초유를 급여하며, 1시간 내에 송아지가 일어나지 못하면 세워 준다.
ⓔ 포유하지 않는 송아지는 강제로 초유(인공포유)를 먹인다.

더 알아보기

인공포유 요령
- 포유기구의 소독을 철저히 하고 깨끗이 관리하여야 한다.
- 포유 시 우유의 온도는 38~40℃가 적합하다.
- 포유는 일정한 시간에 실시하고 신선한 젖을 먹여야 한다.
- 여러 마리일 경우 개체 순서대로 포유한다.

② 초유의 급여
ⓐ 초유의 개념
- 분만 후 4~5일간 분비되는 젖을 말한다.
- 상유(일반 우유)보다 진한 황색이며 혈액이 섞인 경우도 있다.
- 상유에 비하여 면역글로불린(immunoglobulin)과 유지방 함량이 높고 유당 함량은 낮다.
- 상유로부터 말기유 과정에서는 단백질, 지방 및 무기물의 함량은 증가되나 유당(lactose) 및 칼륨(K)의 함량은 감소되는 경향이 있다.
- 카로틴, 비타민 A의 함량이 높다.
- 태변의 배설을 도와준다.
- 송아지에게 이행된 항체의 효력은 생후 2개월간 지속된다.
- 나이가 많은 경산우의 초유가 어린 초산우의 초유보다 항체 함량이 2배 정도 높다.

ⓒ 초유의 급여
- 분만 2~3일 전에 어미소의 유방을 미지근한 물을 수건에 적셔 깨끗하게 닦아 준다.
- 태어난 송아지는 면역물질이 거의 없으므로 분만 후 반드시 30~40분 이내에 즉시 급여하거나 포유할 수 있도록 도와준다(6시간 이내 급여).
- 최소 생후 3일 동안 하루 2번씩 반드시 충분한 양의 초유를 흡유해야 한다.
- 초유의 양은 송아지 체중의 4~5%(25kg인 송아지는 1.0~1.2L)를 24시간 이내 섭취할 수 있도록 해야 한다.

③ 생후 4일령~2주령
ⓐ 생후 4~5일령이 되면 저장해 놓은 초유나 전유를 급여한다.
ⓑ 7일부터 서서히 대용유로 전환하고 1일 2회로 나누어 급여한다.
ⓒ 반추위 발달을 위해 7일령부터 양질의 건초를 급여한다.

> **더 알아보기**
> **대용유 급여 요령**
> - 대용유는 45℃에 용해시켜 따뜻하게(39℃) 1일 2회 정량급여 한다.
> - 모유 대신 탈지유를 급여해도 된다.
> - 항상 깨끗한 물을 급여한다.

④ 생후 15일령~이유
ⓐ 대용유는 체중의 5~8% 정도 급여하고, 양질의 건초를 급여하여 반추위 발달을 촉진시킨다.
ⓑ 수분이 많은 청초나 사일리지 급여는 건물섭취량을 떨어뜨리므로 피해야 한다.
ⓒ 수송아지 42일령, 암송아지 49일령까지 대용유를 포유시킨 후 이유한다.
ⓓ 이유는 5~6주령 이후에 사료를 700g 이상 섭취할 때 실시한다.

> **더 알아보기**
> **송아지를 어미와 떼어서 새끼 따로 먹이기(creep feeding)의 기대 효과**
> - 이유 시 송아지 체중이 증가되고 건강이 증진된다.
> - 어미소의 체중 감소량이 적어진다.
> - 어미소의 번식횟수를 증가시킬 수 있다.

10년간 자주 출제된 문제

8-1. 인공포유 요령에 옳지 못한 것은?
① 포유기구의 소독을 철저히 하고 깨끗이 관리하여야 한다.
② 포유 시 우유의 온도는 38~40℃가 적합하다.
③ 포유는 일정한 시간에 실시하고 신선한 젖을 먹여야 한다.
④ 한 방에서 여러 마리 사육할 때는 큰 그릇에 여러 마리가 함께 포유하여 서로 빨도록 한다.

8-2. 젖소의 초유와 상유의 성분 비교에서 초유에 비하여 상유(일반우유)에 많이 들어 있는 성분은?
① 글로불린, 알부민   ② 지방
③ 유당   ④ 비타민 A

8-3. 다음 중 초유의 특징으로 옳지 않은 것은?
① 분만 후 4~5일간 분비되는 젖이다.
② 면역글로불린의 함량이 높다.
③ 카로틴, 비타민 B의 함량이 높다.
④ 태변의 배설을 도와준다.

해설

8-1
④ 여러 마리일 경우 개체 순서대로 포유한다.

8-2
초유는 상유(일반우유)보다 카세인, 단백질, 각종 무기물, 지용성 비타민 등의 함량이 높고, 유당과 칼슘의 함량이 낮다.

정답 8-1 ④ 8-2 ③ 8-3 ③

핵심이론 09 한우 육성관리

① 육성기 관리
  ㉠ 제각(除角, 뿔자르기)
   • 생후 7일령에 실시한다.
   • 뿔의 끝부분이 부러져 발생할 수 있는 전두동염을 치료하기 위해 실시한다.
   • 뿔이 있는 소가 다른 소를 받아 상처를 입히거나 유산시키는 사고를 방지한다.
   • 섭식 활동을 자유롭게 하고 그 외 관리상의 안전을 위해 실시한다.
  ㉡ 거세
   • 종축으로서 가치가 없어 육용, 역용으로 이용할 가축의 정소 또는 난소를 제거하여 성욕을 없애는 것을 말한다.
   • 거세의 장점
     - 근내지방도가 증가하고, 근섬유가 가늘어지며 향미가 좋아진다.
     - 고기의 연도가 비거세우보다 낮아진다.
     - 출하 시 좋은 등급으로 높은 가격을 받을 수 있다.
     - 교미능력의 상실로 암수 합사사육이 가능하다.
     - 성질이 온순하고, 투쟁심이 없어지며, 사양관리가 쉽다.
   • 거세의 단점
     - 일반적으로 거세우의 발육은 비거세우보다 지연된다.
     - 일당증체량 및 사료효율이 낮다.
     - 체지방량이 많아 정육량이 떨어진다.
     - 출하체중 도달 일수가 지연된다.
  ㉢ 사료급여
   • 이유~6개월령
     - 육성 비육 사료(체중의 2.5%)와 양질의 조사료를 함께 급여한다.
     - 일당증체량 목표 : 0.8~0.9kg
   • 6개월~12개월
     - 소화기관과 체성장이 활발한 시기
     - 비타민, 무기물 등 균형있는 사료를 급여한다.
     - 과비하지 않도록 농후사료는 제한급여(체중의 1.2~1.5%)한다.
     - 일당증체량 목표 : 0.7kg
   ※ 제한급여의 효과
     • 체지방 감소
     • 등지방층이 얇아짐
     • 육량등급의 향상
     • 사료의 절약
     • 거래 정육률의 향상

② 번식우 관리
  ㉠ 단백질과 비타민 A·C·E 및 칼슘(Ca)과 인(P) 등의 영양소를 공급하고 운동을 충분히 시킨다.
  ㉡ 농후사료는 제한급여하고, 양질의 조사료를 급여하여 반추위를 포함한 소화기관의 건강한 발달을 촉진시키도록 해야 한다.
  ㉢ 영양결핍 시 정자 수 감소, 정자의 활력 저하, 기형률이 높아진다.

③ 임신우 관리
  ㉠ 임신기간 : 한우 암소의 임신기간은 평균 280~285일이다.

임신 초기 (3개월까지)	유산의 가능성이 있으므로 과격한 운동을 피한다.
임신 중기 (6개월까지)	약 6~7kg의 태아가 성장하는 단계이다.
임신 말기	• 태아성장률이 약 70%를 나타낸다. • 영양소 공급이 가장 많아야 하는 시기로, 전체 급여영양소를 약 20~30%가량 증량급여한다.

  ㉡ 분만일의 계산 : 수정일에 10을 더하고, 수정 월에서 3을 빼면 분만예정일이 된다.
  ㉢ 임신우 사료급여
   • 임신우에게 녹엽의 건초류나 황색 옥수수사료를 많이 급여한다.

- 분만 약 1개월 전에 항산화제인 비타민 E와 셀레늄(Se)을 근육으로 투여한다. 이는 송아지의 출생 후 백근증을 예방, 분만 후 어미소의 후산정체, 유산 및 사산 등을 예방할 수 있다.
  ※ 셀레늄(Se) 부족 시 육성우에서 가끔 설사를 유발하고 임신우에서는 분만 후 후산정체를 일으킨다.
- 임신 말기에 지용성 비타민 제제를 투여하면 초유 중 면역단백질의 농도와 질을 높일 수 있다.
- 분만 직전에 농후사료량을 증가하여 전체 TDN가를 높여 준다. 이는 발정재귀일수 단축, 수태율 상승, 분만간격도 줄어들게 된다.

④ 분만우 관리
㉠ 포유기는 조단백질 및 대사에너지 요구량이 급격히 증가한다.
㉡ 발정재귀일수 단축, 수태율 향상을 위해 임신우보다 20% 정도를 더 급여한다.
㉢ 볏짚만 급여하는 농가에서는 종합비타민제와 광물질제제를 보충급여한다.

더 알아보기

한우 번식우의 분만 전후 주요 관리사항
- 영양소 요구량 충족, 사료의 건물섭취량 증가
- 운동과 일광욕을 통한 대사활성과 비타민 D 합성 이용
- 조사료와 대사에너지 요구량 증가
- 자궁회복 촉진과 발정재귀일수 단축
- 첨가제나 이온(음, 양이온)균형사료 급여

10년간 자주 출제된 문제

9-1. 한우에 대한 거세의 효과 중 육질에 대한 효과가 아닌 것은?
① 고기의 연도가 비거세우보다 현저히 낮아진다.
② 근섬유의 직경이 가늘어진다.
③ 근내지방도가 낮아져 향미가 좋아진다.
④ 다즙성이 향상된다.

9-2. 다음 중 임신우의 경우 영양소 공급이 가장 많아야 하는 시기는?
① 임신 초기   ② 임신 중기
③ 임신 말기   ④ 모두 동일

해설

9-1
③ 근내지방도가 증가하고, 향미가 좋아진다.

9-2
영양소 공급이 가장 많아야 하는 시기로, 전체 급여영양소를 약 20~30% 정도 증량급여한다.

정답 9-1 ③ 9-2 ③

핵심이론 10 한우 비육관리

① 비육밑소의 선발요령
  ㉠ 외모상 전체적으로 원기가 있고 활력이 있으며, 피모에 윤기가 흘러야 한다.
  ㉡ 눈꼽이 없고 콧등에 습기가 촉촉하여 이슬방울처럼 맺혀 있어야 한다.
  ㉢ 배분이 정상적이고, 배가 크게 늘어지지 않아야 한다.
  ㉣ 머리가 너무 크지 않고, 앞다리와 가슴이 넓고 충실한 것이어야 한다.
  ㉤ 귀가 작고, 털은 가늘고 부드러우며, 밀생한 것이어야 한다.
  ㉥ 뿔은 가늘고 매끈하게 보이며 곤폭이 넓고 전관위가 가는 것을 선발한다.
  ㉦ 균형잡힌 소로 체고는 크고 발굽이 건강하게 발달해야 한다.
  ※ 비육대상우를 선정할 때 지육비율이 높은 소로 가장 적합한 것 : 목이 짧고, 주름이 잡혀있는 소

② 비육기별 사양관리

비육 전기(고영양) : 생후 12~15개월령	• 급격한 지방이 축적되는 것을 방지하는 비육완충기라고도 할 수 있다. • 단백질함량이 높은 농후사료와 양질의 조사료를 많이 급여한다. ※ 비육용 사료를 선택할 때 고려할 사항 : 기호성, 경제성, 영양가
비육 중기 (중등 및 고영양) : 생후 16~21개월령	• 근내지방이 왕성하게 축적되는 시기이다. • 일당 증체량이 최고가 되는 시기이다. • 배합사료 내 TDN 함량과 조단백질 함량을 적절히 조절해야 한다.
비육 후기(저영양) : 생후 22개월령 (체중 560kg) ~출하	• 근내지방이 계속 증가되는 시기이다. • 농후사료의 절대섭취량을 유지하고, 조사료 급여량은 제한적으로 급여한다. • TDN 함량은 높이고, 조단백질 함량은 감소시킨다. • 사일리지나 청초를 급여하면 카로틴으로 인한 지방색이 황색으로 변하여 육질등급이 낮아지므로 건초나 볏짚을 급여한다. • 보리를 급여하면 지방색이 백색으로 되어 육질등급이 좋아진다. ※ 한우의 육성 비육 시 영양시스템 : 조사료로 육성 후 농후사료로 비육한다.

③ 비육우 사양의 특징
  ㉠ 거세우 또는 2살 정도의 수소를 이용하여 3년 이내에 비육을 완료한다.
  ㉡ 수술, 무혈 거세기 등을 이용하여 거세를 실시하는 것이 좋다.
  ㉢ 뿔을 잘라 주고, 발굽을 깎아 주는 것은 사양관리상 필요하다.
  ㉣ 운동과 방목은 가급적 규칙적으로 시킨다.
  ㉤ 대두박이나 옥수수를 많이 급여하면 체지방이 연해진다.
  ㉥ 비육 말기에 지방을 많이 공급할수록 육질이 더 좋아진다.
  ㉦ 고기의 상품가치는 백색의 경지방이 많을수록 좋다.
  ※ 한우고기의 품질에 있어서 가장 크게 영향을 미치는 요인 : 지방의 함량

10년간 자주 출제된 문제

10-1. 한우 장기비육에 관한 설명 중 옳지 않은 것은?
① 거세우 또는 2살 정도의 수소를 이용하여 3년 이내에 비육을 완료한다.
② 수술, 무혈 거세기 등을 이용하여 거세를 실시하는 것이 좋다.
③ 뿔을 잘라 주고, 발굽을 깎아 주는 것은 사양관리상 필요하다.
④ 운동과 방목은 가급적 피하여 비육 효율을 좋게 할 수 있다.

10-2. 비육우의 사양을 바르게 설명한 것은?
① 비육 말기에 단백질을 많이 공급할수록 육질이 더 좋아진다.
② 비육 중인 가축에게 수용성 비타민의 공급은 필수적이다.
③ 대두박이나 옥수수를 많이 급여하면 체지방이 연해진다.
④ 고기의 상품가치는 연지방이 많을수록 좋다.

|해설|

10-1
④ 운동과 방목은 가급적 규칙적으로 시킨다.

정답 10-1 ④ 10-2 ③

핵심이론 11 한우 출하관리

① 출하 적기의 결정
  ㉠ 사육자의 기술수준, 증체량 감소에 따른 사료비 등의 경영비, 시장가격동향, 출하여건 등을 고려하여 결정해야 한다.
  ㉡ 24개월령, 체중 550kg 이상에서 출하하면 배최장근단면적이 넓어지며 근내지방도가 높아진다.
  ㉢ 개체 간의 차이로 인해 증체량, 비육도, 채식량 등도 종합적으로 고려하여 결정한다.
  ㉣ 출하 대상우의 발육상황과 도체단가를 분석하여 출하 적기를 판단해야 한다.

② 출하 방법의 결정
  ㉠ 출하 대상우의 체중과 비육도를 감안하여 도매시장에 출하한다.
  ㉡ 우상인이나 가축시장에 출하한다.
  ㉢ 대형 유통업체 또는 정육점에 출하한다.
  ㉣ 계통출하, 지역브랜드 출하, 유통상인 출하 등
    • 계통출하 : 농어민 협동조합 계통조직을 통하여 생산한 농축산물을 출하 판매하여 생산자는 유통마진을 최소화하고 판매비용을 절약하며 위험 부담을 줄일 수 있고, 소비자는 보다 저렴한 가격으로 축산물을 구입할 수 있다.
    • 지역브랜드 출하 : 우수축산물브랜드 인증은 소비자가 위생적이고 안전한 고품질의 축산물을 소비할 수 있도록 생산단계부터 유통, 판매단계에 이르기까지 전 단계에서 위생, 안전성, 품질 등의 평가를 통하여 선정한다.
    • 유통상인 출하 : 유통상인에게 생체중 단가를 적용하여 문전 처분한다.

③ 출하 시 주의사항
  ㉠ 출하 시 휴약기간을 반드시 준수해야 하며 군사할 경우에는 가급적 동일 무리는 함께 출하한다.
  ㉡ 불가피하게 선별 출하할 경우에는 증체가 불량한 소부터 출하하는 것이 유리하다.
  ㉢ 도매시장에 출하할 때에는 출하 당일 사료를 줄여 주고 수송시간이 적게 소요되도록 한다.
  ㉣ 적정 수송밀도를 유지하고 사육환경이 다른 소의 혼재를 피하며 차내에서 싸우지 못하도록 잘 보정해야 한다.
  ㉤ 수송 시 과속, 급회전, 급출발 급제동을 피하고 통풍은 유지하되, 직풍을 차단하여 출하에 따른 스트레스를 최대한 줄여 도축 전 스트레스에 의해 크게 영향을 받는 암적색육(DFD육)의 발생을 예방한다.

10년간 자주 출제된 문제

11-1. 다음 중 출하 시 주의사항으로 옳지 않은 것은?
① 출하 시 휴약기간을 반드시 준수해야 하며 군사할 경우에는 가급적 동일 무리는 함께 출하한다.
② 불가피하게 선별 출하할 경우에는 증체가 불량한 소부터 출하하는 것이 유리하다.
③ 도매시장에 출하할 때에는 출하 전날부터 절식과 절수를 하며 수송시간이 적게 소요되도록 한다.
④ 적정 수송밀도를 유지하고 사육환경이 다른 소의 혼재를 피하며 차내에서 싸우지 못하도록 잘 보정해야 한다.

11-2. 비육한 소의 출하 방식으로 신뢰도가 높고 유리한 방식은?
① 우시장 출하
② 계통출하
③ 유통상인 출하
④ 지역브랜드 출하

해설

11-1
③ 도매시장에 출하 할 때에는 출하 당일 사료를 줄여 주고 수송시간이 적게 소요되도록 한다.

정답 11-1 ③ 11-2 ②

핵심이론 12 젖소 육성우 사양관리

① 어린 송아지(이유~3개월령) : 과도한 비육은 유선조직에 지방침착을 유발하여 유선발달이 저해되고, 분만 후 산유량이 떨어지며, 대상성 질병이나 난산 발생률이 높아지므로 피해야 한다.
  ㉠ 농후사료
    • 건초를 자유 채식시키면서 농후사료 급여량을 조절하여 급여한다.
    • 육성우나 착유우 사료에는 단백질의 함량이 낮고 어린 송아지가 이용할 수 없는 요소 등의 비단백태질소화합물(NPN)이 함유되어 있으므로 급여하지 않는다.
  ㉡ 조사료
    • 청초나 사일리지 등 수분이 많은 조사료는 송아지의 건물섭취량이 적어지므로 발육이 늦어진다.
    • 옥수수 사일리지의 처음 급여시기는 6개월령 이후로 미루는 것이 좋다.
    • 방목은 기생충의 감염이 늘고, 계절적으로 풀의 질이 고르지 않아서 송아지의 발육이 균일하지 못하며, 방목을 하다 보면 송아지를 제대로 돌볼 수 없으므로 가급적 이용하지 않는다.
  ㉢ 특수관리
    • 제각
      - 생후 7일령에 실시한다.
      - 전두동염의 치료, 섭식 활동의 자유, 유산 방지 등 관리상의 안전을 위해 실시한다.
    • 부유두 제거
      - 4~6주령에 제거한다.
      - 정상적인 젖소의 젖꼭지는 4개나 개체에 따라 1~5개의 부유두를 가지는 것이 있다.
      - 부유두는 유즙의 배출능력이 없으며, 유방염 등에 감염될 우려가 있고, 기계 착유 시 장애가 된다.

② 중송아지(4~6개월령)
  ㉠ 발육부진, 과다비육이 되지 않도록 일당증체량을 0.6~0.8kg으로 유지한다.
  ㉡ 6개월령까지 수분이 많은 조사료는 일당 4~5kg 이내로 제한급여하고, 건초 위주로 사육한다.
  ㉢ 조사료는 부드러우며 단백질 함량이 높은 것을 급여한다.
  ㉣ 부득이 볏짚, 산야초 등 저질 조사료를 급여할 때는 단백질사료와 비타민 첨가제를 별도로 보충한다.
  ㉤ 아직 반추위의 발달이 완전하지 못하므로 조사료 외에 농후사료를 보충급여한다.

> **더 알아보기**
>
> **반추위**
> 소·양·사슴 등의 반추동물(ruminant animal)의 위는 반추위(제1위, rumen), 벌집위(제2위), 겹주름위(제3위), 주름위(제4위) 네 개로 나뉜다. 그 중 반추위의 미생물에 의해 조섬유 및 농후사료를 소화·분해하여 반추동물 총에너지의 60% 이상을 충당시키는 휘발성 지방산(VFA)을 생산하므로 사육 목적에 따라 조사료와 농후사료의 급여 비율을 효과적으로 조절하여 급여하는 것이 매우 중요하다.
>
>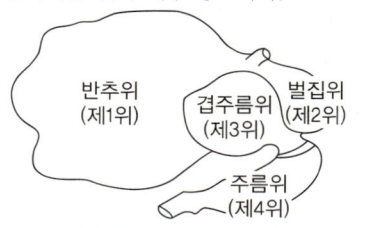

  ㉥ 비육용 사료, 착유우 사료 등은 단백질 함량이 낮고 요소가 함유되어 있어 발육이 감소므로 급여하지 않도록 한다.
  ㉦ 6개월령에 구충제를 투여한다.

10년간 자주 출제된 문제

다음 중 제각의 목적으로 옳은 것은?
① 유생산량을 높인다.
② 유산을 방지한다.
③ 투쟁심을 기른다.
④ 성장속도가 빨라진다.

정답 ②

핵심이론 13 젖소 경산우 사양관리

① 비유 초기
  ㉠ 분만 후 최고비유기인 3개월(12주)까지의 기간이다.
  ㉡ 산유량은 분만 후 4~5주에 최고수준에 도달하고, 사료섭취량은 8~10주에 최고에 달한다. 즉, 산유량이 빠르게 증가하고, 체중은 감소하는 특성을 보인다.
  ㉢ 조사료 : 농후사료 급여비율(건물기준)은 40 : 60이다.

② 비유 중기
  ㉠ 분만 후 10주 후부터 6~7개월령까지이다.
  ㉡ 사료섭취량이 최대로 증가하나 산유량은 매주 2~3%씩 감소하므로 사료로부터 충분한 영양소를 공급받는 시기이다.
  ㉢ 농후사료 급여비율은 60 : 40이다.

③ 비유 말기
  ㉠ 분만 후 6~7개월령에서 건유 전까지의 기간이다.
  ㉡ 산유량이 감소하고, 체지방 축적으로 전환되어 체중 증가시기이다.
  ※ 젖소의 사료급여량 계산 시 고려사항 : 영양소 요구량, 체중, 산유량, 유지방 등

④ 건유기
  ㉠ 목적
    • 임신 말기에 태아가 발육할 수 있도록 영양소를 공급한다.
    • 유방 조직의 휴식과 재생을 돕는다.
    • 체력을 축적하여 다음 비유기를 대비한다.
    • 농후사료를 장기간 섭취한 소화기관의 휴식을 제공한다.
  ㉡ 시기 : 착유량이 1일 10kg 미만, 다음 분만 전 50~60일 사이
  ㉢ 방법 : 다즙사료와 방목 중지, 건초 위주 급여, 착유 중지

⑤ 조사료
  ㉠ 착유 중인 젖소사료에 함유되어야 할 최소한의 조섬유함량 : 16% 이상
  ㉡ 소의 사료로서 조사료가 필수적인 이유 : 반추위와 장기의 정상적인 생리작용 때문에
  ㉢ 착유우의 유지율 향상을 위한 방법 : 양질의 조사료를 충분량 급여한다.
  ㉣ 조사료가 풍부한 지역에서 유리한 축종 : 젖소
  ※ 우유의 품질등급 중 체세포수의 변화에 영향을 주는 요인 : 유두상처, 개체 스트레스, 비유일령

더 알아보기

사료 급여의 기본
• 품종, 연령, 식이, 유량 및 유지율의 변화, 영양상태, 비만 정도 등에 따라 사료급여량을 결정한다.
• 양질의 조사료와 농후사료의 비율은 6 : 4 정도이다.

10년간 자주 출제된 문제

13-1. 젖소의 사료 급여량을 계산할 때 고려하지 않아도 되는 사항은?
① 생체중
② 우유 지방률
③ 착유 시간
④ 착유량

13-2. 다음 중 건유의 목적으로 옳지 않은 것은?
① 임신 말기에 태아가 발육할 수 있도록 영양소를 공급한다.
② 분만 시 신생 송아지가 먹을 초유의 양을 늘린다.
③ 체력을 축적하여 다음 비유기를 대비한다.
④ 농후사료를 장기간 섭취한 소화기관의 휴식을 제공한다.

[해설]

13-1
젖소의 사료급여량 계산 시 고려사항 : 영양소 요구량, 체중, 산유량, 유지방 등

13-2
건유의 목적
• 임신 말기에 태아가 발육할 수 있도록 영양소를 공급한다.
• 유방 조직의 휴식과 재생을 돕는다.
• 체력을 축적하여 다음 비유기를 대비한다.
• 농후사료를 장기간 섭취한 소화기관의 휴식을 제공한다.

정답 13-1 ③ 13-2 ②

핵심이론 14 젖소 착유관리

① 유즙분비
  ㉠ 유선포의 분비상피세포에서 합성된 유즙이 유선포강으로 방출된다.
  ㉡ 유즙분비와 유즙배출 과정을 합쳐서 비유(泌乳)라고 한다.

② 비유의 개시
  ㉠ 프로락틴(prolactin)
    • 분만 후 유선을 자극하여 비유를 개시하는 호르몬이다.
    • 뇌하수체 전엽에서 분비되어 포유류의 유선에 작용하며 유즙분비를 자극한다.
    • 탄수화물을 함유하고 있지 않은 폴리펩타이드 계통의 호르몬이다.
    ※ 동물의 종(種)에 따라서는 프로락틴과 더불어 부신피질자극호르몬, 성장호르몬 및 갑상선자극호르몬(thyrotropin)도 비유를 유기시키는 데 중요하게 작용한다.
  ㉡ 옥시토신(oxytocin)
    • 유즙강하에 관여하는 호르몬이다.
    • 뇌하수체 후엽에서 분비되어 시상하부에 전달된다.
    • 흡유 및 착유에 의해 유두와 유방에 가해지는 자극이 유선의 근상피세포를 수축시켜 유선포의 내압을 상승켜 유즙을 유관으로 밀어낸다.
  ㉢ 비유 개시 시 분비가 상승되는 호르몬
    • 부신피질호르몬(glucocorticoid)
    • 프로락틴(prolactin)
    • 난포호르몬(estrogen)
    ※ 포유자극에 의해 티록신과 인슐린 방출 → GH, 코르티솔이 포유자극과의 공동작용으로 프로락틴을 방출시킨다.

③ 유즙의 방출
  ㉠ 유선포에서 합성된 유즙은 유선소관으로 흘러나와 유선관의 말단에 있는 유선조에 저장된다.
    ※ 유선조 : 유선조직에서 합성된 유즙이 유관을 통하여 흘러나와 유방 내에 저장되는 곳으로 유두조와 윤산추벽 상단부에 존재하는 기관이다.
  ㉡ 유선조에 저장된 유즙은 착유 또는 송아지가 흡유할 때 유두조를 통해 외부로 나온다.
  ㉢ 유즙의 배출경로 : 유선포 → 유선소엽 → 유선소관 → 유선관 → 유선조 → 유두조 → 유두관
  ㉣ 유량을 높이기 위해서 고려해야 할 요인
    • 유선에 있는 유즙의 완전배출
    • 착유 전 유방의 세척 및 자극
    • 스트레스의 방지

④ 착유
  ㉠ 위생적인 착유순서 : 기기소독·세척 → 전착유 → 유방세척 → 유방건조 → 유두컵 장착 → 착유 → 유두컵 제거 → 유두소독
    ※ 착유 시 맥동기의 적합한 분당 맥동주기 : 50~60회
  ㉡ 착유 시 유의사항
    • 착유작업은 규칙적으로 실시한다.
    • 착유작업은 항상 위생적으로 실시되어야 한다.
    • 착유가 끝난 기구는 항상 철저히 소독·건조시켜야 한다.
    • 착유 전에는 전착유를 실시하여야 한다.
    • 원유는 위생적으로 착유되고, 5℃ 이하로 속히 냉각되어야 품질을 보존할 수 있다.

⑤ 젖소의 비유곡선
  ㉠ 비유 초기에 충분한 영양소를 공급해야 산유량이 정상수준으로 회복된다.
  ㉡ 비유최성기에 도달하는 시기는 젖소의 경우는 분만 후 평균 4~8주째이다.
    ※ 최대산유량을 얻기 위한 가장 적절한 건유기간 : 50~60일
  ㉢ 최고유량에 도달한 후 젖소의 산유량은 재임신 후 22주경에 급속히 떨어진다.
  ㉣ 재임신시키지 않고 착유를 계속하면 유선의 활동이 약화되어 유량은 감소하지만 2~3년 또는 그 이상까지도 젖을 분비할 수 있다.

⑥ 젖소에 있어서 완충제(buffer)의 사용
  ㉠ 착유우 사료 중 완충제의 사용을 고려하는 경우
    • 유지방 함량이 낮을 경우
    • 총급여사료 중 조사료가 45% 이하일 경우
    • 사료를 분쇄 또는 펠릿화 했을 경우
    • 농후사료 급여량이 체중의 2% 이상일 경우
  ㉡ 완충제의 종류 : 중조(중탄산나트륨, $NaHCO_3$), 중탄산칼륨, 산화마그네슘, 석회 등

10년간 자주 출제된 문제

14-1. 젖소의 건유기간으로 가장 적합한 것은?
① 30~40일   ② 50~60일
③ 70~80일   ④ 90~100일

14-2. 젖의 분비와 관계 깊은 호르몬은?
① 옥시토신   ② 황체호르몬
③ 발정호르몬   ④ 인슐린

14-3. 유두조의 위치를 바르게 설명한 것은?
① 유선포 사이에 있으며 유관으로 젖을 흘려보낸다.
② 유선소엽 사이에 있으며 유선조에 젖을 흘려보낸다.
③ 유선조와 유선소엽 사이에 있으며 유두관으로 젖을 흘려보낸다.
④ 유선조와 유두관 사이에 있으며 유두관으로 젖을 흘려보낸다.

14-4. 젖소의 착유 시 유의사항으로 틀린 것은?
① 착유작업은 하루 중 아무 때나 불규칙하게 시간이 남는 때를 이용해서 실시한다.
② 착유작업은 항상 위생적이고 정성스럽게 실시되어야 한다.
③ 착유가 끝난 기구는 항상 철저히 소독, 건조시켜야한다.
④ 착유 전에는 전착유를 실시하여야 한다.

14-5. 착유한 원유의 저장온도로서 적당한 것은?
① -10℃   ② 4~5℃
③ 15℃~20℃   ④ 50℃

|해설|

14-1
건유는 유선세포의 휴식과 태아발육을 도와 건강한 송아지를 생산하고, 산유량을 증가시키기 위해서 실시하며, 최대산유량을 얻기 위한 가장 적절한 건유기간은 50~60일이다.

14-2
옥시토신은 뇌하수체 후엽에서 분비되는 호르몬으로 자궁수축, 유즙배출 및 젖방출 촉진 기능을 담당한다.

14-3
유즙의 배출경로
유선포 → 유선소엽 → 유선소관 → 유선관 → 유선조 → 유두조 → 유두관

14-5
① 착유작업은 규칙적으로 실시해야 한다.

14-5
농가에서의 집유 시 원유의 냉각온도는 5℃ 이하여야 한다.

정답 14-1 ② 14-2 ① 14-3 ④ 14-4 ① 14-5 ②

핵심이론 15 자돈 관리

① 포유자돈 관리
  ㉠ 태어난 지 1시간 이내에 초유를 충분히 급여한다.
  ㉡ 일반적으로 2~3주가 지나면 사료섭취가 가능하다.
  ㉢ 이유 1주일 전부터 모돈의 사료를 조금씩 줄여서 건유를 촉진시킨다.
  ㉣ 신생 포유자돈의 적절한 환경적온은 30℃ 정도 (28~32℃)이다.
  ㉤ 자돈을 조기 이유시키는 주된 목적
    • 이유 후 모돈의 재발정이 빨리 오기 때문에 모돈의 번식회전율을 높인다.
    • 모돈으로부터 조기 이유 격리하여 특정 병원균에 오염되지 않은 청정돼지 생산이 목적이다.
  ㉥ 자돈이 빈혈에 걸리기 쉬운 이유는 어미젖 중에 특히 철분이 부족하기 때문이다.
  ㉦ 철분주사는 생후 3일 이내에 1차 주사(100mg/1두)하고, 생후 10~14일 이내에 2차 주사(100mg/1두)한다.

② 기타 주요 관리사항
  ㉠ 후보돈 관리 : 질병 상황이 다른 농장에서 입식되는 후보돈은 기존 농장의 질병상황을 불안정하게 변화시킬 수 있기 때문에 격리사를 통한 환경적응 과정이 매우 중요하다.
  ㉡ 절치[견치(犬齒, 송곳니)자르기]
    • 돼지는 위아래에 2쌍식(8개)의 송곳니가 있는데, 이로 인해 어미돼지의 유방에 상처를 유발하고 식육증을 촉진하게 된다.
    • 출생 직후 절치기를 이용하여 절단해 준다.
  ㉢ 단미(斷尾, 꼬리자르기)
    • 돼지는 본능적으로 호기심이 많아 입으로 무는 것을 좋아해 신체를 물어뜯는 식육증이 있다.
    • 식육증을 예방하기 위해 신생자돈의 꼬리를 단미기로 생후 3일 이내에 3~4cm 남기고 잘라준다.
  ㉣ 거세
    • 거세의 목적
      - 종축 이외의 가축을 거세하는 것으로 품종의 균일화와 개량에 목적이 있다.
      - 성질이 온순해져서 다수의 돼지를 함께 사육할 수 있다.
      - 온순하고 성욕이 없으므로 에너지와 낭비를 억제한다.
      - 웅성호르몬의 분비를 차단하므로 웅취(雄臭, boar-taint)를 줄여 돼지고기의 기호성을 높여 준다.
      - 육질이 향상된다.
    • 거세시기 : 생후 2주일 이내(10일경) 즉, 포유기인 어린 시기에 하면 시술 후 회복이 빠르고, 효과도 좋다.

10년간 자주 출제된 문제

15-1. 한 배의 산자수가 10두 이상인 새끼돼지는 포유 중 빈혈 증상을 보이는 경우가 많은데 이러한 빈혈을 예방하기 위해 사용되는 약품은?
① 강옥도
② 철분 주사제
③ 비타민 주사제
④ 하라솔

15-2. 다음 중 어릴 때 생리적인 빈혈이 많은 가축은?
① 소
② 돼지
③ 토끼
④ 오리

|해설|

15-1
철분주사는 생후 3일 이내에 1차 주사(100mg/1두)하고, 생후 10~14일 이내에 2차 주사(100mg/1두)한다.

정답 15-1 ② 15-2 ②

핵심이론 16 번식돈 관리

① 임신돈 관리 : 수정 후 가장 먼저 안정을 취하게 하고, 21일 이내에 임신여부를 확인한다.

임신 초기	• 스트레스 요인을 최대한 억제하고 절대적인 비만을 예방한다. • 기본 급여량을 기준으로 하며 과도한 영양 관리를 피한다.
임신 중기	• 각종 비타민과 미네랄의 부족이 없도록 한다. - 비타민 A : 결핍 시 발정부진, 수태율 저하 - 비타민 D : 결핍 시 태아의 비정상적인 골격형성, Ca·P의 보조역할 - 비타민 E : 부족 시 새끼에서 근육위축병 발생 - 비타민 B군 : 성장에 필요한 모든 B-Factor ※ 수용성 비타민은 반추동물에서보다 닭, 돼지 등 단위동물에서 더 중요한 역할을 한다. • 유선조직이 발달할 수 있도록 사료량을 감량하여 급여한다.
임신 후기	• 영양소 요구량이 가장 높은 시기이다. ※ 번식모돈의 일생 중 영양소 요구량이 가장 많은 시기 : 포유기 • 모체와 태아에 충분한 영양을 공급하되 과비가 되지 않게 한다.

② 성숙한 웅돈의 관리
  ㉠ 영양소 및 에너지의 급여에 따라 정액과 성욕은 영향을 받는다.
  ㉡ 정자수 증가를 위해서 단백질, 비타민 A·E, 칼슘, 셀레늄 등 고에너지사료를 급여한다.
  ㉢ 웅돈의 적정 사육온도는 18℃가 적당하다(13~24℃).
  ㉣ 하루 12시간 이상 밝은 빛(최소 300lx 이상 조명설치 등)을 받게 한다.
  ㉤ 생후 1년 이내의 웅돈은 주 1회 사용하고, 1년 이상 성숙된 웅돈은 주 2~3회 사용한다.
  ㉥ 고온환경(30℃ 이상)에서는 스트레스를 받아 수태율 및 승가욕이 저하된다.
  ※ 일반적으로 번식돈의 발정주기는 21일이고 임신일수는 114일이다.

③ 분만·포유돈 관리
  ㉠ 분만징후
    • 외음부가 붉게 부어오르고 팽대해지며, 음부에서 점액이 분비된다.
    • 유방은 점차 커지고 유두는 검붉은색을 띠며, 유방을 짜보면 물과 같은 유즙이 나온다.
    • 복부가 팽대해지고 파수가 발생하며, 동작불안 등의 행동을 보인다.
  ㉡ 분만 시
    • 새끼가 나오면 탈지면이나 헝겊으로 입과 코 주위를 닦아 호흡을 편하게 해 준다.
    • 몸전체 점액을 제거하고 탯줄을 2~3cm 정도 여유를 두고 소독된 실로 묶은 후 자른 다음 소독한다.
    • 분만 후 30분 이내에 초유를 포유시킨다.
  ㉢ 포유돈
    • 충분한 영양공급이 될 수 있도록 급여한다.
    • 포유기는 영양적 결핍이 가장 민감한 단계이다.
    • 포유돈의 비유량과 포유습성
      - 어미돼지의 비유량은 1일 평균 3~4kg이다.
      - 초유를 먹여 면역성을 길러 주며, 새끼의 태변 배출을 용이하게 한다.
      - 자돈은 생후 3~4일이 되면 각자 젖꼭지를 결정하는 습성이 있다.
      - 위탁포유를 시킬 수 있다.
  ※ 비유기 초산돈은 경산돈에 비해 사료급여량을 더 늘린다.

10년간 자주 출제된 문제

16-1. 다음 돼지 중 제한급사가 가장 필요한 것은?
① 갓난이 돼지   ② 젖먹이 돼지
③ 육성돈   ④ 임신돈

16-2. 번식을 위한 비타민에 대한 설명으로 옳은 것은?
① 비타민 A : 결핍 시 태아의 골격형성
② 비타민 D : 결핍 시 발정부진, 수태율 저하
③ 비타민 E : 부족 시 새끼에서 근육위축병 발생
④ 비타민 B군 : Ca·P의 보조역할

16-3. 돼지영양에서 영양적 결핍이 가장 민감한 성장단계는?
① 강정기   ② 포유기
③ 육성기   ④ 비육기

해설

16-1
임신기간 대부분에 걸쳐 임신돈이 필요 이상의 사료를 과도하게 섭취하지 않도록 제한해야 하지만, 공격적으로 사료를 급여해야 하는 구간도 존재한다.

16-3
분만 후 포유기 돼지의 사료 섭취는 포유자돈에게 영양분이 전달되기 때문에 포유모돈의 체중 및 등지방의 손실을 초래한다.

정답 16-1 ④ 16-2 ③ 16-3 ②

핵심이론 17 비육돈 관리

① 돼지 성장의 특징
   ㉠ 육성기에는 골격과 근육의 성장이 활발하다.
   ㉡ 비육돈은 사료섭취량은 많으나 육성기에 비해 근육의 성장 속도는 느리고 지방의 축적 비율이 높아진다.
   ㉢ 발육순서 : 신경 → 골격 → 근육 → 지방
   ㉣ 지방의 축적순서 : 신장지방 → 근간지방 → 피하지방 → 근내지방

② 육성 비육돈의 일반 관리
   ㉠ 구입자돈 입식 2일에는 건강상태를 점검하고 사료를 급여한다.
   ㉡ 입식 7일경 구충 및 예방접종을 실시한다.
   ㉢ 계절별 적정 온습도를 유지한다(온도 17~21℃, 습도 65% 내외).
   ㉣ 적정 사육공간을 유지하고 경지방, 백색지방 돼지고기 생산에 유의한다.
   ㉤ 조섬유를 많이 함유한 사료 위주로 배합된 비육돈 사료를 급여한다.
   ㉥ 지방사료나 탈지하지 않는 쌀겨 등 급여 시는 연지방 돼지고기가 되므로 제한급여한다.
   ㉦ 동물성 지방 첨가 시에는 유리지방산 함량을 15% 이내로 한다.
   ㉧ 사료의 단백질 수준은 체중이 증가되는 비육 후기에 2~3% 낮추어 주는 것이 좋다.

③ 비육돈의 사료 급여 관리
   ㉠ 근육의 축적을 위해 적정한 단백질을 공급하고 사료섭취량을 극대화한다.
   ㉡ 체중은 증가하지만 영영소 요구량은 감소하기 때문에 사료에 포함되는 영양소의 농도는 감소한다.
   ㉢ 성장단계에 맞는 사료를 급여해야 육질이 올라가고 PSE 출현율이 낮아진다.

④ 비육돈 관리의 주요사항
  ㉠ 저단백질사료에 에너지 급여수준을 과다하게 증가시키면 등지방이 두꺼워진다.
  ㉡ 단백질의 급원에 따라 도체의 지방 대 정육비율이 영향을 받는다.
  ㉢ 돼지는 비육되어 체중이 클수록 도체율이 높다.
  ㉣ 거세하지 않은 수퇘지는 암퇘지나 거세돈에 비하여 증체율과 사료효율이 높다.
  ㉤ 거세한 돼지는 거세하지 않은 것보다 지방층이 두꺼워지고 살코기의 생산비율이 적어지는 경향이 있다.
  ㉥ 비육돈의 출하체중은 원칙적으로 사료효율과 시장성에 의해서 결정된다.
   • 사료요구율 = 사료섭취량 / 증체량
   • 사료효율 = 증체량 / 섭취량 × 100
         = (축산물생산량 / 사료급여량) × 100

10년간 자주 출제된 문제

17-1. 비육돈 관리에 관한 설명으로 틀린 것은?
① 돼지 1두당 돈사의 면적은 체중이 75kg 일 때 0.8~1.1m² 가 적당하다.
② 비육돈은 10~15℃의 온도가 가장 발육에 좋다.
③ 비육돈은 50~60%의 습도가 가장 발육에 좋다.
④ 비육기간 중 발육이 불량하거나 이상이 있는 돼지는 즉시 격리 수용하는 것이 좋다.

17-2. 비육돈의 지방 축적순서로 옳은 것은?
① 신장지방 → 근간지방 → 피하지방 → 근내지방
② 근간지방 → 신장지방 → 피하지방 → 근내지방
③ 피하지방 → 근간지방 → 신장지방 → 근내지방
④ 신장지방 → 근간지방 → 근내지방 → 피하지방

[해설]
17-1
육성 비육돈은 자돈사에서 이동 후 2~3일간은 23~25℃ 정도로 온도를 높게 유지하며, 이후 서서히 낮추어 일주일 후에는 18~21℃를 유지하도록 한다.

정답 17-1 ② 17-2 ①

핵심이론 18 병아리 관리(1) 부화, 육추

① 종란선택의 기준
  ㉠ 신선할 것 : 질병이 없고 종계에서 생산된 것으로 산란 후 1주일 이내의 것
  ㉡ 표준형일 것 : 무게가 55~65g으로 지나치게 길거나 둥글지 않은 것
  ㉢ 외관이 좋을 것 : 알껍데기가 흠이 없고 오돌토돌하지 않으며, 두께가 얇지 않을 것
  ㉣ 품질이 좋을 것 : 혈반, 육반, 이물질이 없고 기실이 제자리에 있을 것

② 부화
  ㉠ 부화의 3대 요소 : 온도, 습도, 환기
    ※ 부화의 5대 요소 : 온도, 습도, 환기, 전란(알굴리기), 위생
  ㉡ 부화기간 : 닭 21일, 오리·칠면조 28일, 거위 28~34일, 타조 42일
  ㉢ 입체식 부화기를 이용한 닭의 부화작업 시 부란 초기부터 18일까지의 온도와 상대습도 : 온도 37.8℃(37~38℃), 습도 60%
  ㉣ 부화기 소독법에는 소창법과 과망간산칼륨법이 주로 이용되며 두 소독법에 공통적으로 포르말린이 쓰인다.
  ㉤ 부화율
   • 입란 vs 부화율(%) = $\dfrac{\text{병아리 발생 수}}{\text{입란 수}} \times 100$
   • 수정란 vs 부화율(%) = $\dfrac{\text{병아리 발생 수}}{\text{입란 수} - \text{무정란 수}} \times 100$

③ 육추
  ㉠ 병아리 선별요령
   • 깃털에 광택이 있고 눈이 총명한 것
   • 몸이 충실하고 탄력이 있는 것
   • 우는 소리가 크고 몸무게가 35g 이상되는 것

- 깃털이나 난각, 항문, 기타 부위에 분비물이 묻어 있지 않은 것
- 일찍 발생된 것

ⓒ 온도관리
- 어린 병아리는 체온조절능력이 충분하지 못하여 저온에 대한 저항력이 약하다.
- 1~2주 동안은 부화발생 시 온도에 가깝도록 온도를 조절해 주어야 한다.
- 온도는 33~35℃ 정도부터 1주일에 약 3℃씩 낮추어 주고, 20℃ 전후에서 폐온하여 실온으로 맞추어 주는 것이 좋다.
※ 온도의 측정위치는 병아리의 어깨높이를 기준으로 한다.

ⓒ 습도관리
- 적당한 상대습도는 1주간은 70%, 2주에는 65%, 그 후에는 50~60%를 유지시켜 준다.
- 습도가 부족하면 깃털의 발생이 더디고 다리가 건조하고 발육이 나빠지며, 심하면 탈수증이나 항문폐쇄증 등에 의해서 폐사하는 수도 있다.
- 병아리에게 충분한 습기를 주면 사료효율을 높여 주고 쪼는 악습도 방지할 수 있다.

ⓔ 환기관리
- 환기의 목적은 신선한 공기를 공급하고 오염된 공기(유독가스나 먼지)를 밖으로 제거하여, 적절한 습도를 유지시키는 데 있다.
- 적절한 환기는 질병과 스트레스를 막아 주고, 사료효율을 개선하며 성장을 원활하게 한다.

ⓜ 점등관리 : 1주일 동안은 22~23시간 점등하여 병아리가 환경에 익숙해지도록 한다.

ⓗ 첫 모이주기
- 병아리 도착 후 물을 먼저 먹인 후 사료를 급여한다.
- 부화 후 21~22시간에 물을 주고, 24~25시간에 첫 모이를 공급한다.

- 닭에 있어서 필수아미노산 : 글리신(glycine), 라이신(lysine), 류신(leucine), 메티오닌(methionine), 발린(valine), 아르지닌(arginine), 아이소류신(isoleucine), 트레오닌(threonine), 트립토판(tryptophan), 페닐알라닌(phenylalanine), 히스티딘(histidine)
- 성장기의 병아리에 있어서 필수아미노산 아르지닌(arginine)의 역할 : 가축의 체내에서 요소의 합성에 중요한 역할을 한다.

더 알아보기

부화율에 악영향을 미치는 영양결핍
- 비타민 A : 부화 2~3일째 사망, 정상적인 혈액의 발육 실패
- 비타민 B_2(리보플라빈) : 부화 9~14일째 사망, 수종, 기형의 발, 발가락 위축, 왜소증
- 판토텐산 : 비정상적인 깃털, 발생되지 못한 배자의 피하출혈
- 칼슘 : 발생률 저하, 짧고 굵은 다리, 짧은 날개, 처진 하악골, 굽은 부리와 다리
- 바이오틴 : 장골의 위축, 다리, 날개, 두개골의 위축, 18~21일째 사망
- 비타민 B_{12} : 수종, 짧은 부리, 굽은 발가락, 근육발달의 불량, 부화 8~14일째 사망
- 비타민 K : 배자와 배자의 혈관에서 출혈 또는 혈액응고
- 비타민 E(토코페롤) : 부화 1~3일째 사망, 수종, 부푼 눈
- 엽산(폴라신) : 바이오틴 결핍현상과 유사함, 부화 18~21일째 사망
- 인 : 부화 14~18일째 사망, 연약한 부리와 다리, 부화율 감소
- 아연 : 골격 기형, 날개와 다리가 형성되지 않음
- 망간 : 부화 18~21일째 사망, 날개와 다리가 짧고 비정상적인 머리, 성장지연, 수종

10년간 자주 출제된 문제

18-1. 닭에서 부화의 3대 요소가 아닌 것은?
① 온도
② 습도
③ 소독
④ 환기

18-2. 입체식 부화기를 이용한 닭의 부화작업 시 부란 초기부터 18일까지의 온도와 상대습도가 가장 알맞게 짝지어진 것은?
① 온도 39.8℃, 습도 60%
② 온도 39.5℃, 습도 70%
③ 온도 37.5℃, 습도 80%
④ 온도 37.8℃, 습도 60%

18-3. 계사를 관리하는 데 있어서 주의하여야 할 사항이 아닌 것은?
① 온도
② 축사색깔
③ 습도
④ 환기상태

18-4. 병아리 육추의 성공 여부는 온도와 습도 및 환기를 알맞게 조절해 주어야 하는데 평면육추실 온도측정은 어디를 기준으로 하는가?
① 병아리 어깨높이
② 지면 1.5m
③ 병아리 무릎높이
④ 급열기 높이

|해설|

18-1
부화의 3대 요소 : 온도, 습도, 환기

18-2
보편적으로 발육좌에서 부화 19일 동안의 최적온도는 37.5~37.7℃이고, 발생좌에서는 36.1~37.2℃이다.

18-3
닭의 생리현상에 영향을 주는 주요 요인 : 온도, 습도, 환기, 일광 등

18-4
온도 측정은 병아리의 어깨높이를 기준으로 한다.

정답 18-1 ③ 18-2 ③ 18-3 ② 18-4 ①

핵심이론 19 병아리 관리(2) 어린병아리 관리

① 부리자르기
  ㉠ 시기 : 7~10일경에 실시한다.
  ㉡ 부리자르기 목적
    • 식우성 예방
    • 사료의 손실 및 편식방지
    • 알을 깨 먹는 습성방지
    • 투쟁심 방지(체력 소모, 신경과민 예방)

② 식우성(啄羽性, cannibalism) : 쪼는 성질, 탁우성
  ㉠ 새로 난 깃털의 발육이 가장 왕성한 30~40일의 병아리에게서 발생하기 쉽다.
  ㉡ 깃털, 항문, 발가락을 쪼는 성질 등 여러 가지 나쁜 버릇이 나타나게 된다.
  ㉢ 식우성이 발생하는 원인
    • 과도한 밀사, 고온사육
    • 직사광선 또는 과도한 조도로 밝기가 너무 밝을 때
    • 지나친 농후사료로 섬유질이 부족한 때
    • 사료 중에 비타민, 단백질, 무기성분이 결핍되었을 때
    • 유전적 영향과 습성이 있을 때
  ㉣ 식우성에 대한 대책
    • 사육면적을 넓혀 주어 너무 밀집되지 않도록 조절한다.
    • 쪼는 습관이 있는 병아리를 조기에 발견하여 따로 분리한다.
    • 직사광선을 차단하고 점등 밝기를 낮춰주며, 부리자르기를 해 준다.
    • 쪼인 병아리는 출혈 부위에 알코올 성분의 소독약 등을 발라주고 격리한다.
    • 적정온도를 유지해 주며, 양질의 녹사료와 염분을 보충해 준다.

10년간 자주 출제된 문제

19-1. 닭의 쪼는 습성을 예방하는 방법으로 가장 좋은 것은?
① 밀사
② 부리자르기
③ 날개자르기
④ 볏자르기

19-2. 닭의 카니발리즘의 원인이 아닌 것은?
① 계사 내 직사광선이 들어올 때
② 사료 내 염분이 부족할 때
③ 조사료함량이 부족할 때
④ 사육온도가 적정온도보다 낮을 때

[해설]

19-2
④ 사육온도가 높을 때 발생한다.

정답 19-1 ② 19-2 ④

핵심이론 20 육용계 사양관리

① 닭의 소화기관

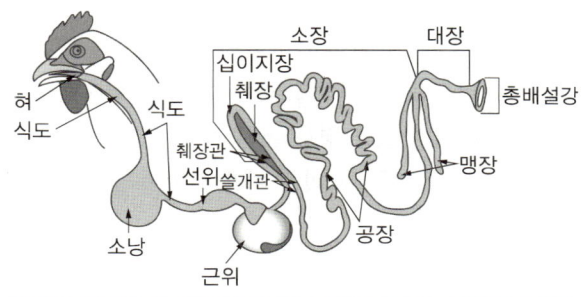

입	• 이빨과 입술이 없어 저작을 하지 못한다. • 부리가 있어 사료를 쪼아 먹는다.
식도 및 소낭 (crop)	• 소낭은 닭에만 있는 소화기관으로 식도가 변형되어 내용물을 저장하고 수분공급 및 연화작용을 한다. • 미생물에 의한 발효작용 또는 아밀레이스에 의한 소화 등이 이루어진다.
선위	• 음식물의 소화를 위해 위산과 펩신 등의 소화액을 분비한다(화학적 소화). • 전위라고도 하며, 내용물을 위선성 전위부로 신속하게 통과시킨다.
근위	• 사료의 분쇄기능을 한다(기계적 소화). • 근위 속에는 모래가 들어 있어 단단한 곡류 등의 분쇄에 도움을 준다.
소장	• 다른 포유동물과 같이 효소가 들어 있어 소화작용을 한다. • 아밀레이스(amylase), 라이페이스(lipase), 펩티데이스(peptidase) 등의 효소가 분비된다.
맹장 및 대장	• 맹장은 두 개로 갈라져 장간막에 연결되어 있다. • 맹장과 대장은 미생물발효를 통해서 수용성 비타민의 합성 및 섬유소 소화 등을 한다. • 대장은 총배설강으로 연결되어 있다.

② 육용계의 적정 사육밀도

㉠ 추운 곳에서는 $3.3m^2$당 300수 정도, 더운 곳에서는 150수 정도를 유지한다.

㉡ 동일한 면적에서 겨울철에는 여름철보다 약 10~20% 정도 더 사육할 수 있다.

㉢ 밀집사육 시 문제점
- 사료섭취량 감소 및 성장률 저하
- 사료효율 저하, 폐사율 증가
- 탁우성 발생
- 흉부 수종 발생 증가, 닭의 상품가치 저하

③ 육용계 사양관리의 특징
  ㉠ 실내는 조금 어둡게 하고 온도를 적절히 유지하여 사료효율을 높인다.
  ㉡ 출하시기를 단축시키기 위해 고열량, 고단백, 비타민, 광물질사료를 풍부하게 급여한다.
  ㉢ 급이기가 높을 경우 균일도와 사료요구율이 불량해지므로 급이기의 높이를 닭의 등높이와 같도록 조절한다.
  ㉣ 4주령 이후에는 적정온도보다 1℃ 저하되면 사료효율이 0.01 저하된다.
  ㉤ 겨울철 폐온 후 온도가 너무 내려가면 사료섭취량이 많아지고 스트레스로 인하여 증체량이 떨어진다.
  ㉥ 닭에게 적당한 습도는 60~70%이다.
    • 습도가 너무 높으면 깔짚이 습해져 암모니아가스가 발생한다.
    • 너무 건조하면 먼지가 많이 발생하고, 기관지의 점막이 말라 외부 병원체를 막아내는 면역기능이 떨어진다.
  ㉦ 4~5주령에 출하할 경우 사료는 무제한 급여한다.
  ※ 닭의 경제적 사육기간 : 산란 개시 후 약 15개월

10년간 자주 출제된 문제

육계 사양 시 밀집사육의 문제점으로 옳지 않은 것은?
① 사료섭취량 증가
② 사료효율 저하, 폐사율 증가
③ 탁우성 발생
④ 흉부 수종 발생 증가, 닭의 상품가치 저하

[해설]
① 사료섭취량 감소로 인하여 성장률이 저하된다.

정답 ①

핵심이론 21 산란계 사양관리(1) 산란기별 관리

① 산란 초기
  ㉠ 초산 후 산란피크 기간이 거의 끝나는 20~36주령 사이의 기간이다.
  ㉡ 산란율이 0%에서 최고산란을 하는 85~90% 또는 그 이상까지를 말한다.
  ㉢ 닭의 체중은 1,450g에서 1,900g으로 성숙하고, 달걀의 크기는 40g에서 60g으로 증가한다.
  ㉣ 정상적인 산란을 유지하고 난중을 최대한 크게 하려면 단백질, 아미노산, 비타민, 광물질 등을 충분히 급여하여야 한다.
  ㉤ 최고산란율(peak production)에 도달되는 시기는 초산 후 약 2개월 후이다.
  ㉥ 산란피크로 올라가는 시기의 사양관리
    • 물과 사료는 항상 먹을 수 있도록 하고, 충분한 영양을 공급한다.
    • 20주령을 전후로 점등시간을 증가시켜 주며 백색계에 비해 체중이 무거운 갈색계는 점등교체시기를 빠르게 해 준다.
    • 온도, 습도 및 환기상태를 수시로 점검하고 최적의 환경조건을 만들어 준다.
    • 산란피크에 도달하면 생리적으로 질병에 대한 저항력이 약해지므로 질병이 발생하지 않도록 주의한다.
    • 뉴캣슬이나 산란저하증후군 등의 예방접종을 산란 개시 전에 완료해 병을 이길 수 있는 힘을 키워 놓아야 한다.
  ※ 닭의 산란주기 : 한 마리의 암탉이 연일 산란하는 달걀의 수

② 산란 중기
  ㉠ 성장이 거의 끝나는 36주령부터 52주령까지에 해당한다.
  ㉡ 산란 초기에 비해 단백질 요구량이 감소하지만 칼슘 요구량은 증가한다.

ⓒ 이 기간 중 증체가 계속되면 과비(過肥)하여 오히려 산란능력이 떨어진다.
ⓓ 산란율은 서서히 감소하지만 난중은 계속 증가한다.

※ 산란계의 경우 알이 배란되어 난관을 통과하여 산란하기까지의 평균 소요시간 : 24~26시간

③ 산란 후기
ⓐ 52주령 이후에는 체중변화가 거의 없으며, 난중이 약간 증가하는 시기이다.
ⓑ 영양소의 공급을 감소시켜야 한다.
ⓒ 산란율이 60~65% 이하로 떨어진다.
ⓓ 고단백질, 고에너지사료를 계속해서 급여하면 닭의 체내에 지방이 축적되어 산란율이 빨리 떨어지게 된다.

10년간 자주 출제된 문제

산란기별 사양(phase feeding)의 산란 초기에 대한 설명으로 적합하지 않은 것은?

① 산란 초부터 최고산란기 직후까지, 즉 22주령부터 32주령까지 10주간에 해당되는 시기이다.
② 산란율이 0%에서 최고산란을 하는 85~90% 또는 그 이상까지를 말한다.
③ 닭의 체중은 1,450g에서 1,900g으로 성숙하고 계란의 크기는 40g에서 60g으로 증가한다.
④ 정상적인 산란을 유지하고 난중을 최대한 크게 하려면 단백질, 아미노산, 비타민, 광물질 등을 충분히 급여하여야 한다.

해설
① 초산 후 산란피크 기간이 거의 끝나는 20~36주령 사이의 기간이다.

정답 ①

핵심이론 22 산란계 사양관리(2)

① 점등관리
ⓐ 점등관리의 필요성
• 닭은 일정시간 이상 빛을 쬐어야 정상산란을 한다.
• 산란계의 산란수, 난중, 생존율 등은 점등시간 및 방법에 따라 영향을 받는다.
• 산란능력에 미치는 점등요인은 점등시간, 점등광도 및 빛의 색, 점등횟수 등이 있다.
• 계사를 밝히는 빛은 태양광, 인공광 모두 닭의 뇌하수체를 자극한다.
• 점등관리의 목적은 계군의 성 성숙을 동기화하고, 산란을 촉진하기 위한 것이다.

ⓑ 점등관리의 원칙
• 15일령부터는 점등시간을 동일하게 유지한다.
• 육성기간 동안은 점등기간(일조시간)이나 조도를 절대로 증가시키지 않는다.
• 산란기에는 점등시간(일조시간)이나 조도를 절대로 감소시키지 않는다.
• 계군이 50% 산란을 할 때, 최소 14시간 이상 점등하여야 한다.
• 점등시간의 연장은 아침과 저녁으로 나누어 조절한다.
• 일령이 다른 인근계사에 점등영향을 받지 않도록 주의한다.
• 무창계사는 작은 빛이라도 들어오지 못하도록 해야 한다.

ⓒ 점등 방법
• 일정시기 점등법
– 하루 24시간을 계속하여 점등하는 계속조명법이 있다.
– 자연일장기간에 주야 인공조명시간을 가산하여 1년 중에 가장 일조시간이 긴 하지 정도의 시간(14시간 42분)을 연중 유지하는 방법이 있다.

- 점감점증법 : 산란 전에는 점등시간을 점감하여 조숙을 방지하고 산란 시에는 점증하여 산란율을 높이는 방법이다.
  ※ 점감점증법은 산란계의 산란율을 증가시키기 위해 최대 17시간까지의 점등시간을 연장해 점등관리한다.
- 자연일조 점등법 : 육추 시부터 20주령까지는 일조시간에 의하고 20주령부터는 일조시간을 포함하여 최소 13시간 이상을 포함하도록 한다.

② 강제환우(털갈이)
  ㉠ 환우의 개념
   - 환우는 보통 1년에 한 번씩 하지만 환경에 따라 1년에 2번 또는 그 이상을 하기도 한다.
   - 환우 개시시기는 산란지속성과 관계가 있다.
   - 산란능력이 우수한 닭은 늦가을까지 계속 산란을 하므로 털갈이를 늦게 하거나 털갈이 중에도 계속 산란한다.
   - 산란을 계속하면서 환우를 하려면 닭의 체중을 유지, 증가시킬 수 있어야 한다.
  ㉡ 산란계의 강제환우의 목적
   - 달걀 생산시기 조절, 계획적인 난중생산
   - 환우기간의 단축, 산란기간 연장
   - 육성비의 절감
   - 달걀의 품질개선(수정률, 부화율이 개선, 특란 및 대란 생산률 향상)
   - 건강하고 충실한 병아리를 다량 생산

③ 탈항(脫肛)
  ㉠ 탈항의 원인
   - 영양의 과다급여 및 운동 부족으로 복부, 난관, 총배설강에 지방층이 형성되어 신축성이 저하될 경우
   - 인접계사의 점등으로 초산일령이 매우 빨라진 경우
   - 산란 시 밀려나오는 난관을 다른 닭이 쪼아 신축성을 잃을 경우
   - 초산 시 체구가 작은 닭이 큰 알을 낳는 경우
   - 기타 유전적 원인
  ㉡ 탈항의 예방법
   - 계사 안의 점등광도를 어둡게 하여 준다.
   - 부리자르기를 실시한다.
   - 콕시듐병, 회충병, 설사병의 감염을 피한다.
   - 가급적 산란 케이지에 늦게 올린다.
   - 다른 계사의 점등 불빛이 들어오지 못하게 한다.
   - 중추 및 대추의 제한급사를 신중히 한다.
   - 초산 시 점등을 일시에 증가하지 말고 점차 증가하되 규칙적인 점등과 소등을 한다.

10년간 자주 출제된 문제

22-1. 산란계 사육에서 명암주기의 길고 짧음에 따라 가장 크게 반응하는 것은?
① 증체율
② 육추율
③ 산란율
④ 발정주기

22-2. 점등관리의 목적은 계군의 성 성숙을 동기화하고, 산란을 촉진하기 위한 것이다. 육용종계에 있어 점등관리의 원칙에 맞지 않는 것은?
① 15일령부터는 점등시간을 동일하게 유지한다.
② 육성기에 점등시간을 늘려 주고, 점등강도도 높여 준다.
③ 산란기에는 점등시간을 줄여 주어서는 안 된다.
④ 계군이 50% 산란을 할 때 최소 14시간 이상 점등하여야 한다.

22-3. 닭에서 강제털갈이의 효과가 아닌 것은?
① 휴산기간이 짧아진다.
② 알껍질이 두꺼우며 치밀하다.
③ 수정률은 높고 부화율이 낮다.
④ 관리가 용이하고 산란시기가 일치한다.

22-4. 탈항(脫肛)의 예방책으로 볼 수 없는 것은?
① 점등의 광도를 밝게 하여 준다.
② 부리자르기를 실시한다.
③ 콕시듐병의 감염을 피한다.
④ 가급적 산란 케이지에 늦게 올린다.

|해설|

22-1
광선은 닭의 뇌하수체 전엽을 자극하여 생식선의 발달을 촉진시키며, 산란과 환우(깃털갈이)에 관여한다.

22-2
② 육성기간 동안은 점등기간(일조시간)이나 조도를 절대로 증가시키지 않는다.

22-3
강제환우를 하면 짧은 시간 내에 환우가 완료되면서 산란율이 증가하여 환우 전의 최고 산란율보다 낮긴 하지만 상당한 정도로 산란율이 증가하고 계란 중량도 늘어난다.

22-4
① 계사 안의 점등광도를 어둡게 하여 준다.

정답 22-1 ③ 22-2 ② 22-3 ③ 22-4 ①

핵심이론 23 축산물 생산관리(1) 젖소 생산물

① **젖소의 주요 생산지표**
  ㉠ 경산우 1두당 연간 산유량 : 젖소의 개체 또는 축군의 산유량에 의해 경제 능력을 파악하는 지표로 연간 1일 1두당 산유량을 의미한다.
  ㉡ 유지율 : 원유 내에 들어있는 지방 함량의 비율로 우리나라의 유대는 유지방 3.4%를 기준으로 유지율 0.1% 증감에 따라 가감된다.

> **더 알아보기**
>
> **지방보정유(FCM ; Fat Corrected Milk)**
> 가축에 따라 유지율과 산유량이 다른데, 우유의 에너지 함량을 비교하기 위해서 유지율을 4%로 환산하여 계산한다. 이를 4% 보정유라 한다.
> ※ 4% 보정유 = $0.4M + 15F$
> 여기서, M : 유량
> F : 지방량(유량 × 유지율)

  ㉢ 젖소의 분만간격 : 분만간격은 산유량에 영향이 크다. 유기가 긴 착유 젖소를 제외하고 일반적으로 분만 후 60~70일령에 수태하는 1년1산의 목표가 바람직하다.

② **원유 생산관리**
  ㉠ 원유검사
  • 집유 전 검사
    - 주정검사 : 산패와 이등유 검출을 위한 검사이며, 70% 주정을 사용하여 양성이면 불합격이다.
    - 비중검사 : 주로 가수여부를 가리기 위해 시행하며, 정상유의 기준은 비중 1.028 이상 1.034 미만이다.
    - 육안검사 : 이물질, 이취, 혈유 등이 검출되면 불합격 처분된다.
    - 유온검사 : 법정 온도는 5℃ 이하이나, 4℃ 이하를 권장한다.

CHAPTER 01 가축생산기술 ■ 33

- 집유 후 공장검사
  - 세균발육억제물질검사
  - 유지방율, 유단백율, 체세포수, 세균수 측정
    ※ 유지방율 : 3.5~3.6%, 유단백율 : 3.2~3.4%
  - 빙점검사 : 원유 가수여부 측정하기 위한 검사로서 빙점 -0.143 이상이면 불합격이다.

ⓒ 유질등급 : 우리나라는 원유 중 체세포수와 총세균수 2개 항목의 유질등급제를 시행하고 있다.

- 세균

등급	세균수/mL	금액(원/L)
1A	3만 미만	+52.53
1B	3~10만 미만	+36.05
2	10~25만 미만	+3.09
3	25~50만 이하	-15.45
4	50만 초과	-90.64

- 체세포

등급	체세포수/m	금액(원/L)
1	20만 미만	+52.69
2	20~35만 미만	+39.25
3	35~50만 미만	0
4	50~75만 이하	-41.20
5	75만 초과	*별도

* 체세포 75만 초과 시 : 해당 주차 탈지분유 가격이 적용된다.

※ 원유의 가격을 결정하는 요인 : 총세균수, 체세포수, 유지방율, 유단백율

ⓒ 유성분
- 유성분은 수분 80~88%와 고형분(지방 + 무지고형분) 12~20%로 구성되어 있다.
- 고형분은 일반적으로 지방과 무지고형분(SNF ; Solid Non-Fat)으로 구분·표시한다.
- 유단백질 합성 : 혈액 내 아미노산 → tRNA → mRNA → rRNA → 유단백
- 유당의 합성은 골지체에서 글루코스가 갈락토스로 전환되는 것이다.
- 우유 중 지방산의 50%는 사료로부터 공급된다.
- 유지방은 대부분 중성지방으로 구성된다.

- 우유 중에는 칼슘(Ca 25%)과 인(P : 인산염의 형태), 염소(Cl), 나트륨(Na), 마그네슘(Mg) 등이 들어 있다.

③ 젖소 생산관리
  ㉠ 경산우 : 1년1산을 목표로 하되, 분만간격이 15개월을 넘지 않도록 한다.
  ㉡ 초산우 : 초산월령 25개월 이내를 목표로 한다.
  ㉢ 암수 분리생산

④ 연간젖소 도태계획 : 번식장해, 질병 등으로 젖소의 경제성이 떨어지거나 원유의 생산량이 생산 쿼터를 초과할 경우, 젖소를 판매하거나 도태(판매)해야 한다.

> **10년간 자주 출제된 문제**

23-1. 원유검사에서 유지율은 얼마 정도인가?
① 1% 이하
② 3~4% 정도
③ 6~9% 정도
④ 10% 이상

23-2. 원유의 가격을 결정하는 요인이 아닌 것은?
① 세균수
② 체세포수
③ 유지율
④ 산도

|해설|

23-2
원유의 가격을 결정하는 요인 : 총세균수, 체세포수, 유지방율, 유단백율

정답 23-1 ② 23-2 ④

핵심이론 24 축산물 생산관리(2) 산란계 생산물

① 양계의 주요 생산지표
  ㉠ 산란율 : 산란계의 경제능력인 산란능력을 나타내는 지표로서 경영 성과에 가장 큰 영향을 주는 요인이다.

  - 헨데이 산란율 = (일정기간의 총산란수/일정 기간의 총생존수수) × 100
  - 헨하우스 산란율 = (일정기간의 총산란수/초기 입식수수) × 100

  ㉡ 육성률 : 산란계 및 육성계 경영에 있어서 병아리를 구입하여 육성하기까지 폐사 및 도태에 의해 육성 초기수수에 비하여 감소함으로 성계까지의 육성 비율을 나타내는 기술지표이다. 즉, 도입 시의 초생추 수수와 성계로 편입 또는 출하될 때 수수의 비율을 의미한다.

  ㉢ 난중 : 고도의 유전력을 가지는 형질로 개체선발로 개량이 가능하다. 난중은 관리자의 생산기술 수준을 나타내는 척도로 중요한 기술지표이다.

  ㉣ 일당증체량과 사료요구율 : 일당증체량은 브로일러의 산육능력을 나타내는 척도로 회전율을 높이는 주요 요인이고, 사료요구율은 증체에 필요한 사료섭취량을 나타낸다.

② 산란능력
  ㉠ 산란율에 영향을 미치는 요소 : 일조량의 감소, 질병, 알품기, 영양실조, 스트레스 등
  ㉡ 초년도의 산란수를 지배하는 GOODALE-HAYS의 산란 5요소 : 조숙성, 취소성, 동기휴산성, 산란강도, 산란지속성
  ㉢ 닭이 정상적으로 산란하는 데 있어서 가장 적합한 온도 : 약 20℃

③ 달걀 형질의 평가
  ㉠ 난형
  - 난형은 알의 길이에 대한 알의 넓이의 비율인 난형지수로 나타낸다.

    ※ 난형지수 = $\dfrac{알의 넓이}{알의 길이} \times 100$

  - 타원형이 적당하며, 너무 길거나 둥글면 포장이 힘들고 상품가치가 저하된다.
  - 난형지수가 정상치를 벗어나는 경우에는 포장과 수송 도중에서 달걀이 파손될 가능성이 많다.

  ㉡ 달걀의 품질 평가기준
  - 외부 난질 지표 : 알의 크기(난중), 난형과 난각(난각색, 난각두께, 난각밀도), 난형지수, 난각강도
  - 내부 난질 지표 : 난백의 높이, 호우유니트(HU), 난황색, 난황과 난백의 pH 및 점도 측정
  ※ 달걀의 품질에 영향을 미치는 요소 : 닭의 품종, 산란연령, 계란의 보관 온도와 저장기간, 보관습도, 산란 계절 및 사료 등

④ 난 생산
  ㉠ 달걀의 구성
  - 달걀은 타원형으로 비중 1.08~1.09, 표준중량 55~60g이다.
  - 난황은 전체의 30%이며, 단백질, 무기물, 지방, 비타민의 함량이 많다.
  - 난백은 전란의 58%이며, 수양성 난백과 농후난백으로 구분된다.
  - 난각은 탄산칼슘($CaCO_3$) 94%, $MgCO_3$과 $Ca_3(PO_4)_2$이 각각 1% 정도이다.

  ㉡ 난 생산을 위한 에너지 요구량
  - 기초대사에 필요한 에너지 : 대사체중당 83kcal
  - 달걀 한 개의 에너지 함량 : 360kcal
  - 추운 겨울철의 에너지 요구량은 평시보다 10~15% 증가한다.

더 알아보기

닭의 에너지 이용
- 체중이 적을수록 에너지 이용 효율이 높다.
- 산란능력이 높은 닭이 낮은 닭보다 에너지 이용 효율이 높다.
- 에너지 요구량은 케이지 사육에 비하여 평사 사육 시 높게 제시되고 있다.
- 체중이 가벼운 닭은 전체 에너지 소비량이 더 낮다.

ⓒ 난 생산을 위한 단백질 요구량
- 산란에 필요한 단백질은 달걀 내 단백질 함량이 기준이 된다.
- 달걀 내 단백질 함량이 12%일 때(달걀 중량이 56g → 단백질 6.7g), 사료단백질의 이용 효율이 55%이므로 달걀 1개를 생산하는 데 12.29g의 단백질이 필요하다.
- 양계사료에서 초생추 사료 중에 현저히 더 많은 함량을 요구하는 영양소 : 단백질

10년간 자주 출제된 문제

24-1. 닭이 정상적으로 산란하는 데 있어서 가장 적합한 온도는?
① 약 10℃   ② 약 20℃
③ 약 25℃   ④ 약 30℃

24-2. 닭의 산란성을 지배하는 유전적 요소와 관계가 가장 적은 것은?
① 성 성숙   ② 쪼는 습성
③ 산란강도   ④ 산란지속성

24-3. 난질의 외부 품질 결정 조건에 해당되지 않는 것은?
① 알의 크기   ② 난형과 난각
③ 난백계수   ④ 난각의 건실도

24-4. 다음 중 달걀의 품질에서 내부 품질에 속하는 것은?
① 기실   ② 난각질
③ 알의 크기   ④ 난각의 청결도

|해설|

24-1
산란계의 성계는 닭장 온도가 10℃ 이하로 떨어지면 체온을 유지하기 위해 적온(20℃)일 때보다 산란율과 산란량이 20% 이상 크게 줄어든다.

24-2
닭의 개량형질 중 산란능력 : 조숙성(초산일령), 산란강도, 산란지속성, 취소성, 동기 휴산성

24-3
난백계수는 내부 난질 지표이다.

24-4
계란의 내부는 크게 난각, 난황, 배아, 난백, 알끈, 기실(공기가 드나드는 공간)로 나눠진다.

정답 24-1 ②   24-2 ②   24-3 ③   24-4 ①

제2절 번식관리

핵심이론 01 수컷의 생식기관 구조 및 특성

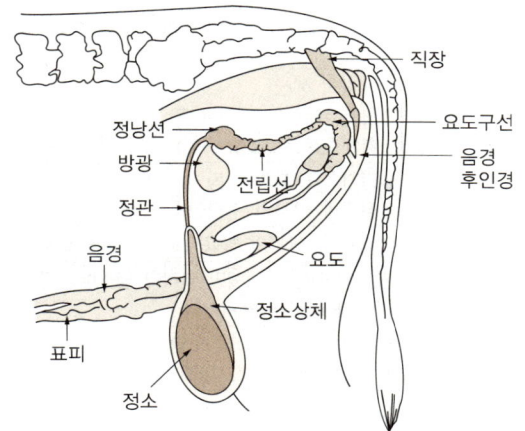

[수컷의 생식기관 구조]

① 정소
  ㉠ 수컷의 주생식기관으로 고환이라고도 한다.
  ㉡ 타원형으로 좌우 한 쌍이며 음낭에 싸여있다.
  ㉢ 세정관에서 동물의 생식세포인 정자를 생산한다.
  ㉣ 정소의 간질세포에서 안드로겐(androgen)과 테스토스테론(testosterone)을 분비한다.
  ㉤ 안드로겐은 부생식기 자극, 정자형성 촉진 등의 기능을 한다.

② 정소상체
  ㉠ 정관과 정소를 연결하는 긴 곡세정관의 형태이다.
  ㉡ 두부, 체부, 미부로 구분된다.
  ㉢ 정자의 운반, 농축, 성숙 및 저장 역할을 한다.

③ 음낭
  ㉠ 정소와 정소상체를 싸고 있는 근육층으로 된 주머니이다.
  ㉡ 정소상체의 온도를 4~7℃ 정도 낮게 유지하는 기능을 한다.
  ㉢ 외부 온도가 높으면 음낭표면의 주름이 펴지면서 늘어지고, 온도가 낮으면 주름이 생기면서 몸쪽으로 올라간다.

④ 정관 : 정소상체 미부에서 요도까지의 관으로 정자를 운반하는 통로이며, 1쌍으로 되어 있다.

[수컷의 생식기관]

기관	기능	기관	기능
정소	정자의 생산, 웅성호르몬의 생산	음낭	정소의 지지, 온도조절 및 보호
정소상체	정자의 운반, 농축, 성숙 및 저장	음경	수소의 교미기관, 오줌의 배설
부생식선 정낭선	정액의 영양물질, 완충제 및 액체 분비	포피	음경의 끝부분은 둘러쌈
부생식선 전립선	정액의 무기이온성 물질 및 액체 분비	정관	정자의 이동통로
부생식선 요도구선	요도에 잔류된 오줌의 세척	요도	정액의 이동통로

10년간 자주 출제된 문제

1-1. 다음 중 수컷의 생식기관에서 정자가 생성되는 곳은?
① 정소(고환)   ② 정소상체(부고환)
③ 정관팽대부   ④ 정낭샘

1-2. 안드로겐을 분비하는 기관은 어느 것인가?
① 정소   ② 정낭선
③ 전립선   ④ 카우퍼선

1-3. 젖소의 정소에 위치하면서 테스토스테론(testosterone)이라는 웅성호르몬을 분비하는 세포는?
① 세르톨리(sertoli)세포
② 간질(leydig)세포
③ 웅성(androgen)세포
④ 세정관(seminiferous)세포

해설

1-2
안드로겐(androgen)
• 생성위치 : 정소간질세포
• 생리작용 : 수컷 부생식기 자극, 정자형성 촉진, 동화작용

1-3
정소의 세정관에서 정자가 생산되고 간질세포에서 웅성호르몬(테스토스테론)이 생성된다.

정답 1-1 ①   1-2 ①   1-3 ②

핵심이론 02 암컷의 생식기관 구조 및 특성

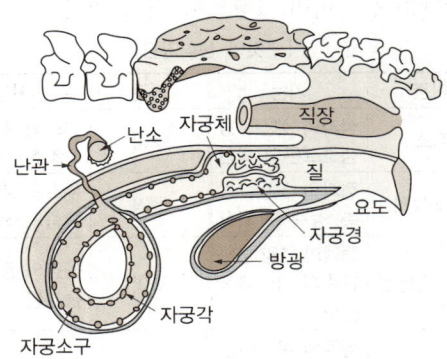

[암컷의 생식기관 구조]

① 난소
  ㉠ 난자를 배출시켜 수정이 이루어지고, 착상에 성공할 수 있도록 자궁, 난관 및 주위 조직을 적절히 준비하는 기능을 한다.
  ㉡ 복강 내에 위치하고 있다.
  ㉢ 난자의 성숙과 배란, 황체의 형성 및 퇴화 등의 현상이 주기적으로 반복된다.
  ㉣ 난자의 생성
    • 발정 주기에 따라 성숙된 그라프난포가 파열되어 난자와 난포액이 방출되며, 이를 배란이라고 한다.
    • 난자가 배란된 자리에는 황체가 형성되고, 프로게스테론을 분비하여 임신을 유지한다.

② 난관
  ㉠ 난자와 정자의 운반통로이다.
  ㉡ 난관팽대부에서 난자와 정자가 결합하여 수정이 이루어진다.

③ 자궁
  ㉠ 수정된 난자(수정란)가 착상하여 발육하는 곳이다.
  ㉡ 자궁각은 주름이 있고 만곡되어 있으며, 수정란이 착상하여 태아가 발육하는 장소이다.
  ㉢ 소, 돼지의 경우 2개의 자궁각, 1개의 자궁체 및 자궁경으로 구성되어 있다.

※ 자궁체의 길이(cm)
  말 15~20 > 돼지 5 > 소 2~4 > 면양 1~2

④ 질 : 암컷의 교미기관으로 분만 시 태아의 만출통로이다.

[암컷의 생식기관]

기관	기능
난소	• 난자의 생산 • 난포호르몬(estrogen)의 생산 • 황체호르몬(progesterone)의 생산
난관	• 정자와 난자의 이동 • 정자와 난자의 수정장소
자궁	수정란과 태아의 발육장소 및 기능 유지
자궁경	발정기와 분만 시에만 열리고 평소에는 밀폐되어 이물의 침입을 방지한다.
자궁경관	• 자궁의 미생물학적 오염원 방지 • 정액의 저장소 및 정자의 이동통로
질	• 교접기관 • 자연종부 시 정액의 사정부위
음순	외부로 열려 있는 번식기관

[암탉의 생식기관]

구성	기능
난관누두부	수정 장소
난백분비부	농후 난백 분비, 알끈 형성
협부	수양 난백 분비, 난각막 형성
자궁부	난각, 난각색소 분비
질부	산란

10년간 자주 출제된 문제

2-1. 암소의 주생식샘으로 복강 내에 위치하고 있으며, 난자의 성숙과 배란, 황체의 형성 및 퇴화 등 일련의 현상이 주기적으로 반복되는 곳은?
① 난소 ② 난관
③ 자궁 ④ 질

2-2. 난자와 정자가 수정이 이루어지는 부위는?
① 질   ② 자궁
③ 난관 ④ 난소

2-3. 돼지의 경우 난자와 정자가 수정된 후 착상이 이루어지는 부위는?
① 자궁각 ② 자궁체
③ 자궁경 ④ 난관

[해설]

2-2
난관은 난자와 정자가 결합하여 수정이 이루어지는 장소이다.

2-3
태아는 자궁각에 착상되어 발육한다.

정답 2-1 ① 2-2 ③ 2-3 ①

핵심이론 03 발정관리

① 성 성숙
  ㉠ 성 성숙 과정이 시작되는 시기를 춘기발동기라고 한다.
    • 수컷 : 교미와 사정이 가능한 시기이다.
    • 암컷 : 발정이 나타나고 임신이 가능하다.
  ㉡ 성 성숙기가 번식적령기와 반드시 일치하는 것은 아니다.
    • 돼지의 성 성숙기 : 170~224일령
    • 돼지의 번식적령기 : 8개월령
    • 소의 성 성숙기 : 6~10개월령(젖소 8~13개월)
    • 소의 번식적령기 : 14~22개월령(평균 16~18개월령)
  ㉢ 성 성숙에 영향을 미치는 요인 : 유전적 요인, 영양, 계절, 온도, 사육 방법
    ※ 돼지는 개체사육보다 공동사육 시 성 성숙이 빨라진다.

② 발정
  ㉠ 성 성숙기에 도달해야 발정이 개시된다.
  ㉡ 발정징후
    • 식욕감퇴로 사료섭취량이 감소한다.
    • 다른 암컷이나 수컷이 올라타는 것(승가)을 허용한다.
    • 허리를 누르면 부동반응을 나타낸다.
    • 거동이 불안하고 보행수가 증가한다.
    • 신경이 예민하고, 자주 큰소리로 운다.
    • 외음부가 충혈되어 부어오른다.
    • 질 밖으로 점액을 분비한다.
  ㉢ 발정주기는 무발정기간을 제외하고 주기적이고 연속적으로 일어난다.
  ㉣ 발정주기와 발정동물
    • 단발정동물(1년에 한 번의 발정기) : 개, 곰, 여우, 이리 등
    • 다발정동물(1년에 수회 주기적 발정) : 소, 돼지, 말 등

- 계절적 다발정동물 : 양, 말, 고양이

[가축의 발정주기]

구분	성 성숙기	번식특성	발정주기	발정지속시간
소	6~10개월령	연중	21~22일	18~20시간
돼지	170~224일령	연중	19~21일	48~72시간
면양	6~8개월령	단일성	16~17일	24~36시간
산양	6~8개월령	단일성	21일	32~40시간
말	12~24개월령	장일성	19~25일	4~8일

더 알아보기

계절번식
- 가축의 번식계절에 영향을 미치는 요인은 일조시간의 장단, 온도, 내분비학적 기구 등이다.
- 계절번식동물(특히 면양)의 성 성숙에 대하여 가장 큰 영향을 미치는 요인은 일조시간이다.
- 계절번식동물
  - 주년성 번식동물(계절적 영향이 작아 연중번식이 가능한 가축) : 소, 돼지, 토끼
  - 비주년성 번식동물
    ⓐ 단일성 번식동물 : 면양, 산양, 염소, 사슴, 노루, 고라니 등
    ⓑ 장일성 번식동물 : 말, 당나귀, 곰, 밍크 등

10년간 자주 출제된 문제

3-1. 젖소의 발정징후가 아닌 것은?
① 다른 암소나 수소가 올라타는 것을 허용하지 않는다.
② 정서적으로 불안한 상태를 보인다.
③ 외음부가 붓고 질 점액이 흐른다.
④ 교미 자세를 취한다.

3-2. 가축에 따라 연중 주기적으로 발정하는 것과 1년 중 특정한 계절에만 발정을 하는 경우가 있는데 다음 중 그 원인으로 적당한 것은?
① 일조시간   ② 발정연령
③ 영양의 상태   ④ 기온 및 습도

해설

3-1
① 발정기에 수컷의 승가를 허용한다.

정답 3-1 ① 3-2 ①

핵심이론 04 교배관리

① 교배적기
  ㉠ 교배적기를 결정하는 생리적 요인
    - 배란시기와 정자가 수정능력을 획득하는 데 걸리는 시간
    - 자축의 생식기도 내에서 정자가 수정능력을 유지하는 시간
    - 배란된 난자가 자축의 생식기도 내에서 수정능력을 유지하는 시간
  ㉡ 가축의 교배적기

구분	배란시기	교배적기
소	발정개시 후 20~26시간, 발정종료 후 6~10시간	발정개시 후 12~18시간(배란 전 13~18시간) 또는 발정종료 전후 3~4시간, 다른 소가 승가하는 것을 허용할 때 ※ 수정적기 : 발정개시 후 9~20시간
돼지	발정개시 후 35~45시간	수퇘지의 승가 허용 시작 시점부터 10~25시간
면양	발정개시 후 24~30시간	발정개시 후 20~25시간
산양	발정개시 후 30~36시간	발정개시 후 20~35시간
말	발정종료 전 24~48시간	배란 2일 전부터
토끼	교미자극 약 10시간 후	교미자극 후 5~6시간

더 알아보기

난자의 수정능력 보유 시간
- 소 : 18~20시간
- 돼지 : 10~21시간
- 면양·산양 : 24시간
- 말 : 17~19시간

② 정자와 난자의 이동
  ㉠ 교미에 의해 사정된 정자는 자궁의 수축운동과 흡인작용 및 정자의 운동성 등에 의해 자궁체, 자궁각을 지나 난관팽대부(수정부위)로 수송된다.
  ㉡ 난포에서 방출된 난자는 난관 내의 섬모운동으로 난관 내로 이동한다.

③ 수정(fertilization)
  ㉠ 암수 각각의 배우자인 난자(제2차 난모세포, 조류와 포유류)와 정자가 합체하여 단일세포인 접합자를 형성하는 과정이다.
  ㉡ 난자의 핵(n)과 정자의 핵(n)이 합쳐져서 수정이 이루어지며, 수정이 끝난 난자를 수정란(2n)이라고 한다.
  ㉢ 수정은 정자와 난모세포가 만났을 때 시작되어 전핵(생식핵)으로 융합되면 끝난다.
  ㉣ 정자의 수정능 획득 → 첨체반응 일으킴 → 정자머리의 원형질 파괴(첨체외막을 녹임) → 첨체효소(acrosin)를 방출하는 소포 생산 → 첨체효소 방출
  ※ 정자의 첨체반응 : 수정능력을 획득한 정자가 난자의 투명대를 통과하기 위하여 일어나는 현상

10년간 자주 출제된 문제

4-1. 소의 교배적기에 관한 설명 중 틀린 것은?
① 다른 소가 승가하는 것을 허용할 때 수정한다.
② 배란 전 13~18시간에 수정한다.
③ 발정종료 전 1시간에서 종료 후 3시간 내 수정한다.
④ 배란 후 6~12시간에 수정한다.

4-2. 교미동작이나 이와 유사한 자극이 있은 후 가장 빠른 시간에 배란이 되는 가축은?
① 양   ② 염소
③ 토끼   ④ 돼지

4-3. 수정능력을 획득한 정자가 난자의 투명대를 통과하기 위하여 일어나는 현상은?
① 첨체반응   ② 핵농축
③ 연동운동   ④ 선회운동

|해설|

4-1
소의 수정적기는 일반적으로 발정개시 후 12~18시간(배란 전 13~18시간) 또는 발정종료 전후 3~4시간 사이이다.

4-2
토끼는 교미를 통한 자극을 받은 후 약 10시간경 배란이 된다.

정답 4-1 ④ 4-2 ③ 4-3 ①

핵심이론 05 임신·분만관리

① 임신의 확인
  ㉠ 임신진단의 목적
    • 임신 여부를 되도록 빨리 확인하는 것은 유산을 예방하고, 분만일·건유일을 결정할 수 있다.
    • 수태곤란 및 불임원인을 발견·치료하고 번식효율을 향상시킬 수 있다.
  ㉡ 소의 임신진단법
    • 외진법(non-return, 발정무재귀관찰법), 직장검사법, 질검사법, 초음파진단법, 자궁경관점액검사법, 발정검사법 등
    • 직장검사법이 많이 이용된다.

  더 알아보기
  직장검사법
  • 직장을 통하여 태아의 양막, 태막의 유무, 태반, 황체 혹은 태아를 촉진하거나 자궁동맥의 크기나 태동을 조사하여 임신을 진단한다.
  • 가장 간편한 방법으로 정확하고 신속하다.
  • 대가축(소, 말 등)에서 가장 보편적이고 많이 사용하는 방법이다.

  ※ 가축별로 가장 많이 사용되는 임신진단 방법
    • 젖소 : 우유 내 프로게스테론 농도 측정
    • 소 : 직장검사법
    • 돼지 : 초음파검사법
    • 면양 : non-return법
    • 말 : 직장검사, 초음파진단법

② 가축의 임신기간의 특징
  ㉠ 소의 경우 태아가 암컷일 때 임신기간이 짧다.
  ㉡ 초산우는 경산우보다 임신기간이 짧다.
  ㉢ 임신기간은 태아의 내분비기능에 의하여서도 영향을 받는다.

[가축의 평균 임신기간]

소	돼지	면양	산양	말
280일	114일	150일	152일	330일

③ 분만
  ㉠ 분만 직전에 일어나는 분만징후
    • 유방이 커지고 유즙이 비친다.
    • 외음부가 충혈되고 종창된다.
    • 점액성 분비물의 누출량이 많아진다.
    • 미근부의 양쪽이 함몰되어 간다.
    • 점조성의 점액이 질 내에 고인다.
    • 에스트로겐(estrogen)과 릴랙신(relaxin)의 작용에 의하여 골반은 치골결합과 인대가 늘어져 가동성이 늘어난다.
  ㉡ 인위적 분만유기 방법
    • 부신피질호르몬에 의한 방법 : ACTH의 자극을 받은 태아의 부신피질에서 글루코코르티코이드의 분비를 증가시킨다.
    • 프로스타글란딘(prostaglandin)에 의한 방법 : PGE_2나 $PGF_{2\alpha}$ 등 프로스타글란딘을 주사하여 분만을 유기한다.
④ 후산정체
  ㉠ 후산의 만출이 정상적으로 이루어지지 않고 자궁에 체류하는 현상으로 태아 분만 후 10시간(12~24시간) 이내에 태반이 모체태반에서 분리되지 않는다.
  ㉡ 소, 면양, 산양 등에서 발생한다.
  ㉢ 원인
    • 전염성 유산(브루셀라), 패혈증, 캠필로박터균 감염증
    • 영양결핍(Ca, Mg), 분만 중의 간섭, 분만 후의 피로
  ㉣ 대책
    • 매달려 있는 후산을 가위나 칼로 잘라낸다.
    • 에스트로겐 주사를 510mg 정도 3일 간격으로 2회 주사한다.
  ※ 갓 태어난 송아지가 호흡을 하지 않을 때 처치 방법
    • 콧구멍 속을 짚으로 자극하기(5~6초간)
    • 송아지 입에 입김 불어 넣기(1분 이상 계속 실시)
    • 인공호흡(5~10분간 계속 실시)
    • 거꾸로 매단 후 찬물 끼얹기

10년간 자주 출제된 문제

5-1. 가축별로 가장 많이 사용되는 임신진단 방법이 틀리게 연결된 것은?
① 말 - 초음파진단법
② 소 - 호르몬분석법
③ 돼지 - 초음파검사
④ 면양 - non-return법

5-2. 일반적으로 홀스타인 젖소의 평균 임신기간은?
① 279일
② 259일
③ 269일
④ 330일

5-3. 소의 분만 직전에 일어나는 분만징후 중 틀리게 설명한 것은?
① 유방이 커지고 유즙이 비친다.
② 외음부가 충혈되고 종창된다.
③ 점액성 분비물의 양이 감소된다.
④ 미근부의 양쪽이 함몰되어 간다.

해설

5-1
② 소의 임신진단법 중에는 직장검사법이 많이 이용된다.

5-2
소의 임신기간
• 홀스타인 : 평균 279일(262~282일)
• 한우 : 285일(281~295일)

5-3
③ 점액성 분비물의 누출량이 많아진다.

정답 5-1 ② 5-2 ① 5-3 ③

핵심이론 06 인공수정 및 수정란 이식

① 인공수정

㉠ 정액의 채취
- 정액채취 방법
  - 마사지법 : 닭
  - 전기자극법 : 돼지, 소, 양, 개
  - 인공질법 : 소, 말, 양, 토끼
  ※ 돼지의 인공수정 시 웅돈 1두의 1주당 적정한 정액채취 횟수 : 1~2회/주
- 정액의 육안적 검사
  - 정액량, 색깔, 냄새, 농도(점조도), pH 등으로 구분하여 실시한다.
  - 30~35℃의 보온이 유지되어야 하며, 직사광선이나 한랭한 장소는 피한다.
  - 정액의 농도가 진하고 우수할 때에는 운무상을 띤다.
  - 색깔은 유백색이 정상이고, 황색을 띠면 정액 속에 요가 포함되었을 가능성이 있으며 붉은색은 피가 포함, 청색은 질병에 감염되어 있을 가능성이 높다.
  ※ 소의 정액색깔은 진하고 돼지는 옅다.

㉡ 정액의 희석
- 희석의 목적
  - 정액량을 증가시켜 다두 수정이 가능하도록 한다.
  - 보존기간 동안 정자의 활력 및 생존율에 최적의 조건으로 수정능력을 연장한다.
- 첨가물
  - 에너지원 : 포도당과 같은 당류
  - 저온충격의 방지제 : 난황, 우유
  - 완충제 : 시트르산, 인산 등

㉢ 정액의 동결보존 : 정액을 항동해제인 글리세롤 등을 함유한 희석액으로 희석하여 스트로에 분주한 다음 예비동결을 거쳐 −196℃의 액체질소에 넣어 동결보존한다.

② 수정란 이식

㉠ 암컷의 수정란을 채취하여 다른 개체에게 이식하는 방법이다.

㉡ 도축장에서 암소의 난소를 수집하여 난자를 채취하고 체외수정시킨 후 이식할 수 있다.

㉢ 수정란 이식의 장단점

장점	단점
• 우수한 송아지를 단기간에 생산 가능하다. • 쌍태를 생산할 수 있다(수정란 2개 이식). • 젖소에 한우의 수정란을 이식하여 한우를 생산할 수 있다. • 해외에서의 고능력우 수입 시 가격과 시간이 효율적이다.	• 전문 지식과 고도의 기술이 필요하다. • 무균 시설이 필요하다. • 윤리문제, 생명의 존엄성 상실 문제가 우려가 있다. • 수정란 공급 문제, 수태율 저하 문제가 있다.

③ 수정란 이식의 방법

㉠ 공란우의 다배란 처리
- 공란우를 선발하여 FSH, PMSG를 발정주기 16일째에 투여한다.
- 3일, 4일째에 에스트라다이올을 2회 주사한다.

㉡ 공란우의 수정란 회수
- 발정개시 후 18시간에 인공수정을 실시한다.
- 수정란 회수 : 풍선 카테터를 삽입하여 회수한다.
  - 수정 후 4일째 : 난관
  - 수정 후 5일째 : 난관, 자궁각
  - 수정 후 6일째 : 자궁각

㉢ 수란우의 발정주기 동기화
- 수란우에게 $PGF_{2\alpha}$를 주사하여 2~3일 내로 발정이 오게 한다.
- 황체호르몬제(프리드, 사이더플러스)를 이용하기도 한다.

② 수정란 이식 : 자궁경관경유법에 의해 자궁각 선단부에 이식한다.

※ 발정주기 동기화의 장단점

장점	단점
• 발정관찰이 정확하여 인공수정의 실시가 용이하다. • 정액공급 및 보관 등 제반업무를 효율적으로 수행할 수 있다. • 분만 관리와 자축 관리가 더욱 용이하다. • 계획번식과 생산조절이 가능하다. • 발정의 발견과 교배적기 파악이 용이하다. • 수정란 이식기술의 발전에 공헌한다. • 가축개량과 능력검정사업을 효과적으로 수행할 수 있다.	• 사용약품(호르몬제의 처리)에 따른 부작용이 나타날 위험성이 있다. • 인건비와 약품비의 부담이 있다. • 전문지식과 숙련된 기술이 필요하다.

10년간 자주 출제된 문제

6-1. 수퇘지의 효율적인 이용면에서 정액의 채취간격은 며칠이 가장 적당한가?
① 1일 ② 3일
③ 5일 ④ 7일

6-2. 정액의 육안적 검사에 대한 설명으로 옳지 않은 것은?
① 육안적 검사는 정액량, 색깔, 냄새, 농도(점조도), pH 등으로 구분하여 실시한다.
② 주의할 점은 30~35℃의 보온이 유지되어야 하며, 직사광선이나 한랭한 장소는 피한다.
③ 정자농도가 높으면 맑은 물과 비슷한 투명색이다.
④ 색깔은 유백색이 정상적이고, 황색을 띠면 정액 속에 요가 포함되었을 가능성이 있다.

6-3. 수정란 이식의 장점으로 옳지 않은 것은?
① 고도의 기술이 필요하지 않다.
② 쌍태 송아지를 생산할 수 있다.
③ 젖소에 한우의 수정란을 이식하여 한우를 생산할 수 있다.
④ 해외에서의 고능력우 수입 시 가격과 시간이 효율적이다.

6-4. 암퇘지 발정주기 동기화의 장점이 아닌 것은?
① 자축 관리가 용이 ② 계획번식 가능
③ 인공수정이 용이 ④ 수유 중 발정

[해설]

6-1
정액 채취 빈도는 수퇘지의 효율적인 이용 면에서 볼 때 3일 간격(주 2회)으로 채취하면서 휴식시키는 것이 좋은 방법이다.

6-2
③ 정자농도가 높으면 균일하게 불투명하다.

6-3
① 전문 지식과 고도의 기술이 필요하다.

정답 6-1 ② 6-2 ③ 6-3 ① 6-4 ④

핵심이론 07 능력·혈통 기록 관리

① 이력제(traceability)
  ㉠ 가축의 출생에서부터 생산, 사육, 도축, 포장처리·판매, 소비에 이르기까지의 정보를 기록·관리하는 제도로서 각 단계별 정보를 기록·관리하여 문제 발생 시 이동경로를 따라 추적하여 신속한 원인 규명과 회수 등의 조치를 가능하게 하는 제도를 말한다.
  ㉡ 소(한우, 젖소) : 모든 개체에 고유의 개체식별번호를 부여하고 그 번호가 표시된 귀표를 부착하여 출생·거래·폐사·수출입 등 이동 실적을 신고하도록 하고 이력관리 시스템에서 기록·관리한다.
  ㉢ 돼지 : 모든 개체에 고유의 개체식별번호를 부여받고 농장식별번호를 농장단위별로 발급받아 개체식별번호는 귀표 등으로 표시하고 농장식별번호는 귀표나 오른쪽 엉덩이에 표시하여 출생·거래·폐사·수출입 등 이동 실적을 신고하도록 하고 이력관리 시스템에서 기록 관리한다.

② 개체표식
  ㉠ 농장식별번호 : 이력관리 대상 가축을 기르는 사육시설을 식별하기 위하여 가축사육시설마다 부여하는 고유번호를 말한다.
  ㉡ 개체식별번호 : 이력관리 대상 가축의 개체를 식별하기 위하여 가축 한 마리마다 부여하는 고유번호를 말한다.
  ㉢ 귀표 : 이력관리 대상 가축의 이력관리를 위한 개체식별번호를 표시하기 위하여 문자와 숫자 및 바코드[전자태그(RFID tag)를 포함] 등으로 기재하여 귀나 그 밖의 곳에 부착 또는 표시할 수 있도록 제작한 표로 귀표(tags)외에 이각(ear notching), 입묵(tattoo) 등이 있다.

③ 혈통관리
  ㉠ 혈통정보 기록
    • 혈통정보는 개체의 기초 정보인 개체번호, 생년월일, 계대, 산차, 번식자, 소유자 등을 비롯하여 선조와 후대, 형제자매의 유전능력 관계를 알려 주는 것을 말한다.
    • 가축을 개량할 때 중요한 정보는 개체의 기록이다.
  ㉡ 개체관리
    • 개체관리는 개체번호에 의해 생년월일, 교배시기, 사료급여량, 백신접종 등을 기록하는 것을 말한다.
    • 개체(암소)의 유전능력 평가를 활용한 도체성적(도체중, 등심단면적, 등지방두께, 근내지방도)과 체형 특징을 파악하여 암소에 가장 잘 맞는 보증씨수소를 선택하고 체계적으로 계획교배를 시켜 주는 것도 개체관리에 포함된다.

> **더 알아보기**
> **EPD(Expected Progeny Difference)**
> 씨수소의 능력 중 유전능력만을 계산하여 씨수소가 후대에게 물려줄 수 있는 예상유전전달능력(EPD)을 표시하는 것으로 각 형질별 EPD는 각 씨수소와 혈연관계에 있는 소의 성적 중에서 씨수소의 유전능력만을 뽑아내고 이 씨수소의 형질별 유전능력을 모든 씨수소 유전능력의 평균치와 비교하여 상대적으로 '+' 또는 '-'로 표시한 것을 말한다.

④ 혈통 등록 신청 및 관리
  ㉠ 종축 등록 기관
    • 한우, 젖소, 육우, 토끼 : 한국종축개량협회
    • 돼지 : 한국종축개량협회, 대한양돈협회
    • 말(제주마 제외) : 한국마사회
    • 제주마 : 제주특별자치도 축산진흥원
  ㉡ 등록 대상 품종
    • 소의 등록 대상 품종은 한우, 육우(Aberdeen Angus, Charolais, Hereford, Brahman, Simmental), 젖소(홀스타인, 저지, 건지, 브라운 스위스) 등이 있다.

- 종돈의 등록 대상 품종은 Large Yorkshire, Landrace, Duroc, Hampshire, Berkshire, 재래종(Korean native pig) 등이 있다.
ⓒ 등록의 필요성
  - 가축 품종의 순수성을 유지하면서 후대축의 지속적인 경제형질 개량 가능
  - 정확한 개체식별로 심사, 검정, 유전능력 평가 성적 산출로 계획교배에 활용
  - 유전능력이 우수한 가축 확보로 농장의 생산성 향상 및 개량 자료로 활용
  - 자신과 선조의 혈통 및 능력을 기록, 공인받음으로써 종축의 부가가치 제공
  - 혈통정보를 이용하여 근친교배의 피해 방지 및 유전적 질병 및 불량형질 출현 방지

10년간 자주 출제된 문제

다음 소의 이력관리에 대한 설명으로 옳지 않은 것은?

① 소가 출생하거나 거래한 경우 지역의 위탁기관에 30일 이내 신고해야 한다.
② 위탁기관은 소에 개체식별번호를 부여 및 전산시스템에 입력하고 30일 내 귀표를 부착한다.
③ 가축시장 개설자는 가축시장 내 소 거래 내역을 거래가 완료된 다음 날까지 신고해야 한다.
④ 도축장 경영자는 귀표 부착 여부와 전산시스템 등록 여부를 확인한 후 도축해야 한다.

[해설]
① 소가 출생하거나 거래한 경우 지역의 위탁기관에 5일 이내 신고해야 한다.

정답 ①

제3절 가축 질병·위생관리

핵심이론 01 예방접종계획

① 질병
  ㉠ 질병의 발생요인
    - 병원체 : 병원체가 없으면 발병할 수 없다.
    - 병원체와 관련된 요인 : 병인, 숙주, 환경 등
  ㉡ 질병발생의 3대 조건
    - 전염원 : 병원체를 배설하는 가축이 전염원이며, 이들에 의해 전염이 시작된다.
    - 전염경로 : 병원체가 전염원에서 특이한 경로를 통하여 전파된다.
    - 감수성 있는 동물 : 병원체에 영향을 받는 감수성이 있어야 발병한다.
  ㉢ 병원균의 서식에 필요한 조건 : 산소, 온도, 습도, pH
    - 호기성 미생물(aerobe) : 공기가 있는 곳에서만 자라는 미생물
    - 혐기성 미생물(anaerobe) : 공기가 없는 곳에서만 자라는 미생물
      - 절대혐기성 : 산소의 존재로 증식이 저해
      - 편성혐기성 : 산소를 절대적으로 기피
      - 통성혐기성 : 산소를 요구하지 않고, 있더라도 이용하지 않음

② 가축의 예방접종 대상 질병
  ㉠ 소 : 구제역, 탄저, 기종저, 소아카바네병, 소전염성 비기관염
  ㉡ 돼지 : 구제역, 돼지열병, 돼지오제스키병, 돼지전염성 위장염
  ㉢ 닭 : 뉴캣슬병, 닭전염성 기관지염, 닭전염성 에프(F)낭병

더 알아보기

소를 위한 주사
- 근육주사 : 엉덩이, 목 옆구리
- 정맥주사 : 귀정맥, 경정맥
- 피하주사 : 목 옆이나 견갑골 뒤의 가슴
- 피내주사 : 어깨 또는 목의 중간 1/3

더 알아보기

수동면역과 능동면역
- 수동면역 : 다른 동물, 개체에서 이미 형성된 항체를 빌려오는 면역을 말한다.
  예 초유, 태반, 항체주사, 수혈 등
- 능동면역 : 외부에서 몸 속으로 들어온 세균 등에 의해 스스로 항체를 만들어내서 생긴 면역을 말한다.
  예 백신접종, 이미 걸린 질병으로부터 생긴 항체 등

10년간 자주 출제된 문제

1-1. 각종 병원균이 서식하는 데 필요한 조건이 아닌 것은?
① 일광 ② 습도
③ 온도 ④ 산소

1-2. 수동면역과 능동면역의 차이로 적절하지 않은 것은?
① 수동면역은 다른 개체에서 항체를 빌려오는 것이고, 능동면역은 스스로 항체를 만드는 것이다.
② 능동면역은 오래 지속되는 반면, 수동면역은 일시적이다.
③ 초유와 태반을 통한 면역은 능동면역에 속한다.
④ 백신접종은 능동면역의 한 방법이다.

해설

1-1
병원균의 서식에 필요한 조건 : 산소, 온도, 습도, pH

1-2
③ 초유와 태반을 통한 면역은 수동면역에 속한다.

정답 1-1 ① 1-2 ③

핵심이론 02 질병관리(1) 소의 질병관리

① 법정전염병
  ㉠ 우폐역(제1종 가축전염병)
    - 세균성 법정전염병으로 소가 감염되면 가벼운 기침을 하고 호흡곤란을 느낀다.
    - 폐렴과 흉막염이 합병되어 나타나는 폐질환이다.
  ㉡ 구제역(제1종 가축전염병)
    - 바이러스성 법정전염병으로, 소, 돼지, 양, 염소, 사슴 등 발굽이 둘로 갈라진 동물(우제류)에서 발생한다.
    - 환우의 혀 또는 발굽에 궤양이 생기고 침을 흘린다.
    - 잠복기는 2~14일 정도이나 농장 내 감염 시 3~4일 정도이다.
    - 감염된 가축은 발육장애, 운동장애, 비유장애 등의 생산성에 직접적으로 피해를 준다.
    - 치료가 되지 않고, 예방접종이 최선이다.
  ㉢ 탄저병(제2종 가축전염병)
    - 세균성 인수공통전염병으로 소화기나 피부를 통하여 감염된다.
    - 소규모 발생은 연중 발생되나 대규모 발생은 여름철을 전후하여 많다.
    - 갑자기 비틀거리고 호흡곤란 및 경련을 보인다.
    - 폐사한 가축의 입, 코, 항문, 질의 천연공에서 출혈을 볼 수 있다.

② 소의 기타 전염병
  ㉠ 젖소의 열사병
    - 발생한 소는 처음에는 가만히 서 있고, 강제로 걷게 하면 비틀거리다가 주저앉는다.
    - 불안해하며 입을 벌리고 호흡이 빨라진다.
    - 체온상승(41℃)으로 호흡은 얕고 불규칙해지며, 맥은 약하고 빨라진다.
    - 전신 경련에 이어서 말기에는 혼수에 빠진다.

ⓒ 전염성 비기관염
- 소에서 고열과 호흡기 계통의 급성염증 및 괴사를 특징으로 하는 전염병이다.
- 병원체는 헤르페스바이러스(herpesvirus)이며 2차 혼합감염의 위험이 높다.

ⓒ 창상성 제2위염(소 창상성 심낭염)
- 방목 중 또는 사료 급여 시 못이나 예리한 금속성 이물을 먹고 생기는 질병이다.
- 유량 감소, 성장이나 비육 불량 등 생산성 불량 및 폐사율이 높다.

ⓔ 젖소의 케토시스(ketosis)
- 지방이나 탄수화물 대사에 차질이 생겨 우체내 혈액 중에 케톤체가 축적되어 발생한다.
- 분만 직후의 젖소나 비교적 비유능력이 높은 소에서 많이 발생한다.
- 주로 산전후 기립 불능, 식욕 감퇴, 설사, 목을 한편으로 돌리고 한 방향으로 보행, 허리를 비틀거린다.
- 고농도의 포도당, 칼슘, 비타민 C 주사 등으로 치료한다.

※ 우유의 품질에 결정적인 영향을 미치는 젖소의 질병 : 유방염

③ 소의 대사성 질병

질병	원인, 증상	치료
고창증	생초, 두과작물 등 발효하기 쉬운 작물을 많이 먹거나 변질된 사료 급여 시 가스가 차서 왼쪽 배가 부풀어오르는 증상	제1위 마사지, 투관침, 설사약 급여, 운동
유방염	유방에 외상을 입거나 비위생적인 착유, 착유자의 미숙한 착유	유방염 연고, 소염제 주사
유열	분만 직후 혈중 칼슘 농도가 낮아 발생하는 대사성 질환으로 거동이 불편하고 뒷다리에 경련이 일어남	칼슘, 포도당 정맥주사
케토시스	비유초기 탄수화물과 지방대사의 이상으로 케톤체 증가, 식욕감퇴, 유량·체중 감소, 탈진, 소화장애, 신경증상 등	조사료를 충분히 급여

질병	원인, 증상	치료
난소낭종	직경 2.5cm 이상의 난포가 배란되지 않고 존재함, 지속발정, 사모광증, 무발정, 불규칙 발정(주로 과비된 암소)	$PGF_{2\alpha}$ 투여
바이오틴 결핍증	사료의 변질, 비타민 B군 부족으로 발생, 보행불능	생초급여, 바이오틴 주사
산중독증	고수준의 농후사료 급여로 반추위 내 미생물에 의해 전분이 유산을 생성, 식욕 저하, 회색의 붉은 변, 탈수증상, 보행 불능, 혼수상태고창증, 제염병, 부전각화증 및 간농양 등의 질병으로 발전 가능	

[소에서 발생할 수 있는 전염병]

질병명	원인	전염경로	증상
우역	바이러스	경구 및 호흡기	고열, 식욕감퇴, 반추정지, 악취성 설사
구제역		타액, 유즙, 정액, 비말	구강점막과 제관부에 수포 발생
블루텅병		흡혈곤충	파행과 유산, 구강 내 병변, 대뇌 결손 및 뇌수종증
수포성 구내염		경구, 흡혈곤충	수포를 동반한 다량의 유연, 발열, 제부수포
소 유행열		흡혈곤충	고열, 호흡이 가빠짐, 변비, 안구 충혈
아카바네병		흡혈곤충(모기)	유산, 사산, 체형이상(사지만곡, 척추만곡)
우폐역	세균	호흡기	발열, 호흡촉박, 식욕부진, 심한 기침, 호흡곤란
탄저		경구, 창상	천연공 출혈, 응고부전
기종저		경구, 창상	전신적 고열, 반추정지, 염발성 종창, 사지온도 저하
브루셀라		경구, 경피, 교미	유산, 관절염, 고환염, 후산정체, 수태율 저하
결핵병		경구, 태반, 교미, 야생조류	기침, 빈혈, 기관지 호흡음, 체표 림프절 종창
요네병		경구	만성설사, 비유량 저하, 하악부종, 영양실조
큐열		진드기	열, 두통, 흉통, 산발적인 유산
소해면상뇌증	프리온 단백질	경구	근육경련, 파행, 운동실조, 기립 불능을 동반한 신경증상

10년간 자주 출제된 문제

2-1. 세균성 법정전염병으로 소가 감염되면 가벼운 기침을 하고 호흡곤란을 느끼는 질병은?
① 우역
② 우폐역
③ 구제역
④ 탄저병

2-2. 바이러스에 의해서 전염되는 소의 전염병으로 환우의 혀 또는 발굽에 궤양이 생기고 침을 흘리는 병은?
① 우역
② 우폐역
③ 구제역
④ 우결핵

2-3. 소에서 고열과 호흡기 계통의 급성염증 및 괴사를 특징으로 하는 전염병으로, 병원체는 헤르페스바이러스(herpesvirus)이며 2차 혼합감염의 위험이 높은 질병은?
① 바이러스성 하리증
② 전염성 비기관염
③ 유행열
④ 유행성 뇌염

2-4. 젖소의 케토시스 증상을 옳게 설명한 것은?
① 탄수화물 대사에 차질이 생겨 우체내에 아세톤 등이 축적되어 발생한다.
② 항생물질이나 설파제를 주입하여 치료가 된다.
③ 두과 청초를 많이 급여하였을 때 발생한다.
④ 외과수술에 의하여 이물질을 제거하는 방법으로 치료된다.

[해설]

2-1
우폐역 : 폐렴과 흉막염이 합병되어 나타나는 소의 폐질환

2-2
입안의 점막, 발굽, 발굽 사이 등의 상피에 수포 및 난반이 형성되는 것이 구제역의 특징이다.

2-3
소의 전염성 비기관염은 급성 호흡기병으로 연중 발생하는데, 특히 한랭기에 많이 발생하며 어린 소에 피해가 크다.

2-4
젖소의 케토시스(ketosis)
지방이나 탄수화물 대사에 차질이 생겨 우체내 혈액 중에 케톤체가 축적되어 발생하며, 고농도의 포도당, 칼슘, 비타민 C 주사 등으로 치료한다.
※ 아세톤은 케톤체 중 가장 간단한 형태의 화합물이다.

정답 2-1 ② 2-2 ③ 2-3 ② 2-4 ①

핵심이론 03 질병관리(2) 돼지의 질병관리

① 법정전염병

㉠ 돼지열병(제1종 가축전염병)
- 바이러스성 법정전염병으로 소화기를 통해 급성 경구감염된다.
- 변비증상(변비와 설사)을 일으키며 피부(귀, 목, 엉덩이)에 괴사반점이 생긴다.
- 임상증상은 급성, 전신성, 열성전염병이다.
- 40~42℃의 고열이 지속되고, 뒷다리가 마비되어 비틀거리는 신경증상이 나타나며, 임신돈의 경우 유산이나 사산이 일어난다.
- 혈관 내피세포 및 조혈조직 손상에 기인한 병변으로 구분한다.
- 효과적인 예방은 바이러스의 침입차단 및 예방접종을 철저히 하는 것이다.

㉡ 돼지오제스키병(제2종 가축전염병)
- 헤르페스바이러스의 감염에 의하여 일어나는 법정전염병이다.
- 모돈의 유사산, 특히 초산돈에 심한 유사산을 볼 수 있으며 경산돈에서 번식성적이 저하된다.
- 자돈에서는 포유자돈의 구토, 설사, 위축, 신경증상 등이 있다.
- 육성 및 비육돈에서는 주로 호흡기 증상이 관찰된다.

㉢ 돼지일본뇌염(제2종 가축전염병)
- 작은빨간집모기에 의해 전파되는 인수공통전염병이다.
- 대부분의 돼지는 일본뇌염바이러스에 감염되더라도 별다른 증상을 나타내지 않는다.
- 임신한 돼지에서의 유산 및 사산을 유발한다.
- 치료법이 없으며 예방접종을 철저히 해야 한다.

② 돼지의 기생충
  ㉠ 회충
    - 회충에 감염되면 폐렴과 기침이 발생한다.
    - 사료효율이 감소하고 성장률이 떨어지며 간이 손상된다.
  ㉡ 선모충
    - 인수공통기생충으로, 선모충에 감염된 고기를 날것으로 먹거나 덜 익혀 먹어서 감염된다.
    - 사람, 돼지, 쥐 등 많은 포유동물의 근육에 기생이 가능하다.
    - 구토, 설사, 열을 동반하고 근육의 강직과 동통, 호흡곤란, 안면부종과 결막염을 일으킨다.
  ㉢ 신충
    - 신장 내부 및 신장에서 방광으로 이어지는 관에서 발견된다.
    - 신충의 알이 소변을 통해 배출되면 돼지가 알을 섭취하여 감염된다.
    - 다른 기생충과는 달리, 신충의 수명은 약 15개월로 매우 길다.
  ㉣ 갈고리촌충(유구촌충, pork tapeworm)
    - 돼지에는 갈고리촌충(유구촌충)이 있고 소에는 민촌충(무구촌충)이, 생선에 기생하는 넓은마디촌충 등 있다.
    - 성충이 기생하면 복부 불쾌감, 설사, 구토, 식욕항진 등을 일으킨다.
  ㉤ 톡소플라즈마증
    - 톡소플라즈마 곤디(*Toxoplasma gondii*)라는 기생충에 의한 감염성 질환이다.
    - 발열을 비롯해 근육통, 인후통, 피부발진 등의 증상이 나타난다.
    ※ 돼지고기나 소고기를 가열처리하지 않고 그대로 먹은 경우 근육 내에 생존해 있는 각종 기생충에 전염될 가능성이 있다.
    - 다른 기생충병과는 달리 색소반응, 적혈구 응집반응, 보체결합반응 등으로 진단한다.
  ㉥ 폐선충
    - 성충 폐선충은 폐에 알을 낳기 때문에 기침으로 배출되고 삼켜지며, 대변으로 배출된다.
    - 지렁이가 알을 섭취하고, 돼지가 바닥을 헤집다가 전염된 지렁이를 삼켜 발생한다.
    - 이후 폐 간염이 발생하며 폐가 손상되고 폐렴이 발생할 수 있다.

[돼지에서 발생할 수 있는 전염병]

질병명	원인	전염경로	증상
돼지열병	바이러스	-	40℃ 이상의 고열, 식욕 감퇴, 변비, 악취의 설사, 배와 등에 보라색 충혈무늬, 기침, 콧물, 호흡곤란
돼지일본뇌염	바이러스	작은 빨간 집모기	임신돈에 감염되면 유산이나 사산 유발
돼지전염성 위장염	바이러스	-	구토, 황색 설사, 탈수, 체중 감소
오제스키병	바이러스	호흡기 및 경구감염, 쥐	40℃ 이상의 고열, 식욕 감퇴, 구토, 기침, 설사, 뒷다리의 경련과 마비, 유산
돼지인플루엔자	바이러스	급성 호흡기 질환	기관지 폐렴
이유 후 전신 소모성 증후군		복합 감염	체중감소, 전신 쇠약, 호흡 부전, 설사, 피부의 창백, 황달
돼지단독	세균	-	인수공통전염병, 패혈증형(고열, 식욕감퇴, 결막염, 구토), 피부형(식욕감퇴, 고열, 담홍색의 두드러기), 관절염형, 심내막염형
돼지호흡기·생식기 증후군	기타	-	유산, 사산, 조산 등의 번식장애

※ 주요 인수공통전염병 : 광견병, 파상열, 페스트, 결핵, 부르셀라증, 야토병, 큐열, 탄저, 돈단독, 렙토스피라, 비저, 소해면상뇌증, 조류인플루엔자

10년간 자주 출제된 문제

3-1. 바이러스 감염성인 법정돼지전염병으로 변비와 설사를 번갈아 하며 피부에 붉은 반점이 특징인 질병은?
① 돈열(hog cholera) ② 돼지뇌염
③ 전염성 위염 ④ 돈단독

3-2. 돼지의 질병 중 호흡기 질병인 것은?
① 살모넬라병 ② 오제스키병
③ 돼지적리 ④ 부종증

3-3. 돼지의 제2종 법정전염병에 해당되는 것은?
① 돼지단독 ② 돼지위축성비염
③ 돼지콜레라 ④ 돼지일본뇌염

3-4. 다음 중 돼지의 기생충과 관계가 먼 것은?
① 위충 ② 회충
③ 편충 ④ 신충

3-5. 고기류에서 감염되는 기생충으로 볼 수 없는 것은?
① 갈고리촌충 ② 선모충
③ 톡소플라스마 ④ 마디촌충

[해설]

3-1
돼지열병(돼지콜레라)
바이러스성 제1종 법정전염병으로 변비증상을 일으키며 귀, 목, 엉덩이에 괴사반점이 생긴다.

3-3
돼지의 제2종 법정전염병 : 돼지오제스키병, 돼지일본뇌염, 돼지테센병, 돼지인플루엔자

3-4
① 위충은 소의 기생충이다.
돼지의 기생충 : 회충, 편충, 선모충, 신충, 폐충, 장결절충, 란섬간충, 홍색모양선충 등

3-5
촌충은 돼지에 기생하는 갈고리촌충, 소에 기생하는 민촌충, 생선에 기생하는 넓은마디촌충 세 종류가 사람에게 감염된다.

정답 3-1 ① 3-2 ② 3-3 ③ 3-4 ① 3-5 ④

핵심이론 04 질병관리(3) 닭의 질병관리

① 닭의 세균성 질병

㉠ 추백리(제2종 가축전염병)
- 살모넬라플로룸(*Sallmonella pullorum*)에 의한 종계 감염 시 병아리에 수직전파가 된다.
- 석고상태의 회백색 설사를 한 후 항문이 막혀서 죽게 된다.
- 병아리에서는 주로 부화 후 1주일 이내에 발생하고, 발열, 식욕저하를 보인다.
- 혈액응집 반응검사로 보균계를 가려내 양성판정 닭은 살처분 조치와 종계로의 사용이 금지되며, 이동제한 명령이 내려진다.

㉡ 가금티푸스(제2종 가축전염병)
- 4주령 이하의 어린 병아리는 추백리와 유사한 회백색 설사로 항문주위가 오염되어 있고, 원기가 없으며 닭털이 거꾸로 서고 날개가 처진 채 존다.
- 4주령이 넘으면 폐사율은 감소되지만 설사와 발육이 지연되고, 산란율이 저하된다.
- 어미닭으로부터 난계대전염이 중요하므로 전염경로를 차단하는 것이 효과적이다.

㉢ 가금콜레라(제2종 가축전염병)
- 주로 대추 이상의 성계에서 발병하며 치사율이 아주 높은 급성 전염병이다.
- 식욕부진, 침울, 입으로부터 점액성 배출물의 분비, 설사(초기 : 수양성 흰색설사 → 후기 : 점액성 녹변), 호흡수의 증가 등이 보이고 벼슬, 고깃수염(육수) 등에 청색증(cyanosis)이 나타난다.

㉣ 닭마이코플라즈마병(제3종 가축전염병)
- 겨울철 극히 건조할 때 발생하는 호흡기 질병이다.
- 콧구멍 주위의 오염물, 안면부의 종창 등이 나타난다.
- 백신접종과 항생제(테트라사이클린계)를 투여한다.

② 닭의 바이러스성 질병
  ㉠ 뉴캣슬병(제1종 가축전염병)
    • 뉴캣슬 바이러스에 의한 전염병으로 일령에 관계없이 발병한다.
    • 비말, 공기, 경구감염으로 기침, 호흡곤란, 녹색 설사, 날개와 다리마비 등의 증상이 있다.
    • 치료법이 없고 예방접종이 필수적이다.
  ㉡ 마렉병
    • 우리나라에서 많이 발병되고, 급성은 브로일러 생산에 큰 피해를 주는 헤르페스바이러스인 MDV에 의하여 일어난다.
    • 접촉 또는 공기로 감염된다.
    • 종양과 신경침해로 인해 담즙이 과다분비 되기 때문에 녹색변을 보이는 경우가 많다.
  ㉢ 전염성 기관지염(신장형)
    • 공기 비말 전염으로 모든 일령에 나타나는 제3종 전염병이다.
    • 재채기, 기침, 호흡 시 이상음이 발생하며 산란계는 산란율 정체, 난각불량 등이 발생한다.
    • 농장에서 적절한 위생 관리와 함께 철저한 예방접종이 필요하다.
  ㉣ 조류인플루엔자(HPAI)
    • 조류인플루엔자바이러스의 병원성 정도에 따라 제1종(고병원성)과 제3종(저병원성) 법정전염병이 있다.
    • 닭, 칠면조, 오리 등 가금류에서 피해가 심하게 나타난다.
    • HPAI에 감염된 닭이나 칠면조는 급성의 호흡기 증상을 보이면서 100%에 가까운 폐사를 나타내는 것이 특징이다.

③ 닭의 원충성 질병
  ㉠ 콕시듐병
    • 9종의 콕시듐원충(Eimeria)에 의하여 발생하며, *Eimeria tenella*가 가장 빨리 발병한다.
    • 주원인에는 여름철 오염된 사료, 물에 의한 경구 감염 등이 있다.
    • 산란계에 있어서는 폐사율은 거의 없고 산란이 저하되나, 육계에서 발육이 저해되며 30~40일 령 사이에 감염률과 폐사율이 대단히 높다.
    • 육계는 20일령 전후해서 예방적 콕시듐크리닝을 실시한다.
  ㉡ 류코사이토준병
    • 주혈포자충류의 원충에 의하여 발병한다.
    • 빈혈, 출혈, 녹변증상이 있다
    • 모기가 전파하므로 모기구제, 설파제를 투여한다.

[법정전염병의 종류]

구분	소	돼지	닭
제1종	우역, 우폐역, 구제역, 가성우역, 블루텅병, 리프트계곡열, 럼피스킨병, 양두, 수포성 구내염	구제역, 아프리카돼지열병, 돼지열병, 돼지수포병, 수포성 구내염	뉴캣슬병, 고병원성 조류인플루엔자
제2종	탄저, 기종저, 브루셀라, 결핵, 요네병, 소해면상뇌증, 큐열	돼지오제스키병, 돼지일본뇌염, 돼지테센병	추백리, 가금티푸스, 가금콜레라
제3종	소유행열, 소아카바네, 소전염성 비기관염, 소류코시스, 렙토스피라병	전염성 위장염, 돼지단독, 생식기호흡기증후군, 유행성 설사, 위축성 비염	닭마이코플라스마, 저병원성 조류인플루엔자, 뇌척수염, 전염성 후두기관염, 마렉병, 전염성 F낭병

10년간 자주 출제된 문제

4-1. 닭의 세균성 전염병으로 석고상태의 흰 설사를 한 후 항문이 막혀서 죽게 되는 닭의 질병은?
① 추백리
② 뉴캣슬
③ 계두
④ 뇌척수염

4-2. 양계 관리 위생에서 겨울철 극히 건조할 때에는 다음 중 어느 질병이 많은가?
① 뉴캣슬병
② 마이코플라스마병
③ 계두
④ 케톤증

4-3. 다음 닭병 중 종계에서 알로 통하여 병아리에 전염되는 것이 아닌 병은?
① 만성호흡기병
② 백혈병
③ 추백리병
④ 뉴캣슬병

4-4. 병원균이 바이러스인 닭의 질병은?
① 추백리병
② 닭티푸스
③ 닭파라티푸스
④ 마렉병

4-5. 원생동물에 의하여 발생하는 닭의 질병은?
① 콜레라
② 콕시듐병
③ 뉴캣슬병
④ 마렉병

【해설】

4-1
추백리의 주요 증상은 병아리에서는 주로 부화 후 1주일 이내에 발생하고, 발열, 식욕저하를 보이며, 회백색 설사가 특징이다.

4-2
마이코플라스마병은 겨울철 극히 건조할 때 발생하는 호흡기 질병이다.

4-3
뉴캣슬병은 병원체에 오염된 물, 사료, 사람, 야생조류 등에 의해 전염된다.

정답 4-1 ① 4-2 ② 4-3 ④ 4-4 ④ 4-5 ②

핵심이론 05 전염병 차단방역

① **방역**
　㉠ 방역의 정의 : 방역이란 외부에서 발생한 질병이 농장 내로 침입하지 못하게 막거나 내부에서 발생한 질병이 외부로 퍼져나가 전파되는 것을 막는 행위를 말한다.
　㉡ 방역의 종류 : 질병이 농장 내로 침입하지 못하게 막는 차단방역, 농장 내부의 병원체로부터 감염을 방지하는 농장 내 방역 및 유전능력개량과 비육을 위하여 외부로부터 도입하는 도입축의 방역 관리 등으로 나눌 수 있다.
　㉢ 방역절차
　　• 안내문 및 방역경고문을 설치한다.
　　• 출입 관리대장 비치하고, 작성한다.
　　• 방역복 및 장화를 비치하고 착용한다.
　　• 소독설비 및 발판소독조를 사용하여 출입자와 출입차량을 소독한다.
　　• 물품반입창고에 있는 기자재 등을 올바르게 소독하고 보관한다.
　　• 농장에 경계표시를 한다.

② **차단방역**
　㉠ 차단방역의 개념
　　• 질병이나 병원성 미생물에 감염된 가축이 농장 내로 유입되는 것을 차단하는 것이다.
　　• 가축수송차량, 사료운반차량, 분뇨처리차량 등과 같은 각종 차량에 의하여 또는 사람, 개, 고양이, 설치동물, 야생동물 및 바람에 의하여 전파될 수 있는 전염병을 예방하는 것이다.
　㉡ 차단방역의 목적
　　• 전염성 질병 원인체의 농장 유입을 막고, 전염병 원인체가 발생 지역에서 비발생지역으로 전파되는 것을 방지한다.
　　• 질병발생과 공중보건상 중요한 미생물의 확산을 최소화하는 것이다.

ⓒ 차단방역의 종류
- 격리 : 농장에서 사육하는 가축을 사람과 차량의 출입이 제한된 축사에 수용하는 것을 말한다.
- 수송수단 통제 : 사료운송차량, 약품운반차량, 가축수송차량, 일반차량의 농장이동과 농장 안에서의 이동을 모두 통제하는 것이다.
- 위생(소독) : 방문객, 농장에서 사용되거나 농장 안으로 유입되는 기계 및 기구, 농장 관리인 등에 대한 청결과 소독을 말한다.
- 백신접종 : 차단방역으로 설정된 경계선을 넘어 질병이 농장으로 유입되었을 경우 가축이 백신접종으로 면역이 되었다면 질병발생을 막을 수 있다.

ⓔ 차단방역의 단계

1단계 농장 입구	• 차량 : 모든 차량 소독 후 출입 허용 • 사람 　- 방역복, 덧신, 장갑 착용 확인 　- 철저한 소독 조치 후 출입 허용
2단계 농장 내 통로 및 시설 주변	• 농장 입구에서부터 축사까지의 농장로 출하대, 분뇨처리장, 사료 저장 시설 • 물을 뿌리고 생석회를 살포
3단계 축사 입구	• 방역에 가장 중요한 장소 • 가급적 외부인 출입 금지 • 방역복과 장화를 갈아 신고 출입 • 출입자의 손과 기구 및 장비 소독

③ 농장 내 방역 : 가축이 병원체에 노출되지 않는 행동을 총칭하는 것으로 축사세척, 소독, 가축소독 및 정기 소독 등이 포함되며 농장의 질병상황, 주위 지역의 질병발생과 온·습도와 밀접하게 관련되어 있으므로 환경에 맞추어 실시하거나 최소 1주일에 한번 이상 실시한다.

㉠ 축사 내부 및 기구 소독
- 청소가 끝난 상태로 축사가 완전히 비어 있고 축사의 밀폐가 가능할 경우에 포르말린 훈증소독을 실시한다.
- 포르말린 훈증소독이 어려울 경우 복합소독제, 수산화나트륨 소독제(최종농도 2%), 차아염소산 나트륨(유효염소가 2~3% 또는 20,000~30,000ppm이 되도록 희석) 등으로 축사 내부를 완전히 적셔 소독한다.

㉡ 발판소독조 및 차량소독조
- 소독조를 축사입구에 설치하되 발이나 차량바퀴가 충분히 잠길 수 있도록 10cm 이상의 깊이로 하며, 주당 2~3회 교환해 준다.
- 강알칼리제, 알데하이드제 등 비교적 유기물에 강한 소독제를 사용한다.
- 발판소독조의 소독약을 주기적으로 교환해 주어야 한다.

㉢ 바닥 및 축사 주위 소독
- 축사 주위의 흙바닥이나 축사바닥의 소독에는 주로 강알칼리 소독제를 사용한다.
- 수산화나트륨 용액을 2% 되도록 희석하여 바닥에 흠뻑 뿌려 소독하거나, 물을 뿌린 후 생석회를 도포하여 소독한다.
- 생석회는 평당 약 1kg(m^2당 300~400g)을 뿌리거나 물로 5% 생석회 유제액을 만들어 살포한다.
- 유제액을 만들 때는 물에 생석회를 조금씩 넣어야 하고, 생석회에 물을 넣지 않도록 한다.
- 생석회는 물과 접촉하면 200℃ 정도의 고열이 발생하므로 밀폐된 공간에서 볏짚과 같은 인화성 물질이 있으면 불이 날 위험이 있다.
- 생석회를 차량이 많은 도로에 분말상태로 뿌리지 않도록 해야 한다.
- 마른상태에서는 소독 효과도 낮고 인축의 눈에 들어가면 실명을 초래할 수 있다.

ㄹ 축사 내 분 및 깔짚소독
- 축사바닥의 분, 깔짚, 흙 등은 병원균이나 유기물의 오염이 심한 상태이므로 표면을 완전히 걷어내 소독을 해야 한다.
- 소각 또는 매몰을 해야 하지만 60℃ 이상의 온도가 되도록 3일 이상 발효시켜 퇴비화할 수도 있다.
- 걷어 낸 깔짚, 분, 흙이 깨끗한 구역으로 흩어지거나 주변에 뿌려지지 않도록 하며, 만일에 대비하여 작업이 끝난 후 그 구역을 소독한다.
- 톱밥 발효 계사와 같이 출하 후 분과 톱밥을 긁어내지 않는 형태의 축사는 특정 전염병이 상재할 우려가 있으므로 차단방역을 특별히 철저하게 하여 원천적으로 병원체에 오염되는 일이 없도록 주의해야 한다.

10년간 자주 출제된 문제

차단방역의 단계에서 1단계(농장 입구)에 해당하는 방법으로 옳지 않은 것은?
① 모든 차량 소독 후 출입 허용
② 방역복, 덧신, 장갑 착용 확인
③ 철저한 소독 조치 후 출입 허용
④ 물을 뿌리고 생석회를 살포

정답 ④

핵심이론 06 위생관리

① 소독
  ㉠ 전염병의 위험성이 있는 병원균과 그 병원균을 전파하는 해충 등을 박멸함으로써 전염병으로부터 가축을 보호하는 수단이다.
  ㉡ 소독대상, 외부온도, 소독제 성분 등을 종합적으로 고려하여 가장 적합한 소독제를 선택하여 실시한다.

② 소독의 종류
  ㉠ 물리적 방법 : 열(소각, 건열, 습열), 광선, 방사선
  ㉡ 화학적 방법 : 소독약
  ㉢ 물리·화학적 방법 : 소독약 + 열
  ㉣ 기타 : 건조, 발효 등

[소독 대상에 따른 권장소독제]

축제, 사람	구연산
축사내부 (축산기구)	• 가축이 있을 경우 : 구연산 • 가축이 없을 경우 : 알칼리제, 염소제
축사외부	알칼리제
소독조	알칼리제, 알데하이드제
차량	복합산성제, 알칼리제, 산성세제
음수소독	염소제

③ 소독약의 주요 작용
  ㉠ 바이오필름을 파괴하고 균체의 벽(세포벽, 세포막)을 깨뜨려 막에 구멍이 생기면 세포 내 성분, 즉 세포질이 새어나와 균이 죽게 된다.
  ㉡ 균체 단백질의 변성 : 균의 몸체 주요 부분은 단백질로 되어 있는데, 소독약의 화학작용은 이를 변성시켜 세포 내 성분(세포질)을 유출시키거나 세포 내 단백질의 응고를 통해 세균 세포의 발육을 저지한다.
  ㉢ 세포호흡 방해 : 균체 표면을 둘러싸서 세균세포의 호흡을 억제한다.
  ㉣ 효소저해작용 : 효소는 단백질과의 상호작용으로 세포 내 반응을 조절하는데, 이를 저해하면 세포의 증식은 물론 생존을 어렵게 한다.

④ 병원성 미생물의 저항력
  ㉠ 결핵균과 같이 저항력이 강한 미생물은 간단한 일광소독, 건조소독, 발효소독으로는 거의 사멸하지 않는다.
  ㉡ 대장균과 같이 저항력이 보통인 미생물은 발효작용 등을 이용하여 효과적으로 소독할 수 있다.
  ㉢ 브루셀라균과 같이 저항력이 약한 미생물은 발효, 건조 등에 의하여 쉽게 소독할 수 있다.
  ㉣ 병원미생물은 혈액이나 분뇨 등과 같은 유기물과 섞여 있을 경우 외부작용에 대한 저항력에 변동이 생긴다.
  ㉤ 소독약을 유기물 등에 혼합할 때에는 소독이 어려워지므로 여러 조건을 고려해야 한다.
  ㉥ 아포를 형성하고 강한 저항력을 가진 균들은 토양에 수십 년간 생존하며 쉽게 사멸하지 않으므로 특히 주의해야 한다.

⑤ 이상적인 소독약의 조건
  ㉠ 적은 양으로도 소독 효과가 신속해야 한다.
  ㉡ 세균, 바이러스, 곰팡이 등 넓은 범위의 항균력을 가져야 한다.
  ㉢ 저항균이 생성되지 않아야 한다.
  ㉣ 단백질(유기물)에 의하여 불활성화되지 않아야 한다.
  ㉤ 독성이 적어야 한다.
  ㉥ 생체조직을 벽색 또는 부식시키지 않아야 한다.
  ㉦ 냄새가 없거나 적어야 한다.
  ㉧ 세정 후에도 잔류작용을 나타내어야 한다.
  ㉨ 사용하기 편리하고 경제적이어야 한다.

[주요 성분별 소독약 선택기준]

분류	성분명	선택기준 적용대상	사용농도	소독제의 특징 및 주의사항
염기제	탄산소다	사체, 축산, 환경, 물탱크	4%	• 분변이 있는 곳에도 소독 효과 발휘 • 알루미늄 계통에는 사용하지 말 것
염기제	가성소다	사체, 축사, 환경, 물탱크, 차량, 기계류, 의복	2%	• 분변이 있는 곳에도 소독 효과 발휘 • 매우 효과적이나 차량 등 금속 부식성 • 눈과 피부에 자극이 있으므로, 사용 시 장갑, 의복 등과 같은 보호용구 착용 • 강산과 접촉을 피할 것
산성세제	구연산	사체, 사람, 분뇨, 배설물, 주택, 차량, 기계류, 의복	0.2%	침투력이 약하므로 단단한 표면에만 사용(중성계면활성제를 원액의 1/1,000로 희석, 혼합 사용하면 침투력 증가)
산성세제	복합염류	기계류, 차량, 의류	2%	광범위하게 적용 가능 (축체 제외)
산화제 유용	차아염소산	축사, 주택, 의류	2~3% 유효염소	• 분변, 우유 등이 있는 대상물에 사용금지 • 유기물에 의해 효과가 감소하므로 반드시 사용 전에 청소 • 어둡고 서늘한 곳에 보관 • 눈과 피부에 독성이 있음
산화제 유용	아이소사이안산나트륨	축사, 주택, 의류	0.2~0.4%	• 분변, 우유 등이 있는 곳에 사용금지 • 반드시 사용 전에 청소 • 정제이므로 사용 직전에 물에 희석 사용
알데하이드	폼알데하이드	전기기구, 볏짚, 건초	가스	• 물을 피해야 하는 자동차 내부, 전기기구 등의 소독에 사용 • 소독 후 환기 철저 및 가스흡입 금지 • 유독성 가스 외부 방출금지 주의 • 물, 차아염소산, 염소 등이 있을 경우 사용금지
알데하이드	글루타알데하이드	축사 내외부, 차량, 소독조	2%	• 사용 시 장갑, 의복 등과 같은 보호용구 착용 • 적당한 환기조건에서 사용 • 직사광선을 피해 건조한 실온보관
알데하이드	포르말린	사료, 의복	8%	자극성 가스 배출 : 사용자 주의(글루타알데하이드에 준함)

더 알아보기

소독약의 희석 방법

- 소독약이 분말일 경우 : 소독약 1kg을 물 100L와 섞으면 100배, 물 200L와 섞으면 200배, 물 300L와 섞으면 300배, 물 400L와 섞으면 400배, 물 1,000L와 섞으면 1,000배가 된다.
- 소독약이 액체일 경우 : 소독약 1L를 물 100L와 섞으면 100배, 물 200L와 섞으면 200배, 물 300L와 섞으면 300배, 물 400L와 섞으면 400배, 물 1,000L와 섞으면 1,000배가 된다.

10년간 자주 출제된 문제

6-1. 질병 발생의 3대 조건 중 잘못된 설명은?

① 전염원 : 병원체를 배설하는 가축이 전염원이며, 이들에 의해 전염이 시작된다.
② 전염경로 : 병원체가 전염원에서 다른 개체에 감염되기 위해서는 특이한 경로를 통하여 이동한다.
③ 감수성 있는 동물 : 병원체의 오염을 받은 개체가 저항력이 있으면 발병하지 않는다.
④ 병원체 : 병원체가 있으면 반드시 발병한다.

6-2. 소독약 선택 시 고려해야 할 사항으로 적절하지 않은 것은?

① 소독 효과가 높아 적은 양으로도 신속하고 확실한 효과가 있어야 한다.
② 소독 대상 동물이나 물체에 대해 독성이 많고 부식성이 높아야 한다.
③ 물에 쉽게 녹고 침전물이나 분해가 일어나지 않아야 한다.
④ 비용이 적게 들어야 한다.

[해설]

6-1
④ 병원체가 있다고 반드시 발병하는 것은 아니다.

6-2
② 소독 대상 동물이나 물체에 대해 독성이 적고 안전성이 높아야 한다.

정답 6-1 ④ 6-2 ②

제4절 축산 시설·환경관리

핵심이론 01 축사 시설관리

① 유우사의 종류

※ 유우사는 벽체의 구조형식에 따라 개방형, 폐쇄형 및 절충형으로 구분되며, 기능 및 수용방식에 따라 계류식, 방사식으로 구분된다.

㉠ 계류식 유우사

장점	단점
• 착유우의 개체별 사료급여, 인공수정, 분만 관리 및 치료 등의 작업이 간편하다. • 소를 개체별로 관찰, 점검하는데 용이하므로 개체별 집약 관리를 위한 소규모 사육(경산우 50두 이하)농가에 적합하다.	• 소에게 안락한 시설이 되지 못한다. • 장기간 계속 계류하여 사육하는 경우 운동 및 일광욕의 부족에 의한 유방의 손상, 발굽의 이상, 다리형태의 변형, 번식장애 등의 문제점이 발생될 수 있다. • 운동장을 별도로 마련해야 한다.

㉡ 방사식 유우사 : 노동력의 절약을 도모하기 위하여 작업자는 가능한 한 이동하지 않고 사료섭취나 착유 시 유우가 스스로 이동하도록 하는 형태이다.

[계류식과 방사식의 비교]

구분	계류식 유우사	방사식 유우사
특징	• 개체 관리 • 유우의 행동이 제한된다. • 급사와 착유 시 사람이 사조(구유)나 스탠천(stanchion)으로 이동해서 행한다.	• 군 관리 • 유우의 행동이 자유롭다. • 급사와 착유 시 유우가 이동하므로 사람의 작업량이 적다.
적합조건	• 토지면적이 좁고 조사료의 공급 및 이용을 제한할 필요가 있는 경우 • 사양규모가 중간 이하인 경우 • 유우의 개체 관리를 통하여 생산성의 향상이 특별히 요구될 경우 • 노동력의 유동성이 클 경우	• 충분한 면적과 조사료의 공급이 원활하고 저장이 용이한 경우 • 사양규모가 큰 경우(적어도 50두 이상) • 유우의 군 관리가 유리한 경우 • 노동력이 비싸고 기계의 도입이 유리한 경우 • 혹한지대가 아닌 경우

※ 계류장치(Stanchion) : 소의 목주변을 둘러싸서 우상에 계류(繫留)시킬 수 있도록 고안한 타원형의 철제 구조물

② 착유실의 종류
  ㉠ 헤링본 착유실(herring bone parlor)
    • 복열로 4~12개의 착유상이 설치되어 있다.
    • 유방 간의 거리가 90~120cm로 짧아서 착유자의 보행거리가 짧으며, 착유 상태를 관찰하기 쉽다.
    • 젖소를 군별로 취급해서 1조당 착유시간은 가장 늦은 개체에 의하여 결정된다는 결점이 있다.
    • 유럽에서 가장 흔히 사용되는 착유실의 대표적인 형식이다.
  ㉡ 측면 출입식 착유실(side opening parlor)
    • 단열 또는 복열로 2~4개의 착유상이다.
    • 개체 관리의 기능이 우수하다.
    • 착유자와 젖소의 유방 간 간격이 먼 단점이 있다.
  ㉢ 다각형 착유실
    • 3각형 또는 4각형의 형태의 착유상이다.
    • 각 측면별로 젖소의 부분 교체가 가능하다.
    • 헤링본에 비해 착유 대기시간이 단축된다.
  ㉣ 통로형 착유실(chute parlor)
    • 통로 형태로 좁게 설치한 착유상이다.
    • 1개조 젖소군의 착유가 끝난 후 다음 조의 착유를 실시한다.
  ㉤ 회전형 착유실(rotary parlor)
    • 착유상이 원탁 위에 설치되어 있어 착유자가 착유상을 회전시킨다.
    • 착유능률이 높으나, 기계설비의 부담이 크다.
③ 계사의 종류
  ㉠ 구조에 따른 분류 : 개방계사, 간이계사, 무창계사(환경자동조절계사) 등이 있다.
  ㉡ 사육목적에 따른 분류
    • 채란계사, 육계사, 종계사로 나눌 수 있다.
    • 병아리의 성장단계에 따라 육추사, 육성사, 성계사로 세분된다.
  ㉢ 사육형식에 따른 분류 : 평사사육, 케이지 또는 배터리 사육 등으로 나뉜다.
    • 평사사육
      - 부속 운동장을 잘 활용해야 한다.
      - 운동장은 닭들이 운동과 일광욕을 할 수 있어 유리하며 위생적 관리가 용이하다.
      - 육추, 브로일러 사육에 적당하며, 바닥에 자리깃을 깔아 주어야 한다.
      - 자리깃은 오염된 것을 매일 바꾸어 주며 사육할 수도 있고, 닭의 배설물과 혼합 퇴적하는 형태로 이용할 수도 있다.
      - 퇴적형은 매일 치워 줄 필요가 없어 보온 효과와 닭의 운동 촉진, 비타민 B_{12} 및 기타 미지성장인자의 생성으로 닭의 발육과 생산성 및 산란율과 부화율을 좋게 하는 장점이 있다.
      - 전염병 예방을 위한 위생관리를 잘 해 주어야 한다.
      - 토지와 건물비가 높다.
    • 케이지(cage)사육
      - 닭이 2~3수가 들어가는 칸막이 계사이며, 개별 닭의 산란을 포함하는 관리가 가능하다.
      - 단사케이지, 2~3수씩 수용하는 중케이지, 25수 정도 수용하는 배터리식 케이지 등이 있다.
      - 단위면적당 사육수수를 높이고, 닭의 운동을 제한함으로써 사료요구율을 낮추고, 기계화로 노동력을 절감시키는 등 경제성을 높이는 데 효과적이다.
      - 주로 채란용 산란계의 사육에 이용되고 있다.
      - 닭을 입체적으로 수용하므로 환기관리를 잘 해야 한다.
      - 모이통과 물통의 면적은 이용에 적합하게 적절히 분배되어야 한다.
      - 시설비가 비싸고, 닭이 운동을 할 수 없는 단점이 있다.

10년간 자주 출제된 문제

1-1. 젖소의 사육방식에는 계류식과 개방식이 있는데 계류식 우사의 장점으로 옳은 것은?
① 건축비가 적게 든다.
② 개체별 관리가 가능하다.
③ 사료급여, 분뇨 처리 작업이 편리하다.
④ 소의 자유로운 운동이 가능하다.

1-2. 유방 간의 거리가 90~120cm로 짧아서 착유자의 보행거리가 짧으며, 착유 상태를 관찰하기 쉬운 착유실은?
① 탠덤형 착유실
② 헤링본 착유실
③ 다각형 착유실
④ 통로형 착유실

1-3. 닭을 사육할 경우 케이지 사육의 장점이 아닌 것은?
① 생산된 계란이 깨끗하다.
② 병에 걸린 닭의 발견이 용이하다.
③ 단위면적당 수용두수가 평사의 1.5~2배가 된다.
④ 시설경비가 싸고 더위와 추위에 대해서 영향을 적게 받는다.

|해설|

1-1
계류식 우사는 소를 한 마리씩 묶어서 사육하는 우사이다.

1-2
헤링본 착유실은 유방 간의 거리가 90~120cm로 짧아서 착유자의 보행거리가 짧으며, 착유 상태를 관찰하기 쉽다.

1-3
④ 케이지 사육은 시설비가 많고, 닭이 운동을 할 수 없는 단점이 있다.

정답 1-1 ② 1-2 ② 1-3 ④

핵심이론 02 축사 환경관리

① 축사의 입지조건
  ㉠ 주변보다 높고 일광·통풍이 좋으며 배수가 용이하고, 용수 등이 좋아야 한다.
  ㉡ 가까운 곳에 다른 축사가 있거나 민가 근처는 피하여야 하며 농경지에서 멀리 떨어진 곳이 좋다.
  ㉢ 교통, 전기, 물 사정이 좋으면서 분뇨의 처리가 용이한 곳이 여러모로 유익하다.
    ※ 교통은 위생환경과 밀접한 관계를 가지는 환경요소로 돼지의 방역 및 소음과 주거환경에 영향을 갖는 장소는 피하는 것이 좋다.
  ㉣ 진입로는 단독으로 사용하는 것이 좋다.
  ㉤ 지하수위의 상승점이 낮아 축사 내부의 지하수위로 인한 과습과 피해를 억제할 수 있어야 된다.
  ㉥ 북향의 경사지에 위치한 곳은 자연환경을 이용하기에는 여러모로 불리한 곳이므로 가급적 피하는 것이 좋다.
  ㉦ 시설부지 정지 시의 유의사항
    • 시설의 방향은 정남향이나 동남 또는 서남방향이 되도록 한다.
    • 배수로는 가능한 한 짧고 바르게 분산시킨다.
    • 지하수위가 축사바닥에 영향이 없도록 지면을 다소 높게 한다.
    • 통로는 짧고 곧으며 경사가 없도록 한다.
    • 배뇨 방향과 배수 방향이 같지 않도록 한다.
    • 축사가 여러 동 군집하는 경우에는 각 동이 환경적으로 독립되도록 부지를 정지한다.
    • 분뇨 퇴적장이나 요(尿) 집합장은 축사보다 낮은 위치에 설치한다.

② 사육 환경
  ㉠ 적정 사육 환경
    • 돈방 크기에 따라 수용하되, 20두가 초과되지 않도록 하고 두당 적정 사육면적(0.8~1.1m^2/두)을 유지해야 한다.

- 한 돈방 내에 수용하는 돼지는 체중 차이가 나지 않도록 고르기를 실시한다.
- 암수, 거세·비거세 등을 고려한 구분수용이 중요하다.
- 육성 비육돈은 자돈사에서 이동 후 2~3일간은 23~25℃ 정도로 온도를 높게 유지하며, 이후 서서히 낮추어 일주일 후에는 18~21℃를 유지하도록 한다.
- 겨울철 저온의 환경에서는 체열의 증가로 사료섭취량이 증가하게 된다.
- 겨울철 사료증가량은 대부분이 자체의 체온유지 수단으로 사용되기 때문에 사료효율이 떨어진다.
- 돈사 내 적정습도는 60~70%이다.

ⓒ 수질관리
- 여름철 더위는 물의 온도를 상승시켜 세균의 증식이 빨라지므로 음용수에는 소독약을 투약해야 한다.
- 음수소독에는 염소계, 산성계, 알데하이드 등이 사용된다.
- 농장의 수질검사는 연 2회 이상 정기적으로 실시해야 한다.
- 좋은 물의 개념
  - 전염병을 일으키는 미생물(바이러스, 박테리아 등)이 없어야 한다.
  - 유해한 유독물질의 함량이 수질기준을 초과하지 않아야 한다.
  - 색도, 탁도, 맛, 냄새, 수온 등 물리적 성질이 양호하여야 한다.
  - 용존산소(DO ; Dissolved Oxygen)가 많아야 한다.
  - 무기물이 풍부한 약알칼리성이어야 한다.
  ※ 음수 소독제
    - 산화제(염소계)
    - 산성제(구연산)
    - 알데하이드(4급 암모늄)
    - 복합제(계면활성제)

ⓒ 급수관리
- 돼지는 음수량의 섭취가 부족할 때에는 소화흡수가 어려워지고, 대사작용과 배설이 곤란하게 되기 때문에 발열과 설사 및 구토를 일으킬 수 있다.
- 급수기는 자돈기간(35kg까지)에는 니플급수기(자동급수장치) 1개당 10두가 적당하다.
- 그 이상의 큰 돼지는 1개당 12~15두까지 수용이 가능하다.
- 니플급수기의 각도는 벽면과 약 15~45°로 아래로 향한 것이 물의 낭비를 최소화한다.
- 급수기의 높이는 돼지어깨 높이보다 약간 높게 설치하는 것이 바람직하다.
- 급수기 간격은 육성돈기간에는 45cm 이상, 비육돈과 후보돈 등에게는 60~90cm가 필요하다.
- 급수기의 수량은 분당 2L를 유지해야 한다.
- 급수기는 배분장소 또는 옆돈방 돼지가 보이는 펜스상에 설치한다.
- 돼지는 잠자리에서 먼 위치에 배분하며 물을 섭취하면서 배분하는 습성이 있다.

10년간 자주 출제된 문제

2-1. 다음 중 돈사의 입지조건으로 적합하지 않은 것은?
① 주변보다 높고 일광, 통풍이 좋으며 배수가 용이해야 한다.
② 가까운 곳에 다른 축사가 있고 분뇨의 처리가 용이한 곳이 좋다.
③ 진입로는 단독으로 사용하는 것이 좋다.
④ 북향의 경사지에 위치한 곳은 가급적 피하는 것이 좋다.

2-2. 동식물에 필요한 위생적이고 안정된 급수원이 될 수 있는 구비 조건으로 틀린 것은?
① 수량이 풍부해야 한다.
② 무색투명하고 냄새가 없으며 맛이 좋아야 한다.
③ 중성이거나 알칼리성 물이어야 한다.
④ 적절하게 광물질(납 0.1ppm, 불소 1.5ppm, 카드뮴 0.05ppm 이상)을 함유해야 한다.

2-3. 관리상 노력을 절약하고, 돼지에게 위생적 급수를 목적으로 설치한 자동급수장치는?
① 워커법   ② 체인식 계류
③ 스텐천   ④ 니플

|해설|

2-1
② 가까운 곳에 다른 축사가 있거나 민가 근처는 피하여야 하며, 농경지에서 멀리 떨어진 곳이 좋다.

2-2
④ 유해한 유독물질의 함량이 수질기준을 초과하지 않아야 한다.
※ 수돗물 수질 : 납 0.01ppm(mg/L), 불소 1.5ppm, 카드뮴 0.005ppm

2-3
니플급수기
가축에게 물을 공급하기 위한 자동 급수시설의 하나로 가축이 니플을 쪼거나 물면 물이 나오도록 되어 있다.

정답 2-1 ② 2-2 ④ 2-3 ④

핵심이론 03 착유기 운용 및 관리

① 착유 전 착유기 관리
  ㉠ 착유라인 및 냉각기 세척
    • 알칼리성 세제, 염소화알칼리성 세제, 산성 세제 등을 이용하여 착유라인을 세척한다.
    • 착유기의 전원을 켜고 전세척모드 설정 후 작동시킨다.
    • 세척수가 정상적으로 나오는지 확인하고 세척수의 온도가 40℃가 되도록 점검한다.
    • 세척 도중에 공기가 새지 않도록 유두컵이 제터컵에 정렬되도록 한다.
    • 냉각기를 세척한 후 착유기 및 냉각기 작동 기능을 확인한다.
    ※ 냉각기의 내부는 납유가 완료된 직후 세척을 실시한다.
  ㉡ 착유기 단계별 점검 사항

단계	점검 사항	주요 확인 내용
착유 전 준비	착유기 예비 세척 및 작동 점검 (냉각기 점검)	온수온도, 세척 상태 확인, 진공발생장치 작동상태, 맥동기 작동상태(50~60회/분)
착유 준비물	착유 준비물 점검	소독제, 유방 세척 수건, 스트립 컵(CMT검사)
착유	전착유	유방 세척 전에 전착유 실시 및 이상유(CMT)검사
착유	유방 세척 및 수분 제거	유방 및 유두의 세척과 충분한 착유 자극, 유방 및 유두의 수분 제거
착유	유두컵 부착	공기 흡입을 최소화하고 착유기 이연 호스의 방향을 확인
착유	착유 중 관찰	착유중 소의 건강 상태 및 발정 관찰
착유	끝착유	유방 내 잔류 우유 착유(기계끝 착유)
유두컵 분리 및 침지 소독	진공 차단과 유두컵 분리	진공차단 전 유두컵 분리 금지
유두컵 분리 및 침지 소독	유두 소독	착유 유니트 제거 후 유두 침지
유두컵 분리 및 침지 소독	착유 유니트 세척	오염된 착유 유니트 세척 실시
착유기 세척 및 정리	착유기 세척 및 소독	세척수 온도 확인(45℃) 알칼리 세척수 온도 확인(70℃ 이상)
착유기 세척 및 정리	냉각기 작동 점검	착유 후 1시간 이내, 7℃ 이하(저녁) 착유 중 10℃ 초과 금지(아침)

② 착유기 오염의 종류
　㉠ 유막
　　• 착유기기 표면의 원유가 건조하여 부착된, 희게 보이는 오물로서 지방, 단백질, 광물질이 섞여 붙어 있다.
　　• 38~46℃의 더운물로 씻으면 대부분 씻겨 떨어지며 알칼리 세제로 간단히 제거할 수 있다.
　㉡ 유스케일(milk scale)
　　• 유막의 세척이 불충분한 경우 세척하기 어려운 단백질과 광물질이 장시간 축적되어 두꺼운 막 형태의 껍질이 되어 눌러 붙은 오물로 세균의 오염원이 된다.
　　• 이 오물은 알칼리 세제 외에 산성 세제를 사용해야 한다.
　㉢ 유석
　　• 열변성한 단백질이 해면상으로 엉켜 미네랄도 포함하는 가장 제거하기 어려운 오물이다.
　　• 착유 후의 물세척 온도가 너무 높은 경우(50℃ 이상) 등에서 볼 수 있고, 유석 제거를 소홀히 하면 일반 세균 외에 바실러스(Bacillus) 등의 내열성 세균이 증가하여 원유를 오염시킬 뿐만 아니라 기자재의 부식을 초래한다.
　㉣ 클로로프로테인
　　• 세척이 불충분한 채로 단백질 오물이 남아 있는 곳에 염소계 살균제가 접촉하거나 착유기기 표면에 저농도의 염소계 살균제가 작용하는데, 이것과 우유가 접촉하면 녹지 않으며 접착력이 강한 클로로프로테인이 부착하여 제거하기 성가신 오물이 된다.
　　• 보통의 세척 방법으로는 제거할 수 없고 염소화 알칼리성 세척제를 사용해야 한다.

③ 착유기의 점검 요령
　㉠ 진공펌프
　　• 충분한 진공펌프 능력이 있어야 한다.
　　• 진공펌프 내 고무벨트의 장력 및 오일 유입상태를 확인하여야 한다.
　　• 진공펌프 날개의 노후화와 오일 심지 이탈 방지 및 벨브에 먼지나 오물 등이 들어가지 않도록 항상 청결한 착유실 환경을 조성하여야 한다.
　㉡ 진공조절기
　　• 정확한 진공조절 능력을 갖추어야 한다.
　　• 착유기 내의 공기 유통이 원활히 되지 않을 경우에는 밸브나 벨브 시트 등을 알코올 등으로 청소를 해 주어야 한다.
　㉢ 진공계기 : 진공압이 불균형할 때에는 유방염의 발생을 일으키고 장기간 사용 시에는 기어의 마모, 충격으로 인한 스프링 풀림, 기어 이탈 등으로 바늘이 움직이거나 편차가 잦아서 수시로 조정해 주어야 한다.
　㉣ 맥동기
　　• 유두컵의 기실에 진공압과 대기압을 교대로 발생하는 장치로, 맥동기의 맥동수는 진공압과 클러스터의 무게와 관계가 있다.
　　• 점검 시 먼저 진공압력이 정상인지와 맥동기까지 진공압력이 전달되는지를 확인한 후 이상이 있을 경우 뚜껑을 열고 슬라이더홀더, 전환밸브 홀더 등의 먼지나 오물을 제거 해 준다.
　　• 착유 후 세척 시 맥동기에 물이 들어가면 불량의 원인이 되고, 특히 동절기에는 얼어붙어서 움직이지 않는 경우가 발생하므로 맥동기가 얼지 않게 보관하여야 한다.
　㉤ 밀크클로우 : 매 착유 직후 적당한 세척제로 청결을 유지하여야 하고 특히 클로우의 공기 구멍이 막히지 않도록 주의해야 한다.

ⓗ 라이나
- 라이나는 유두컵에 꼭 맞는 것을 선택하고 맞춤선에 따라 똑바로 끼워야 한다.
- 가능하면 내경이 22mm 이하인 것을 사용하는 것이 바람직하다. 그렇지 못할 경우 진공압이 계속해서 유두를 자극하여 두 괄약근이 손상된다.

ⓢ 착유 유니트
- 유니트의 탈부착이 미숙할 때에는 착유중 라이너가 떨어지고 진공압이 불안정하므로 외부의 공기 유입을 최소화시켜 주어야 한다.
- 착유 시 가능하면 개체별로 동일한 유니트를 사용하도록 하여 스트레스를 방지해야 한다.

10년간 자주 출제된 문제

3-1. 다음 중 착유기 세척 절차로 옳은 것은?
① 착유기 전세척 모드 설정 후, 세척수가 30℃일 때 세척을 시작한다.
② 냉각기의 내부는 착유가 완료된 직후 세척하고, 착유기 작동 기능을 확인한다.
③ 착유기 세척 시 공기 흡입을 최소화하기 위해 유두컵을 제터컵에 정렬시키지 않는다.
④ 세척수의 온도는 60℃ 이상이어야 하며, 세척 상태를 확인하지 않는다.

3-2. 다음 중 착유기 오염의 종류와 그 제거 방법으로 옳은 것은?
① 유스케일은 알칼리 세제로 제거하며, 산성 세제는 필요 없다.
② 유석은 열변성한 단백질이 포함된 가장 제거하기 어려운 오물이며, 물세척 온도가 50℃ 이상일 때 발생한다.
③ 클로로프로테인은 보통의 세척 방법으로 제거할 수 있으며, 염소계 살균제를 사용하지 않아도 된다.
④ 유막은 38~46℃의 더운물로 씻으면 대부분 제거되며, 산성 세제로 간단히 제거할 수 있다.

3-3. 다음 중 착유기의 점검 요령에 대한 설명으로 옳은 것은?
① 진공펌프의 고무벨트 장력과 오일 유입상태는 점검할 필요가 없다.
② 진공조절기는 정확한 조절 능력이 필요 없으며, 공기 유통 문제가 발생하면 청소하지 않아도 된다.
③ 진공계기의 바늘이 움직이지 않거나 편차가 발생하면 기어의 마모가 원인일 수 있다.
④ 맥동기는 동절기에 얼지 않도록 보관할 필요가 없으며, 진공압이 비정상이어도 상관없다.

3-4. 다음 중 착유기 세척 후 점검해야 하는 사항으로 옳은 것은?
① 세척수의 온도는 50℃ 이상으로 유지해야 하며, 착유기 세척 후 냉각기 점검은 필요 없다.
② 착유기 세척 시 알칼리 세척수의 온도는 45℃로 유지해야 하며, 냉각기는 착유 후 1시간 이내에 7℃ 이하로 유지해야 한다.
③ 착유기 세척 후 진공펌프와 맥동기의 작동 상태를 확인할 필요가 없다.
④ 착유기 세척 후에는 세척 상태를 확인하지 않고, 냉각기의 온도만 점검하면 된다.

|해설|

3-1
착유기와 냉각기의 세척은 세척수가 정상적으로 나오고 온도가 적절할 때 실시해야 하며, 냉각기는 착유가 완료된 직후 세척하고 착유기 작동 기능을 확인해야 한다.

3-2
유석은 열변성한 단백질이 포함된 오물로, 높은 온도의 물세척이 원인일 수 있으며, 일반적인 세척으로 제거하기 어려운 경우가 많다.

3-3
진공계기의 바늘이 움직이지 않거나 편차가 발생할 경우, 기어의 마모나 충격이 원인일 수 있으므로 점검과 조정이 필요하다.

정답 3-1 ② 3-2 ② 3-3 ③ 3-4 ②

핵심이론 04 분뇨 처리 기술

① 가축분뇨의 특징
  ㉠ 오염부하량이 사람보다 10배 정도 높다.
  ㉡ 오염성분량은 오줌보다 분에 많다.
  ㉢ 오염성분 농도가 높다.
  ㉣ 생물적 처리가 가능하다.
    ※ 가축분뇨오수는 BOD가 COD, TOC에 비하여 높으므로 생물적으로 분해가능물질이 많은 것을 의미한다.
  ㉤ 질소농도가 높다.
    • 분의 유기물과 질소농도비(C/N율)를 보면 소 20 이상, 돼지 14, 닭 10 정도이다.
    • 요 오수의 BOD : N비는 돼지의 경우 100 : 40 정도이다.
  ㉥ 취기가 강하다.
    • 가축분뇨는 악취가 강하며 암모니아, 황화수소, 휘발성 지방산 등이 악취 성분물질이다.
    • 저류조 등 혐기상태에서는 더욱 악취가 강하게 느껴진다.
    • 활성오니법 등 호기상태로 처리하면 호기성 미생물에 의해서 빠르게 악취물질을 산화분해 할 수 있다.

② 가축분뇨 발생량
  ㉠ 가축 1두당 1일 분뇨 발생량 : 젖소 > 한우 > 돼지 > 닭, 오리
  ㉡ 축종별 분뇨 발생량 : 돼지 > 한·육우 > 가금

③ 가축분뇨 처리 방법
  ㉠ 고액분리
    • 고액분리는 분뇨 내 존재하는 액상물을 고상입자들과 크기, 무게로 분리하는 것이다.
    • 악취의 원인이 되는 고형물을 사전에 제거하여 악취를 줄이고, 퇴비화, 액비화를 효율화한다.
    • 퇴비화의 경우 액상분리로 퇴비화 효율 증가와 톱밥 소요비용이 절감된다.

  ㉡ 퇴비화
    • 퇴비화는 유기물이 미생물에 의해 분해되어 안정화되는 과정이다.
    • 유기물이 완전히 분해되면 이산화탄소, 물 및 무기물로 전환된다.
    • 퇴비더미의 온도는 15일경 60℃ 이상에 도달하여 20일 정도 고온으로 지속된다.
    • 1차 부숙 후에 후발효가 시작되면 퇴비의 온도가 다시 증가한다.
    • 퇴비화 단계

1단계 (초기 단계)	• 가축분과 수분조절제를 혼합하여 발효가 시작된다. • 중온성인 세균과 사상균이 유기물 분해에 관여한다. • 퇴비원료 중 당류, 아미노산, 지방산 등 분해되기 쉬운 물질들이 분해되며 부숙온도가 상승한다. • 유기물이 분해되면서 퇴비더미 온도가 40℃ 이상으로 상승하면 중온성 미생물은 사멸되고, 고온성 미생물이 증식한다.
2단계 (고온 단계)	• 고온성 미생물이 관여하여 셀룰로스, 헤미셀룰로스, 펙틴 등 난분해성 물질들이 분해된다. • 퇴비더미 온도는 50~60℃ 유지되지만 60℃ 이상 상승하면 고온성 박테리아 및 방선균 조차 모두 사멸하여 퇴비화 효율이 급격히 떨어진다. • 퇴비화는 40~45℃에서 가장 효율적으로 진행된다. • 기계식 퇴비화 장치에서는 70℃ 이상의 고온이 지속되기도 한다.
3단계 (숙성 단계)	• 리그닌 같은 난분해성 유기물만 남게 되어 분해속도가 느려지고 퇴비더미 온도도 40℃ 이하로 낮아진다. • 다시 방선균을 중심으로 구성되는 중온성 미생물이 재정착을 하는데, 초기단계의 미생물 종류와 밀도와는 차이가 있다. • 숙성단계의 유기물은 상당 부분이 더이상 분해가 쉽지 않은 부식질이다. • 부식질은 리그닌 함량이 높고, 가용 영양분의 함량이 낮기 때문에 이러한 환경에 적합한 방선균이 많아진다.

    • 퇴비사 : 전처리(분뇨 처리) → 저장조 → 퇴비사(혐기성 분해) → 퇴비 이용

ⓒ 액비화
  ※ 액비(液肥)란 가축분뇨를 액체상태로 발효시켜 만든 비료성분이 있는 물질이다.
  - 질소 전량의 최소함유량은 0.1% 이상이어야 한다.
  - 활성슬러지법, 살수여상법, 회전원판법, 활성오니법, 산화지법 등이 있다.
  - 혐기성 액비화
    - 액상의 가축분뇨에 포기를 하지 않고 저장탱크 내에 단순 밀봉저장하는 방법이다.
    - 저장된 액상분뇨는 3가지 층(부상층, 액상층, 침전층)을 형성한다.
    - 액비저장탱크 내의 혐기발효는 유기물이 분해되는 과정에서 황화수소, 암모니아 등의 악취 물질이 휘산된다.
    - 액비를 교반하지 않고 장기간 혐기상태로 저장 시 깊이별로 유기물 침전에 의한 층 분리현상이 나타나 바닥쪽에서는 건물 함량과 유기태질소 함량이 증가한다.
    - 혐기성 처리방식으로 완숙된 액비를 제조하기 위해서는 가축분뇨를 장기간(6개월 이상) 저장해야 한다.
  - 호기성 액비화
    - 액상의 가축분뇨를 교반하면서 공기를 불어넣어 포기처리하는 방법이다.
    - 퇴비화와 같이 호기성 미생물로 유기물을 분해시켜 액비를 제조한다.
    - 액상의 가축분뇨를 호기성으로 부숙시키기 위해 필요한 조건으로는 미생물의 영양원, 산소, 온도, 수분 등이 있다.
    - 호기성 미생물이 활동하기 위해서는 산소 공급이 필수적이다.
    - 포기 중에 질소성분의 손실이 크기 때문에 액비이용 측면에서는 불리한 면도 있다.
    - 악취물질이 대기 중에 휘산되기 때문에 악취가 없고, 점도도 낮아진다.
    - 대장균, 기생충란, 병원성 미생물, 잡초종자 등이 사멸되고, 수분이 감소되며, 질소는 20~30% 저하된다. 액비 중의 pH는 8~9로 상승한다.

[혐기성 액비화와 호기성 액비화 비교]

구분	혐기성 액비화	호기성 액비화
체류기간	비교적 길다.	짧음
처리경비	저렴	고가
투자비	비교적 낮음	높음
시비 전 희석	3~5배(필요시)	필요 없음
악취	악취 악취가 많아 시비 전 전처리 필요	악취가 없음
저장 방법	용이함	처리 후 저장 시에 동력 소모

10년간 자주 출제된 문제

4-1. 다음 중 가축분뇨의 특성에 대한 설명으로 옳지 않은 것은?

① 오염부하량이 사람보다 약간 낮다.
② 오염성분량은 오줌보다 분에 많다.
③ 오염성분농도, 질소농도가 높다.
④ 생물적 처리가 가능하다.

4-2. 다음 가축 중 1일 1두당 분뇨발생량이 가장 많은 가축은?

① 한우　　　　② 젖소
③ 돼지　　　　④ 닭

4-3. 고액분리의 효과에 대한 설명으로 적절하지 않은 것은?

① 악취의 원인이 되는 고형물을 사전에 제거하여 악취를 줄인다.
② 액비 저장탱크 바닥에 쌓이는 고형물질을 제거하여 탱크저장용량이 확대된다.
③ 퇴비화 효율이 감소하고 톱밥 소요비용이 증가한다.
④ 고형물질을 제거하여 악취 제거와 저장용량 확대를 동시에 달성한다.

10년간 자주 출제된 문제

4-4. 퇴비화 과정에서 유기물이 미생물에 의해 완전히 분해되면 최종적으로 전환되는 물질은 무엇인가?
① 이산화탄소, 물 및 무기물
② 산소, 물 및 유기물
③ 탄소, 수소 및 산소
④ 질소, 물 및 무기물

4-5. 다음 중 가축분뇨의 액비화에 대한 설명으로 옳지 않은 것은?
① 액비(液肥)란 가축분뇨를 액체상태로 발효시켜 만든 비료성분이 있는 물질이다.
② 질소 전량의 최소함유량은 0.1% 이상이어야 한다.
③ 호기성 액비화란 액상의 가축분뇨에 포기를 하지 않고 저장탱크 내에 단순저장하는 방법이다.
④ 액비가 비료로서 경지에 환원되기 위해서는 균일성, 액상화, 저접착력, 무악취, 작물에 대한 피해가 없어야 한다.

|해설|

4-1
① 오염부하량이 사람보다 10배 정도 높다.

4-2
가축 1두당 1일 분뇨발생량 : 젖소 > 한우 > 돼지 > 닭, 오리

4-3
③ 퇴비화 효율이 증가하고 톱밥 소요비용이 감소한다.

4-5
③은 혐기성 액비화 방법이다.

|정답| 4-1 ① 4-2 ② 4-3 ③ 4-4 ① 4-5 ③

핵심이론 05 분뇨 처리시설 장비관리(1) 수거, 보관

① 분뇨 수거장치

㉠ 평바닥
- 평바닥은 매일 축분을 청소하는 작업이 필요하다.
- 분 제거 작업은 경운기를 이용하거나 트랙터 또는 로더를 이용해 밀어낸다.
- 통로가 분뇨로 인해 항시 과습하게 되고 가축이 미끄러지기 쉽다.
- 분뇨로부터 악취와 유해가스의 발생이 많고 분뇨 청소를 위한 노력이 많이 소요된다.

㉡ 틈바닥(slat, 슬랫) 관리
- 가축이 다니는 통로에 중력흐름식 깊은 피트를 만들어 그 위에 콘슬랫(conslat)을 깔고, 틈바닥을 통하여 배설된 분뇨를 장기간 저장하였다가 한꺼번에 저장조에 배출하는 것이다.
- 가축을 청결히 관리할 수 있으며, 분뇨 청소 노력이 절감된다.
- 슬랫은 가축의 체중에 견딜 수 있도록 견고하게 제작되어야 한다.
- 분뇨구로부터 발생되는 가스발생 방지를 위해서는 저장한 액비를 수시로 자주 배출해 주어야 한다.

㉢ 자동 스크레이퍼
- 통로의 폭과 규격이 같은 저속운행식 자동 스크레이퍼를 가동하여 수시로 배설물을 수거하는 방식이다.
- 설치된 스크레이퍼는 분당 180cm의 속도로 진행하므로 휴식 중이거나 채식 중인 젖소에게 스트레스를 주지 않는다.
- 혹한기에는 바닥 통로에 있는 분뇨 표면이 얼어붙지 않도록 스크레이퍼 작동 빈도를 높여야 한다.

- 추위가 심한경우 프리스톨의 통로에 분뇨가 얼어붙으면 소의 발굽이 손상을 받기 쉽고, 스크레퍼 시설이 많이 파손되는 원인이 된다.

  ※ 겨울철 우군 중 발굽질병 개체가 많이 발생한다면, 바닥 관리면에서 집중관리가 필요하다.

② 분뇨 보관시설
  ㉠ 보관 중인 축산분뇨가 우수기에 외부로 유출되지 않도록 관리를 철저히 한다.
  ㉡ 외부의 우수가 유입되지 않도록 주변의 배수로를 정비한다.
  ㉢ 외부에 야적 중인 퇴비는 반드시 비닐 등으로 덮어주어 빗물의 침투를 막고 하부로 물이 스미지 않도록 사전에 차단한다.
  ㉣ 예상치 못한 침수에 대비하여 배수펌프를 준비한다.
  ㉤ 침수 및 공기 중 습기로 인한 감전, 누전사고 발생을 대비하여 각종 전선의 피복상태를 육안 확인하여 내부전선 노출부위가 없는지 잘 살피고 즉시 보완 정비한다.

③ 액비저장조
  ㉠ 폭기처리를 통해 탱크 슬러리에 용존산소량을 높여 유기물의 분해를 촉진시켜주며, 냄새를 제거하고, 고형분의 침전과 스컴 형성을 억제할 수 있다.
  ㉡ 폭기장치는 수중 폭기 펌프에 의한 폭기 방법과, 브로워에 의한 폭기 방법이 있다.
  ㉢ 농작물에 사용하기 위해 액비탱크에 저장한 가축분뇨는 위아래 비료성분의 농도가 다르기 때문에 액비살포 전에 충분히 교반해야 한다.
  ㉣ 액비저장조 설치 시 고려사항
    • 저장조의 유지보수, 바닥 침전물의 청소가 쉬어야 한다.
    • 부식성 가스나 화학적 성분에 대해 견딜 수 있어야 한다.
    • 저장조는 저장액비의 압력에 견딜 수 있는 안전한 구조여야 한다.
    • 액비 누출로 인한 토양 및 지하수오염의 우려가 없어야 한다.
    • 악취 발생으로 인한 민원발생의 소지가 없는 곳이어야 한다.
    • 액비저장조 설치로 인하여 자연경관을 해치지 않아야 한다.
    • 장마철 상습 침수지역이나 하천 주변 또는 지반이 연약하여 액비저장조가 파손되거나 저장한 액비가 유실될 우려가 없는 곳이어야 한다.
    • 시공비가 저렴한 것을 선택해야 한다.

10년간 자주 출제된 문제

돈사바닥 분뇨 처리 방법 중 틈바닥 관리의 특징으로 적절하지 않은 것은?

① 분뇨를 장기간 저장했다가 한꺼번에 저장조에 배출한다.
② 고액분리가 용이하다.
③ 인력 절감에 유리하다.
④ 혐기성 발효가 진행되어 오염물질 농도가 높다.

정답 ②

핵심이론 06 분뇨 처리시설 장비관리(2) 퇴비화시설

① 퇴비화시설(퇴적통풍식, 기계교반식)
  ㉠ 공기공급을 위한 송풍시설은 전기시설이므로 빗물로 인하여 합선, 누전 등이 발생하지 않도록 하며, 과열되지 않도록 약간 간격을 두고 갓을 씌워준다.
  ㉡ 송풍모터의 외면은 냉각핀에 오물이 끼어 냉각효과가 저하됨을 예방하기 위하여 기름걸레로 깨끗이 청소하고 베어링 마모로 인한 소음 등을 점검하여 정비한다. 이때 반드시 전원을 차단한 후 작업을 해야 한다.
  ㉢ 바닥 홈의 송풍구멍이 막히지 않도록 잘 뚫어준다.
  ㉣ 송풍배관의 누액을 배출시켜주고, 누액 수집탱크에 우수가 들어오지 않도록 조치한다.
  ㉤ 지붕과 벽면을 점검하여 비가 시설내부로 들이치지 않도록 조치한다.
  ㉥ 후숙발효를 위한 야적퇴비는 천막지나 비닐로 덮어 우수유입을 방지하고, 특히 하단부의 밀폐를 철저히 하여 바람으로 인하여 벗겨지는 일이 없도록 조치한다.
  ㉦ 퇴비화장치의 외부는 습기로 인한 부식을 방지하기 위하여 기름걸레로 닦아주고 페인트를 칠해주며, 구동부는 그리스와 윤활유를 주유해 원활한 작동이 되도록 조치한다.
  ㉧ 기계교반식 장치의 컴프레서는 공기 중의 온도가 높고 수분이 많을 때 에어탱크 내에 응축수가 많이 누적되므로 매일 에어탱크 드레인밸브를 열어 응축수를 배출시키고 유수분 필터의 유면과 수면을 점검한다.

> **더 알아보기**
> **기계교반식 퇴비화시설의 기계ㆍ장치 과부하 상태가 된 주요원인**
> • 돌ㆍ철제토막, 기타 단단한 이물질이 혼입된 경우
> • 원료의 수분 함량이 높은 경우
> • 발효조에 원료투입량이 많은 경우

② 수분조절재
  ㉠ 톱밥 등이 비에 맞지 않도록 잘 보관하고, 운반은 가능한 맑은 날 하며, 보관 상태를 자주 점검한다.
  ㉡ 톱밥은 맑은 날을 택하여 뒤집기를 실시하여 통기를 좋게 하고 건조상태를 유지한다.

> **더 알아보기**
> **수분조절재(왕겨, 톱밥 등)의 기능**
> • 수분을 흡수 또는 보유하여 가축분뇨의 수분을 조절한다.
> • pH, C/N율을 조절할 수 있게 한다.
> • 입자 간의 매트릭스를 지지하여 퇴비형상을 유지시켜 준다.
> • 혼합물 사이의 공극량과 공기량을 증가시켜 준다.
> • 사용량이 너무 많으면 관리 노동력이 많이 든다.
> • 부재료의 소요량 증가는 물량처리 비용이 증가한다.
> • 퇴비생산량 증가로 퇴비사용 토지면적이 많아진다.

③ 분뇨 살포기
  ㉠ 가축분뇨 액비 살포 시 냄새 저감 방법
  • 살포와 동시에 경운하여 흙으로 복토한다.
  • 디스크해로를 장착한 액비살포기로 지표 살포하면 현저하게 악취가 감소한다.
  • 부숙이 잘된 액비는 살포 작업 중 액비를 흙속에 매몰하므로 악취 발생이 거의 없다.
  ㉡ 액비살포기 사용 방법
  • 액비 흡입을 위하여 액비저장조에 흡입호스를 넣는다.
  • 액비 흡입 관측 밸브와 액비 운송 탱크 주입 관측 밸브를 열어 주고 반면에 운송 탱크에서 흡입하는 액비 흡입관 밸브와 액비 살포관 밸브는 닫는다.
  • 트랙터 PTO로(또는 펌프 부착 엔진) 펌프를 회전시켜 액비저장조로부터 액비 운송 탱크로 흡입한다.
  • 액비살포기의 분뇨 운송 탱크 내에 액비를 채운 다음 펌프 회전을 중지한 후 열려있는 밸브를 닫고 액비살포기를 살포 장소로 이동한다.

- 액비를 살포할 때에는 액비탱크의 배출관 밸브와 살포 밸브를 열고 트랙터 PTO로 펌프를 가동시켜 트랙터 액비살포기를 운전하며 액비를 살포한다.

10년간 자주 출제된 문제

다음 중 수분조절재의 기능에 대한 설명으로 옳지 않은 것은?

① 수분을 흡수하거나 보유하여 수분조절을 할 수 있게 한다.
② pH와 C/N율을 조절할 수 있게 한다.
③ 사용량이 많아도 관리 노동력에는 큰 영향을 주지 않는다.
④ 혼합물 사이의 공극량과 공기량을 증가시켜 준다.

[해설]
③ 사용량이 너무 많으면 관리 노동력이 많이 든다.

정답 ③

핵심이론 07 동물복지와 윤리

① **동물복지** : 동물도 불편과 고통에 대한 행동 및 지각력을 지니고 있는 생명체로 사회성을 비롯한 행동의 자유가 보장되어야 하며, 사육환경의 스트레스를 최소화해야 한다.

② **동물권** : 동물에게 인간에 준하는 권리를 준다.
　㉠ 인간우월주의 : 동물을 언제든 마음대로 이용해도 된다.
　㉡ 동물복지론 : 동물을 이용하지만 최소화해야 하며 이용되는 동안 편안하고 안락하게 살아갈 권리를 준다.
　㉢ 동물권리론 : 동물은 사람과 같은 생명체로서 같은 권리를 가지고 있으므로 절대 이용해서는 안 된다.

③ **동물이 누려야 할 5대 자유**
　㉠ 갈증과 배고픔으로부터의 자유 : 적절한 먹이와 깨끗한 물을 공급해야 한다.
　㉡ 정상적인 행동을 표현할 자유 : 생활을 하기에 충분한 공간과 적절한 시설, 함께할 수 있는 동료집단이 필요하다.
　㉢ 불편함으로부터의 자유 : 편안한 잠자리와 휴식을 취할 수 있는 공간을 제공한다.
　㉣ 두려움과 스트레스로부터의 자유 : 심리적인 고통을 덜어줄 수 있는 환경을 제공한다.
　㉤ 고통, 상해, 질병으로부터의 자유 : 질병의 예방과 함께 신속한 치료가 이루어져야 한다.

④ **동물복지에 영향을 주는 요인**
　㉠ 온도
　　• 더울 때 : 음수량 증가, 호흡수 증가, 식욕 감퇴, 개방적 자세, 땀 흘림, 생산량 감소 등
　　• 추울 때 : 바람을 피함, 무리를 지음, 몸을 움츠림, 사료 섭취량 증가, 생산량 감소 등

> **더 알아보기**
>
> **생활 적온**
> - 한우 : 10~20℃
> - 젖소(홀스타인) : 4~20℃
> - 돼지 : 15~25℃
> - 산란계 : 16~24℃

  ⓒ 빛
- 비타민 D 합성 및 살균 작용을 한다.
- 성 성숙 및 장일성 동물의 번식에 영향을 미친다.
- 비육우는 햇빛에 의한 자극이 적을수록 근내 지방이 잘 축적된다.

  ⓒ 습도
- 적정습도는 40~70% 정도이다.
- 습도가 높으면 체내 수분 증발이 저해되어 체온을 조절하는 능력이 떨어진다.
- 습도가 낮으면 먼지가 발생하여 호흡기 장애, 결막염 등을 유발한다.

  ⓔ 유해생물
- 병원미생물, 병해충, 유독식물, 유해동물 등이 있다.
- 파리, 모기, 이, 진드기, 등애 등의 흡혈곤충
- 고사리, 독미나리, 미국자리공, 천남성, 쇠뜨기 등 중독증상을 유발하는 식물

  ⓜ 사회적 환경
- 관리인의 관심과 숙련도가 동물의 복지를 좌우한다.
- 모성애와 암수 관계에 따라 관리한다.
- 동물은 사회적 순위가 있어 서열경쟁에 의한 스트레스를 최소화할 수 있는 환경을 제공해야 한다.
- 조류 및 관상어는 텃세를 통해 일정한 세력권을 유지하려고 한다. 이때 스트레스 및 상처가 생기지 않도록 유의한다.
- 밀집 사육은 사료효율 감소, 질병 전파 속도 증가, 스트레스 증가 등의 문제를 가져온다.

⑤ **농장동물의 복지**
  ㉠ 축사
- 외부의 환경 및 스트레스, 질병에 의한 피해 발생을 최소화한다.
- 휴식공간 및 생활 공간을 확보한다.

  ㉡ 사양관리
- 농장동물의 습성을 고려한 사양관리 체계를 유지한다.
- 적절한 양의 양질의 사료, 신선한 물을 공급한다.
- 철저한 위생 및 전염병 예방을 위한 차단방역 및 소독을 실시한다.

  ㉢ 외과적 처치 : 큰 통증이 따르는 거세는 마취를 실시한다.

  ㉣ 수송 및 도축
- 수송 차량에는 적절한 수의 개체를 탑승시킨다.
- 수송 차량에는 환기, 온도조절, 급수를 할 수 있도록 한다.
- 도축은 짧은 시간에 고통을 최소화할 수 있는 방법으로 효과적으로 진행되어야 한다.

  ㉤ 사료 : 성장 단계에 따라 생산성을 극대화하기 위한 사료가 아닌 각 가축의 소화 생리에 맞는 사료를 급여해야 한다.

⑥ **실험동물의 복지** : 3Rs(인도적인 실험 기법의 원칙)
  ㉠ 대체(replacement) : 세포배양, 무척추동물 이용, 미생물 이용 등으로 동물 실험을 대체한다.
  ㉡ 최소화(reduction) : 실험동물의 수를 최소화한다.
  ㉢ 정교화(refinement) : 실험 전 스트레스 감소, 인도적인 안락사 등 실험의 절차에서 동물의 고통과 스트레스를 줄일 수 있도록 한다.

10년간 자주 출제된 문제

7-1. 다음 중 동물의 5대 자유에 포함되지 않는 것은?
① 갈증과 배고픔으로부터의 자유
② 정상적인 행동을 표현할 자유
③ 추위와 더위로부터의 자유
④ 고통, 상해, 질병으로부터의 자유

7-2. 다음 중 실험동물의 복지와 관련된 3Rs 원칙에 해당하지 않는 것은?
① 대체(replacement) : 세포배양, 무척추동물 이용, 미생물이용 등 다른 방법으로 동물 실험을 대체한다.
② 최소화(reduction) : 실험동물의 수를 가능한 줄인다.
③ 정교화(refinement) : 실험 절차에서 동물의 고통과 스트레스를 줄일 수 있도록 한다.
④ 강화(enhancement) : 실험동물의 유전자 변형을 통해 더 많은 데이터를 얻는다.

7-3. 다음 중 농장 동물의 복지에 대한 설명으로 올바르지 않은 것은?
① 축사는 외부의 환경 및 스트레스, 질병에 의한 피해 발생을 최소화해야 한다.
② 사양관리는 농장동물의 습성을 고려한 체계로 유지해야 하며, 신선한 물을 공급해야 한다.
③ 외과적 처치는 큰 통증이 따르는 경우라도 마취를 실시하지 않아야 한다.
④ 수송 차량에는 적절한 수의 개체를 탑승시키고, 환기, 온도 조절, 급수가 가능해야 한다.

해설

7-2
실험동물의 복지(3Rs) : 대체, 최소화, 정교화

7-3
③ 큰 통증이 따르는 외과적 처치는 마취를 실시한다.

정답 7-1 ③ 7-2 ④ 7-3 ③

CHAPTER 02 사료생산 및 이용

제1절 농후사료

핵심이론 01 곡류 원료 사료가치 평가

① 곡류사료의 특징
  ㉠ 에너지 함량은 높으나 단백질 함량이 낮고 아미노산 조성이 좋지 않다.
  ㉡ 영양소의 소화율이 높고 기호성이 좋다.
  ㉢ 에너지 공급원으로서의 역할이 크다.
  ㉣ 황색 옥수수는 카로틴이 함유되어 있다.

② 곡류 사료의 종류
  ㉠ 옥수수
   • 농후사료로 가장 많이 사용되며, 전분질이 많고 에너지가 높다.
   • 비육우 사육에서 에너지사료로 가장 많이 이용된다.
   • 곡류 중에서 조단백질 함량이 비교적 낮은 편이고 질도 좋지 않다.
   • 가용무질소 함량이 높고, 지방 함량도 비교적 높다.
   • 옥수수를 과다하게 섭취 시에 나이아신(niacin) 결핍증이 유발되기 쉽다.

> **더 알아보기**
> **옥수수 과다 섭취 시 나이아신 결핍증이 유발되기 쉬운 원인**
> • 옥수수에는 나이아신이 결핍되고 불용성 형태로 존재한다.
> • 트립토판의 함량이 낮아져 나이아신으로 전변되는 양이 적다.
> • 류신(leucine)의 함량이 많아져 나이아신의 생성 과정을 억제한다.

> **더 알아보기**
> **트립토판(tryptophan)**
> 돼지나 닭과 같은 단위동물은 나이아신이 부족할 경우 피부병 및 체중감소 등이 발생할 수 있다. 그러나 트립토판을 충분히 급여할 경우 트립토판에서 나이아신으로의 합성이 가능하기 때문에 나이아신을 별도 급여하지 않아도 된다.

  ㉡ 밀
   • 양질의 밀(wheat)은 옥수수에 떨어지지 않는 영양가를 가지고 있다.
   • 주성분은 전분으로 TDN과 타이아민 함량이 높고 소화율이 좋다.
   • 에너지 함량은 옥수수보다 약간 낮고 보리보다는 훨씬 높다.
   • 옥수수나 보리보다 단백질 함량이 높다.

  ㉢ 수수
   • 주로 전분이며 섬유소 함량이 적어 TDN가가 옥수수만큼 높다.
   • 지방과 비타민 A의 공급능력이 적고 Ca과 비타민 D 함량도 매우 낮다.
   • 니코틴산 함량이 높다.
   • 타닌(tannin) 성분을 가지고 있기 때문에 단백질의 소화를 억제한다.
   • 타닌 함량이 많아 수수의 사료가치를 저해하는 가장 큰 요인이 된다.

  ㉣ 보리
   • 단백질의 함량이나 단백질의 아미노산 조성이 옥수수에 비하여 우수한 편이다.
   • 곡류 중 섬유소가 풍부하다.
   • 비타민 D · B_2, 카로틴 함량이 낮다.
   • 비육 후기 사료로 급여 시 지방색이 백색으로 되어 육질등급이 좋아진다.

• 겉보리는 껍질이 있어서 소화하기 힘들고 섬유소가 많아 영양소 함량도 떨어지나 분쇄하여 주면 소화가 양호해진다.

10년간 자주 출제된 문제

1-1. 다음 중 곡류사료의 특징으로 옳지 않은 것은?
① 에너지 함량이 높고 아미노산 조성이 좋다.
② 영양소의 소화율이 높고 기호성이 좋다.
③ 에너지 공급원으로서의 역할이 크다.
④ 황색 옥수수는 카로틴이 함유되어 있다.

1-2. 다음 중 옥수수 사료에 대한 설명으로 옳지 않은 것은?
① 농후사료로 가장 많이 사용되며, 전분질이 많고 에너지가 높다.
② 비육우 사육에서 에너지 사료로 가장 많이 이용된다.
③ 옥수수는 곡류 중에서 조단백질 함량이 비교적 높다.
④ 옥수수를 과다하게 섭취 시에 나이아신 결핍증이 유발되기 쉽다.

1-3. 다음 중 수수 사료에 대한 설명으로 옳지 않은 것은?
① 주로 전분이며 섬유소 함량이 적어 TDN가가 옥수수만큼 높다.
② 타닌 성분을 가지고 있어 단백질의 소화를 억제한다.
③ 니코틴산 함량이 낮아 수수의 사료가치를 저해한다.
④ 지방과 비타민 A의 공급능력이 적고 Ca과 비타민 D 함량도 매우 낮다.

1-4. 백색 경지방(硬脂肪)을 생산하는 사료는?
① 옥수수 ② 보리
③ 쌀겨 ④ 어분

|해설|

1-4
• 연지방(황색의 연한 지방) 형성 : 옥수수, 미강, 어분, 대두박, 아마인박, 땅콩박, 채종박, 비지, 두과 사일리지
• 경지방(백색의 단단한 지방) 형성 : 보리, 밀, 호밀, 밀기울, 쌀, 맥강, 야자박, 고구마, 감자, 전분박, 짚류, 완두, 순무

정답 1-1 ① 1-2 ③ 1-3 ③ 1-4 ②

핵심이론 02 강피류 원료 사료가치 평가

① 강피류 사료의 특징
  ㉠ 곡류를 도정하거나 제분할 때 생산되는 농산가공 부산물로 밀기울, 쌀겨, 보릿겨, 대두피, 옥수수겨, 전분박, 해조분 등이 있다.
  ㉡ 곡류에 비하여 부피가 크고 전분은 적지만 조단백질 및 인의 함량은 곡류보다 높다.
  ㉢ 조섬유 함량은 높고 가용무질소물의 함량이 낮아 에너지는 곡류보다 낮다.
  ㉣ 리보플라빈, 타이아민, 나이아신 등 비타민 B군의 함량은 비교적 풍부하다.
  ㉤ 광물질 중 인의 함량이 많은 것이 특징이다.
  ㉥ 라이신, 메티오닌, 트립토판 함량은 곡류보다 높으나 메티오닌은 낮아 제한아미노산이다.
  ㉦ 동물에게 포만감을 주고 변비를 예방해주는 효과가 있다.

② 강피류 사료의 종류
  ㉠ 밀기울
    • 과피, 종피, 배유, 호분층, 배아, 밀가루 일부를 포함하고 있다.
    • 조단백질과 조섬유가 곡류보다 높은 편이고, 에너지값은 낮다.
    • 인 함량도 비교적 높으나 닭·돼지 등의 단위동물은 잘 이용할 수 없는 형태이다(피틴태(態) 형태의 인).
    • 아미노산 조성은 옥수수보다는 양호하나 깻묵류보다는 저조하다.
  ㉡ 쌀겨(미강)
    • 벼를 현미로 도정하는 과정에서 생긴 부산물로 과피, 종피, 외배유, 호분층 등이 혼합된 것이다.
    • 단백질은 13~16%, 지방의 탈지 여부에 따라 2~14%이며, 비타민 B군이 많다.

- 아미노산은 시스틴과 트립토판의 함량이 낮고, 칼슘 소량, 인은 피틴태(態)인으로 이용성이 낮다.
- 생미강은 지방이 많이 함유되어 있어 에너지값은 높으나, 산패되는 것을 방지하기 위해 탈지하는 것이 좋다.
- 쌀겨를 돼지에게 많이 급여하면 연한 지방이 축적되고 체지방의 색깔이 황색을 띠게 되어 돼지의 도체 품질을 저하시키므로 비육 말기에는 급여하지 않는 것이 좋다.
- 탈지강은 생미강에서 지방을 제거한 것으로, 배합사료의 원료로 사용할 수 있으나 에너지 함량이 낮다.

ⓒ 보릿겨(맥강)
- 보리를 도정할 때 생성되는 부산물로 정맥강과 황맥강이 있다.
- 황맥강은 조단백질 함량이 낮고, 조섬유 함량이 높다.
- 정맥강은 타이아민, 나이아신, 인 함량이 높고 기호성이 좋다.
- 조섬유 함량이 높기 때문에 단위동물의 배합사료에는 소량만 첨가되고 있다.
- 기호성은 밀기울보다는 떨어지나 돼지와 고기소에 급여하는 것이 좋다.
- 돼지나 소의 근육에 흰 지방을 생성하여 축산물의 가치를 높일 수 있다.

ⓐ 옥수수겨
- 옥수수에서 가루를 제조할 때 나오는 부산물로 종피, 배아, 전분을 함유한다.
- 조섬유의 함량이 높아 소·양 등의 반추동물에게 급여하는 것이 좋다.

10년간 자주 출제된 문제

2-1. 다음 중 강피류 사료의 특징으로 옳은 것은?
① 조단백질 및 인의 함량이 곡류보다 낮다.
② 조섬유 함량이 낮고 가용무질소물의 함량이 높아 에너지는 곡류보다 높다.
③ 비타민 B군의 함량은 비교적 풍부하다.
④ 광물질 중 P의 함량이 적다.

2-2. 다음 중 밀기울에 대한 설명으로 옳은 것은?
① 과피, 종피, 배유, 호분층, 배아, 밀가루 일부를 포함하고 있다.
② 조단백질과 조섬유가 곡류보다 낮고, 에너지값은 높다.
③ 인 함량이 높고 닭과 돼지의 단위동물은 잘 이용할 수 있는 형태이다.
④ 아미노산 조성은 깻묵류보다는 양호하나 옥수수보다는 저조하다.

2-3. 다음 중 쌀겨(미강)에 대한 설명으로 옳은 것은?
① 벼를 현미로 도정하는 과정에서 생긴 부산물로 과피, 종피, 외배유, 호분층 등이 혼합된 것이다.
② 단백질은 2~14%, 지방은 탈지 여부에 따라 13~16%이며, 비타민 B군이 많다.
③ 시스틴과 트립토판의 함량이 높으며, 칼슘과 인은 피틴태 형태로 이용성이 높다.
④ 생미강은 지방이 적게 함유되어 에너지값은 낮다.

정답 2-1 ③ 2-2 ① 2-3 ①

핵심이론 03 박류 원료 사료 가치평가

① 박류(식물성 단백질) 사료의 특징
  ㉠ 콩, 목화씨, 땅콩, 해바라기 등 각종 종실에서 기름을 짜고 남은 깻묵(유박)류이다.
  ㉡ 열대지방에서 생산되는 야자나 팜에서 기름을 짜고 남은 찌꺼기도 있다.
  ㉢ 조단백질의 함량이 높아 배합사료에서 단백질 함량 조절역할을 한다.
  ㉣ 단백질 함유량은 40% 정도로 동물성보다 낮다.
  ㉤ 동물성보다 메티오닌, 라이신, 트립토판이 함량이 낮고 아미노산 조성이 불량하다.
  ㉥ 비타민 B군의 함량이 높다.
  ㉦ 조단백질 함량(%) : 대두박 44.95 > 임자박 39.01 > 채종박 36.24 > 아마박 35.79
  ※ 가축에 옥수수와 대두박 위주 사료 급여 시 부족하기 쉬운 제1, 2필수아미노산은 메티오닌(methionine)과 라이신(lysine)이다.

② 박류 사료의 종류
  ㉠ 대두박
    • 콩에서 기름을 짜고 남은 부산물로 식물성 단백질 공급원의 대표라고 할 수 있다.
    • 조섬유의 함량이 낮고 기호성이 좋다.
    • 메티오닌, 시스틴은 제한아미노산 인자이다.
    • 트립신 저해인자 등 유해인자를 제거하기 위하여 가열처리하여 이용된다.
    • 가소화조단백질 함량이 매우 높아, 가축에게 단백질 및 아미노산 공급원으로 이용된다.
  ㉡ 임자박
    • 들깻묵을 말하며, 생산량이 적어 사료로 이용하는 것은 극히 드물다.
    • 라이신이 제한아미노산으로 다른 깻묵류와 혼합하여 사용하는 것이 좋다.
    ※ 옥수수, 임자박, 밀은 라이신(lysine)이 제한아미노산이다.
    • 가축의 사료로 10% 정도 사용 가능하다.
  ㉢ 채종박
    • 유채에서 기름을 짜고 남은 깻묵으로 조단백질 함량은 35% 정도이다.
    • 아미노산 조성에 있어서 라이신이 모자라는 것을 제외하고는 우수한 편이다.
    • 0.2~0.5%의 겨자유, 3%의 타닌, 시내핀(sinapine)이라는 쓴맛을 내는 물질을 포함하고 있어서 기호성을 떨어뜨린다.
  ㉣ 아마박
    • 아마(삼씨)에서 기름을 짜고 남은 찌꺼기로, 반추동물에게 기호성이 높은 단백질공급원이다.
    • 닭의 사용한도는 3%이며, 제1제한아미노산은 라이신이다.
    • 반추가축은 정장 효과가 있어 5~10% 정도 사용하며, 양질의 목초와 함께 급여하면 좋다.
    • 돼지는 아마박을 사용할 경우 옥수수보다는 밀이나 보리를 혼합하는 것이 효과적이다.
  ㉤ 호마박
    • 참깨에서 기름을 짜고 남은 찌꺼기로 조단백질의 함량은 44~48% 내외이다.
    • 다른 박류에 비해서 메티오닌과 트립토판의 함량이 높다.
    • 가금에게 단용 시 아연 결핍증이 나타나므로 혼합하여 사용한다.
    • 젖소에게 너무 많이 급여하면 체지방 및 유지의 연화현상이 나타난다.
    • 돼지는 라이신이 제한아미노산으로 동물성 단백질과 함께 사용해야 하며, 과용하면 연지방이 축적된다.
  ㉥ 옥수수 글루텐
    • 옥수수에서 전분과 포도당을 만들 때 생기는 부산물로 조단백질이 주성분이다.
    • 크산토필이 다량 함유되어 달걀 및 브로일러육의 착색 효과물질이다.

- 닭은 사료의 10%, 돼지는 다른 단백질사료와 함께, 반추가축도 다른 박류와 혼합하여 급여한다.

ⓐ 밀글루텐
- 밀에서 전분을 만들 때 분리되는 성분으로, 조단백질 함량이 높다.
- 가금의 사료로 쓸 때 10%까지 사용이 가능하다.

ⓞ 낙화생박
- 땅콩에서 기름을 짜고 남은 부산물로 조단백질 함량은 45% 내외로 높으나 라이신과 메티오닌이 부족하다.
- 저장 시 아플라톡신이라는 독소가 생성되며, 과용하면 설사의 우려가 있다.

ⓩ 야자박
- 야자를 건조한 코프라(코코넛)에서 생산된 것으로 단백질은 20% 정도이고 기호성이 좋다.
- 라이신은 제한아미노산이며, 메티오닌이나 시스틴의 함량도 낮다.
- 병아리 및 산란계 사료에는 사용하지 않은 것이 좋고, 돼지에게는 동물성 단백질사료와 혼용하여 사용한다.
- 반추가축, 특히 젖소는 유지율이나 산유량에 영향을 미치지 않고 지방을 단단하게 한다.

ⓧ 해바라기씨박
- 해바라기씨 기름을 짜낸 부산물로 유박류보다 비타민 B군 함량이 크다.
- 산란계 사료로 사용하면 난각에 반점이 생기고 듀록종 돼지에 급여하면 모색이 바랜다.
- 라이신이 제한아미노산이다.

㉠ 주정박
- 고구마, 감자, 옥수수 등에서 알코올을 발효시켜 주정을 생산할 때 나오는 부산물이다.
- 육성비육돈은 10% 정도를 다른 유박류와 함께 급여한다.

㉡ 맥주박
- 맥주 제조 시 생산되는 부산물로 단백질 함량은 25%, TDN의 함량은 낮다.
- 조섬유 함량이 높고, 건조맥주박은 젖소의 사료로 사용이 가능하다.

㉢ 면실박
- 목화씨의 기름을 짜고 남은 부산물로, 항영양인자 고시폴(gossypol)이 함유되어 있다.
- 고시폴은 단위동물에게 사용이 제한되어 있으며, 젖소에게는 일반적으로 15% 이하로 첨가되고 있다.
    ※ 고시폴은 사료에 다량 배합되면 성장률 및 사료효율이 나빠지므로, 함량을 낮추기 위해서 열처리하면 효과적이다.
- 돼지에 있어 대두박과 혼용 또는 라이신을 보급하면 대두박과 같은 가치가 있다.
- 산란계의 단백질사료에 있어서 항영양인자의 함유로 사용이 제한된다.
- 산란계 사료로 사용될 경우 난백을 핑크색으로 변색시키며, 난황의 색을 퇴색시키고 흑색 반점이 생긴다.
- 소의 사료로써 면실박은 다른 가축사료보다 안전하다.

㉣ 옥수수배아박 : 옥수수로 전분, 물엿 등을 제조할 때 생기는 부산물로 닭 및 돼지의 사료로 사용된다.

※ 식물성 단백질사료 중 유박류에 함유되어 있는 독성물질

대두박	트립신
면실박	고시폴
낙화생박	아플라톡신
아마박	청산
채종박	미로시나제

10년간 자주 출제된 문제

3-1. 다음 중 대두박의 특징으로 옳은 것은?
① 가소화조단백질 함량이 낮아 가축에게 단백질 공급원으로 이용되지 않는다.
② 대두박은 조섬유의 함량이 높아 기호성이 좋지 않다.
③ 메티오닌과 시스틴은 제한아미노산 인자이다.
④ 트립신 저해인자를 제거하기 위해 가열처리하지 않는다.

3-2. 다음 중 대두박과 채종박을 비교하여 옳은 설명은?
① 대두박의 조단백질 함량은 채종박보다 낮다.
② 채종박은 시스틴과 트립토판의 함량이 높아 기호성이 좋다.
③ 대두박은 트립신 저해인자를 제거하기 위해 가열처리한다.
④ 채종박은 아미노산 조성이 대두박보다 우수하다.

3-3. 다음 중 아마박에 대한 설명으로 옳은 것은?
① 아마박은 반추동물에게 기호성이 낮다.
② 닭의 사용 한도는 5~10%이며, 제1제한아미노산은 라이신이다.
③ 반추가축에 5~10% 정도 사용하며 양질의 목초와 함께 급여하면 좋다.
④ 돼지에게는 옥수수와 혼합하는 것이 효과적이다.

3-4. 다음 중 낙화생박의 특징으로 옳은 것은?
① 낙화생박의 조단백질 함량은 30% 내외이다.
② 저장 시 아플라톡신이라는 독소가 생성되며 과용하면 설사의 우려가 있다.
③ 라이신과 메티오닌의 함량이 풍부하다.
④ 낙화생박은 기호성이 높아 사료로 많이 사용된다.

3-5. 다음 중 면실박의 특징으로 옳은 것은?
① 면실박은 고시폴이 함유되어 있어 단위동물에게 사용이 제한된다.
② 고시폴의 함량을 낮추기 위해 열처리를 하지 않는다.
③ 돼지에 대두박과 혼용하면 성장률이 나빠진다.
④ 산란계 사료로 사용할 경우 난백이 변색되지 않는다.

정답 3-1 ③ 3-2 ③ 3-3 ③ 3-4 ② 3-5 ①

핵심이론 04 사료 첨가제(1) 광물질 사료 첨가제

① 칼슘, 인 첨가제
  ㉠ 칼슘 사료공급원 : 패분, 탄산칼슘, 석회석, 석고
    ※ 석회석 : 산란사료나 착유사료에서 칼슘 함량만이 부족할 때 가장 경제적인 광물질사료로 양계사료의 칼슘공급제로 가장 많이 쓰이고 있다.
  ㉡ 칼슘은 골격, 치아 구성 성분 및 생리적 기능을 한다.
  ㉢ 가금에서 탄산칼슘은 산란율이나 난각의 품질에 가장 큰 영향을 준다.
  ㉣ 돼지는 다량 급여 시 증체량이 저하되고, 피부병 발생빈도가 상승한다.
  ㉤ 반추동물은 과량급여 시 증체율이 감소한다.
  ※ 당밀의 사료적 가치
    • 기호성이 우수하고 에너지 함량이 높다.
    • 반추위 미생물의 성장 촉진
    • 무기물 공급
    • 미지성장인자 공급
    • 사용법 : 사료를 배합할 때 혼합하여 먼지 발생을 줄이고 펠릿, 큐브 등의 사료를 제조할 때 결착제로 쓰인다.

② 나트륨, 염소첨가제
  ㉠ 산과 염기 균형, 물질 수송, 삼투압 조절, 반추동물에서 산도 조절의 기능을 한다.
  ㉡ 염화나트륨인 식염형태로 공급한다.
  ㉢ 초식동물이 단위동물보다 요구량이 많다(농후사료의 1% 미만, 단위동물은 0.3% 공급).

③ 칼륨, 마그네슘, 황 첨가제
  ㉠ 칼륨 : 세포의 물질 이동과 근육의 수축·이완에 관여하며, 과다 공급 시 그래스테타니를 유발한다.
  ㉡ 마그네슘 : ATP 합성, 세포막물질 수송, 당분해, 유전물질 및 신경물질의 전달 등 체내 효소작용 및 에너지대사와 관련이 있다.

더 알아보기

그래스테타니(grass tetany)
봄철에 방목하는 육우나 젖소에서 마그네슘이 결핍되면 가끔 발생되는 질환으로 강직성 경련을 일으킨다.

ⓒ 황 : 아미노산(메티오닌, 시스테인, 시스틴)과 비타민의 구성물질로 반추동물에게 비단백태질소화합물 급여 시 보충 급여한다.

④ 미량광물질 첨가제

종류	특징
구리(Cu)	• 혈구 생성, 헤모글로빈, 산화효소의 합성에 관여한다. • 결핍 시 빈혈, 골격기형, 피모 퇴색 등의 증상이 발생한다.
철(Fe)	• 헤모글로빈의 구성요소로서 영양성 빈혈 방지에 큰 역할을 한다. • 어린 자축에게 특히 중요한 물질이다.
아연(Zn)	• 효소의 구성성분으로 면역기능 발현에 중요한 역할을 한다. • 부족 시 생장 및 피모의 발육이 나빠지고 영양성 피부병인 부전각화증에 걸리기 쉽다. • 각기병 예방에도 효과가 있다.
아이오딘(I)	• 갑상선에 들어 있으며, 티록신이라는 호르몬의 합성에 중요한 물질이다. • 결핍 시 갑상선종을 유발한다.
망간(Mn)	효소의 구성물질이며, 펩타이드 분해효소의 활성제이다.
코발트(Co)	비타민 B_{12}의 구성성분으로, 결핍 시 식욕감퇴, 체중감소, 빈혈 등이 발생한다.
셀레늄(Se)	• 비타민 E와 함께 중요한 항산화제로 작용한다. • 결핍 시 간괴사, 근육경련, 마비증 등이 발생한다(소량 첨가만으로 결핍증 예방).
규산염 광물질 첨가제	• 산란계, 육성돈 사료에 소량 첨가할 경우, 증체율, 산란율, 사료효율 개선 효과가 있다. • 종류 : 제올라이트, 벤토나이트 - 제올라이트 : 주성분은 조회분(Si, Al, Ca)으로 연변방지, 장내 통과속도 지연으로 소화율 향상 등의 기능이 있다. - 벤토나이트 : 주성분은 Na, Ca으로, 연변방지, 유해가스 흡착, 펠릿사료 결착제의 기능이 있다.

※ 돼지에게 필요한 미량광물질
• 아이오딘 : 갑상선, 칼슘과의 길항작용
• 구리 : 헤모글로빈

10년간 자주 출제된 문제

4-1. 다음 중 칼슘 사료공급원으로 적절한 것은?
① 탄산칼슘
② 염화나트륨
③ 황
④ 철

4-2. 다음 중 나트륨과 염소 첨가제의 기능으로 옳은 것은?
① 염소는 산도 조절에 관여하며, 반추동물에서는 물질 수송과 삼투압 조절에 기여한다.
② 나트륨은 염기 균형을 조절하며, 농후사료에서는 0.3% 공급된다.
③ 나트륨과 염소는 초식동물보다 단위동물에게 요구량이 많다.
④ 나트륨은 산과 염기 균형을 유지하며, 반추동물에서는 산도 조절 기능을 하지 않는다.

4-3. 다음 중 미량광물질 첨가제의 기능으로 옳은 것은?
① 구리는 헤모글로빈의 구성요소로서 빈혈 예방에 기여한다.
② 철은 혈액응고에 관여하며 결핍 시 갑상선종을 유발한다.
③ 아연은 호르몬의 구성성분으로 면역기능 발현에 중요하다.
④ 셀레늄은 비타민 B_{12}의 구성성분이며, 결핍 시 식욕감퇴가 발생한다.

|해설|

4-1
칼슘은 골격과 치아의 주요 성분으로, 칼슘을 공급하는 사료공급원으로는 패분, 탄산칼슘, 석회석, 석고가 있다.

4-2
염소는 체내에서 산도 조절과 삼투압 조절에 기여하며, 나트륨과 함께 물질수송과 산과 염기 균형을 유지하는 데 중요한 역할을 한다.
② 농후사료에서는 나트륨 공급이 0.3% 미만이다.
③ 초식동물은 나트륨과 염소의 요구량이 더 많다.
④ 나트륨은 산도 조절 기능을 한다.

4-3
② 철은 헤모글로빈의 구성요소로 빈혈 예방에 중요한 역할을 하며, 갑상선종과는 직접적인 연관이 없다.
③ 아연은 효소의 구성성분으로 면역기능에 중요한 역할을 한다.
④ 셀레늄은 비타민 E와 함께 항산화제로 작용한다. 비타민 B_{12}의 구성성분은 코발트이다.

정답 4-1 ① 4-2 ① 4-3 ①

핵심이론 05 사료 첨가제(2) 비타민 및 아미노산 공급제

① 비타민 첨가제
  ㉠ 지용성 비타민 첨가제
    • 비타민 A : 카로틴 함유(전구체), 시각, 성장, 번식 및 면역기능 증진
    • 비타민 D : 식물체는 건조된 과정에서 생성
    • 비타민 E : 세포 파괴 방지, 육질 개선 및 신선도 유지
    • 비타민 K : 혈액 응고에 관여, 반추동물은 반추미생물에 의한 합성 가능
  ㉡ 수용성 비타민 첨가제
    • 비타민 B와 C 계열로 축적이 되지 않기 때문에 중독증상이 없다.
    • 반추동물은 미생물에 의한 비타민 B군을 합성하므로 추가적인 공급이 필요 없다.

② 아미노산제
  ㉠ 합성아미노산을 식물성 단백질사료와 함께 첨가한다.
  ㉡ 주로 라이신과 메티오닌이 사료에 첨가되고, 트립토판, 트레오닌, 글리신 등의 아미노산 제제도 이용된다.
  ㉢ 아미노산 첨가 효과
    • 가금 : 옥수수・대두박 위주의 사료에 메티오닌을 첨가하면 산란율과 사료효율이 개선되며 사료단백질의 수준이 낮을 경우 효과적이다.
    • 돼지 : 곡류를 많이 사용할 경우 대부분 라이신이 부족한 경우가 발생하므로 아미노산을 첨가하면 사료효율, 성장률 및 육질 개선 효과가 있다.
    • 반추동물 : 비단백태질소화합물을 이용할 수 있어 스스로 합성이 가능하지만, 젖소의 경우 생산성을 증진시킬 수 있다.

10년간 자주 출제된 문제

다음 중 지용성 비타민 첨가제의 기능으로 옳은 것은?
① 비타민 D는 식물체에서 생성되며 면역기능을 증진시킨다.
② 비타민 A는 세포 파괴 방지 및 육질 개선에 기여한다.
③ 비타민 E는 혈액 응고에 관여하며, 반추동물의 비타민 B를 합성한다.
④ 비타민 K는 시각, 성장, 번식 및 면역기능 증진에 기여한다.

해설
① 비타민 D는 뼈의 건강과 면역기능 증진에 중요한 역할을 한다.
② 비타민 A는 시각, 성장, 번식 및 면역기능에 기여한다.
③ 비타민 E는 세포 파괴를 방지하며 육질 개선에 도움을 준다.
④ 비타민 K는 혈액 응고에 관여하고, 반추동물은 반추미생물에 의해 합성할 수 있다.

정답 ①

핵심이론 06 사료 첨가제(3) 호르몬 및 항생제 등

① 호르몬제
  ㉠ 가축의 성선이나 갑상선의 기능을 인위적으로 변화시켜 신진대사를 억제한다.
  ㉡ 에너지의 체내 축적을 극대화하여 육질과 성장률을 개선하기 위함이다.
  ㉢ 가축의 성장률, 비육능력, 산란능력 향상에 그 목적이 있다.
  ㉣ 호르몬제의 종류 : DES, 메틸테스토스테론, 타이오우라실, 타이로프로틴 등
  ㉤ 호르몬제의 영양적 특성
    • DES(다이에틸스틸베스테롤) : 여성호르몬의 일종이며, 반추가축의 어린 수컷에 사용되나 그 작용기전은 정확히 밝혀지지 않았다.
    • 메틸테스토스테론(MT) : 남성호르몬의 일종으로 세포 내에서 단백질 합성을 촉진한다.
    • 타이오우라실 : 갑상선호르몬의 분비 억제 및 기초대사량을 감소시킨다.
      예 닭 : 사료효율 개선 효과, 돼지 : 지방의 과다 축적
    • 타이로프로틴 : 젖소에 투여하면 갑상선호르몬의 분비를 촉진하여 비유량 증가(타이오우라실과는 반대되는 작용)

더 알아보기
시험에 자주 나오는 주요 호르몬
• 갑상선호르몬 : 비육과 관련 있다.
• 티록신 : 갑상선에서 생성되며 결핍 시 체단백질 합성을 감소시키고, 과잉 시 아미노산의 산화를 촉진시킨다.
• 글루카곤 : 혈당을 증가시킨다.
• 옥시토신 : 뇌하수체호르몬인 프로락틴의 분비가 감소되면 유즙분비상피세포의 자극이 불충분하게 되어 유선포 등 분비조직이 퇴행하게 되는데, 이러한 유선의 퇴행을 억제할 수 있다.

② 항생제
  ㉠ 어린 가축의 설사를 예방하고, 사료효율, 증체량을 개선시킨 사료첨가제이다.
  ㉡ 최근에는 항생제 내성, 잔류 등의 문제를 야기하여, 유럽국가들을 시작으로 지금은 전세계에서 사용을 금지하고 있는 추세이다.

③ 비단백태질소화합물(NPN ; Non-Protein Nitrogen compound)
  ㉠ 단백질 침전제로써 침전하지 않는 부분에 함유되는 질소화합물의 총칭이다.
  ㉡ 반추위 내 섬유소를 분해·이용하는 미생물이 단백질합성을 위해 중요한 질소원으로 이용된다.
  ㉢ 반추동물에서는 요소나 암모니아와 같은 물질이 단백질원으로 이용되고 있는 물질을 말한다.
  ㉣ 요소가 대표적이며 암모니아, 아미노산 및 아마이드 등이 있다.
  ㉤ 단백질은 아니지만 조단백질 중에 함유되어 있으며, 수용성이고 흡수가 잘된다.

10년간 자주 출제된 문제

다음 중 호르몬제의 종류로 옳은 것은?
① 메틸테스토스테론은 여성호르몬의 일종으로 단백질 합성을 촉진한다.
② DES(다이에틸스틸베스테롤)는 남성호르몬의 일종으로 성장률을 향상시킨다.
③ 타이오우라실은 갑상선호르몬의 분비를 억제하며 기초대사량을 감소시킨다.
④ 타이로프로틴은 세포 내 단백질 합성을 억제하여 비유량을 감소시킨다.

|해설|
① 메틸테스토스테론은 남성호르몬의 일종으로 단백질 합성을 촉진한다.
② DES(다이에틸스틸베스테롤)는 여성호르몬의 일종으로 사용된다.
④ 타이로프로틴은 갑상선호르몬의 분비를 촉진하여 비유량을 증가시킨다.

정답 ③

제2절 조사료(사료작물, 초지관리)

핵심이론 01 화본과 목초 사료가치 평가

① 화본과 목초

아과	족	속	주요 사료작물
기장아과	쇠풀족	수수	수단그라스
	옥수수족	옥수수	옥수수
포아풀아과	김의털족	포아풀속	켄터키블루그래스
		김의털속	톨페스큐
		오리새속	오처드그라스
	보리족	보리	보리
		호밀	호밀
	귀리족	귀리	귀리
	겨이삭족	산조아재비	티머시

더 알아보기

식물의 분류
- 식물학적 분류
  - 꽃차례나 외부형태 및 세포학, 생화학, 생리학 등의 지식을 총동원하여 분류하는 방식이다.
  - 모든 사료작물은 식물계(kingdom)로부터 시작해서 품종(variety)에까지 이르고 있다.
  - 계통은 기본적으로 상위로부터 문 > 강 > 목 > 과 > 속 > 종의 6계급으로 나눈다.
- 형태에 의한 분류
  - 눈으로 비교해 보고 식별하는 분류 방법으로 가장 널리 이용된다.
  - 화본과와 두과가 사료작물의 거의 대부분을 차지하고 있다.

② 종류

㉠ 오처드그라스(Orchard grass, 오리새)
- 유럽 서부 및 중앙아시아 원산으로 엽설이 크다.
- 다년생 상번초(100cm 이상)로 잎수가 많아 생산성이 높다.
- 채종으로 이용하는 것 이외에는 혼파하는 것이 좋다.
- 청예, 건초 및 사일리지로 이용할 수 있지만 가장 적합한 이용은 풋베기용과 방목이다.
- 생육에 가장 알맞은 기온은 15~21℃ 정도이다.
- 환경적응성(내서성, 내건성)이 강하고, 내습성이 약하며, 혹한에 약하다.
- 조성 후 2~3년이 경과하면 뭉친 포기를 형성하여 나지가 발생된다.
- 목초지에서도 잘 자라지만 특히 그늘에 강하여 임간 초지에 알맞다.
- 우리나라에서 지역적응성이 넓은 목초 중의 하나이며 그늘에서도 잘 자란다.

㉡ 톨페스큐(Tall fescue)
- 유럽이 원산지이며 다년생 상번초이다.
- 추위는 물론 더위에도 잘 견디고, 한여름철의 가뭄에도 강하다.
- 세포 내에 기생하는 곰팡이와 공생하여 더운 여름에 견디는 힘이 비교적 강하다.
- 짧은 지하경과 잎의 견고성으로 방목과 추위에도 강한 초종이다.
- 척박한 토양 및 산성토양에도 강하여 환경적응성과 지속성이 매우 강하다.
- 이삭이 나온(출수) 후에는 빨리 굳어지고 기호성이 낮아지는 특성이 있다.
- 뿌리가 깊고 지하경이 있으며(방석형), 억센 잎과 줄기를 가지고 있다.
- 가축의 답압에 가장 약한 초종이며, 사료가치와 기호성이 낮다.
- 사료가치가 높은 초종의 보조 초종으로 혼파가 유리하다.
- 엔도파이트 곰팡이에 감염된 톨페스큐를 섭취한 가축은 생산성이 떨어지는 등 장애를 일으킨다.

㉢ 티머시(Timothy)
- 원산지는 유럽 북부, 시베리아 동부이다.
- 추위에 강하기 때문에 우리나라 고랭지에서 재배하기에 알맞다.
- 가뭄과 더위에 약하고 높은 산지나 한랭한 지대에 적합하다.

- 다년생 상번초(90~120cm)이며, 뿌리의 발달이 얕다.
- 인경(비늘줄기)에 양분을 축적하여 영양번식을 한다.
- 토양적응성은 높은 편이나 산성에 약하다.
- 사료가치가 높아 건초용으로 알맞다(1차, 2차 건초, 3차 이후 방목).

ⓒ 켄터키블루그래스(Kentucky bluegrass)
- 원산지는 유라시아와 북아메리카이고, 꽃이 필 때 청색이다.
- 다년생 하번초로 방목에 적합하며, 지하경으로 번식한다(빽빽한 식생유지, 방석형).
- 추위에 강하고 고온과 건조에는 약한 편이며, 여름철 수량이 낮다.
- 냉온대지역에서 잘 자라며 초기 생육이 늦다(조성 1년차에는 불리).
- 비옥한 식토에서 생육이 양호하며 모래 및 자갈 땅에도 가능하다.
- 잔디대용 및 영구초지 조성에 적합하다.
- 재생력이 양호하여 잦은 방목이나 예취에도 잘 견딘다.
- 상번초와 혼파하는 것이 유리하다.

ⓓ 리드카나리그래스(Reed canarygrass)
- 원산지는 유럽, 북아프리카, 아시아이다.
- 한지형 다년생 상번초(100~150cm)로 땅속줄기로 번식한다.
- 내한성, 내습성, 내건성이 강하고 산성토양에 우수하다.
- 습한 곳이 적지(하천 범람지)이며, 침수에 강하다.
- 줄기가 강하고, 직립이며, 잎이 넓고 밀생한다.
- 청예, 건초, 사일리지로 이용 가능하며, 하고현상이 없다.
- 기호성이 낮고 수확시기가 늦어지면 사료가치가 떨어진다.
- 질소반응(특히 분뇨의 흡비력이 강함)이 높고, 알칼로이드 독소를 함유하고 있다.

ⓔ 레드톱(Red top)
- 한지형 다년생 화본과 목초로 잎이 가늘다.
- 줄기는 원형으로 직립성 및 포복성을 가지며 좋은 땅에서는 초장이 1m까지 자라고, 이삭의 길이는 20cm이다.
- 내한성은 강하나 습한 토양에서는 생육이 불량하다.
- 주요 목초 및 일반 사료작물의 생육 최저산도가 가장 낮다.

ⓕ 페레니얼라이그래스(Perennial ryegrass)
- 유럽, 아시아의 온대지방에 분포한 다년생 하번초로 기호성이 좋다.
- 방목용 초지로 효과적이며, 여름에는 심한 하고현상을 일으킨다.
- 건물 중에는 6~13%의 조단백질을 함유하고 있다.

ⓖ 스무스브롬그래스(Smooth bromegrass)
- 온대지방원산으로 토양비옥도와 배수가 양호한 곳에서 방석을 형성하여 토양보존을 할 수 있는 목초이다.
- 한발에 잘 견디고 기호성이 좋으며, 건초생산과 방목용으로 이용된다.
- 방목용으로 단파하는 것이 보통이나 알팔파와 혼파하면 좋다.

ⓗ 수단그라스(Sudangrass)
- 수수속에 속하는 1년생 화본과 사료작물이다.
- 재생이 왕성하여 연간 3~4회 정도 예취가 가능하다.
- 수단그라스를 청예(풋베기)로 이용할 때 적당한 초장의 높이는 120~150cm이다.
- 초장이 너무 낮을 때 예취하여 급여하면 청산중독의 위험이 있다.

※ 수수, 수단그라스류의 사료작물을 방목으로 이용할 때 청산중독위험을 방지할 수 있는 초장은 60cm 이상이다.

- 너무 낮게 수확하면 재생이 늦어지고 죽어 없어지는 개체가 발생하므로 5cm 이하로 예취하지 않는 것이 좋다.
- 자주 예취가 가능한 조·중생품종에 비하여 대가 굵고 키가 크게 자라는 만숙종은 출수되는 것을 보지 못할 때도 있다.

10년간 자주 출제된 문제

1-1. 오처드그라스에 대한 설명으로 가장 알맞은 것은?
① 우리나라에서 적응성이 넓은 목초 중의 하나이며 그늘에서도 잘 자란다.
② 알칼로이드 때문에 가축에 장애를 주는 경우도 있다.
③ 추위에 강하기 때문에 우리나라에서는 대관령 지역에 알맞다.
④ 한해살이 벼과(화본과) 목초이다.

1-2. 특히 추위에 강하기 때문에 우리나라 고랭지에서 재배하기에 알맞은 질이 좋은 건초의 재료는?
① 티머시   ② 라디노클로버
③ 레드톱   ④ 톨페스큐

1-3. 여러해살이 화본과 목초로 줄기는 직립성 및 포복성을 가지며 좋은 땅에서는 초장이 1m까지 자라고, 이삭의 길이는 20cm이다. 이 목초의 이름은?
① 알팔파   ② 켄터키블루그래스
③ 레드톱   ④ 레드클로버

[해설]

1-2
티머시는 추위에 강해 우리나라에서는 대관령 지역이 재배하기에 알맞으며 줄기 기부에 볼록한 비늘줄기를 가지고 있는 목초이다.

정답 1-1 ① 1-2 ① 1-3 ③

핵심이론 02 두과 목초 사료가치 평가

① 두과 목초

아과	족	속	주요 사료작물
콩아과	팥족	콩속	대두
	토끼풀족	전동싸리	스위트클로버
		개자리속	알팔파
		토끼풀속	화이트클로버
	루핀족	루핀속	화이트루핀
	자운영족	자운영속	자운영
	나도황기족	싸리속	코리안레스페데자
	벌노랑이족	벌노랑이속	벌노랑이
	나비나물족	완두속	커먼베치

※ 일반산지에서 조성 초기 두과(콩과) 목초에 인산을 사용하면 효과가 좋다.

② 종류

㉠ 알팔파(Alfalfa)
- 원산지는 서남아시아이며, 온대지방에 널리 분포되어 있다.
- 다년생 두과 목초로 꽃은 총상화서이다.
- 줄기는 직립하고 많은 줄기를 내며 군생한다.
- 상번초(30~100cm)로 곧은 뿌리를 가지며(심근성), 내한성, 내서성이 강하다.
- 단위면적당 생산성이 높고 사료가치가 매우 우수하여 목초의 여왕이라 불린다.
- 처음 조성 시 붕소와 근류균 접종이 꼭 필요하다.
- 중성 또는 알칼리성으로, 배수가 양호하고 토심이 깊은 곳이 적지이다.
- 더위에 강해(내건성) 하고현상은 없으나, 강산성이나 습지에서는 생육이 불량하다.
- 잎이 부드럽고 뿌리의 비대가 좋으며 근류균(뿌리혹박테리아)에 의해 질소고정을 한다.
  - 공기 중의 질소를 고정하여 작물이 이용하게 한다.
  - 토양의 질소 공급원이 된다.
  - 식물의 단백질 함량을 높인다.
  - 목초의 생산량을 높인다.

- 자색의 꽃을 피우고 양질의 건초제조가 가능하다.
- 가축의 기호성, 칼슘의 함량, 소화율이 높고, 단백질의 공급량이 많다.
- 광물질이 풍부하고 10여 종의 비타민을 함유하므로 사료가치가 높으나, 다량 급여 시 고창증을 유발한다.
- 알팔파 재배 시 가장 많이 탈취되는 영양분은 칼륨이다.

ⓒ 화이트클로버(White clover)
- 원산지는 지중해(유럽), 서부아시아이다.
- 생태형으로 분류할 때 야생형, 보통형, 라디노형으로 나눈다.
- 방목에 잘 견디고 재생력이 강하며 우리나라 전지역에 적응한다.
- 다년생 하번초로 가는 줄기로 퍼지는 포복경이다.
- 각 마디에서는 잎자루와 뿌리를 내며 잎자루 끝에 3개의 작은 잎을 가친다.
- 다소 서늘하고 습한 곳이 적지이다.
- 호광성이나 뿌리가 얕아 건조에 약하다.
- 단백질, 광물질, 비타민 등이 풍부하여 사료가치가 우수하다.
- 토양보호, 피복작물로도 이용된다.
- 다량 급여 시 고창증을 유발한다.

ⓒ 라디노클로버(Ladino clover)
- 잔디밭에서는 악성잡초이나, 우리나라 전지역에 자생(토끼풀)한다.
- 영년생이며, 화이트클로버보다 잎이 큰 것이 특징이다.
- 서늘하고 습한 곳이 적지이며, 포복경이 있어 쉽게 퍼진다.
- 고온에 강하고 생육과 재생이 빠르며, 토양, 기후 적응성이 높아 수량이 많다.
- 방목에도 잘 견디고 재생력이 강하며, 공중질소를 고정한다.
- 소화가 양호하고, 기호성이 높으며 단백질, 광물질이 풍부하다.
- 토양보호, 피복작물로 이용성이 높다.

ⓒ 레드클로버(Red clover)
- 원산지는 서남아시아, 카스피해 남부이다.
- 단년생 직립 다발형으로 상번초이며, 생존연한이 짧다.
- 잎이 길쭉하며 흰무늬가 있고, 줄기와 잎에 잔털이 많다.
- 주로 건초로 이용하며 토양개량 작물로도 우수한 콩과 작물이다.
- 서늘한 곳이 적지이고 건조에는 약하며, 우리나라 전지역에 적응한다.
- 비옥하고 배수가 양호한 토양에서 잘 자란다.
- 단백질, 광물질, 비타민 등이 풍부하여, 사료가치가 우수하다.
- 다량 급여 시 고창증을 유발한다.

ⓒ 버즈풋트레포일(Bird's foot trefoil)
- 원산지는 지중해이고, 영양가는 알팔파와 비슷하다.
- 두과 목초로 다년생이고, 환경적응성이 강하며 노란 꽃이 핀다.
- 우리나라에서는 벌노랑이라고 부르는 야생식물로 전국적으로 분포되어 있다.
- 내서성과 내한성이 강하며, 적응성이 넓어 간척지에도 생육이 가능하다.
- 심근성으로 내한성, 내건성이 매우 강하다.
- 줄기는 가늘고 포복 또는 직립형(25~40cm)으로 하번초이다.
- 예취 후 재생이 늦어(연 2~3회 예취) 재생이 빠른 목초와 경합 시 소멸한다.
- ※ 버즈풋트레포일은 고창증을 일으키지 않는다.

ⓗ 크림슨클로버(Crimson clover)
- 온난한 지방에서 재배되며 건초, 엔실리지, 생초 등으로 사용할 수 있다.
- 라이그래스류와 혼파하면 좋고 녹비나 토양 보존을 위한 사초로 이용된다.

ⓢ 크라운베치(Crown vetch)
- 포복성이 있어 토양 보존 및 초지 개량의 목적으로 이용할 수 있다.
- 방목용 목초로 고창증이 없으나 단위가축은 배당체가 있어 해를 준다.

ⓞ 헤어리베치(Hairy vetch)
- 녹비작물로서의 가치가 좋다.
- 낮은 온도(영하 15℃)에서 견딜 수 있어 월동이 가능하다.
- 건조하고 척박한 토양에 잘 적응하지만 과습한 조건에서는 생육이 좋지 않다.
- 주로 겨울철 휴경기에 재배하여 봄철 토양에 환원시키는 방법으로 활용된다.

10년간 자주 출제된 문제

2-1. 다음 중 내건성이 가장 강한 사료작물은?
① 티머시
② 알팔파
③ 레드클로버
④ 켄터키블루그래스

2-2. 뿌리혹박테리아에 의해 질소고정 작용을 하는 사료작물은?
① 알팔파
② 오처드그라스
③ 레드톱
④ 티머시

2-3. 콩과 목초 중 다년생 가는 줄기를 내어 퍼지며, 생태형으로 분류할 때 야생형, 보통형, 라디노형으로 나눈 목초는?
① 알팔파
② 레드클로버
③ 화이트클로버
④ 버즈풋트레포일

2-4. 다음 목초 중 제상에 견디는 힘이 가장 강한 것은?
① 티머시
② 섬바디
③ 오처드그라스
④ 라디노클로버

해설

2-2
두과 작물은 뿌리혹박테리아를 접종하였을 때 공기 중의 질소를 고정하여 작물이 이용하게 되어 질소질 거름을 절약할 수 있다.

2-4
포복성이 있는 초종은 제상에 잘 견딘다.

정답 2-1 ② 2-2 ① 2-3 ③ 2-4 ④

핵심이론 03 초종별 생육 생리

① 목초의 분류

㉠ 생존 연한에 의한 분류

1년생	콩, 옥수수, 연맥(월동이 불가능한 경우), 수단그라스류, 수수, 진주조(Pearl millet), 피, 매듭풀, Teosinte, Triticale 등
월년생	크림슨클로버, 베치, 이탈리안라이그래스, 호맥(Rye), 연맥(Oat, 월동이 가능한 경우), 보리, 귀리, 유채, 자운영 등
2년생	레드클로버, 스위트클로버, 알사이크클로버, 커먼라이그래스 등
다년생	알팔파, 화이트클로버, 버즈풋트레포일, 오처드그라스, 티머시, 톨페스큐, 리드카나리그라스, 페레니얼라이그래스, 켄터키블루그래스, 레드톱, 스무드브롬그래스, 라디노클로버 등

㉡ 기상생태적 분류

구분		화본과	두과
한지형 (북방형)	다년생	오처드그라스, 티머시, 톨페스큐, 메도페스큐, 켄터키블루그래스, 레드톱, 스무드브롬그래스, 리드카나리그라스, 페레니얼라이그래스, 크리핑벤트그래스	화이트클로버, 라디노클로버, 레드클로버, 알사이크클로버, 알팔파, 스위트클로버, 버즈풋트레포일
	월년생	이탈리안라이그래스, 호밀, 귀리, 밀, 보리	크림슨클로버, 서브트레니언클로버, 커먼베치, 헤어리베치, 자운영, 루핀
난지형 (남방형)	다년생	버뮤다그래스, 달리스그래스, 존슨그래스, 판골라그래스, 로즈그래스, 위핑러브그래스, 잔디	칡, 세리시아레스페데자
	1년생	기장, 조, 옥수수, 수수, 수단그라스	코리안레스페데자, 커먼레스페데자, 콩, 완두 등

㉢ 이용 형태에 의한 분류

구분	화본과	두과
청예용	수수, 수단그라스, 피, 귀리, 호밀	-
방목용	켄터키블루그래스, 페레니얼라이그래스, 오처드그라스, 톨페스큐	화이트클로버, 라디노클로버, 버즈풋트레포일
건초용	오처드그라스, 이탈리안라이그래스, 티머시, 브롬그래스	버즈풋트레포일, 레드클로버, 알팔파
사일리지	옥수수, 호밀, 보리, 벼	-
총체용	보리, 벼	-

㉣ 적응성에 의한 분류

	매우 강한 작물	루핀, 호밀, 리드카나리그라스
산성 토양	강한 작물	티머시, 알사이크클로버, 크림슨클로버, 메밀, 옥수수, 완두, 밀, 조, 고구마, 피
	약한 작물	알팔파, 오처드그라스, 레드클로버, 스위트클로버, 화이트클로버, 보하라클로버, 자운영, 콩, 완두, 보리
염기성 토양	강한 작물	버뮤다그래스, 로즈그래스, 라이그래스, 웨스턴휘트그래스, 톨휘트그래스
	중간 정도 적응하는 작물	보리, 귀리, 호밀, 스위트클로버, 스트로베리클로버, 수단그라스, 사료용 화곡류
	감수성이 있는 작물	콩, 레드클로버, 화이트클로버

㉤ 형태적 분류

• 화본과 목초와 두과 목초

화본과 목초	• 뿌리는 섬유모양의 수염뿌리이다. • 잎은 잎집(엽초), 잎몸(엽신), 잎귀(엽이), 잎혀(엽설)로 구성된다. • 엽맥은 나란히맥으로 되어 있다. • 줄기는 대체로 속이 빈 원통형이고, 마디가 뚜렷하다. • 꽃차례는 수상, 원추 또는 총상꽃차례로 되어 있다.
두과 목초	• 뿌리는 천근성 혹은 직근성이다. • 뿌리에는 질소고정이 가능한 근류균이 있다. • 줄기는 속이 차 있는 형태이고, 마디가 뚜렷하지 않다. • 꽃은 10개의 수술, 1개의 암술이 있다. • 종자는 하나의 꼬투리로 되어 있다

- 주형과 포복형

주형 (다발형)	• 다발형태이며 상번초 • 오처드그라스, 크림슨클로버, 티머시
포복형 (방석형)	• 지표에 기어 뿌리 발생 • 켄터키블루그래스, 화이트클로버, 리드카나리그라스

- 상번초와 하번초

상번초	• 건초용으로 재배되고 수량이 많으며, 기호성이 좋다. • 오처드그라스, 티머시, 톨페스큐, 이탈리안라이그래스, 레드클로버, 알팔파, 리드카나리그라스, 스무드브롬그래스, 메도페스큐, 메도폭스테일, 톨오트그래스 등
하번초	레드페스큐, 켄터키블루그래스, 페레니얼라이그래스, 화이트클로버, 화이트 벤트그래스, 크레스티드 폭스테일, 거친줄기 메도그래스, 옐로오트그래스, 버즈풋트레포일 등

※ 목초 중 상번초와 하번초를 혼작하면 공간을 충분히 이용하여 단위면적당 수량이 많아진다.

10년간 자주 출제된 문제

3-1. 사료작물의 생존연한에 의한 분류는 다년생, 2년생, 월년생, 1년생으로 구분할 수 있다. 다음 중 2년생에 해당하는 것은?
① 레드클로버　② 수단그라스
③ 톨페스큐　④ 화이트클로버

3-2. 북방형(한지형) 목초의 생육 적정 온도는?
① 10℃ 내외　② 20℃ 내외
③ 30~35℃　④ 40℃ 내외

3-3. 남방형 목초에 속하는 것은?
① 오처드그라스　② 수단그라스
③ 티머시　④ 톨페스큐

3-4. 목초의 분류 중 이용 형태에 따른 분류인 것은?
① 채초용　② 1년생(한해살이)
③ 방석형　④ 화본과 목초

3-5. 다음 목초의 이용 형태 중 저장을 하는 형태가 아닌 것은?
① 건초　② 사일리지
③ 헤일리지　④ 청예

3-6. 사료작물은 주로 방목이나 청예로 이용하고 있으며 이용 목적에 따라 초형도 달리하는 것이 좋다. 그러면 다음 중 방목 위주의 초지에 유리한 초형으로 짝지어진 것은?
① 다발형-상번초
② 방석형-하번초
③ 다발형-하번초
④ 방석형-상번초

[해설]

3-5
청예 : 키가 크고, 수량이 많은 작물로 낙농지대에서 생초를 가공하지 않은 상태로 이용된다.

3-6
방목 위주에서는 하번초-방석형-지속성 및 방목에 견디는 힘이 중요하다.
※ 채초 위주에서는 상번초-다발형-수량이 많은 목초 위주로 파종

정답 3-1 ①　3-2 ②　3-3 ②　3-4 ①　3-5 ④　3-6 ②

핵심이론 04 생산 및 이용기술(1) 초지농업

① 초지농업의 특징
  ㉠ 초지농업이란 가축을 생산·이용함에 있어 초지를 경영의 중심으로 하는 농업을 말한다.
  ㉡ 인간이 이용하지 못하는 부분을 이용하여 식량을 생산하므로 인간과의 식량경합이 적다.
  ㉢ 유럽 윤작농업의 경우 지력증진과 토지생산성을 유지·향상하기 위한 방법으로 이용되어 왔다.
  ㉣ 가축의 배설물을 유기질 비료로 이용하므로 생산성 면에서 화학비료와는 다른 효과를 나타낸다.

② 초지농업의 분류

집약적 초지농업	윤작체계에 따른 목초재배로 채초와 방목이 주목적이다. 예 영국, 뉴질랜드, 유럽 - 낙농, 육생산
집약적 채초농업	대규모 기계화로 목초나 청예작물을 재배하는 채초가 주목적이다. 예 사일리지
방목 초지농업	산악지 등에서 목초지의 방목이용이 주목적이다. 예 영국, 프랑스, 스위스 산악지대
조방적 초지농업	건지농업의 일환으로 반건조 초지에서 방목이용이 주목적이다. 예 중동, 몽골 등 • 목야지 : 조방적으로 관리가 이루어지는 초지, 가축을 방목하거나 목초를 수확하기 위해 사용되는 토지의 총칭. 즉, 축산목적으로 이용하는 야초지로 자연 상태의 풀밭, 사바나, 프레리, 스텝, 제주도의 갈대 우점지 • 채초지 : 목초를 베어서 가축에게 이용할 목적으로 생산하는 포장

③ 초지농업의 중요성
  ㉠ 토양보전, 질소고정의 이용, 토양입단 구조형성
  ㉡ 토양유기물의 유지, 토양침식방지
  ㉢ 경관보호, 수자원보호 및 환경정화기능
  ㉣ 토지이용도의 확대, 국토이용 효율의 극대화

더 알아보기
작부체계의 종류
- 연작(이어짓기) : 동일한 밭에 같은 종류의 작물을 계속해서 재배하는 것
- 간작(사이짓기) : 한 가지 작물이 생육하고 있는 줄 사이에 다른 작물을 재배하는 것
- 윤작(돌려짓기) : 합리적으로 조합된 작물을 같은 토양에서 일정한 순서에 따라 규칙적으로 돌려가며 재배하는 작부방식

더 알아보기
작부체계 결정 시 고려해야 할 사항
- 농가 노동분배의 합리화(노동집중 현상의 완화 및 균등화)
- 윤작원칙의 고수와 위험 분산 및 조사료의 자급률 제고 및 균형적 공급
- 사료작물의 자급률 제고에 의한 사료구입비 지출 극소화
- 토양비옥도의 지속적 유지
- 사료작물의 특성에 따른 초종과 품종을 조합하여 위험 분산

10년간 자주 출제된 문제

4-1. 다음 초지의 특징에 대한 설명 중 옳지 않은 것은?
① 초지의 최종평가는 건물생산성에 두어야 한다.
② 초지는 여러 개의 과로 이루어진 혼생집단이다.
③ 초지구성 식물집단은 안정된 계열로 행동하나 변화한다.
④ 초지는 식물의 종 간 및 품종 간 경합이 특징으로 되어 있다.

4-2. 조방적으로 관리가 이루어지는 초지의 종류는?
① 목야지   ② 채초지
③ 목초지   ④ 간이초지

4-3. 사초의 이용목적에 따른 분류에서 목초를 베어서 가축에게 이용할 목적으로 생산하는 포장을 무엇이라고 하는가?
① 방목지   ② 계류지
③ 목야지   ④ 채초지

4-4. 채초(採草)를 과도하게 자주 할 경우 발생하는 현상은?
① 뿌리에 영양축적이 많아진다.
② 다음 해 봄의 눈 뜨는 시기가 늦어진다.
③ 종자의 성숙이 빨라진다.
④ 수량과 생산연한을 감소시키게 된다.

해설

4-1
① 초지의 최종평가는 가축생산성에 귀착한다.

정답 4-1 ① 4-2 ① 4-3 ④ 4-4 ④

핵심이론 05 생산 및 이용기술(2) 초지조성

① 초지조성기술
  ㉠ 초지조성 작업단계 : 경운 → 석회살포 → 쇄토 → 비료, 종자살포 → 복토 → 답압
  ㉡ 입지조건
   • 경사도
    - 채초지 : 기계작업을 고려하여 15° 이하의 완경사지를 선택하는 것이 좋다.
    - 방목지 : 25° 정도까지 조성·이용이 가능하고 경사도가 심하면 기계화가 불가능하며, 토양유실 등 문제점이 발생한다.
   • 경사면의 방향

남향 (양지)	• 햇빛이 잘 들고 지온이 높으며, 낮과 밤의 기온차가 심하다. • 바람이 많아 증발산이 심하고 건조하기 쉽다. • 토양의 유기물 함량은 많으나, pH와 인산 함량이 낮다.
북향 (음지)	• 선선하여 습기와 수분이 많고, 주야간의 지온 변화가 작으며 목초의 동해가 작다. • 일반적으로 서향이나 북향지의 목초수량이 많다. • 토양의 유기물 함량은 낮고, pH와 인산 함량이 높다.

   • 기상요인
    - 목초의 생육은 총강우량도 중요하지만 강우량의 계절적 분포가 더욱 중요하다.
    - 생육적온은 초종과 품종에 따라 다르다.
    - 수분요구량은 작물보다 낮고, 수분효율은 높다.
    - 북방형(한지형) 목초는 고온다습을 좋아한다.
  ㉢ 적합한 초종의 선택 : 목초는 종류에 따라 특성과 사료가치 및 기호성이 다르므로 화본과 목초와 두과 목초를 섞어 뿌리는 혼파가 원칙이다.

> **더 알아보기**
> **혼파조합의 기본원칙**
> • 혼파되는 초종은 서로 기호성(방목)이나 경합력이 비슷해야 한다.
> • 단순혼파가 중심이 되어야 하고, 4종 이상 혼파하지 않는다.
> • 의도된 목적에 맞도록 관리되어야 한다.
> • 최소 콩과 1초종과 화본과 1초종이 혼파되어야 한다.
> • 초기 정착을 고려하여 방석형 초종을 혼파한다.
> • 조성 초기수량과 정착 후 수량 및 지속성을 고려한다.
> • 화본과와 두과의 비율을 7 : 3으로 유지한다.

  ㉣ 지형 정지 및 장애물 제거
   • 토양유실의 우려가 있으므로 지형 정지 작업은 우기를 피하여 시행한다.
   • 기존 식생을 제거하여 파종상을 준비한다.
   • 기존 식생이 야초인 경우 전 식생을 제거할 수 있는 제초제로 관목류까지 제거하고 굵은 교목류는 전기톱 등으로 절단한다.
   • 경운 깊이는 10~20cm로 한다(알팔파나 톨페스큐는 깊게, 클로버는 얕게).
  ㉤ 석회시용
   • 우리나라 토양은 대부분 산성토양이므로 초지조성 시 석회를 충분히 사용한다.
   • 석회는 4~5년마다 추가 시용하는 것이 좋다.
  ㉥ 파종은 잡초와의 경쟁을 피하기 위해 가을에 한다.

> **더 알아보기**
> **파종 방법**
> • 점파(점뿌림)
> • 산파(흩어뿌림) : 넓은 방목지에 적당한 방법
> • 조파(줄뿌림)
> • 대상조파(대상줄뿌림) : 씨앗과 거름이 직접 닿지 않기 때문에 거름의 염해를 줄이고, 생산량이 높은 초지를 만들 수 있는 방법
> • 적파(무더기뿌림)

ⓢ 갈퀴질 및 답압(진압)
- 갈퀴질로 목초종자를 지면에 묻고, 답압하여 모세관현상에 의해 토양 중의 수분이 종자에 공급되면 목초 정착률이 향상된다.
- 파종시기가 늦어졌을 경우 반드시 답압하여 조기에 정착할 수 있도록 한다.

② 경운 초지조성(완전경운법)
ⓐ 기계를 이용하여 단시일 내 땅을 완전히 갈아엎어서 초지를 조성하는 방법이다.
ⓑ 0~15° 이하의 평탄지나 완만지에서 적당하다.
ⓒ 경운 초지조성의 장단점

장점	단점
• 경운을 해 줌으로서 자연식생의 제거가 가능하다. • 짧은 기간 동안에 생산성이 높은 초지조성이 가능하다. • 초지의 경운에 의해 땅 표면이 고르기 때문에 목초를 수확할 때 기계작업이 가능하다. • 잡목과 산야초의 재생이 적어 초지 사후 관리에 용이하다. • 초지의 초기수량이 높다.	• 경운으로 땅 표면을 갈아엎기 때문에 토양이 유실되기 쉽다. • 경운에 필요한 농기계를 구입하는 데 비용이 많이 든다. • 표고 및 경사 때문에 지대에 따라 농기계의 사용이 불가능하다.

③ 불경운 초지조성
ⓐ 땅을 갈아엎지 않고, 땅 표면에 간단한 파종상 처리를 한다.
ⓑ 대상지의 경사도가 15~30°로 기계 사용이 불가능하고, 토심이 얕거나 토양유실의 위험이 높아서 갈아엎기가 어려운 산지의 초지를 개량할 때 많이 쓰는 방법이다.
ⓒ 불경운 초지조성의 장단점

장점	단점
• 토양침식이나 토양유실의 위험이 적다. • 작업이 간편하고 비용이 적게 든다. • 경사가 심하고 장애물이 많아서 기계를 사용할 수 없는 곳에도 조성이 가능하다. • 1년생 잡초가 침입할 수 있는 기회를 줄여 준다. • 토양의 수분함량이 높을 때(우중이나 강우 직후)에도 목초종자 파종이 가능하다. • 한발, 홍수 및 산불 등으로 긴급복구가 필요할 때 유효한 방법이다.	• 종자와 토양의 접촉이 어려워 발아와 정착이 어렵다. • 시간과 비용투입에 비하여 개량성과가 낮은 경우가 있다. • 개발은 신속하나 단위면적당 목초의 수량이 더디게 증가된다. • 초지의 목양력 증가가 느리다. • 초지완성기간이 2~3년으로 길며, 기술적인 사후 관리 없이는 성공률이 낮다.

ⓓ 불경운 초지조성 방법
- 겉뿌림 초지조성 : 대상지에 물리적 처리로 선점식생을 제거하고, 석회, 비료, 종자를 뿌린 후 갈퀴질, 복토, 진압 실시(장애물 제거 → 석회 및 비료살포 → 파종 → 진압)
- 제경(발굽갈이) 초지조성 : 땅을 갈아엎지 않고 초지대상지에 가축을 방목하여 야생초나 잡관목을 밟아 없애거나 약하게 만든 다음 초지를 조성하는 방법
- 임간 초지조성 : 최대한 나무를 베지 않고 최소한의 물리적 처리로 초지를 만드는 방법으로, 임목생산과 가축, 물, 사료의 병행 생산 이용의 도모

※ 임간 초지에서는 수목에 의하여 광선이 차단되므로 토양수분의 증발이 억제되어 목초정착에 유리하다.

10년간 자주 출제된 문제

5-1. 알팔파나 톨페스큐 초지를 조성할 경우 땅을 갈아엎는 가장 알맞은 깊이는?
① 5cm 이하
② 10cm
③ 15cm
④ 20cm

5-2. 경운 초지조성 시의 특징 설명으로 틀린 것은?
① 전 식생 및 낙엽 등을 땅속에 묻어 버린다.
② 잡목과 산야초의 재생이 적어 초지 사후 관리에 용이하다.
③ 장애물 제거에 노력과 시간이 많이 들지만, 토양유실의 염려가 없다.
④ 초지의 초기수량이 높다.

5-3. 다음 중 불경운 초지조성이 경운 초지조성에 비하여 좋은 점은?
① 짧은 기간에 초지를 만들 수 있다.
② 초지를 만드는 비용이 적게 든다.
③ 초지조성 시 땅 표면이 고르기 때문에 목초를 수확할 때 기계작업이 가능하다.
④ 목초 생산량의 증가가 빨라진다.

5-4. 다음 중 불경운 초지개량의 유리한 점으로 틀린 것은?
① 밭에 나는 1년생 잡초가 침입할 수 있는 기회를 줄여 준다.
② 발아가 잘된다.
③ 기계 사용이 불가능한 지대라도 개발이 가능하다.
④ 자본투자가 적다.

5-5. 초지조성 방법 중 땅을 갈아엎지 않고 초지를 만들 대상지에 가축을 방목하여 야생초나 잡관목을 밟아 없애거나 약하게 만든 다음 초지를 조성하는 방법은?
① 경운 초지조성
② 겉뿌림 초지조성
③ 임간 초지조성
④ 제경법 초지조성

|해설|

5-1
경운 깊이는 10~20cm 정도로 하는데 알팔파나 톨페스큐는 깊게, 클로버는 얕게 한다.

5-4
② 종자와 토양의 접촉이 어려워 발아와 정착이 어렵다.

정답 5-1 ④ 5-2 ③ 5-3 ② 5-4 ② 5-5 ④

핵심이론 06 생산 및 이용기술(3) 초지관리

① 조성 초기의 관리
   ㉠ 초기 관리의 중요성
   • 목초는 유식물기(어린 식물기)에 생육이 느리다.
   • 여러 가지 초종이 혼파되어 종 간, 품종 간 경합이 심하다.
   • 초기의 관리가 초지 전체의 생산성과 초지의 정착, 연간수량, 품질, 식생구성비율 및 지속성을 결정한다.

   ㉡ 초기 관리 방법
   • 월동 전 웃자람으로 겨울철 동사를 막기 위하여 경방목 및 예취 등을 한다.
   • 이듬해 봄에 서릿발로 뿌리가 절단되어 고사할 수 있으므로 진압을 실시한다.
      ※ 진압의 효과 : 뿌리의 활착으로 고사방지, 서릿발 피해 방지, 부슬부슬한 토양의 안정
   • 관리방목은 6~9주 사이, 라이그래스가 높이 10~12cm 정도 자랐을 때 실시한다.
   • 면양이 적합하나 육성우도 무방하고 단시간 동안의 경방목이어야 한다.
   • 초지의 초기 관리는 추파가 8월중에 실시될 경우 10월중에 한다.
   • 도장목초가 15cm 전후(파종 연도 가을 및 이듬해 봄)일 때 가벼운 방목 또는 토핑을 실시한다.
      ※ 토핑(topping) : 겨울철에 목초가 15cm 정도 자랐을 때 방목시키는 것
   • 초기 토핑의 목적은 유식물의 가지치기, 즉 분얼과 뿌리의 활착을 돕는 데 있다.

② 채초지의 초지관리
   ㉠ 예취적기
   • 첫 번째 예취는 화본과 목초 출수 초기(출수 직전이나 출수 직후), 두과 목초 개화 초기이다.

- 두 번째 이후에는 생육기간 중 품질변화가 크게 없으므로 초장이 30~50cm인 범위에서 예취간격을 고려하여 적절히 예취한다.

> **더 알아보기**
> **첫 번째 수확시기가 초지에 미치는 영향**
> - 초지의 식생구성 비율에 영향을 미친다.
> - 연중 수확 횟수와 수량 분포에 영향을 미친다.
> - 목초의 재생과 수량에 영향을 미친다.

- 가을철에 일평균기온이 5℃ 되는 날로부터 40일 전이 최종 예취적기이다.
- 하고현상을 피하기 위해서는 초지는 장마 전에 방목이나 예취하여 짧은 초장으로 장마철에 들어갈 수 있도록 한다.

ⓒ 예취횟수
- 연간 4~6회 일 때 총생산량이 가장 높다.
- 베는 횟수가 많으면 조단백질, 조지방의 함량은 높아지나 조섬유 함량과 건물수량은 떨어진다.
- 1년 4회 예취 시

1회	2회	3회	4회
4월 말~5월 초	6월 말 장마 전	8월 중순	9월 또는 10월 초

ⓒ 예취높이
- 상번초는 높게, 하번초는 약간 낮게 벤다.
- 우리나라 초지의 주 초종은 오처드그라스, 톨페스큐 등이므로 예취높이는 6cm 정도로 하는 것이 좋다.

ⓔ 마지막 예취시기
- 한여름 지온이 27℃ 이상일 때에는 목초를 베는 것을 피한다.
- 북방형 목초는 24~27℃가 되면 자라는 것이 거의 중지되므로 최종 예취적기는 일평균 5℃가 되기 40일 전이다.
- 마지막 예취 후 겨울의 기온이 낮지 않아 춥지 않아 목초가 많이 자랐을 때는 초장을 15~20cm 정도 남겨놓고 윗부분을 베어주는 것이 좋다.

- 계절적인 수량의 변동이 가장 낮은 품종은 화본과 목초에 있어서 리드카나리그라스와 톨페스큐이다.
  ※ 여름철 벼 대체 사료작물(논에서 사료작물 재배)을 재배할 경우는 내습성을 가장 중요하게 고려해야 한다.

③ 방목 이용 시의 초지관리
  ㉠ 방목과 제상
  - 토양에 따른 제상 : 발굽에 의한 피해는 미사질토, 사질토보다는 식토, 식양토에서 더 크다.
  - 초종에 따른 제상
    - 분얼경이 지표면이나 지표면 밑에 있거나 잎이 말려 있으면 제상의 피해가 적다.
    - 포복성 초종은 습한 조건에서 잎이 길고 밀도가 높을 때 피해가 크다.
  - 방목 강도에 따른 제상 : 단위 면적당 방목밀도가 증가하면 제상은 크다.
  - 가축 종류에 따른 제상 : 소와 말이 가장 크고 면양이 그 다음이다.
    ※ 제상을 줄이는 방법 : 수분함량이 낮을 때 방목하고, 이동식 목책 사용, 사사 또는 운동장 내의 계류, 청예 이용 등

  ㉡ 방목 이용 시 초지관리
  - 신규초지 방목은 초고 15cm 내외에서 약방목을 실시하고 점차적으로 방목시간을 늘려간다.
  - 기성초지의 방목 개시 적기(두 번째 이후)는 초장이 20~25cm 정도일 때이다.
  - 봄철에는 방목강도를 높이고 여름철 고온기에는 방목강도를 낮게 한다.
  - 여름철에는 과방목, 낮춰베기, 질소비료 사용을 피한다.
  - 방목 방법은 윤환방목을 하고, 연속방목을 피한다.
  - 윤환방목은 풀의 높이가 6~10cm 정도로 채식되었을 때 목구를 이동하며, 입목 후 3~5일이 적당하고 늦어도 일주일 내에 윤환방목을 실시한다.

- 목초는 기온이 높아지면 생육이 억제되고 심하면 죽는다(하고현상).
- 불식과번식 목초는 제거한다.
  ※ 불식(不食)과번식(過繁殖) 목초 : 가축이 먹지 않고(不食) 지나치게 번식한(過繁殖) 목초를 말한다.
- 휴목기간은 봄철은 15~20일, 여름철은 25~35일이 적당하다.

더 알아보기

처음 조성한 목초가 15cm 정도 자라기 시작하면 곧 가축을 넣어 가벼운 방목을 시키거나 낫으로 베어주는 목적
- 굳어지지 않고 부슬부슬하게 남아있는 흙을 가축의 발굽을 통해 진압시켜 주기 위해
- 목초의 강한 재생력을 이용하여 잡초를 억제하기 위해
- 목초의 분얼을 촉진시켜 주기 위해

④ 초지의 추비관리
  ㉠ 추비적기는 목초의 생산시기, 기온, 강우 및 비료의 종류도 고려되어야 한다.
  ㉡ 추비의 알맞은 시기는 이른 봄 또는 목초의 예취나 방목한 다음이다.
  ㉢ 제1회는 이른 봄 목초가 재생하기 직전에 땅이 녹은 다음에 질소 및 인산을 시비하고, 그 다음에는 질소 및 칼륨을 추비한다.
  ㉣ 고온다습일 때 목초를 베고 나서 질소의 다량 추비는 목초가운데 저장되어 있는 탄수화물의 소모를 촉진시켜 화본과 목초생산이 감소된다.
  ㉤ 칼륨비료는 매회 목초를 벤 다음 또는 매 2회 벤 다음 주는 것이 좋다.

[초지 이용 방법에 따른 장단점]

구분	방목	예취
장점	• 영양생장기 목초로 유지할 수 있어 영양적으로 유리하다. • 전지효과에 의해 목초의 성장이 촉진된다. • 초지생태계의 양분순환을 촉진한다. • 최적엽면적상태로 유지할 수 있어 목초영양가를 증진시킬 수 있다. • 수확, 이용 및 분뇨의 시비노력이 절약된다. • 가축의 건강 증진 및 번식 장애 감소에 효과적이다. • 기호하는 목초를 마음대로 채식할 수 있다. • 토지의 수분스트레스를 방지하고, 식생을 조절한다. • 목초종자의 토양 혼입이 가능하고, 갑작스러운 추위에 의한 손실을 방지할 수 있다. ※ 방목은 가장 값싼 목초 이용 방법이다.	• 방목에 비해 ha당 30~50% 가축을 더 사육할 수 있다. • 먼 거리 또는 분산되어 있는 초지이용에 적합하다. • 사일리지나 건초에 비해 영양가의 손실을 방지한다. • 저장급여에 비하여 시설투자 비용이 절감된다. • 영양손실이 가장 적어 단위면적당 많은 사초를 가축에게 급여할 수 있다. • 방목에서 생기는 제상과 유린을 방지할 수 있다. • 사일리지나 건초제조의 노력과 비용이 절약된다.
단점	• 단위면적당 수량이 청예법에 비해 적다. • 제상에 의한 가식초량 감소 및 식생이 파괴된다. • 과도한 방목에 토양침식이 우려된다. • 제반시설에 비용이 소요되고, 유지에너지가 증가된다.	• 청초를 베고 옮기는 데 비용이 소요된다. • 봄철에는 방목보다 2주 정도 이용이 늦다. • 연간생산량이 불균형하다(조절 필요). • 사사(舍飼) 시 생산된 분뇨를 처리해야 한다. • 고창증, 과식을 유발할 수 있고, 독초, 기타 이물질 등이 급여될 수 있다.

10년간 자주 출제된 문제

6-1. 목초 조성 초기 토핑(topping)의 목적은?

① 추비 효과
② 가축 운동 효과
③ 병충해 방제 효과
④ 목초의 분얼 촉진 효과

6-2. 화본과 목초의 예취적기에 대한 설명 중 옳은 것은?

① 화본과 목초는 출수 초기가 예취적기이다.
② 2번초 이후의 예취적기는 황숙기이다.
③ 생육단계와 무관하게 30일 간격으로 예취한다.
④ 파종 후 90일 전후이다.

6-3. 여름철 예취와 가을의 최종 예취시기는 초지관리상 중요한 문제이다. 다음 중 설명이 잘못된 것은?

① 한여름 지온이 27℃ 이상일 때에는 목초를 베는 것을 피한다.
② 가을에 너무 늦게 예취하면 추운 지방에서는 월동에 지장이 있다.
③ 가을철에 일평균기온이 5℃되는 날로부터 40일 전이 최종예취의 적기이다.
④ 하고현상을 피하기 위해서는 목초를 충분히 생육시켜야 한다.

6-4. 방목 이용 시 초지관리로 적합한 것은?

① 방목 방법은 연속방목이 효율적이다.
② 불식과번식(不食過繁殖)은 그대로 내버려두면 된다.
③ 방목 개시 적기는 초장이 20~25cm 정도일 때이다.
④ 여름철 강우 시 방목하면 채식량이 증가한다.

6-5. 고온다습한 여름철 초지관리로 적합한 것은?

① 질소비료를 많이 시용한다.
② 장마 직후에 예취한다.
③ 예취높이를 높게 한다.
④ 가능한한 초지를 자주 이용한다.

6-6. 초지에서의 추비에 대한 설명으로 가장 옳은 것은?

① 수확량에 관계없이 연간 150kg/ha는 주어야 한다.
② 초지를 방목으로 이용할 때나 청예 위주로 하더라도 추비량은 변하지 않는다.
③ 추비적기는 목초의 생산시기, 기온, 강우 및 비료의 종류도 고려되어야 한다.
④ 여름철 고온기에는 질소비료를 충분히 주어 생육을 촉진시켜 주는 것이 좋다.

｜해설｜

6-1
토핑의 (topping) 목적
어린 유식물의 가지치기, 즉 분얼과 뿌리의 활착을 돕는 데 있다.

6-2
예취적기
- 1번초는 화본과 목초 출수 초기, 두과 목초는 개화 초기이다.
- 2번초 이후는 초장이 30~50cm인 범위에서 예취간격을 고려하여 적절히 예취한다.

6-3
목초의 수량이 다소 적을지라도 초지는 장마 전에 방목이나 예취를 하여 짧은 초장으로 장마철에 들어갈 수 있도록 관리하는 것이 중요하다.

6-4
첫 번째 방목은 목초가 15cm 내외로 자랐을 때 가볍게 실시하며 그 뒤 두 번째 방목부터는 새로 자란 목초가 20~25cm 정도일 때 방목시켜 주는 것이 좋다.

6-5
여름철에는 과방목, 낮춰베기, 질소비료 사용을 피한다.

정답 6-1 ④ 6-2 ② 6-3 ④ 6-4 ③ 6-5 ③ 6-6 ③

핵심이론 07 생산 및 이용기술(4) 초지이용

① 방목
- ㉠ 방목은 가축 스스로가 자신의 생리적 요구에 따라 풀을 뜯는 것으로, 가장 자연스럽고 경제적인 사초 이용 방법이다.
- ㉡ 가축이 스스로 운동과 일광욕을 하게 되어 건강상 좋다.
- ㉢ 분뇨를 방목지에 배설하므로 화학비료의 시비량을 줄일 수 있다.
  - ※ 채소 중심의 권장 시비량보다 질소는 1/4, 인산은 동량, 칼륨은 1/2 정도 적게 준다.
- ㉣ 방목의 기본원칙은 가축의 섭취량과 목초의 재생이 균형을 이루도록 하는 것이다.
- ㉤ 방목 시 초지상태를 효과적으로 유지하여 가축의 섭취량을 높이는 데 적당한 조건은 초장이 낮고 밀도가 높은 초지이다.
- ㉥ 채초지와 달리 방목지에서는 선택채식이나 불식 과번초 등이 자주 나타난다.
- ㉦ 계획적인 방목과 전목, 위생작업에 필수적인 목책에는 외책, 내책, 유도책, 위험방지책 등이 있다.
- ㉧ 방목의 장단점

장점	단점
• 영양생장기 목초로 유지할 수 있어 영양적으로 유리하다.	• 단위면적당 수량이 청예법에 비해 적다.
• 전지 효과에 의한 성장 촉진 효과가 있다.	• 제상에 의한 가식초량 감소 및 식생이 파괴된다.
• 초지생태계의 양분순환을 촉진한다.	• 과도방목에 다른 토양침식이 우려된다.
• 수확, 이용 및 분뇨의 시비노력이 절약된다.	• 제반시설에 비용이 투자되고, 유지에너지가 증가된다.
• 기호하는 목초를 마음대로 채식할 수 있다.	
• 토지의 수분스트레스를 방지하고, 식생을 조절한다.	
• 목초종자의 토양혼입이 가능하고, 갑작스런 추위에 의한 손실을 방지할 수 있다.	

※ 방목은 가장 값싼 목초 이용 방법이다.

② 방목 방법
- ㉠ 연속방목(고정방목, 전기방목)
  - 봄철 풀이 왕성하게 자라는 시기부터 가을까지(방목 전기간) 방목지를 옮기지 않고 가축을 한 곳에서 방목시키는 방법이다.
  - 시설관리와 방목관리의 노력이 적게 드는 장점이 있다.
  - 선택채식, 목초이용률 저하, 토양침식, 가축에너지소모 과다 등의 단점이 있다.
- ㉡ 윤환방목(젖소의 방목 방법)
  - 몇 개의 목구(牧區)로 분할하고 각 목구에 순차적으로 방목하는 집약적인 방법이다.
  - 다년생 목초나 1년생 사료작물을 방목으로 이용할 경우 가장 알맞다.
  - 가장 일반적이며, 비교적 효율성이 높다.
  - 오펜하임(oppenheim) 방목법도 윤환방목의 일종이다.
  - 윤환방목을 위한 이동식 목책으로는 전기목책이 가장 적합하다.
  - 윤환방목 장점
    - 선택채식의 기회를 줄임으로써 초지이용률을 높일 수 있다.
    - 과방목 방지로 초지생산력의 저하를 막을 수 있다.
    - 오염된 목초의 양이 적어 높은 목양력의 유지가 가능하다.
    - 적은 목구에서 방목됨으로써 유지에너지가 적다.
- ㉢ 대상방목(1일 방목, 구획방목)
  - 방목 시 옆으로 길게 목책을 설치하여 가축을 방목시킨다.
  - 초지의 방목이용 중 생산성이 가장 높고 집약적인 방법이다.

- 목구를 전기목책으로 나누고 가축이 12시간 또는 이보다 짧은 시간 동안 한 목구에서 머물 수 있도록 초지를 할당하는 형태의 방목이다.
- 목초허실 방지 및 질을 연중 동일하게 유지할 수 있다.
- 방목지를 융통성 있게 조절할 수 있고, 목초 필요량을 추정할 수 있다.
※ 집약초지에 방목되는 가축이 일반적으로 시간제한 방목을 하는 경우 채식시간은 오전, 오후 2시간씩이면 충분한 양을 채식할 수 있다.

ㄹ) 계목(매어기르기)
- 일반 농가에서 행하는 방법으로 8m의 고삐에 30cm 높이의 고정 말뚝에 매어 채식시킨다.
- 작은 면적의 초지, 하천제방, 도로변 등을 이용할 수 있다.
- 목책비용은 적게 드나 노동력이 많이 들어 사육규모가 작은 경우에 적당한 방법이다.

ㅁ) 대기방목법 : 연속방목으로 황폐된 방목지의 식생을 회복하기 위하여 방목지의 일부를 목책으로 막고 종자가 완숙될 때까지 유목하는 방목법이다.
※ 집약적(목구수나 체목일수)인 방목이 강한 순서 : 대상방목 > 윤환방목 > 연속방목

③ 목양력
※ 목양력 : 방목지가 가축을 수용할 수 있는 능력을 말한다(방목지 생산력).

ㄱ) 방목일(CD ; Cow Day-미국)
- 방목지에서 몇 두의 가축을 며칠 동안 사육이 가능한가를 나타내는 것
- 1CD : 체중 500kg의 성우 1두(1가축단위)를 1일 방목할 수 있는 초지의 목양력의 단위

ㄴ) 초지생산단위(북유럽) : 체중 500kg의 가축을 1일 방목할 수 있는 목양력을 1GPU라고 한다.

ㄷ) 슈토스(스위스) : 착유우를 방목할 수 있는 초지의 목양력

ㄹ) 가축단위 : 체중 500kg의 성우(소)를 1가축단위라 한다.

ㅁ) 가축단위 방목일 : 체중 500kg, 유생산량 3,640L의 젖소가 일일 소비하는 방목초량으로 표시한다.

ㅂ) 이용대사에너지 : 체중의 차이뿐만 아니라 체중 및 유량변화를 고려하여 넣기 때문에 가축단위 방목일보다 계산상의 융통성을 갖고 있다.

ㅅ) 방목밀도 : 방목두수/방목면적
※ 방목밀도는 소 1마리가 1ha에 500kg 기준이다.

④ 방목 개시
ㄱ) 방목 개시 적기
- 초장이 20~25cm일 때
- 일시적인 가공 및 저장이 어려운 조건이라면 ha당 생초생산량이 3톤일 때
- 과잉생산된 목초가 일시에 처리가 가능한 조건에서는 ha당 생초생산량이 5톤일 때
- 초기 생육이 빠른 라이그래스가 혼파된 초지라면 빠르게 방목을 시작
※ 휴목기간은 봄철은 15~20일, 여름철은 25~35일이 적당하다.

ㄴ) 준비 방목 : 방목하기 전에 가축을 가까운 초지에서 점차 시간을 늘려가면서 목초를 뜯어 먹게 하는 것을 말한다.

⑤ 방목의 효과
ㄱ) 방목은 다두사육 및 노동력 절감 등 축산경영합리화 관점에서 채소보다 유리하다.
ㄴ) 가축에게 운동의 기회를 주고 햇빛과 신선한 공기 및 생초를 제공한다.
ㄷ) 방목 시 가축의 분뇨는 추비 효과가 크므로 화학비료 추비량을 줄일 수 있다.
ㄹ) 고기 및 우유의 생산량을 높인다.
※ 방목 강도를 증가시키면 초지의 이용률은 높아지나 목초의 생산량은 낮아진다.

10년간 자주 출제된 문제

7-1. 다음 방목에 대한 설명 중 틀린 것은?
① 방목은 가축이 스스로 운동과 일광욕을 하게 되어 건강상 좋다.
② 선택채식을 하기에 기호성이 나쁜 목초가 우세해져 초지식생에 나쁜 영향을 끼칠 우려가 있다.
③ 분뇨를 방목지에 배설하므로 화학비료의 시비량을 줄일 수 있다.
④ 사일리지, 건초에 비해 운반, 제조 및 저장에 소요되는 노력이 많다.

7-2. 대상방목이라고도 하며 목구를 전기목책 등으로 작게 나누어 초지를 집약적으로 이용하는 것은?
① 고정방목　　　② 윤환방목
③ 1일 방목　　　④ 계목

7-3. 방사일(cow-day ; CD)에서 1CD가 의미하는 것은?
① 체중 약 500kg의 성우 1마리를 1일 방목시킬 수 있는 초지의 생산력을 나타내는 단위
② 체중 약 600kg의 성우 1마리를 1일 방목시킬 수 있는 초지의 생산력을 나타내는 단위
③ 체중 약 500kg의 성우 10마리를 1일 방목시킬 수 있는 초지의 생산력을 나타내는 단위
④ 체중 약 600kg의 성우 10마리를 1일 방목시킬 수 있는 초지의 생산력을 나타내는 단위

7-4. 방목 이용에 알맞은 목초의 초장은?
① 5~10cm　　　② 15~25cm
③ 30~50cm　　　④ 55~65cm

|해설|

7-1
방목은 가축 스스로가 자신의 생리적 요구에 따라 풀을 뜯는 것으로, 가장 자연스럽고 경제적인 사초이용 방법이다.

7-2
대상방목 : 목구를 전기목책으로 나누고 가축이 12시간 또는 이보다 짧은 시간 동안 한 목구에서 머물 수 있도록 초지를 할당하는 형태로 이용률이 가장 높은 방목이다.

정답 7-1 ④　7-2 ③　7-3 ①　7-4 ②

핵심이론 08 생산 및 이용기술(5) 초지의 토양환경

① 초지의 토양환경
　㉠ 토양반응(pH)
　　• 목초의 생육에 적합한 토양산도는 대부분 pH 5.5~7.0의 범위이다.
　　• 산성토양의 산도는 석회를 살포하여 교정해야 한다.
　　• 초지조성 시 석회를 사용해서 산도를 교정하더라도 3년이 지나면 원상태로 낮아지게 되므로 우점된 초지는 제초제를 사용하여 제거하고 석회를 사용하여 방지한다.

> **더 알아보기**
> **토양교정에 이용되는 석회의 특징**
> • 석회는 토양유기물을 분해하여 토양미생물의 생존을 돕는다.
> • 전층시용이 표층시용보다 교정속도가 빠르다.
> • 입자가 굵을수록 효과의 지속성이 오래 간다.
> • 석회입자가 작을수록 교정속도가 빠르다.
> • 석회는 시비량을 여러 번에 나누어 살포한다.

　㉡ 토양비옥도
　　• 목초는 비료에 대한 요구도가 일반작물보다 상당히 높다.
　　• 우리나라의 산지토양은 일반적으로 척박하고 산성이므로 초지를 관리 이용하지 않고 방치해 두면 잡초 및 산야초들이 재생하게 된다.
　　• 비옥한 토양 또는 시비량, 특히 질소질비료를 충분히 사용한 초지에서 이용을 적절히 하지 못하면 잡초들이 번성하게 된다.
　　• 목초는 대부분 잡초보다 재생력이 강하므로 예취나 방목을 자주 해 주는 방법도 잡초 억제에 효과적이다.
　　• 여름철 고온에는 목초의 하고현상이 발생하므로 가급적 예취높이를 높게 하면 호광성 또는 광발아성 잡초의 발생과 생육을 억제하는 효과가 있다.

- 목초의 생육 적온은 15~21℃이지만 여름철에 25℃ 이상의 고온과 가뭄이 지속되고 병충해가 발생하면 하고현상(목초의 생육이 부진해지고 말라 죽는 현상)이 일어난다.
ⓒ 토양수분
- 척박하고 건조한 토양은 목초의 생육이 극히 불량하고 하고현상이 심하게 나타난다.
- 건조기 대책으로서는 관수가 가장 효과적이나 실제로 초지관수가 어려우므로 남향경사지의 가뭄피해가 우려되는 곳에서는 초지조성 시 소나무 등 그늘을 만들어 줄 수 있는 나무들을 남겨 둔다.
- 습하고 배수가 불량한 토양에서는 목초의 주초종인 오처드그라스가 견디지 못하고 소멸되므로 보파해서 갱신하는 것이 최선의 방법이다.
ⓔ 토양의 경도
- 굳은 토양에서는 목초의 뿌리발육이 나쁘다.
- 초지의 갱신에는 겉뿌림 방법이 바람직하지만 토양이 너무 굳을 경우에는 경운갱신으로 토양의 물리성을 개량해 주는 것이 좋다.
- 경운하고 조성한 초지는 성겨서 가뭄의 피해를 더 받게 되며 특히 겨울에 서릿발에 의한 피해로 목초의 고사율이 높아진다. 그러므로 경운조성한 초지는 반드시 진압해 주어야 한다.

② 우리나라 산지(산악지)토양의 특성
㉠ 우리나라 토양모재는 대부분 화강암 또는 화강편마암이고, 여름철 집중강우에 의한 산성토양이다.
㉡ 산악지의 토양은 농경지(3%)에 비해 유기물 함량이 1% 이하로 부족하다.
㉢ 산지토양의 유효인산 함량은 11.3%로 농경지의 약 1/10 수준이다.
㉣ 산지토양은 칼슘, 마그네슘, 칼륨 등 양이온치환용량이 낮고 염기포화도도 낮다.
- 산성토양 중에 존재하는 알루미늄이온의 해작용, 망간이온의 과잉 독성, 칼슘, 마그네슘, 인산의 결핍 등의 특성이 있다.
- 알루미늄과 철이 활성화되어 인산과 결합함으로써 유효인산농도가 낮다.
※ 양이온치환능력이 높을수록 완충력이 올라간다. 즉, 양분저장능력이 높아진다.
㉤ 일반적으로 토심이 얕고 자갈이 많다.
㉥ 우리나라에서 부실초지(저위생산성 초지)가 되는 직접적인 요인
- 조성 초기 관리기술의 미숙
- 추비량 부족
- 과다 및 과소 이용
- 청예를 위주로 한 초지이용
- 이른 봄 및 늦가을의 과도한 이용
- 초지의 배수불량
- 여름철 수확 지연현상
- 초지생산량의 한계
※ 초지의 토양침식 방지에 관한 역할
- 토양이 다공성이 된다.
- 빗방울의 충격을 줄여 준다.
- 다수의 가는 뿌리를 가지고 흙을 결박한다.

10년간 자주 출제된 문제

8-1. 토양교정에 이용되는 석회에 대한 설명으로 잘못된 것은?
① 석회입자가 작을수록 교정속도가 빠르다.
② 전층시용이 표층시용보다 교정속도가 빠르다.
③ 입자가 굵을수록 효과의 지속성이 오래 간다.
④ 석회는 시비량을 한꺼번에 전량살포하는 것이 교정 효과가 크다.

8-2. 한번 조성한 초지를 잘 관리하면 오랫동안 높은 생산성을 유지할 수 있다. 그런데 우리나라에서는 여러 가지 이유로 생산성이 급격히 낮아지는 초지가 많다. 초지의 생산성이 낮아지는 이유에는 여러 가지가 있지만 우리나라 초지의 저위 생산성에 영향이 미치는 요인으로 거리가 먼 것은?
① 조성 초기 관리의 미숙
② 추비 또는 분뇨의 과다 사용
③ 초지의 과다 및 과소 이용
④ 여름철의 수확 지연

|해설|

8-1
④ 석회는 시비량을 여러번에 나누어 살포한다.

8-2
② 추비량 부족

정답 8-1 ④ 8-2 ②

핵심이론 09 생산 및 이용기술(6) 초지의 보호와 갱신

① 초지의 잡초 방제

㉠ 방목초지에 발생하는 잡초
- 신규초지 : 냉이, 피, 바랭이, 강아지풀, 쇠비름, 명아주, 어저귀, 메꽃, 여뀌, 돼지풀, 양지꽃 등 1년생 잡초가 많이 발생한다.
- 기성초지 : 소리쟁이, 애기수영, 쑥, 씀바귀 등 다년생 잡초가 많이 발생한다.
※ 목초지에서 다년생 외래잡초는 애기수영(Rumex acetosella. L.)과 소리쟁이가 대표적이며, 사료작물재배지에서는 주로 일년생 악성잡초로 어저귀, 메꽃, 돼지풀 등의 외래잡초가 있다.

㉡ 애기수영 방제
- 부분 우점된 초지 : 보파 30일 전, ha당 글라신액제 4L 또는 MCPP 4L + 물 1,200L를 전면살포한다.
- 목초 파종 30~40일 후 MCPP 4L를 2차 살포한다.
- 많이 발생한 초지는 반드시 석회를 시용하여야 한다.
- 시용시기는 목초의 생육이 정지된 초겨울부터 이듬해 이른 봄까지이다.

㉢ 소리쟁이 방제
- 완전 갱신 : 보파 30일 전, ha당 MCPP 2L + 물 1,200L를 전면살포한다.
- 가을에 MCPP 1L/ha를 2차 살포하여 종자에서 발생하는 개체를 방제하여 준다.

㉣ 화이트클로버 방제
- 우점된 초지는 클로버 생육기간(4~10월) 동안 약제사용이 가능하다.
- 목초파종(보파) 20일 전, ha당 MCPP 1.0L + 물 1,200L를 엽면살포한다.

※ 1년생 잡초(돼지풀, 콩다닥냉이, 망초) 및 광엽잡초(애기수영, 소리쟁이, 쑥)는 디캄바 액제(반벨), MCPP, 벤타존 액제(바사그란) 제초제를 사용하며, 잡초발생이 극심하여 우점한 목초지는 제초제 사용량을 1.5배로 증가시켜 방제한다.

② 초지의 병충해 방제
　㉠ 초지의 병해
　　• 흑조위축병(검은줄오갈병)
　　　– 주로 옥수수에 나타나는 병으로 작물의 생장을 위축시켜 마디가 짧고 키가 자라지 않으며, 잎의 색깔이 담녹색을 보인다.
　　　– 멸구류에 의하여 전염되며, 한번 이병되면 방제대책이 없다.
　　• 깨씨무늬병
　　　– 옥수수에서 전 생육기간 동안 발생하며, 생육 후기에는 온도가 높고(20~30℃) 비가 많이 올 때 발생이 심하다.
　　　– 옥수수의 잎에 깨처럼 작고 둥근 담갈색 작은 반점이 나타난다.
　　　– 종자소독법으로 방제가 가능하며, 병든 식물체는 제거하여 태워야 한다.
　　• 깜부기병(흑수병) : 옥수수, 보리 등의 잎, 엽초, 이삭에 나타나며, 병든 부위는 흰 껍질을 쓴 부분이 생겨 이상비대하여 혹처럼 커지다가 시간이 지나면 터져 검은 가루가 날리게 된다.
　　• 그을음무늬병(매문병)
　　　– 발생 초기에 잎 표면에 그을음이 낀 것 같은 청색 반점이 보이는 곰팡이병이다.
　　　– 성숙기에 많은 강우로 습한 날씨가 지속되거나 수확이 지연될 때 발생이 심하다.
　　　– 연작을 피하고 칼리비료를 충분히 시용하여 방제한다.

　㉡ 초지의 해충
　　• 멸강나방
　　　– 1년에 3~4회 발생하며 중국에서 날아오는 비래해충이다.
　　　– 떼를 지어 빠른 속도로 이동하면서 옥수수, 수수류, 오차드그라스, 벼 등 화본과 목초의 잎, 줄기를 갉아 먹어 큰 피해를 준다.
　　• 조명나방
　　　– 1년에 2~3회 발생하며 옥수수 상부의 연약한 잎을 가해한다.
　　　– 먹어 들어간 부분에서 똥을 배출하므로 쉽게 식별할 수 있다.
　　• 굼벵이류(풍뎅이류 유충) : 초지나 잔디밭에 발생하여 식물의 뿌리를 잘라먹기 때문에 화본과 목초인 오처드그라스가 죽게 되어 초지의 갱신이 필요할 정도로 황폐화되는 경우가 많다.
　　• 진딧물 : 알팔파, 클로버, 베치 등에 많이 발생하며 보리에는 바이러스를 매개하여 피해를 입힌다.
　　※ 클로버 초지는 배추벼룩잎벌레, 애멸구류 피해가 알팔파 초지는 진딧물의 피해가 크다.

③ 초지의 갱신
　㉠ 초지갱신 시기
　　• 화학성이 저하했을 경우 : 토양 pH 5.0 이하로 산성화
　　• 물리성이 저하했을 경우 : 토양경도(산중식 경도계) 26mm 이상
　　• 식생이 악화 됐을 경우 : 잡초의 발생, 나지의 발생, 불식과번지의 생성
　　• 기간 초종 식생이 쇠퇴했을 경우 : 생산성 및 기호성이 낮은 초종의 구성 비율 상승 등

ⓒ 갱신 과정
- 기존식생 제거 : 제초제를 사용하여 기존식생을 제거하는 것이 가장 일반적이다.
- 석회 및 비료 사용
  - 우리나라 토양은 대부분 산성토양으로 갱신 시 석회를 사용하여 pH 5.5 이상으로 중화한다.
  - 목초의 뿌리 생육을 촉진시키는 인산을 충분히 시비한다.
  - 종류별 시비량(kg/ha)은 인산 200~300, 질소와 칼리는 60~150 정도이다.
- 파종
  - 파종적기는 초지조성과 같이 9월 상순 이전이다.
  - 파종량은 ha당 30~35kg 정도이며 구체적 초종별 파종량(kg/ha)은 오처드그라스 16kg, 톨페스큐 9kg, 페레니얼라이그래스 3kg, 화이트클로버 2kg 정도이다.
- 갈퀴질 및 진압
  - 갈퀴질은 갱신 시 지표에 유기물이 많이 축적되므로 갈퀴질을 통해 목초종자를 지면에 밀착시켜준다.
  - 진압은 모세관 현상에 의해 토양 중의 수분이 종자에 공급되도록 하여 목초의 정착율을 높인다.

10년간 자주 출제된 문제

9-1. 다음 중 소리쟁이 방제에 알맞은 것은?
① ha당 반벨 액제 2L를 물 1,200L에 희석하여 갱신 30일 전에 살포
② 개화 초기(5~6월)에 메코프로프 액제를 200배액으로 희석하여 충분히(1,500L/ha) 살포
③ MCPP 4L + 디캄바 2L + 물 1,200L/ha 살포
④ 디캄바 300배액(1차) → 목초 파종 → 디캄바 300배액 살포

9-2. 초지의 병해 중 종자전염성 병해의 설명으로 옳지 않은 것은?
① 화본과 목초에는 흑수병, 노란색 고무병, 탄저병 등이 발생한다.
② 두과 목초에는 알팔파의 줄기마름병, 클로버의 검은빛썩음병 등이 발생한다.
③ 유기수은제 등에 의한 종자소독법으로 방제가 가능하다.
④ 더운지방에서는 엽부병 및 백견병 등이 발생한다.

9-3. 해충의 종류를 근계 및 지하경을 가해하는 해충과 지상부를 가해하는 해충으로 구분할 때 목초의 지상부에 해를 주지 않는 해충은?
① 애멸구
② 멸강나방류
③ 조명나방
④ 방아벌레류

9-4. 우리나라 초지에서 목초에 대한 지상부의 피해 해충 분류로 잘못된 것은?
① 끝동매미충
② 검정풍뎅이(유충)
③ 벼룩잎벌레
④ 콩진딧물

9-5. 일반적으로 생산성이 많이 떨어진 경우 실시하는 초지의 갱신주기로 가장 적합한 것은?
① 1년 사용 후
② 2~3년 지난 후
③ 4~6년 지난 후
④ 7~10년 지난 후

[해설]

9-1
②·③·④는 애기수영 방제에 해당한다.

9-2
④는 토양전염성 병해에 해당한다.

9-4
C자 모양의 검정풍뎅이유충이 땅속에서 작물의 뿌리를 갉거나 잘라먹으며, 성충은 잎을 식해한다.

정답 9-1 ① 9-2 ④ 9-3 ④ 9-4 ② 9-5 ③

제3절　배합사료

핵심이론 01　자가배합사료(1) 사양표준

① 사양표준의 개념
  ㉠ '한국가축사양표준'은 가축에게 사료를 먹일 때 과하거나 부족함 없이 현재 상태에 알맞은 영양소 요구량을 나타내는 기준으로 국가적 사양관리지침이다.
  ㉡ 가축의 종류, 성별, 성장단계 및 생산목적에 따라 유지와 생산에 필요한 1일 영양소 요구량을 과학적인 실험을 통해 결정해 놓은 기준이다.
  ㉢ 사양표준에서 급여기준
    • 1일 중 영양소 요구량이나 사료의 단위중량당 영양소 함량(%)으로 표시한다.
    • 요구량은 1일 24시간 중에 필요로 하는 영양소량을 의미한다.
    • 비율은 가축이 자유채식하는 상태에서 영양소의 균형을 이루는 것을 의미한다.
  ㉣ 영양소 요구량 : 가축의 종류별, 성별, 생리단계별 또는 산육, 산유, 산란 등의 사육목적에 따라 그 능력을 충분히 발휘할 수 있도록 사료로서 공급해야 할 영양소의 양을 말한다.

② 사양표준에 사용된 기준
  ㉠ 에너지 : 가소화영양소총량(TDN), 가소화에너지(DE), 대사에너지(ME) 등

  총에너지 : 섭취한 사료로부터 발생되는 에너지
   → 분
  가소화에너지 : 총에너지-똥으로 배출된 에너지
   → 오줌, 가스
  대사에너지 : 가소화에너지-오줌, 가스로 배출된 에너지
   → 유지 및 생산
  정미에너지 : 대사에너지-유지 및 생산에 이용한 에너지
   → 정미유지에너지 / 정미생산에너지

  ㉡ 단백질 : 가소화조단백질(DCP), 조단백질(CP)
  ㉢ 비타민 : 수용성 비타민과 지용성 비타민(A, D, E, K)
  ㉣ 무기질 : 칼슘, 인
  ㉤ 급여상태

③ 사양표준의 종류
  ㉠ 한국사양표준
    • 2002년 한우, 젖소, 돼지 및 가금류에 대한 한국사양표준을 제정하였다.
    • 영양소 요구량 표현 방법
      - 에너지 : TDN, ME, DE
      - 단백질 : CP
      - 광물질, 비타민 요구량
      - 사양관리 방법 및 사료급여량, 가용부산물 사료자원의 종류 등 고려사항 포함
  ㉡ NRC 사양표준
    • 1942년 미국 국가연구위원회(National Research Council)의 가축영양위원회에서 제정하였다.
    • 대상동물을 젖소·육우·말·돼지·닭을 비롯해 면양·토끼·개와 고양이, 밍크와 여우 등 실험동물에 이르기까지 다양하게 포함하고 있다.
    • 영양소 요구량 표현 방법
      - 에너지 : DE, ME, 정미에너지(NE)로 표기하며 NE의 요구량을 NEm, NEg 및 NEl로 구분하여 제시한다.
      - 단백질 : CP, 총단백질(TCP)
      - 아미노산 요구량, 광물질 및 비타민 요구량 명시
      - 젖소 : TCP, TDN
      - 돼지 : CP, 라이신, 가소화라이신, DE
      - 가금 : DCP, ME
    ※ 우리나라 돼지에서 가장 널리 쓰이고 있는 사양표준 : NRC

ⓒ ARC 사양표준
- 영국 농업연구위원회(Agricultural Research Council)의 농업연구기술분과위원회에서 가금, 반추동물, 돼지를 대상으로 제정하였다.
- 영양소 요구량 표현 방법
  - 에너지 : ME를 사용하며, 단위는 줄(Joul)을 사용한다.
  - 단백질 : DCP를 사용하며 반추가축의 경우 RDP, UDP를 구분하여 사용한다.

> **더 알아보기**
> **RDP와 UDP**
> - RDP(Rumen Degraded Protein, 반추위 분해단백질) : 반추위 내에서 미생물에 의해 분해되어 미생물체단백질합성에 이용되거나 암모니아로 손실되는 단백질을 의미한다.
> - UDP(Undegraded Protein, 반추위 비분해단백질) : 반추위에서 미생물에 의해 분해되지 않고 소장으로 흘러가 소장에서 분해되어 이용되는 단백질을 의미한다.

- NRC 사양표준과 함께 오늘날 가장 합리적인 사양표준으로 인정되고 있으며, 반추동물에서 DCP를 RDP와 UDP로 구분하고 있는 면에서는 더 발전된 표시 방법으로 볼 수 있다.

ⓔ 볼프-레만(Wolf-Lehmann) 사양표준
- 1864년 독일의 볼프가 창안하였고, 1897년 레만이 개량한 사양표준이다.
- 가축이 필요한 건물, 가소화단백질, 가소화지방, 가소화탄수화물 및 영양률을 가지고 요구량을 표시하였다.
- 이 후 제정된 사양표준의 기준서 역할을 했다.

ⓕ 켈너(Kellner)의 사양표준
- 1907년 켈너가 만든 사양표준으로 역용 및 비육용 가축에 효과적이다.
- 영양소는 건물, 가소화조단백질, 가소화조지방, 가소화탄수화물, 및 가소화순단백질(DPP)과 전분가(SV)를 가축별로 제시하고 있다.
- DPP와 SV를 사용하고 있는 것이 특징이다.

※ 전분가 : 체지방 생성력을 기준으로 하는 영양가 표시단위

ⓖ 한손(Hanson)의 사양표준
- 1915년 스웨덴의 한손과 덴마크의 피오르(Fjord)가 만든 사양표준으로 보리 1kg을 시료 1단위로 한다.
- 스칸디나비아 등 각 국에서 젖소나 돼지 등에 주로 사용되고 있다.
- 영양소는 건물량, 가소화순단백질, 사료단위, 전분가에 기초한 사양표준이다.
- 단백질의 경우 체지방보다 유생산에 효율적이라는 점에 착안하여 전분가를 수정하여 사료단위를 제정하였으므로 젖소에 합리적이다.

ⓗ 암스비(Armsby)의 사양표준
- 1915년 미국의 암스비(Armsby)에 의해 제정된 사양표준으로 NE와 가소화순단백질을 기준으로 한다.
- 가축이 필요로 하는 총영양소를 에너지로 나타내고 이를 정미에너지로 표시한다.
- 젖 생산에 있어서 유지영양소와 생산영양소를 구분하고 있다.

ⓘ 모리슨(Morrison)의 사양표준
- 1936년 미국의 모리슨(Morrison)이 독일의 볼프-레만의 사양표준에 근거하여 제정하였다.
- 영양소는 건물(DM), DCP, TDN, Ca, P, Carotene, NE까지 구체적으로 제시하고 있다.
- TDN을 사양시험이나 대사시험을 거치지 않고 화학적 분석결과에 근거하고 있다는 단점이 있다.

ⓙ 일본 사양표준
- 일본 농림수산기술회의 주관 아래 농림성 축산시험장에서 가금, 젖소, 고기소, 돼지를 대상으로 제정되었다.

- 영양소 요구량은 체중별, 증체량별로 되어 있다.
- 단백질은 CP, DCP, TDN, DE로 표시되고 칼슘과 인 및 비타민 A가 표시되고 있다.

10년간 자주 출제된 문제

1-1. '한국가축사양표준'의 정의로 옳은 것은?
① '한국가축사양표준'은 가축의 종류와 성별에 관계없이 동일한 영양소 요구량을 제시한다.
② '한국가축사양표준'은 가축의 성장단계와 생산목적에 맞춰 필요한 1일 영양소 요구량을 과학적 실험을 통해 결정한 기준이다.
③ '한국가축사양표준'은 단순히 사료의 가격을 기준으로 사료를 배합하는 방법이다.
④ '한국가축사양표준'은 사료의 배합비를 결정할 때 사용되는 각 원료의 가격 정보를 제공한다.

1-2. NRC 사양표준에서 사용하는 에너지 요구량의 표기 방법으로 옳은 것은?
① 총단백질(TCP)
② 대사에너지(ME)
③ 조단백질(CP)
④ 가소화단백질(DCP)

|해설|
1-2
NRC 사양표준에서는 에너지를 대사에너지(ME), 가소화에너지(DE), 정미에너지(NE)로 표기한다.
①·③·④는 NRC 사양표준에서 사용되는 다른 영양소의 표기 방법이다.

정답 1-1 ② 1-2 ②

핵심이론 02 자가배합사료(2) 사료의 배합과 급여

① 배합비의 작성
  ㉠ 가축의 영양소 요구량을 충족시키기 위해 여러 가지 단미사료를 적절한 비율로 조합시키되 원료비가 최소가 되게 하는 작업을 말한다.
  ㉡ 다음의 세 가지 자료를 활용하면 가축이 필요로 하는 영양소 요구량을 최소가격으로 충족시킬 수 있는 배합비율표의 작성이 가능한데, 이를 최소가격배합표라 한다.
    - 축종별 생산단계별 정확한 영양소 요구량
    - 원료의 성분분석표
    - 원료의 사용가격

② 배합비의 계산
  ㉠ 대수방정식 : 사료 A, B를 혼합하여 일정한 단백질 함량을 맞추어 주는 계산법이다.

> [예] 조단백질 44%인 대두박(A)과 조단백질 16%인 밀기울(B)을 가지고 조단백질 함량 35%인 사료 100kg을 만들 때
> - 대두박의 비율을 A(%), 밀기울의 비율을 B(%)라 하면
> $A + B = 100$ ─── ⓐ
> $0.44A + 0.16B = 35$ ─── ⓑ
> - ⓐ에 0.44를 곱하면 ⓒ식이 되는데 여기에서 ⓑ식을 뺀다.
> $0.44A + 0.44B = 44$ ─── ⓒ
> $-0.44A + 0.16B = 35$ ─── ⓑ
> $0.28B = 9$
> ∴ $B = 9/0.28 = 32$, $A = 100 - 32 = 68$
> - 밀기울 32%(kg)과 대두박 68%(kg)을 혼합한다.

ⓒ 방형법(Pearson' square method) : 두수의 비율을 이용하여 사료의 배합비를 구하는 방법이다.

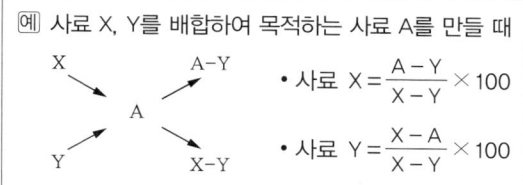
예 사료 X, Y를 배합하여 목적하는 사료 A를 만들 때
- 사료 $X = \dfrac{A-Y}{X-Y} \times 100$
- 사료 $Y = \dfrac{X-A}{X-Y} \times 100$

※ 방형법은 두 가지 사료에만 적용되고 중앙에 있는 배합목적수는 왼쪽 두 숫자의 중간숫자이어야 한다.

ⓒ 연립방정식 : 가축이 필요한 영양소 요구량에서 단백질, TDN 등의 주성분을 만족시키기 위해 두 사료를 이용하여 배합비를 구하는 방법이다. 즉, 연립방정식을 이용하여 에너지와 단백질을 구하는 것이다.

ⓓ 선형계획(LP ; Linear Programming)
- 대규모, 사료공장에서 컴퓨터를 이용하여 선택할 수 있는 여러 가지 요인들 중 최적조합의 배합비를 구하는 것이다.
- 선형계획에는 최소가격사료배합(LCR ; Least Cost Ration)과 최소가격생산(LCP ; Least Cost Production) 방법이 있다.
- 선형계획 과정의 전제조건
  - 각 원료사료의 단가는 일정하고, 얼마든지 구할 수 있다.
  - 원료사료의 영양소 함량을 확실히 알고 있고, 한 종류의 영양소 함량은 그 사료의 사용량에 비례한다.
  - 두 종류 이상의 사료를 배합하였을 때의 영양소 함량은 각 사료 중의 함량을 합계한 것과 같다.

- 선형계획법의 장단점
  - 비용을 최소로 하는 배합비를 계산할 수 있고, 배합비의 정밀도를 높인다.
  - 단시간 내에 많은 양의 자료를 계산하고, 수정이 용이하다.
  - 세밀한 감도분석을 통해 원료의 수급계획에 도움을 준다.
  - 단점은 사료의 품질에 대한 고려가 어렵다(영양학적 경험이 필요한 부분).

③ 사료의 배합 방법
ⓐ 배합사료의 일반적인 제조 과정 : 원료반입 → 저장 → 분쇄 → 배합 → 포장 및 저장 → 출하
※ 분쇄의 주목적 : 소화율 증가, 배합용이, 취급용이, 펠릿작업의 원활화, 소비자선호도 만족 등

ⓑ 원료
- 주원료 : 옥수수, 소맥, 수수
- 부원료 : 대두박, 채종박, 밀기울, 어분

ⓒ 배합시스템
- 예비배합 : 미량원료(무기물, 비타민, 항생물질)들을 사전에 부형제(밀기울 등)와 혼합하여 성분을 희석시켜 저장해 두는 과정이다.
- 본배합 : 주원료와 부원료를 본격적으로 혼합하는 것으로, 배치식과 연속식으로 구분된다.

10년간 자주 출제된 문제

2-1. 연립방정식을 사용하여 사료 배합비를 계산할 때의 설명으로 옳은 것은?
① 연립방정식은 두 가지 사료의 단백질 함량만을 맞추기 위해 사용하는 방법이다.
② 연립방정식은 가축의 영양소 요구량을 충족시키기 위해 단백질과 에너지 함량을 고려하여 사료의 배합비를 구하는 방법이다.
③ 연립방정식은 사료의 가격을 고려하여 배합비를 최적화하는 방법이다.
④ 연립방정식은 사료의 원료 성분을 분석하여 적절한 혼합비를 결정하는 방법이다.

2-2. 사료 배합 시 사용하는 선형계획법(linear programming)의 장점으로 옳은 것은?
① 사료 품질을 정밀하게 고려할 수 있다.
② 배합비의 정밀도를 높이고, 단시간 내에 많은 양의 자료를 계산할 수 있다.
③ 사료의 가격과 성분을 분석하여 배합비를 결정하는 데 유용하다.
④ 사료의 배합비를 수작업으로 계산하여 최적의 조합을 찾을 수 있다.

|해설|

2-2
② 선형계획법은 배합비의 정밀도를 높이고, 단시간 내에 많은 양의 자료를 계산할 수 있는 장점이 있다.

정답 2-1 ② 2-2 ②

핵심이론 03 TMR 사료

① TMR(Total Mixed Ration)의 개념
  ㉠ 소가 하루 동안에 필요한 조사료, 농후사료, 무기물, 비타민, 기타 미량요소 등 모든 영양소를 함유하도록 여러 종류의 사료를 혼합한 사료를 TMR(완전혼합사료)이라 한다.
  ㉡ 농후사료와 조사료를 모두 혼합해서 완전사료로 급여하는 방법이다.
  ※ 거세우에게 저에너지사료(L), 중에너지사료(M) 및 고에너지사료(H)를 90일 동안 각각 급여했을 때 도체의 최종 체지방 함량을 가장 높이는 급여 방법 : H-H-H

② TMR의 장점
  ㉠ 고능력우 사양에 적합하고 산유량과 유지율이 증가된다.
  ㉡ 가장 단순한 방법으로 노동시간 단축 및 시간의 활용이 용이하다.
  ㉢ 기호성이 좋아 편식을 방지하고 영양소가 균형 있게 섭취되어 사료의 섭취량이 증가하고 이용효율을 높인다.
  ㉣ 적절한 조사료 첨가로 인해 반추시간이 길어져 반추위조건이 좋아진다.
  ㉤ 번식 효율과 건강이 개선되어 약값, 진료비 등의 지출 감소로 농가의 소득이 향상된다.
  ㉥ 우군의 성질이 온순해지고 능력도 향상된다.
  ㉦ 자유 채식을 해도 식체 발생빈도가 감소된다.
  ㉧ 추가 조사료 구입이 필요치 않게 되고 다른 조사료 급여량도 감소된다.
  ㉨ 농가 부산물의 이용이 가능하여 부산물의 폐기에 따른 환경오염 방지에도 공헌을 한다.

더 알아보기

한우 TMR 사료로 활용 가능한 농식품 부산물 : 두부박(비지), 맥주박, 주정박, 설탕제조 부산물(당밀), 전분제조 부산물(전분박), 과일부산물(감귤박, 사과박, 당근박, 배박, 포도박, 토마토박 등), 제과제빵 부산물, 버섯부산물(폐배지) 등

※ 브로일러(broiler) 생산에서 에너지가 높은 사료를 급여할 때 나타나는 효과 : 증체율이 높음, 사료효율이 좋음, 출하일령 단축

> **더 알아보기**
>
> **가축의 음수량 제한 시 나타나는 현상** : 분뇨 배설량 감소, 가축의 활력 저하, 사료섭취량 감소, 체중 감소

③ TMR의 단점

　㉠ TMR에 대한 충분한 이해와 지식이 필요하다.

　㉡ TMR 배합용 단미사료의 확보 및 유통이 원활해야 한다.

　㉢ 사양관리상의 시설투자에 큰 비용이 소요된다.

　㉣ TMR 배합을 위한 사료배합 프로그램의 확보와 운영에 대한 지식이 필요하다.

　㉤ 비유단계별, 성장단계별, 산유능력별 등 우군분리가 전제되어야 하나 중소규모 낙농가의 경우 군분리가 어려워 과비우나 마른소가 나올 수 있고 번식장애 및 각종 대사장애가 발생할 가능성이 높다.

　㉥ 원료의 변화가 있을 때 정확한 사료적 가치를 평가하기 어렵다.

　㉦ 볏짚이나 베일형태의 긴 건초는 배합기에 넣기 전에 적당한 길이로 세절해야 하는 번거로움이 있다.

　㉧ 소규모 사육농가에 부적당하다.

　㉨ 사양관리상의 시설개선 및 기술을 필요로 한다.

　㉩ 습식사료이므로 장기간보관이 어렵고, 사료 내 이물질이 함유될 경우가 있다.

10년간 자주 출제된 문제

3-1. TMR(완전혼합사료)의 장점으로 옳지 않은 것은?

① 편식을 방지하고 영양소가 균형 있게 섭취되어 사료의 이용효율을 높인다.
② 자유 채식을 해도 식체 발생빈도가 감소된다.
③ TMR은 단미사료의 확보가 원활하지 않을 경우 효율이 떨어질 수 있다.
④ 기호성이 좋으므로 사료섭취량이 증가하고 산유량 및 유지율이 향상된다.

3-2. TMR의 단점으로 옳은 설명은?

① TMR 배합을 위한 사료 배합프로그램의 확보와 운영에 대한 지식이 필요하다.
② TMR은 모든 영양소가 균형 잡혀 있으므로, 원료의 변화를 평가하기 쉽다.
③ TMR은 장기간 보관이 용이하며, 사료 내 이물질이 거의 포함되지 않는다.
④ 소규모 사육농가에는 적합하며, 사양관리상의 시설개선이 필요 없다.

[해설]

3-1
TMR의 단점은 단미사료의 확보가 원활하지 않을 경우 효율이 떨어질 수 있다는 점이다.

정답 3-1 ③　3-2 ①

핵심이론 04 사료 가공 종류 및 특성(1) 농후사료

① 가루(mash)
  ㉠ 각종 원료를 분쇄 및 미분쇄 형태로 단순 배합하는 것이다.
  ㉡ 가공사료는 배합이 완성된 가루사료를 각종 가공 사료 기계 및 제조 공정을 거쳐서 제조한 것이다.
    ※ 일반적으로 배합사료 공장에서는 가루사료를 일반사료라고 하고, 펠릿사료 및 크럼블사료, 플레이킹사료, 익스트루전사료를 가공사료라고 한다.
  ㉢ 가공사료는 배합사료의 기호성 및 소화율을 개선시키는 장점이 있으나, 가공사료의 생산비가 증가되는 단점이 있다.

② 펠리팅(pelleting)
  ㉠ 가루사료를 고온·고압하에서 단단한 알맹이(펠릿)사료로 만든다.
  ㉡ 원료사료의 입자도 조절 과정, 펠릿용 가루사료에 대한 사전 수열처리, 성형, 절단, 건조의 과정을 거친다.
  ㉢ 배합사료 제조 시 사료회사에서 가장 많이 이용되는 가공처리법이다.
  ㉣ 펠리팅의 장단점

장점	단점
• 사료의 부피를 줄여 취급 및 수송이 용이해진다. • 사료로부터 발생하는 먼지를 막을 수 있다. • 사료 중 열에 약한 병원성 세균 및 독성물질이 파괴된다. • 사료섭취량과 소화율을 향상시킨다. • 사료 이용효율 및 기호성을 증진한다. • 영양소 불균형과 사료 허실 발생을 예방한다. • 가축의 선택적 채식이 방지되고, 짧은 시간에 많은 사료를 먹일 수 있다.	• 가공 과정에서 비타민 등 열에 약한 영양소가 파괴될 수 있다. • 음수량이 증가한다. • 젖소에 급여하는 조사료를 분쇄 및 펠리팅하면 유지방의 함량이 나빠진다. • 가공을 위한 시설투자 비용이 비싸고 가공비용이 소요되는 단점이 있다.

③ 플레이킹(flaking, 박편처리)
  ㉠ 주로 곡류(옥수수, 루핀, 귀리, 보리, 수수 등)를 납작하게 압착한 것으로 박편이라고도 한다.
  ㉡ 플레이크사료에는 육성 비육 사료(축우 사료), 비육우 사료(축우 사료), 착유우 사료(축우 사료)가 있다.
  ㉢ 젖소의 배합사료를 가공하는 방법 중 이용효율이 가장 높으며, 기호성, 섭취량, 옥수수 내 전분의 이용성 증진에 초점을 둔다.
  ㉣ 옥수수 내 전분이 열, 수분 등의 영향으로 젤라틴화(호화)되어 점도와 부피가 증가하고 가용성이 증가되어 소화율이 증가하게 된다.
  ㉤ 플레이크사료의 부패 및 곰팡이 오염가능성이 높다.
  ㉥ 가공에 필요한 시설이나 가공비용에 따른 사료값이 비교적 비싸다.
  ※ 곡류의 이용성을 높이기 위하여 전분을 알파화시킨 가공처리에는 증기압편(플레이크), 가압압편(플레이크), 건열처리가공 등이 있다.

④ 익스트루전(extrusion)
  ㉠ 원료사료에 고열·고압을 가한 후 조그만 구멍을 통하여 밀어내면 사료가 부풀어 오르면서 기공이 생기게 되는데 이것을 적당한 틀을 이용하여 여러 가지 모양으로 만든다.
  ㉡ 주로 애완동물용 또는 갓난 돼지의 원료 가공용으로 많이 사용된다.
  ㉢ 펠리팅과 매우 유사하지만, 중간 과정에 열처리를 담당하는 익스트루더(extruder)가 사용되며 열처리가 높은 압력하에서 이루어진다는 점이 다르다.
  ㉣ 사료 가공형태 중 비용이 가장 많이 든다.
  ㉤ 익스트루전 처리를 했을 때 기대 효과
    • 사료 중 배합된 전분이 젤라틴화된다.
    • 사료의 기호성이 향상된다.
    • 비중이 적고 수분을 잘 흡수하게 된다.

- 항영양성 인자나 성장저해 요소 중 열에 약한 성분을 효과적으로 파괴하거나 불활성화시킬 수 있다.
  - ㅂ 가공 대상사료의 밀도, 비중, 부피 등의 변화를 자유롭게 할 수 있다.
  - ㅅ 익스트루전 공정 : 사료의 사전 열처리 → 익스트루전 → 절단 → 건조 및 냉각
- ⑤ 익스팬딩(expanding)
  - ㉠ 익스팬딩은 익스트루전과 비슷한 원리를 가지나 가공목적에 있어서 약간의 차이가 있다.
  - ㉡ 익스팬딩은 펠리팅 전에 에너지 투입을 증가시켜서 펠릿의 품질을 개선시키는 데 사용되며, 펠리팅보다는 온도가 높아서 전분의 열처리 정도가 커지게 된다.
  - ㉢ 익스팬딩은 펠릿제품의 품질을 향상시키기 위하여 펠릿기와 전처리기 사이에 익스팬더(expander)를 도입했다.
  - ㉣ 구조는 건식 익스트루전과 유사하며, 익스팬더 내의 평균압력은 35~30bars이며, 최종 제품의 수분 함량은 18% 정도이다.
- ⑥ 자비 및 증기처리
  - ㉠ 사료를 찌거나 삶는 것이다.
  - ㉡ 병원균 사멸, 풍미증진, 잡초종자 사멸, 유독성분 제거
  - ㉢ 단백질이 응고하여 소화율 저하, 비타민 파괴, 연료와 노력의 손실 증가 등의 단점이 있다.

10년간 자주 출제된 문제

4-1. 사료의 펠리팅(pelleting) 처리의 장점으로 옳은 것은?
① 사료의 부피가 증가하여 취급과 수송이 용이해진다.
② 사료 중 열에 약한 병원성 세균 및 독성물질이 파괴된다.
③ 사료의 기호성이 감소하여 섭취량이 줄어든다.
④ 사료가 고온에서 처리되어 비타민 등 영양소가 파괴된다.

4-2. 다음 중 박편처리(flaking)의 단점으로 옳은 것은?
① 박편처리는 사료의 기호성을 향상시킨다.
② 박편처리는 사료의 밀도를 높여서 섭취량을 증가시킨다.
③ 박편처리 사료는 부패 및 곰팡이 오염의 가능성이 높다.
④ 박편처리된 사료는 전분의 이용성이 감소하여 소화율이 떨어진다.

4-3. 다음 중 익스트루전(extrusion) 처리의 특징으로 옳은 것은?
① 익스트루전 처리 후 사료의 비중이 증가하고 수분 흡수 능력이 감소한다.
② 익스트루전 처리로 사료의 기호성이 저하되고 구조상의 변화가 발생하지 않는다.
③ 익스트루전 처리는 사료의 전분을 젤라틴화시키며, 비중과 부피의 조절이 가능하다.
④ 익스트루전 처리 시 사료의 열에 약한 성분이 파괴되지 않는다.

[해설]

4-1
펠리팅은 사료를 고온에서 처리하여 병원성 세균과 독성물질을 파괴할 수 있다.

4-2
박편처리는 사료의 기호성을 높이고 밀도를 증가시켜 섭취량을 증가시킬 수 있지만, 부패 및 곰팡이 오염 가능성이 높다는 단점이 있다.

4-3
익스트루전 처리는 사료 중 배합된 전분이 젤라틴화되며 가공 대상사료의 밀도, 비중, 부피 등의 변화를 자유롭게 할 수 있다.

정답 4-1 ② 4-2 ③ 4-3 ③

핵심이론 05 사료 가공 종류 및 특성(2) 조사료

① 세절
  ㉠ 볏짚, 건초, 생초, 근채류 등을 적당한 크기로 잘라 주는 것이다.
  ㉡ 볏짚의 길이는 소 2.5~3.5cm, 말·양 1.5~2.5cm가 적당하며 생초와 건초는 조금 더 길어도 된다.
  ㉢ 씹고 삼키기 쉬워서 단위시간당 섭취량이 증가하고, 골라먹지 않으며, 다른 사료와 같이 주기도 좋다.
  ㉣ 너무 짧게 자르면 침과 잘 섞이지 않고, 미생물에 의한 발효작용을 적게 받아 소화율이 떨어지며, 고창증과 같은 병을 유발할 수 있다.

② 알칼리 처리
  ㉠ 알칼리 및 산 처리가 대표적인 방법으로 다즙사료와 수분조절재 및 목초를 함께 급여한다.
  ㉡ 세절, 분쇄, 침적, 삶기, 펠리팅, 효소 처리, 계분 발효처리 등이 있다.
  ㉢ 알칼리 처리한 볏짚, 밀짚, 보리짚 등은 섬유질이 부드러워져 소화효소의 침투가 잘되므로 소화율이 향상된다.
    ※ 목질화된 조사료를 알칼리 처리하면 리그닌이 없어져 소화율이 향상된다.
  ㉣ 전분가가 2~3배로 증가되고, 칼슘의 보급 효과가 있다.
  ㉤ 알칼리에 의해 단백질, 비타민이 파괴된다.

③ 가성소다 처리
  ㉠ 가성소다(5%)와 보리짚(100kg)을 중성반응 시까지 끓인 다음 물로 씻어 이용한다.
  ㉡ 헤미셀룰로스를 용해하고 팽창시켜 반추미생물의 소화를 돕는다.
  ㉢ 가성소다의 가격이 비싸고 취급이 어려우며 다량의 가용성 영양소가 유출된다.
  ㉣ 세척 시 많은 물이 필요하고 토양오염의 문제가 있다.

④ 암모니아 처리
  ㉠ 흡착된 암모니아가 반추위 내 미생물에 의해 미생물체 단백질로 전환된다.
  ㉡ 볏짚을 암모니아 처리하면 소화율이 향상된다.
  ㉢ 비용이 적게 들고, 반추가축이 이용할 수 있는 질소 함량이 증가하며, 소화율도 향상되므로 농가에서 소규모로 실시되고 있다.
  ㉣ 소나 닭에게 암모니아 흡착 당밀을 급여 시 중독현상을 일으킬 수 있다.
    ※ 수산화나트륨 처리 : 볏짚의 목질화한 세포벽 내의 리그닌, 큐틴 및 규산의 일부가 제거되고, 그 함유물질과 섬유소, 펜토산 등의 결합부위에 균열이 생겨 소화효소의 작용이 좋아지므로 소화율이 개선된다.

⑤ 석회 처리
  ㉠ 볏짚 100kg을 소석회 10~12kg, 물 800L에 처리하여 2~3일 방치 후 물에 씻어 말리거나 또는 그대로 말려서 이용한다.
  ㉡ 산 처리와 같은 원리에 의해 사료의 소화율을 향상시킨다.
  ㉢ 알칼리 처리는 값이 비싸고, 볏짚 같은 부드러운 조사료를 처리하기에는 알칼리성이 너무 강하므로 이러한 단점을 처리하기 위해 석회수를 이용한다.

⑥ 과산화수소 처리
  ㉠ 굴드(Gould, 1984)가 개발한 방법으로 알칼리화 과산화수소 처리를 하면 셀룰로스복합체의 구조를 파괴하고 리그닌 함량이 감소되어 조사료의 소화율을 개선하고 생산성이 증가된다.
  ㉡ 세포막 물질이 파괴되어 소화가 용이하고, 허실량이 적으며, 사료의 밀도를 높여 섭취량이 증가한다.
  ㉢ 증기 및 가압 처리에 의하여 병원성 세균 및 독소물질이 파괴된다.
  ㉣ 제조 시 공해발생이 저하되고, 사료의 취급·수송·저장(저장면적이 작게 소요) 등이 용이하다.
  ㉤ 시설비용이 많이 들고, 열에 약한 비타민류가 파괴된다.

10년간 자주 출제된 문제

5-1. 다음 중 조사료 세절 처리의 장점으로 옳은 것은?
① 조사료를 너무 짧게 세절하면 소화율이 증가하고 고창증 발생이 줄어든다.
② 세절한 조사료는 씹고 삼키기 쉬워서 단위시간당 섭취량이 증가한다.
③ 세절 처리는 조사료의 소화율을 크게 저하시키고, 식체 발생 가능성을 줄인다.
④ 조사료 세절은 사료의 기호성을 감소시켜 섭취량이 줄어든다.

5-2. 사료의 알칼리 처리에 대한 설명으로 옳지 않은 것은?
① 알칼리 처리는 조사료의 섬유질을 부드럽게 하고 소화율을 증진시킨다.
② 알칼리 처리로 인해 단백질과 비타민이 파괴된다.
③ 알칼리 처리 시 칼슘의 보급 효과가 있으며, 전분가가 증가한다.
④ 알칼리 처리에 의해 유해물질이 제거되지만, 기호성이 향상되지 않는다.

[해설]

5-1
세절 처리된 조사료는 씹고 삼키기 쉬워 단위시간당 섭취량이 증가한다. 너무 짧게 세절하면 소화율이 낮아질 수 있으며, 고창증과 같은 병증이 발생할 수 있다.

5-2
알칼리 처리
조사료의 소화율을 높이고, 칼슘 보급 효과를 가지며, 전분가가 증가하고 기호성도 향상될 수 있다.

정답 5-1 ② 5-2 ④

핵심이론 06 사료 저장관리(1) 원료, 배합사료

① 원료의 저장
  ㉠ 알곡상태로 저장한다.
  ㉡ 수분관리
   • 수분이 8% 이하이면 생물적 활동은 중지되고 화학적 변화가 진행되며, 25% 이상이면 원료사용이 불가능하게 된다.
   • 안전저장을 위한 수분함량은 최저 10%, 최고 13% 사이이다.
  ㉢ 온도관리
   • 저온상태에서 저장한다.
   • 고온 시 곰팡이 발생 우려가 있으므로 통풍장치를 설치한다.

② 배합사료의 저장
  ㉠ 공장에서 생산된 제품은 생산된 순서대로 출고될 수 있도록 한다.
  ㉡ 사료의 최대보관기간은 일반적으로 60일이다.
  ㉢ 플레이크 사료는 곰팡이가 발생하기 쉽기 때문에 항곰팡이제의 첨가 없이 2~4주를 넘기지 않도록 한다.
  ㉣ 사료공장에서 농장에 도착한 후 보관기간이 길어질수록 사료 내에 아플라톡신 오염도와 함량이 증가할 수 있다.
  ㉤ 생산된 배합사료는 빠른 시간 내에 신선한 상태에서 급여하여야 하고 건식사료는 수분함량이 낮은 상태에서 보관하여야 한다.
  ㉥ 상대습도가 높으면 제품의 수분함량이 크게 증가하고, 미생물의 활동이 더욱 활발해져서 발열하거나 곰팡이의 발생을 촉진하게 된다.
  ㉦ 고온다습한 여름철에는 사료에 직사광선이나 습기를 피하고, 통기성을 개선시켜야 미생물의 증식과 영양소 파괴에 의한 손실을 줄일 수 있다.

◎ 농장에 설치되어 있는 벌크 빈의 내벽에 사료 입자들이 부착되면 미생물에 의한 변질이 발생하므로 주기적으로 완전히 비워서 잔류되지 않도록 해야 한다.

㉣ 농후사료는 저장하는 과정에서 일어나기 쉬운 영양소의 손실과 변질을 막으려면, 사료를 충분히 말려 통풍이 잘되는 저온·저습한 곳에 저장해야 한다.

※ 배합사료의 저장 시 사료가치나 풍미 저하를 줄일 수 있는 수분함량 : 11~13%

10년간 자주 출제된 문제

다음 중 배합사료의 저장과 관련하여 옳은 설명은?
① 배합사료는 수분함량이 8% 이하일 때 생물적 활동이 활발하다.
② 배합사료의 최대보관기간은 일반적으로 30일이다.
③ 배합사료는 상대습도가 높으면 미생물의 활동이 억제된다.
④ 건식사료는 수분함량이 10% 이하일 때 최상의 저장 상태를 유지한다.

|해설|
① 배합사료의 저장 시 수분함량은 낮아야 하며, 11~13%가 최적이다.
② 배합사료의 최대보관기간은 60일이다.
③ 상대습도가 높으면 미생물 활동이 활발해진다.

정답 ④

핵심이론 07 사료 저장관리(2) 건초

① 야생초나 목초를 이삭이 패는 때부터 꽃피기 시작하는 사이에 베어, 햇빛이나 열풍으로 건조한다.
② 안전한 저장을 위한 수분함량은 15% 이하이다.
③ 생초에서 수분만 제거하고, 그 밖의 영양소 손실과 분해를 줄이기 위해 포장건조법, 초가건조법, 발효건조법, 상온통풍건조법, 화력건조법 등이 이용되고 있다.
④ 건초의 조제
  ㉠ 자연건조법(양건법) : 목초를 땅 위에 얇게 펴서 말리고, 1일 2~3회씩 뒤집어 주며 3~4일간 말리는 방법이다.
  ㉡ 발효건조법(갈색 건초, 발열건초, 녹색 발효건초)
   • 예취 후 1~2일 말려서 수분이 50%가 되면 3~5m 높이의 원뿔형으로 쌓고 비닐을 덮어 2~3일간 두었다가 내부 온도가 70℃ 정도가 되면 널어서 말린다.
   • 비가 자주 오는 지방이나 계절에 이용한다.
  ㉢ 상온 송풍건조법(풍력건조법) : 예취 후 포장에서 1~2일 말린 후 수분이 40~50% 정도가 되면 송풍장치가 된 창고에 쌓아 올려 상온 송풍건조기로 건조한다.
  ㉣ 화력건조법(인공건조법) : 직접 가열식, 간접 가열식 등이 있으며, 화력건조기의 온도는 40~70℃에서 실시하고, 그 이상에서도 진행한다.

⑤ 초종별 건초 조제 시기

초종	건초 조제적기
레드클로버	개화 초기~개화 25%
라디노클로버	10~50% 개화기
알팔파	• 1회 예취 : 첫 꽃이 필 때 • 2회 예취 : 꽃이 한창 필 때 • 3회 예취 : 서리 내리기 40~60일 전
화본과 목초류	이삭이 필 때
수단그라스	이삭이 필 때
호밀, 귀리 등	수잉기 후기~출수기
화본과-두과 혼파	두과 목초 수확시기
화본과 목초류	출수기

⑥ 건초의 품질평가 시 고려해야 할 사항 : 녹색도, 잎의 비율, 방향성과 촉감, 이물질의 혼입 정도, 수분 함량, 단백질 함량, 조섬유 함량 등

⑦ 건초의 급여
  ㉠ 체중의 1~2%를 급여한다.
  ㉡ NDF 함량에 의한 1일 섭취량을 구하여 급여한다(120/NDF 함량).

10년간 자주 출제된 문제

다음 중 건초의 저장과 관련하여 옳은 설명은?
① 건초의 안전한 저장을 위한 수분함량은 25% 이하로 유지해야 한다.
② 건초는 수확 후 1~2일 내에 완전히 건조시켜야 한다.
③ 건초의 수분함량이 15% 이하일 때 저장에 가장 적합하다.
④ 건초는 통풍이 잘 되지 않는 장소에서 저장해야 한다.

[해설]
건초는 수분함량이 15% 이하일 때 안전하게 저장할 수 있다. 높은 수분함량은 부패와 곰팡이 발생의 원인이 된다.

정답 ③

핵심이론 08 사료 저장관리(3) 사일리지

① 엔실리지, 매초, 매장사료라고도 하며, 용기는 사일로라고 한다.
② 저장성을 극대화하기 위해 목초, 풋베기 작물, 곡식용 작물 및 농산부산물 등에 유산균을 이용하여 발효시킨 다즙질 사료이다.
③ 재료 중의 수분을 그대로 보존하면서 저장하는 방법이다.
④ 건초와 달리 재료를 말리지 않고 만들기 때문에 날씨의 제약을 덜 받고, 저장용적이 덜 들며 만드는 과정 중 영양소 손실이 적고, 기호성이 향상되어 소가 즐겨 먹는다.
⑤ 사일리지의 제조
  ㉠ 사일리지를 만드는 기본 원리는 혐기적인 젖산발효에 의해 조사료를 발효시키는 것이다.
  ㉡ 재료를 잘게 썰어 사일로 안에 빈틈없이 채워 넣는다.
  ㉢ 특히 사일리지 제조 중 공기가 유입되면 사일리지가 발효되지 않고 부패하게 된다(낙산 생성).
  ㉣ 수분을 조절하기 위하여 재료를 예비 건조하거나 짚 또는 건초를 첨가하기도 한다.
  ㉤ 재료에 당분이 모자라면 당밀이나 녹말을 첨가하기도 한다.
  ㉥ 인공적으로 pH를 조절하기 위해 염산과 황산의 혼합액이나 폼산을 첨가하기도 한다.
  ㉦ 재료를 넣은 지 50~60일이 지나면 엔실리지가 된다.

⑥ 사일로의 종류 : 원통형, 기밀형, 트렌치형, 벙커형 및 스택형, 비닐백 사일로, 퇴적사일로 등이 있다.

탑형	• 수직으로 세워진 원통형 구조물(강철, 콘크리트, 유리섬유 등으로 제작) • 상부에서 사료를 투입하고, 하부에서 꺼내는 방식 • 건물 회수율이 높고 장기 저장에 유리
트렌치형	• 지면을 파서 만든 도랑의 형태 • 조성 비용이 저렴하고 사료 적재와 반출이 편리
벙커형	• 3면이 벽으로 둘러싸인 콘크리트 구조물 • 공간 활용이 효율적 • 대규모 농가에서 기계화된 작업이 가능
스택형	• 사료를 직접 지면 위에 쌓고 비닐 등으로 위를 덮어 공기를 차단하는 방식 • 임시 사일리지 저장용으로 사용

⑦ 사일리지용 옥수수의 수확적기
　㉠ 옥수수 황숙기의 수분함량은 68~70%로, 이때 수확하면 첨가제 없이도 양질의 사일리지를 담을 수 있다.
　㉡ 황숙기보다 일찍 수확하면 양분축적이 적고, 늦게 수확하면 암이삭이 떨어져 나가거나 줄기와 잎이 말라 양분 손실이 많다.
　㉢ 옥수수가 생리적으로 완전히 성숙했을 때 블랙레이어(black layer)가 형성된다.
　㉣ 황숙기 옥수수는 총양분함량 중 62%가 암이삭에 포함된다.
　※ 옥수수에서 블랙레이어가 발생하는 것은 종자가 완전히 성숙했음을 알리는 지표로, 주로 종자의 배 부분에 있는 씨배유와 종자자엽 사이에 검은층이 형성되는 현상을 말한다.

> **더 알아보기**
> **사일리지 재료에 따른 예취적기**
>
> | 종류 | 적기 |
> |---|---|
> | 옥수수 | 황숙기, 수염이 나온 후 50~55일(출수 후 35~45일) |
> | 수수류 | 출수기~호숙기(수분 함량 70~75%) |
> | 호밀, 귀리 | 개화기~유숙기(수분 함량 67~72%) |
> | 화본과 목초 | 출수기~개화 초기 |
> | 두과 목초 | 개화 초기~1/2 개화 시 |

⑧ 사일리지에 첨가하는 물질(첨가제)
　㉠ 발효 자극제(pH를 4.0 이하로 낮추어야 함)
　　• 젖산균 첨가제
　　• 영양소 첨가제 : 효소 및 당밀
　㉡ 발효 억제제(산도를 저하시켜 보존 능력 증진) : 개미산, 프로피온산
　㉢ 양분(단백질) 첨가제 : 요소, 암모니아, 모레아, 기타 무기물, 곡류
　㉣ 기타
　　• 수분조절 : 비트펄프, 밀기울, 볏짚
　　• 세포벽 분해 : 셀룰로스 및 곰팡이
　　• 부산물 : 계분, 채소잎 등

> **더 알아보기**
> **사일리지 제조에 적당한 조건**
> • 적당한 온도와 수분을 부여할 것
> • 다져 넣을 때 공기를 배제할 것
> • 잡균의 번식을 방지할 것
> • 적절한 탄수화물의 함량을 가질 것
> • 필요시 적절한 첨가제를 사용할 것
> • 기계화 작업체계가 확립될 것

⑨ 사일리지의 품질
　㉠ 외관에 의한 품질판정
　　• 향취 : 시큼한 냄새가 나는 것이 좋고, 두엄, 곰팡이 냄새가 나면 질이 나쁜 것이다.
　　• 맛 : 새콤하고 향긋한 산미가 좋고, 무미・떫은 맛은 질이 좋지 않다.
　　• 색깔 : 황록색이 좋고 재료에 따라 색이 다양하다.
　　• 감촉 : 부슬부슬하고 부드러운 것이 좋고, 끈적끈적한 것은 불량이다.
　㉡ 화학적 방법에 의한 품질평가
　　• pH 측정 : pH 3.5~4.0
　　• 유기산의 조성 : Flieg 방법으로 유산, 초산, 낙산을 정량한 다음 조성비율을 계산한다.

- 질소화합물의 함량에 따른 판정 : 제조 중 단백질의 일부가 휘발성 염기질소로 변하고 이것이 산패취의 원인이다.

⑩ 사일리지의 급여
  ㉠ 사일리지 제조 후 40~50일부터 급여한다.
  ㉡ 한 번에 꺼내는 두께는 4~6cm 정도로 하고 비닐로 덮어 놓는다.
  ㉢ 가축별 급여 방법
    • 젖소 : 50~70kg/1일, 체중의 5~6%
    • 한우 : 볏짚 4kg와 엔실리지 15kg 급여
    • 송아지 : 생후 6개월이 지난 후

10년간 자주 출제된 문제

다음 중 사일리지의 기본 원리에 대한 설명으로 옳은 것은?
① 사일리지는 건초와 달리 재료를 말리지 않고 저장하므로 날씨의 영향을 많이 받는다.
② 사일리지를 만들기 위해서는 공기가 유입되면 안 되며, 이를 위해 공기 제거 작업이 필요하다.
③ 사일리지를 만들 때는 pH 조절이 필요 없으며, 자주 공기를 제거해야 한다.
④ 사일리지의 저장 용적이 많이 들며, 만드는 과정에서 영양소 손실이 많다.

|해설|
사일리지를 만들 때는 공기가 유입되면 발효가 제대로 이루어지지 않고 부패가 발생할 수 있으므로 공기를 제거하고 밀폐하여 저장하는 것이 중요하다.

정답 ②

핵심이론 09 사료 저장관리(4) 헤일리지

① 저수분 사일리지라고도 부르며 수분함량을 40~60%로 낮추어 제조한 사일리지를 말한다.
② 헤일리지는 건초와 사일리지의 중간단계로 수확 중 혹은 저장 중에 발생하는 손실이 가장 적다.
③ 헤일리지의 장점
  ㉠ 고수분 사일리지보다 유통과 보관이 쉽다.
  ㉡ 건초보다 만들기 쉽다.
  ㉢ 수분함량을 낮추어 건물 섭취량을 증가시킨다.
  ㉣ 재료의 운반이 편리하다.
  ㉤ 즙액의 유실로 인한 손실이 적다.
  ㉥ 발효가 억제되어 ph가 일반 사일리지에 비해 높다.
  ㉦ 건물 손실이 적다.
  ㉧ 겨울에 얼지 않는다.
④ 헤일리지의 단점
  ㉠ 카로틴이 파괴되고 소화율이 떨어진다.
  ㉡ 발효가 잘 안 된다.

[수분함량에 따른 분류 및 장단점]

구분	건초	헤일리지	사일리지
수분함량	15~20% 이하	40~60%	60~70% 또는 이상
장점	• 정장제 효과(설사 방지) • 수분함량이 적어 운반과 취급이 용이하다. • 비타민 D 함량이 높다.	2~3일 예건으로 생산이 가능하다.	• 날씨의 영향이 적다. • 건초에 비해 단백질 비타민 함량이 높다. • 기호성과 저장성이 좋다.
단점	• 기상의 영향을 많이 받는다. • 강우 시 품질 저하가 우려된다.	발효가 잘 되지 않아 미생물 첨가제가 필요하다.	특수한 기계 및 시설이 필요하다.

10년간 자주 출제된 문제

헤일리지의 장점으로 옳은 것은?

① 헤일리지는 기호성이 사일리지보다 낮고 발효가 잘 되지 않는다.
② 헤일리지는 수분함량이 낮아 운반과 취급이 용이하며, 비타민 D 함량이 높다.
③ 헤일리지는 발효 과정에서 카로틴이 유지되며, 소화율이 높다.
④ 헤일리지는 저장 중 발효가 잘 되어 pH가 사일리지보다 낮다.

|해설|
헤일리지는 수분함량이 낮아 운반과 취급이 용이하며, 비타민 D 함량이 높고, 저장 중 발효가 잘 되지 않아 pH가 높다.

정답 ②

PART 02

과년도 + 최근 기출복원문제

2014~2016년   과년도 기출문제
2017~2024년   과년도 기출복원문제
2025년   최근 기출복원문제

※ 2025년부터 축산기능사 필기시험 출제기준 변경으로 '축산경영'이 제외되었으며, 문제 수는 기존과 동일합니다.

2014년 제4회 과년도 기출문제

01 젖소의 열사병에 관한 설명 중 B에 해당하는 것은?

> 열사병은 돌발적으로 발생한다. 발생한 소는 처음에는 멍청하게 서 있다가 강제로 걷게 하면 비틀거리다가 주저앉는다. 그러면서 불안해하고 입을 벌리고 호흡이 빨라진다. 체온이 상승하는데 직장의 체온을 측정하면 보통 (A)℃ 이상으로 올라간다. 체온이 (B)℃를 넘으면 호흡촉박과 전신적으로 동통이 나타난다. 체온이 더 상승하면 호흡은 얕고 불규칙해지며, 맥은 약하고 빨라지고, 흔히 전신 경련에 이어서 말기에는 혼수에 빠진다.

① 30   ② 35
③ 37   ④ 41

[해설]
A. 체온이 상승하는데 직장의 체온을 측정하면 보통 39.5℃ 이상으로 올라간다.
B. 체온이 41℃를 넘으면 호흡촉박과 전신적으로 동통이 나타난다.

02 다음 중 수용성 비타민은?

① 비타민 A   ② 비타민 D
③ 비타민 B   ④ 비타민 K

[해설]
비타민
- 지용성 비타민 : 비타민 A · D · E · K
- 수용성 비타민 : 비타민 B_1 · B_2 · B_6 · B_{12} · C, 니아신, 판토텐산, 엽산, 비오틴 등

03 암소의 주생식샘으로 복강 내에 위치하고 있으며, 난자의 성숙과 배란, 황체의 형성 및 퇴화 등 일련의 현상이 주기적으로 반복되는 곳은?

① 난소   ② 난관
③ 자궁   ④ 질

[해설]
난소는 난자를 배출시켜 수정이 이루어지고, 나아가 착상에 성공할 수 있도록 자궁, 난관 및 주위 조직을 적절히 준비하는 기능을 한다.

04 신생자돈에 초유를 급여할 때 면역력이 가장 높은 초유 단백질은?

① 면역글로불린 A   ② 면역글로불린 B
③ 면역글로불린 G   ④ 면역글로불린 E

[해설]
돼지는 초유 중 면역글로불린 G(IgG) 흡수능력이 생후 0~3시간에는 100%, 3~9시간에는 50%로 출생 후 빠른 시간 내에 초유섭취를 최대화 시켜야 한다.

05 각종 혐기성 병원균이 서식하는 데 필요한 조건이 아닌 것은?

① 유기물   ② 온도
③ pH   ④ 산소

[해설]
산소는 세균의 증식과 대사에 영향을 준다.
- 편성호기성 : 산소필요
- 편성혐기성 : 산소가 존재하지않거나 극미량 존재
- 미호기성 : 낮은 산소
- 통성혐기성 : 산소 유무에 관계 없음

정답 1 ④ 2 ③ 3 ① 4 ③ 5 ④

06 원산지가 아프리카동북부인 산양 품종은?

① 자넨종　　② 토겐부르크종
③ 누비안종　　④ 알파인종

해설
①·② 자넨종, 토겐부르크종, 알파인종 : 스위스
④ 알파인종 : 스위스-프랑스 알프스지방

산양의 품종
- 유용종 : 누비안종(아프리카), 토겐부르크종(스위스), 자넨종(스위스), 한국 재래종, 미국라만차종, 알파인종(스위스-프랑스)
- 모용종 : 앙고라종(앙카라, 터키), 캐시미어종(티베트, 인도)

07 분류학상 종을 달리하는 가축간의 교배법으로 널리 이용되는 노새의 교배법은?

① 암말 × 수탕나귀
② 암탕나귀 × 수말
③ 암소 × 수말
④ 암말 × 수소

해설
종간교배
동물학상으로 속은 같으나 종이 다른 두 개체 사이의 교배, 종간잡종의 예로 암말과 수나귀 사이의 교배로 생기는 노새를 들 수 있다.

08 부화기 소독법에는 소창법과 과망간산칼륨법이 주로 이용되는데 이 두 소독법에 공통으로 쓰이는 약품은?

① 페놀　　② 석회석가루
③ 포르말린　　④ 알코올

해설
부화장 및 부화기 소독 시 사용되는 포르말린은 소독 효과가 확실하지만 인체에 발암성이 있으므로 주의 사항을 준수하고 소독 후 철저히 환기시키거나 중성화시켜야 안전하다.

09 돼지 품종 중 미국 원산으로 어깨에 백색 띠가 있는 것은?

① 바크셔종　　② 요크셔종
③ 햄프셔종　　④ 탐워스종

해설
털색이 대부분 검은색이지만 검은 바탕의 어깨부터 앞다리에 걸쳐서 흰 띠가 있다.

10 토끼에서 위탁포유는 어느 암컷을 빨리 번식시켜서 다수의 새끼토끼를 얻고자 할 때 또는 분만 후 어미토끼가 죽거나 산자수가 너무 많을 때 주로 이용된다. 다음 중 위탁포유의 특징 설명으로 틀린 것은?

① 출생된 어린 새끼토끼를 전부 위탁포유 시키면 분만 후 바로 번식시킬 수 있다.
② 새끼토끼의 발육을 고르게 할 수 없다.
③ 첫 새끼 때에 그 새끼 수를 제한 함으로써 어미토끼의 체구 이완과 발육부진을 미연에 방지할 수 있다.
④ 분만 후 1주일 이내에 어미토끼가 죽어도 그 새끼를 기를 수가 있다.

해설
위탁포유를 시킬 때 주의해야 될 일은 다른 새끼를 받게 되는 유모 토끼가 남의 새끼라는 것을 모르도록 하는 것이다. 토끼는 눈보다는 코의 기능이 더 발달하였으므로 자기 새끼와 남의 새끼를 구별할 때는 대개 냄새로서 알아본다.

정답 6 ③　7 ①　8 ③　9 ③　10 ②

11 다음은 한우를 비육하고자 한우의 외모를 조사한 것이다. 비육할 소로 적당하지 않은 것은?

① 피부는 여유가 있고 두께는 중등 정도로 유연하며 탄력이 풍부한 소
② 전구가 발달하고 머리가 큰 소
③ 발굽은 크고 질이 좋으며, 걸음걸이는 바르고 발디딤이 안정된 소
④ 위, 아래 넓적다리는 넓고 두껍고 충실한 소

해설
② 머리는 체구에 비해 알맞게 크고, 모양이 좋고 선명한 것이 좋다.

12 섭취한 사료를 동물 체내에서 소화할 때 관계없는 기관은?

① 구강　　② 위
③ 소장　　④ 콩팥

해설
콩팥(신장)은 오줌의 배설량을 조절한다.

13 닭을 사육할 경우 케이지 사육의 장점이 아닌 것은?

① 생산된 계란이 깨끗하다.
② 병에 걸린 닭의 발견이 용이하다.
③ 단위면적당 수용두수가 평사의 1.5~2배가 된다.
④ 시설경비가 싸고 더위와 추위에 대해서 영향을 적게 받는다.

해설
④ 케이지 사육은 시설비가 많이 들고 좁은 사육면적으로 인해 닭이 스트레스를 받을 수 있다는 단점이 있다.

14 입체식 부화기를 이용한 닭의 부화작업 시 부란초기부터 18일까지의 온도와 상대습도가 가장 알맞게 짝지어진 것은?

① 온도 39.8℃, 습도 60%
② 온도 39.5℃, 습도 70%
③ 온도 37.5℃, 습도 80%
④ 온도 37.8℃, 습도 60%

해설
보편적으로 발육좌에서 부화 19일 동안의 최적온도는 37.5~37.7℃이고, 발생좌에서는 36.1~37.2℃이다.

15 다음 모식도는 어떤 교잡법을 나타내고 있는가?

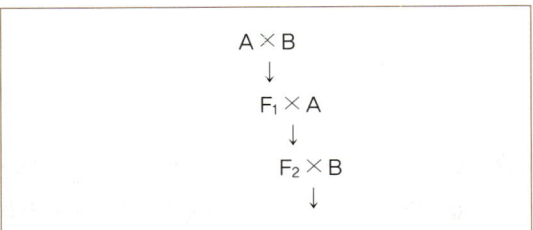

① 2원교잡　　② 퇴교배
③ 3원교잡　　④ 상호역교배

해설
상호역교배(criss-crossing)
2품종 또는 계통 간의 1대 잡종에 양친 중 어느 한쪽의 품종을 교배시키고 잡종 2대에는 양친의 다른 쪽 품종을 교배시키는 방법이다.

16 다음 설명하는 젖소의 질병은?

> 분만 직후의 젖소나 비교적 비유 능력이 높은 소에서 많이 발생하는 병으로서 원인은 지방이나 탄수화물의 대사작용이 이루어지지 않아 우체 내에 케톤체가 머물러 발생하는 데 증상은 주로 산전, 산후 기립불능, 식욕 감퇴, 설사, 변비, 목을 한편으로 돌리고 한 방향으로 보행, 허리를 비틀거린다. 치료는 고농도의 포도당, 칼슘, vitamin C 주사 등임

① 유열
② 케토시스
③ 파이토플라즈마
④ 장폐쇄

해설
젖소의 케토시스(ketosis)
지방이나 탄수화물 대사에 차질이 생겨 우체내 혈액 중에 케톤체가 축적되어 발생한다. 분만 직후의 젖소나 비교적 비유 능력이 높은 소에서 많이 나타난다.

17 치즈를 제조하는 데 있어서 필요한 사항이 아닌 것은?

① 유산균
② 응유효소
③ 살균기
④ 건조기

해설
치즈
전유, 탈지유, 부분탈지유, 크림, 버터밀크 등을 원료로 하여 여기에 유산균, 레닛(rennet) 또는 기타 적합한 단백질 분해효소(응유효소), 산 등을 첨가하여 카세인을 응고시키고, 유청을 제거한 다음 가열, 압착 등의 처리에 의해서 만들어진 신선한 응고물 또는 발효숙성식품이다.

18 돼지의 질병 중 호흡기 질병인 것은?

① 살모넬라병
② 오제스키병
③ 돼지적리
④ 부종증

해설
돼지오제스키병
제2종 가축전염병으로 모돈의 유사산 특히 초산돈에 심한 유사산을 볼 수 있으며, 경산돈에서 번식성적이 저하된다. 자돈에서는 포유자돈의 구토, 설사, 위축, 신경증상 등을 관찰할 수 있으며, 육성 및 비육돈에서는 주로 호흡기 증상이 관찰된다.
① · ③ 살모넬라, 돼지적리 : 소화기 질병
④ 부종증 : 용혈성 대장균이 원인

19 다음 중 돼지의 생리적 특징 설명으로 틀린 것은?

① 발육이 빨라 잘 자란다.
② 잡식성(雜食性)이다.
③ 다산성(多産性)으로 새끼를 많이 낳는다.
④ 땀샘이 잘 발달되어 더위에 강하다.

해설
돼지는 생리적으로 땀샘이 퇴화되었을 뿐만 아니라 두꺼운 지방층과 털로 덮여 있어 더위에 매우 약하다. 온도가 25℃ 이상 되면 고온 스트레스를 받기 시작한다.

20 소의 고열과 호흡기 계통의 급성염증 및 괴사를 특징으로 하는 전염병으로 병원체는 헤르페스바이러스(herpesvirus)이며 2차 혼합감염의 위험이 높은 질병은?

① 바이러스성 하리증
② 전염성 비기관염
③ 유행열
④ 유행성 뇌염

해설
소의 전염성 비기관염은 급성 호흡기병으로 연중 발생하는데, 특히 한랭기에 많이 발생하며 어린 소에 피해가 크다.

21 건초용 화본과(科) 목초의 예취시기는?

① 꽃이 한창 질 때
② 유숙기
③ 이삭 팰 때부터 꽃이 필 때까지
④ 황숙기

해설
화본과 목초는 출수기(이삭이 나오는 시기), 두과 목초는 개화 초기이다.

22 다음 중 매듭풀은 무엇을 말하는가?

① 오처드그라스   ② 레스페데자
③ 클로버   ④ 컴프리

해설
매듭풀류(레스페데자류)
한국의 매듭풀(코리안 레스페데자)을 1919년 미국 농무성이 미국 미주리주립대학으로 가져가 토끼풀(클로버) 재배가 어려운 척박한 목초지에 대량재배하고 품종개량도 하였다.

23 어릴 때 방목으로 이용하여도 청산중독의 위험이 없으며 재배하기에 용이한 남방형 사료작물은?

① 수단그라스   ② 호밀
③ 연맥(귀리)   ④ 피

해설
피는 전형적인 남방형 여름작물로 우리나라 전역에서 재배가 가능하며 용도를 잃어가고 있는 논을 활용해 재배할 수 있고 국내에서 종자 자급이 가능하다는 장점이 있다.

24 다음 목초의 이용 형태 중 저장을 하는 형태가 아닌 것은?

① 건초   ② 사일리지
③ 헤일리지   ④ 청예

해설
청예 : 키가 크고, 수량이 많은 작물로 낙농지대에서 생초를 가공하지 않은 상태로 이용된다.

25 엔실리지용 옥수수에서 잘 발생하는 병해만으로 구성된 것은?

① 검은녹병, 잎썩음병
② 깨씨무늬병, 그을음병
③ 점무늬병, 줄기마름병
④ 잎마름병, 갈색무늬병

해설
깨씨무늬병과 그을음병
- 깨씨무늬병 : 옥수수에서 전 생육기간 동안 발생하며 생육후기에 온도가 높고(20~30℃), 비가 많이 오면 발생이 심하다.
- 그을음무늬병(매문병) : 성숙기에 많은 강우로 습한 날씨가 지속될 때, 수확이 지연될 때 발생이 심하다.

26 젖소 10마리를 기르는 농가가 1마리당 하루 20kg의 사일리지를 180일 동안 급여한다면 사일로의 부피로 가장 적합한 것은?(단, m^3의 사일리지 무게는 600kg이고, 사일리지의 감량률은 20% 정도이다)

① $70m^3$ ② $75m^3$
③ $80m^3$ ④ $85m^3$

해설
- 180일 동안 급여한 사일리지 무게 = 10마리 × 20kg/일 × 180일 = 36,000kg
- 사일리지의 감량률이 20%이므로, $1m^3$당 사일리지 무게 600kg × 0.2 = 120kg가 감량된다.
- $1m^3$당 실질적인 사일리지 무게 = 600kg - 120kg = 480kg
∴ 사일로의 부피 = 36,000kg ÷ $1m^3$당 사일리지 무게 480kg = $75m^3$

정답 21 ③ 22 ② 23 ④ 24 ④ 25 ② 26 ②

27 다음 목초종자의 종자등급 중 균일성이나 유전적인 순도면에서 가장 떨어진다고 생각되는 종자의 등급은?

① 기본종자(breeder seed)
② 원종자(foundation seed)
③ 보증종자(certified seed)
④ 등록종자(registered seed)

[해설]
보증종자 : 기본종자나 보증종자로부터 직접 혈통을 이어받은 종자

28 곧은 뿌리를 가지며, 경우에 따라 뿌리가 7~9m까지 땅속 깊숙하게 뻗으며, 토양산도에 가장 민감한 콩과 초종은?

① 알팔파   ② 화이트클로버
③ 레드클로버   ④ 버즈풋트레포일

[해설]
알팔파는 대표적인 심근성 두과에 속한다. 산성토양에 약하고 붕소결핍에 민감하다.

29 우리나라와 같이 비가 많이 오는 지역에서는 건초를 만들다가 비가 올 것이 예상되면 바로 곤포사일리지로 만들면 매우 우수한 저수분 사일리지가 된다. 다음 중 저수분 사일리지의 장점이 아닌 것은?

① 삼출액에 의한 건물손실이 적다.
② 운반과 취급이 고수분 사일리지에 비해 용이하다.
③ 산도가 낮아지고 암모니아태 질소의 함량이 낮다.
④ 일반적으로 건물 섭취량이 고수분 사일리지보다 많아진다.

[해설]
③ 저수분 사일리지(헤일리지)는 발효가 억제되어 일반 사일리지에 비해 젖산함량이 낮고 pH가 높다.

저수분 사일리지(헤일리지)의 장단점

장점	• 고수분 사일리지보다 유통과 보관이 쉽다. • 건초보다 만들기 쉽다. • 수분함량을 낮춤으로써 건물섭취량을 증가시킬 수 있다. • 재료운반이 편리하다. • 즙액의 유실로 인한 손실이 적다. • 발효가 억제되어 pH가 일반 사일리지에 비해 높다. • 건물손실량이 적다. • 겨울에 결빙의 염려가 적다.
단점	• 카로틴이 파괴되고 소화율이 떨어진다. • 발효가 잘 되지 않는다.

30 가는 줄기를 내어 퍼지는 키가 작은 콩과 목초로 각 마디에서는 잎자루와 뿌리를 내며 잎자루 끝에 3개의 작은 잎을 한 아시아 및 유럽원산으로 우리나라에도 많은 목초는?

① 화이트클로버   ② 레드클로버
③ 알사이크클로버 ④ 스위트클로버

[해설]
화이트클로버
잎은 잎자루에 3개씩 붙어 있는데, 소엽의 표면에는 백색 무늬가 있고 털은 없으며 잎 둘레는 작은 톱니로 되어 있다.

[정답] 27 ③ 28 ① 29 ③ 30 ①

31 건초를 베는 시기가 늦어질수록 품질과 사료가치에 주는 영향을 설명한 것 중 옳지 않은 것은?

① 잎의 손실 감소
② 단백질량의 감소
③ 소화하기 어려운 물질의 증가
④ 기호성의 저하

> **해설**
> ① 건초 수확 시기가 늦어질수록 수분함량이 낮아져 잎이 탈락하는 비율이 높아진다.
> 작물이 어릴수록 단백질, 지방, 카로틴, 칼슘이 많고 기호성, 소화성이 좋다.

32 초지를 만들 때 토양의 산도를 교정하기 위해 사용하는 것은?

① 질소질 거름
② 인산질 거름
③ 칼륨질 거름
④ 석회

> **해설**
> 석회사용으로 토양이 중성이 되면 영양소를 잘 흡수한다.

33 북방형 목초는 여름철에 기온이 몇 도 이상일 때 하고현상이 나타나는가?

① 5℃
② 10℃
③ 15℃
④ 25℃

> **해설**
> 하고현상 : 25℃ 이상의 고온과 가뭄으로 목초의 생육이 중단되거나 말라죽는 현상

34 추위에 강하고 고온 건조한 여름철 기후를 싫어하며 우리나라 고랭지에서 재배하기 알맞은 화본과 목초는?

① 알팔파
② 레드톱
③ 톨페스큐
④ 티머시

> **해설**
> 티머시는 추위에 강해 우리나라에서는 대관령 지역이 재배하기에 알맞으며, 줄기 기부에 볼록한 비늘줄기를 가지고 있다.

35 다음 중 건초 묶기를 하는 초지용 기계는?

① 보텀 플라우
② 헤이 베일러
③ 롤러
④ 모어

> **해설**
> 헤이 베일러는 포장에서 말린 건초를 압축시켜 묶는 기계이다.

36 다음 중 사일리지를 만드는 데 가장 많이 이용되는 것은?

① 레드톱
② 옥수수
③ 티머시
④ 알팔파

> **해설**
> 호숙기~황숙기의 옥수수가 가장 좋고 그 밖에 목초, 수수, 귀리, 호밀 등이 있다.

정답 31 ① 32 ④ 33 ④ 34 ④ 35 ② 36 ②

37 사료작물의 생존연한에 의한 분류는 다년생, 2년생, 월년생, 1년생으로 구분할 수 있다. 다음 중 2년생에 해당하는 것은?

① 레드클로버 ② 톨페스큐
③ 수단그라스 ④ 화이트클로버

해설
생존연한에 의한 분류
- 1년생 : 수단그라스계 교잡종, 수수, 옥수수 등
- 월년생 : 이탈리안라이그래스, 호밀, 보리, 귀리 등
- 2년생 : 레드클로버, 스위트클로버, 알사이크클로버, 커먼라이그래스 등
- 다년생 : 각종 북방형 목초(티머시, 오처드그라스, 알팔파, 라디노클로버, 화이트클로버, 톨페스큐 등)

38 이탈리안라이그래스만을 단파(單播)할 경우에는 조파(條播)하게 되면 1ha당 얼마를 파종해야 하는가?

① 3~5kg
② 13~18kg
③ 22~45kg
④ 60~75kg

해설
종자생산을 위해 밭에서 줄뿌림 파종 시 파종량은 20kg/ha 정도면 충분하다.

39 다음 중 난지형(暖地型, 南方型) 목초에 해당하는 것은?

① 오처드그라스 ② 켄터키블루그래스
③ 티머시 ④ 버뮤다그래스

해설
한지형 사료작물과 난지형 사료작물

구분	생존연한	화본과	두과
한지형	다년생	오처드그라스, 티머시, 톨페스큐, 메도페스큐, 켄터키블루그래스, 레드톱, 스무드브롬그래스, 리드카나리그래스, 페레니얼라이그래스, 크리핑벤트그래스	화이트클로버, 라디노클로버, 레드클로버, 알사이크클로버, 알팔파, 스위트클로버, 버즈풋트레포일
	월년생	이탈리안라이그래스, 호밀, 귀리, 밀, 보리	크림슨클로버, 서브트레니언클로버, 커먼베치, 헤어리베치, 자운영, 루핀
난지형	다년생	버뮤다그래스, 달리스그래스, 존슨그래스, 판골라그래스, 로즈그래스, 위핑러브그래스, 잔디	칡, 세리시아레스페데자
	1년생	기장, 조, 옥수수, 수수, 수단그라스	코리안레스페데자, 커먼레스페데자, 콩, 완두 등

40 호맥(호밀) 재배 적지와 관련된 설명 중 옳지 않은 것은?

① 사질양토에서 생산 가능
② 발아의 최적온도 1~2℃, 최적온도 25℃
③ 산성인 땅과 pH 5.6~6.5일 때 생육에 적합
④ 고온과 습지에서 생육 왕성

해설
④ 호밀은 내한성이 강할 뿐 아니라 심근성이므로 가뭄과 척박한 토양에서도 재배가 가능하나 습한 토양보다는 약간 건조한 토양에서 잘 자란다.

정답 37 ① 38 ② 39 ④ 40 ④

41 양돈농가의 번식돈 두당 연간 조수익이 500만원, 경영비가 250만원, 생산비(총사육관리비용)가 400만원이라고 할 때 번식돈 두당 순이익율은?

① 20% ② 30%
③ 40% ④ 50%

해설
- 순수익 = 조수입 − 생산비
  = 500만원 − 400만원
  = 100만원
- 순수익률 = 순수익 / 조수익 × 100
  = 100만원 / 500만원 × 100
  = 20%

42 다음 설명에 해당하는 것은?

- 복열로 4~12개의 착유상이 설치되어 있다.
- 유방 간의 거리가 90~120cm로 짧아서 착유자의 보행거리가 짧으며, 착유 상태를 관찰하기 쉽다.
- 젖소를 군별로 취급해서 1조당 착유시간은 가장 늦은 개체에 의하여 결정된다는 결점이 있다.

① 탠덤형 착유실 ② 헤링본 착유실
③ 다각형 착유실 ④ 통로형 착유실

해설
② 헤링본 착유실 : 착유스톨이 물고기 뼈 모양으로 사열로 배열된 구조로, 유럽에서 가장 흔히 사용되는 착유실의 대표적인 형식이다.
① 탠덤형 착유실 : 헤링본 착유실과 같이 소가 한꺼번에 들어왔다가 모든 소의 착유가 끝난 후 소가 한꺼번에 나가는 것이 아니라 각 스톨마다 출입문이 있어 착유가 먼저 끝난 소가 먼저 나가고 그 자리에 다음 소가 들어 올 수 있으므로 회전율이 헤링본 착유실에 비하여 높다.
③ 다각형 착유실 : 헤링본 착유실의 단점을 보완하기 위하여 측면 출입식 착유실의 장점을 도입한 것으로 3각형 또는 4각형의 형태를 취한다.
④ 통로형 착유실 : 통로 형태로 좁게 설치한 착유상, 1조조 젖소군의 착유가 끝난 후 다음 조의 착유를 실시한다.

43 도시 근교에서의 농경지가 좁은 상태에서 우유생산을 주로 하는 경영형태는?

① 전업적 비육경영
② 집약적 낙농경영
③ 송아지 생산 경영
④ 초지형 낙농경영

44 축산물 유통의 조성기능에 해당되는 것은?

① 원유의 집유
② 구매와 판매
③ 저장 및 보관
④ 표준화 및 등급화

해설
축산물 유통의 조성기능
표준화 및 등급화, 시장정보, 금융 및 위험부담 등에 의해서 유통의 기능(비축, 행정, 법률, 세무 등을 포함)을 조성한다.

45 '조수입−생산비'의 공식에 의하여 산출되는 것은?

① 소득   ② 순수익
③ 소득율 ④ 순수익율

해설
순수익 = 축산조수입 − 생산비(경영비 + 자기자본이자 + 자기토지지대 + 자기노임)

정답 41 ① 42 ② 43 ② 44 ④ 45 ②

46 축산물 가격정책의 수단이라고 할 수 없는 것은?

① 보조금제도　② 수매비축제도
③ 생산장려제도　④ 시장가격 지지

해설
축산물 가격정책(거래지지정책)
보조금제도, 수매비축제도, 생산 또는 유통량의 조절제도, 수요확대 프로그램, 관세·수입부과금, 쿼터량에 의한 수입 제한 조치 등

47 착유기의 구입가격이 50만원이고, 내용연수는 5년, 잔존비율이 10%일 때 매년 감가상각비를 정액법으로 계산한 값은?

① 3만원　② 6만원
③ 9만원　④ 12만원

해설
감가상각비 = $\dfrac{500{,}000 - 50{,}000}{5}$ = 90,000원

48 축산물생산비에 관한 설명으로 옳지 않은 것은?

① 고정비와 유동비로 구성된다.
② 이윤을 포함하지 않은 비용의 개념이다.
③ 축산물 생산을 위한 생산 제요소 및 용역비용의 합계액이다.
④ 생산비에는 자가노임이나 자기자본에 대한 이자 등과 같은 내급비가 포함되지 않는다.

해설
생산비 : 경영비에 기회비용 성격의 자가노력비, 자기자본용역비, 자기 토지용역비 등을 합한 총 투입비용

49 일반적으로 축산에서 규모의 척도로 사용되는 것은?

① 자본금　② 주요 사육두수
③ 주요 건물면적　④ 전체 경지면적

해설
구입사료 의존의 가공적 축산경영(채란, 브로일러, 양돈, 비육우, 도시근교의 전업낙농 등)에서 직접 사육하는 가축은 두(수)수를 경영규모의 지표로 사용한다.

50 축산물 유통기능의 취약점에 대한 설명으로 옳지 않은 것은?

① 유통기능의 수행을 지나치게 중간상인에 의존하는 경향이 있다.
② 수송, 저장, 포장, 시장정보 기능이 낙후되어 있고 가공기능이 미약하다.
③ 등급, 규격화 등 표준화 기능이 미약하여 불합리한 평가와 거래방법이 채택되고 있다.
④ 판로선택의 여지가 많아 거래 방법 및 거래 관행 등의 면에서 비합리적이고 불공정한 점이 많다.

51 생산함수의 설명으로 옳지 않은 것은?

① 생산요소와 생산물 간의 기술적 관계를 나타낸 것이다.
② 단기적 생산함수는 고정재 투입수준을 변화시킬 수 없을 정도의 기간에 적용한다.
③ 중기적 생산함수의 생산요소는 제약조건 없이 산출할 수 있다.
④ 모든 생산요소가 함께 변량으로 나타나는 것을 장기적 생산함수라 한다.

해설
③ 고정 투입요소가 존재하면 단기 생산함수가 되고, 고정투입요소가 없으면 장기 생산함수가 된다.

정답　46 ③　47 ③　48 ④　49 ②　50 ④　51 ③

52 축산물 유통기능 중 시간의 효용창출 기능은?

① 저장기능 ② 교환기능
③ 운송기능 ④ 가공기능

해설
축산물 유통기능
- 운송기능 : 장소적 효용창출
- 저장기능 : 시간적 효용창출
- 가공기능 : 형태적 효용창출

53 축산경영조직을 결정하는 조건으로 옳지 않은 것은?

① 자연적 조건 ② 사회적 조건
③ 비경제적 조건 ④ 시장과의 조건

해설
축산경영조직의 결정조건
- 자연적 조건 : 기상조건, 토지조건
- 시장과의(경제적) 조건 : 경제적인 거리, 축산물의 가격조건, 축산물 시장의 대·소
- 사회적 조건 : 법적·제도적인 조건, 사회적인 전통과 풍습 및 국민의 식생활 풍습 등

54 축산경영진단의 순서가 올바른 것은?

① 경영실태 파악 분석 → 문제의 발견 → 요인 분석 → 대책 처방
② 경영실태 파악 분석 → 요인 분석 → 문제의 발견 → 대책 처방
③ 경영실태 파악 분석 → 문제의 발견 → 대책 처방 → 요인 분석
④ 경영실태 파악 분석 → 대책 처방 → 문제의 발견 → 요인 분석

55 다음 중 친환경 축산을 위한 합리적인 복합경영의 형태로 효과가 가장 작은 경우는?

① 양계경영 + 채소경영
② 낙농경영 + 양돈경영
③ 번식우 경영 + 미작경영
④ 비육우 경영 + 과수경영

해설
친환경 축산을 위한 합리적인 복합경영의 형태는 축산과 경종농업과의 결합이다.

56 노동력을 고용하지 않고 가족노동력에 의해서 축산경영을 영위하는 가족경영의 특징이 아닌 것은?

① 가족노동은 소득의 원천이 된다.
② 경영의 목적이 소득의 극대화에 있다.
③ 경영과 가계가 분리되지 않은 경영형태이다.
④ 최대의 이윤을 얻을 수 있는 적정규모에서 경영규모가 결정된다.

해설
가족경영
- 노동력을 고용하지 않고 가족노동에 의한 경영형태로 경영과 가계가 미분리된 상태이다.
- 가족노동력에 따라 경영규모가 결정되며 축산물의 생산목적이 주로 소득증대에 있다.
- 가족경영은 조직력이 쉬우며 가족노동력에 대한 노임이 보장되면 생산은 지속적으로 영위된다.
- 가족의 생계유지수단과 가족수의 제한성으로 규모의 영세성을 면하기 어렵다.

57 축산업과 경종농업을 복합적으로 경영했을 때 나타나는 단점에 해당하는 것은?

① 노동생산성이 낮아지기 쉽다.
② 자연적 피해가 집중될 수 있다.
③ 노동배분을 균등화하기 어렵다.
④ 노동과 자재의 상호 이용기회가 적다.

해설
복합경영의 단점
- 경영 간에 노동의 경합이 생길 수 있어서 노동생산성이 낮아지기 쉽다.
- 기계화가 어렵다.
- 기술의 다양화로 경영자의 전문적인 기술의 발달이 어렵다.
- 전문적인 기술향상이 저해되어 단위당 생산성이 떨어진다.
- 여러 종류의 소량판매로 생산물의 판매에 불리하다.

58 연간 축산조수익이 110,000천원, 축산경영비가 50,000천원, 사료비가 20,000천원이라고 할 때 축산소득은 얼마인가?

① 40,000천원 ② 50,000천원
③ 60,000천원 ④ 90,000천원

해설
축산소득 = 조수익 − 경영비
= 110,000천원 − 50,000천원
= 60,000천원

59 축산물 등급제도의 목적으로 볼 수 없는 것은?

① 축산물의 유통비용 감소
② 축산물의 질에 관한 분쟁 소지 감소
③ 축산농가의 소득향상과 소비자 편익 증대
④ 축산물의 비가격경쟁 증가를 통한 축산농가 경쟁력 강화

해설
축산물 등급제는 소비자들에게 알 권리와 선택할 권리를 보장하고, 부정 생산과 유통을 사전에 방지하며, 국내산 축산물의 품질 고급화와 안전성을 확보하여 국내 축산물의 경쟁력을 갖춰나갈 수 있다는 점에서 긍정적으로 받아들여지고 있는 제도이다.

60 손익계산서는 비용과 수익의 차액 등의 수치를 분석하여 결과적으로 무엇을 나타내기 위한 것인가?

① 경영성적 ② 재정상태
③ 부채 ④ 자본

해설
손익계산서는 한해의 경영성적표와 같다.

정답 57 ① 58 ③ 59 ④ 60 ①

2015년 제4회 과년도 기출문제

01 유두조의 위치를 바르게 설명한 것은?
① 유선포 사이에 있으며 유관으로 젖을 흘러 보낸다.
② 유선소엽 사이에 있으며 유선조에 젖을 흘러 보낸다.
③ 유선조와 유선소엽 사이에 있으며 유두관으로 젖을 흘러 보낸다.
④ 유선조와 유두관 사이에 있으며 유두관으로 젖을 흘러 보낸다.

해설
유즙의 배출경로
유선포 → 유선소관 → 유선관 → 유선조 → 유두조 → 유두관

02 입란수 1,000개, 무정란수 55개, 병아리 발생수 845수일 때 입란 대 부화율(%, A)과 수정란 대 부화율(%, B)은?
① A : 80.0%, B : 89.4%
② A : 84.5%, B : 89.4%
③ A : 80.0%, B : 94.4%
④ A : 84.5%, B : 94.4%

해설
부화율

A. 입란 vs 부화율(%) = $\dfrac{병아리\ 발생수}{입란수} \times 100$

$= \dfrac{845}{1,000} \times 100 = 84.5\%$

B. 수정란 vs 부화율(%) = $\dfrac{병아리\ 발생수}{입란수 - 무정란수} \times 100$

$= \dfrac{845}{1,000 - 55} \times 100 = 89.4\%$

03 닭의 품종 중 난용종(egg type)으로 분류되지 않는 품종은?
① 레그혼(Leghorn)종
② 미노르카(Minorca)종
③ 안코나(Ancona)종
④ 코니시(Cornish)종

해설
④ 코니시종 : 육용종
닭의 품종
- 육용종 : 브라마종, 코친종, 도킹종, 코니시종 등
- 난용종 : 레그혼종, 미노르카종, 안달루시안종, 햄버그종, 캠파인종, 안코나종 등
- 난육겸용종 : 플리머스록종, 뉴햄프셔종, 로드아일랜드레드종, 오스트랄로프종, 오핑턴종 등
- 애완용종 : 폴리시, 오골계(실키, 연산), 장미계, 챠보 등

04 가금에만 존재하는 특수한 기관인 F낭(bursa of fabricius)에 대한 설명으로 옳지 않은 것은?
① 어린 가금의 면역기관으로 면역물질을 생산한다.
② 가금의 꼬리부분의 지선부 아래에 위치한 주름진 주머니 모양의 기관이다.
③ 부화 후 약 6주령까지 면역물질을 생산하는 기능을 발휘하다가 서서히 퇴화한다.
④ 이곳에 전염성낭병 바이러스가 침투하여 염증이 생기는 질병을 뉴캣슬병(ND)이라고 한다.

해설
④ F낭에 전염성낭병 바이러스가 침투하여 염증이 생기는 질병을 전염성낭병(IBD)라고 한다.

05 다음 중 미국 동북부 지방에서 개량된 저지레드종과의 교잡에서 육종된 육질이 가장 우수한 돼지 품종은?

① 두록종 ② 햄프셔종
③ 대요크셔종 ④ 폴란드차이나종

해설
두록종
미국 뉴저지주 원산으로 육질이 우수하여 우리나라에서 3원교잡종 생산을 위한 부돈(종모돈)으로 많이 이용된다.

06 다음 중 아미노산의 특성 설명으로 틀린 것은?

① 물에 녹는다.
② 대부분의 아미노산은 탄소 수가 적은 지방산의 유도체이다.
③ 대부분의 아미노산은 NH_3^+기와 $COO-$기를 가지고 있다.
④ 자연계에는 L-form이 존재하는데, 이것이 D-form 보다 흡수·이용률이 낮다.

해설
④ 자연계의 단당류는 주로 D-form으로 존재하고, 아미노산은 L-form으로 존재한다.

07 다음 중 유독식물이 아닌 것은?

① 고사리 ② 아주까리
③ 고구마 ④ 감자

해설
독초
- 가지과 : 감자(파란 부분과 싹), 토마토(잎과 줄기, 덜 익은 열매), 가지, 고추, 미치광이풀, 엔젤 트럼펫, 독말풀, 까마중, 꽈리, 담배, 벨라돈나, 맨드레이크
- 고사리과 : 고사리, 고비 둘 다 생으로 먹으면 안된다.
- 국화과 : 털머위, 달리아, 쑥의 일부, 도꼬마리, 제충국, 개쑥갓
- 대극과 : 대극, 아주까리(피마자), 다육 유포르비아, 파두, 쓴(bitter) 카사바, 만치닐

08 단태동물에 있어서 쌍태에 대한 설명으로 옳지 않은 것은?

① 소의 쌍태율은 0.5~4%이다.
② 이란성 쌍태는 2개의 난자가 수정 및 임신되는 것이다.
③ 일란성 쌍태는 난자 1개에 정자 2개가 수정되어 발생한다.
④ 하나의 수정란이 9일 이후 2개로 분리될 경우 샴 쌍둥이가 발생할 가능성이 높다.

해설
③ 일란성 쌍태는 1개의 수정란이 2개로 분리되는 것이다.

09 소의 상유에 비하여 초유에서 그 함량이 월등히 많아지는 대표적인 성분은?

① 면역글로불린 ② 지방질
③ 유당 ④ 무기물

해설
포유동물에서 초유를 먹이는 가장 큰 이유는 필요한 면역물질 (immunoglobulin)을 공급하기 때문이다.

10 반추가축의 위는 몇 개로 구분되는가?

① 2개 ② 3개
③ 4개 ④ 5개

해설
반추가축의 위는 제1위(혹위), 제2위(벌집위), 제3위(겹주름 위), 제4위(진위)로 구분된다.

정답 5 ① 6 ② 7 ③ 8 ③ 9 ① 10 ③

11 다음 중 내부 기생충이 아닌 것은?

① 개선충류 ② 흡충류
③ 조충류   ④ 선충류

> **해설**
> **내부 기생충** : 기생부위에 따라 숙주의 체내에 기생하는 것
> • 원충류 : 이질아메바, 말라리아원충, 질트리코노나스증
> • 윤충류
> - 선충류 : 회충, 구충, 요충, 편충, 말레이사상충, 아나사키스
> - 조충류 : 무구조충, 유구조충, 광절열두조충
> - 흡충류 : 간흡충증, 폐흡충증, 요꼬가와흡충

12 돼지의 살코기 생산량을 개량하고자 할 때 이것 대신에 살코기 생산량과 부의 상관관계를 가지고 있는 등지방두께에 대해 선발하여 살코기 생산량을 개량하는 선발 방법은?

① 우회선발   ② 지수선발
③ 가계선발   ④ 간접선발

> **해설**
> **간접선발**
> 두 형질 간에 높은 유전상관이 나타나는 경우, 측정이 용이한 형질을 개량함으로써 측정이 곤란한 형질을 개량하는 선발방법이다.

13 병원균이 바이러스인 닭의 질병은?

① 추백리병   ② 닭티푸스
③ 닭파라티푸스 ④ 마렉병

> **해설**
> **닭의 전염성 질병**
> • 세균성 질병 : 추백리, 가금티푸스, 전염성 코라이자, 가금콜레라, 마이코플라스마병
> • 바이러스성 질병 : 닭백혈병, 마렉병, 뉴캣슬병, 가금인플루엔자, 전염성 기관지염, 전염성 후두기관지염, 전염성 낭병, 계두, 산란저하증후군
> • 원충성 질병 : 닭콕시듐병, 류코사이토준병

14 다음 중 근육조직에 가장 많이 존재하며, 전해질 균형과 신경근육의 기능에 관여하고, 칼슘과 인 다음으로 돼지의 체내에 많이 존재하는 광물질은?

① K   ② Fe
③ Mg ④ Zn

> **해설**
> ① K : 신경조직과 세포 내에 가장 많이 들어 있다.
> ② Fe : 동물체 내 철은 70% 정도는 헤모글로빈에, 나머지 30% 정도는 간에 들어있으며 그밖에 약간은 골수와 지라에 들어있다.
> ③ Mg : K이온 다음으로 세포 내에 많이 들어있는 양이온성 물질로, 인산기 전달효소의 활성제 역할을 담당하며, 여러 가지 효소의 활성에도 관여한다.
> ④ Zn : 전립선·신장·간·심장 등에 많이 분포되어 있으며, 혈액 내에서는 75%가 적혈구 내에 들어있다.

15 다음 중 내분비기관은?

① 심장 ② 폐
③ 간   ④ 뇌하수체

> **해설**
> **척추동물의 내분비계**
> • 표적기관 : 호르몬의 작용이 미치는 기관
> • 단독 내분비선 : 송과선(= 송과체), 뇌하수체, 부갑상선, 갑상선, 부신
> • 혼합분비선 : 췌장, 고환, 난소

정답 11 ① 12 ④ 13 ④ 14 ① 15 ④

16 다음에서 설명하는 병명은?

> - 바이러스에 의한 대표적 급성·전신성·열성전염병으로 주로 돼지에게 발병하는 법정가축 전염병
> - 병변이 생기는 장소에 증상으로는 40~42℃의 고열이 지속되고, 뒷다리가 마비되어 비틀거리는 신경증상이 나타나며, 임신돈의 경우 유산이나 사산이 일어남
> - 혈관 내피세포 및 조혈조직 손상에 기인한 병변으로 구분
> - 효과적인 예방은 바이러스의 침입을 차단하거나 예방접종을 철저히 함

① 돼지단독　　② 돈역
③ 돼지콜레라　④ 오제스키병

해설
돼지열병(돼지콜레라)은 바이러스성인 법정전염병으로 변비증상을 일으키며 귀, 목, 엉덩이에 괴사반점이 생긴다.

17 한 배의 산자수가 10두 이상인 새끼돼지는 포유 중 빈혈증상을 보이는 경우가 많은데 이러한 빈혈을 예방하기 위해 사용되는 약품은?

① 강옥도　　　② 철분 주사제
③ 비타민 주사제　④ 하라솔

해설
철분 주사는 생후 3일 이내에 1차 주사(100mg/1두)하고, 생후 10~14일 이내에 2차 주사(100mg/1두)한다.

18 돼지에서 분만 후 발정재귀가 가장 많이 나타나는 시기는?

① 분만 후 7일 전후
② 분만 후 4~5일 사이
③ 새끼돼지 이유 후 4~5일 사이
④ 새끼돼지 이유 후 20~25일 사이

해설
발정재귀는 이유 후 3~7일에 나타나는데, 일반적으로 4~5일의 발정재귀일을 갖는 모돈이 많다.

19 다음 중 법정전염병이 아닌 것은?

① 폐렴　　　　② 닭뉴캣슬병
③ 돼지수포병　④ 추백리

해설
법정전염병의 종류

구분	소	돼지	닭
제1종	우역, 우폐역, 구제역, 가성우역, 블루텅병, 리프트계곡열, 럼피스킨병, 양두, 수포성 구내염	구제역, 아프리카돼지열병, 돼지열병, 돼지수포병, 수포성 구내염	뉴캣슬병, 고병원성 조류인플루엔자
제2종	탄저, 기종저, 브루셀라, 결핵, 요네병, 소해면상뇌증, 큐열	돼지오제스키병, 돼지일본뇌염, 돼지테센병	추백리, 가금티푸스, 가금콜레라
제3종	소유행열, 소아카바네, 소전염성 비기관염, 소류코시스, 렙토스피라병	전염성 위장염, 돼지단독, 생식기호흡기증후군, 유행성 설사, 위축성 비염	닭마이코플라스마, 저병원성 조류인플루엔자, 뇌척수염, 전염성 후두기관염, 마렉병, 전염성 F낭병

20 다음 중 유용가축의 체형에 관한 설명으로 옳은 것은?

① 체폭과 체심 모두 큰 것이 좋다.
② 체심보다는 체폭이 큰 것이 좋다.
③ 체폭보다 체심이 큰 것이 좋다.
④ 체폭이나 체심과는 관계가 없다.

정답 16 ③　17 ②　18 ③　19 ①　20 ③

21 화본과(벼과) 사료작물의 형태적 특성으로 옳은 것은?

① 복엽이 있다.
② 질소를 고정한다.
③ 주로 직근을 가지고 있다.
④ 본엽은 엽초(잎집), 엽신(잎몸) 및 엽설(잎혀)로 구성되어 있다.

> **해설**
> ① 화본과 작물의 잎은 외떡잎으로, 단엽이며 평행맥이다.
> ② 질소고정은 주로 두과(콩과) 작물에서 뿌리혹박테리아와의 공생을 통해 이루어진다.
> ③ 화본과 작물의 뿌리는 섬유근계로, 여러 개의 가는 뿌리가 퍼지는 형태이다.

22 일반적인 건초의 적정 수분함량으로 가장 적합한 것은?

① 5%   ② 15%
③ 25% ④ 35%

> **해설**
> 건초는 자연의 태양에너지를 이용하여 수분함량을 약 15%(15~20%) 이하가 되도록 물리적으로 건조시킨 조사료의 저장형태이다.

23 우리나라의 경우 남부지방에서 답리작으로 적합하며, 주로 청예로 이용되는 작물은?

① 옥수수
② 수단그라스
③ 페레니얼라이그래스
④ 이탈리안라이그래스

> **해설**
> 이탈리안라이그래스는 내한성이 약한 편으로, 우리나라 남부지방에서 2회 수확이 가능하다.

24 다음 초종 중 다년생 목초에 해당하는 것은?

① 크림슨클로버   ② 레드클로버
③ 스위트클로버   ④ 화이트클로버

> **해설**
> **생존연한에 의한 분류**
> - 1년생 : 콩, 옥수수, 연맥(월동이 불가능한 경우), 수단그라스류, 수수, 진주조(pearl millet), 피, 매듭풀, teosinte, triticale 등
> - 월년생 : 크림슨클로버, 베치, 이탈리안라이그래스, 호맥(rye), 연맥(oat, 월동이 가능한 경우), 보리, 귀리, 유채, 자운영 등
> - 2년생 : 레드클로버, 스위트클로버, 알사이크클로버, 커먼라이그래스 등
> - 다년생 : 알팔파, 화이트클로버, 버즈풋트레포일, 오처드그라스, 티머시, 톨페스큐, 리드카나리그래스, 페레니얼라이그래스, 켄터키블루그래스, 레드톱, 스무드브롬그래스, 라디노클로버 등

25 질이 좋은 건초를 송아지에게 급여할 때 잘 발달되는 부위는?

① 제1위   ② 제4위
③ 십이지장 ④ 맹장

> **해설**
> 송아지는 태어나면서부터 제1위인 반추위를 가지고 태어난다. 신생 송아지 때의 반추위 용적은 작지만 성장하면서 점진적으로 커지고 위벽에 융모도 발달하기 시작한다. 반추위가 발달하기 위해서는 곡물과 같이 분해가 쉬운 탄수화물이 필요하다.

26 다음 중 콩과 목초에 해당하는 것은?

① 자운영   ② 오처드그라스
③ 톨페스큐   ④ 티머시

> **해설**
> **화본과와 두과**
>
> | | |
> |---|---|
> | 화본과 | 오처드그라스, 티머시, 톨페스큐, 켄터키블루그래스, 레드톱, 스무드브롬그래스, 리드카나리그래스, 페레니얼라이그래스, 크리핑벤트그래스 |
> | 두과 | 화이트클로버, 라디노클로버, 레드클로버, 알사이크클로버, 알팔파, 스위트클로버, 버즈풋트레포일, 레스페데자 |

정답 21 ④ 22 ② 23 ④ 24 ④ 25 ① 26 ①

27 알팔파나 톨페스큐 초지를 조성할 경우 땅을 갈아엎는 가장 알맞은 깊이는?

① 5cm 이하   ② 10cm
③ 15cm   ④ 20cm

해설
초지조성 입지조건

구분	경운 초지	불경운 초지	부적지
지형	평탄, 구릉, 단구, 대지	산록, 산복, 구릉	산악지
경사	30% 이하(16°)	60%(30°)	60%(31°)
유효토심	50cm 이상	20cm 이상	20cm 이하
토성	사양질, 식양질	사양질, 식양질	극단의 사질 및 식질
자갈함량	10% 이하	10~30%	35% 이상
토양배수	양호, 약간 양호	양호, 약간 양호	매우 양호, 약간 불량
토양침식	1급 침식	2~3급 침식	4급 침식

28 다음 중 가축의 방목에 유의할 점으로 틀린 것은?

① 과방목 금지
② 철저한 목책 관리
③ 우분처리 및 청소베기
④ 예취보다 질소시비량 증가

해설
방목지는 방목가축으로부터 분뇨가 환원되므로 채초지(예초)보다 질소시비량이 감소한다.

29 양호한 사일리지 조제를 위해 재료의 자르기(절단)에 대한 설명으로 옳은 것은?

① 수분함량이 높은 것은 짧게 자른다.
② 줄기의 속이 빈 것은 짧게 자른다.
③ 잎이 많고 부드러울 때에는 짧게 자른다.
④ 거칠고 여물 때에는 길게 자른다.

해설
사일리지 재료의 절단길이
• 재료의 수분함량이 높을 때는 비교적 길게, 낮을 때는 짧게 자른다.
• 재료가 부드러울 때는 길게, 굳은 것은 짧게 자른다.
• 잎이 많은 것은 길게, 거칠 때는 짧게 자른다.

30 토양의 물리적 성질이라고 볼 수 없는 것은?

① 토성   ② 토양구조
③ 토양산도   ④ 토양수분

해설
③ 토양산도는 토양의 화학적 성질에 속한다.
※ 토양의 물리적 성질 : 토성, 토양구조, 토양밀도, 토양공극, 토양층위, 토양통기, 토양수, 토양온도, 토양색 등

31 건초의 품질평가 항목이 아닌 것은?

① 녹색도   ② 유기산 함량
③ 수분함량   ④ 잎의 비율

해설
건초의 외관 품질평가
• 녹색도 : 연록 또는 자연 녹색
• 순도 : 식생비율, 잡초 혼입도
• 수분함량 : 15% 이하
• 잎의 비율 : 많을수록 좋다.
• 냄새 : 상큼한 풀 냄새
• 곰팡이 발생이 없을 것

정답 27 ④ 28 ④ 29 ② 30 ③ 31 ②

32 어떤 목초종자 50개의 발아상태를 조사하였더니 다음과 같았다. 이 목초의 발아율은?

정온기에 놓아 둔 날수	1	2	3	4	5	6	7
싹이 난 종자수	0	4	5	25	5	4	0

① 43% ② 76%
③ 82% ④ 86%

해설
발아율 : 뿌린 씨앗에 대하여 발아한 씨앗의 비율
$(4 + 5 + 25 + 5 + 4) \div 50 \times 100 = 86\%$

33 재질이 철제 원통으로 내부를 유리나 합성물질로 싸서 부식이 방지되며, 낮은 수분을 가진 재료의 저장이 가능하므로 윗부분이 썩는 일이 없는 것은?

① 트랜치 사일로 ② 벙커 사일로
③ 스택 사일로   ④ 진공(기밀) 사일로

해설
기밀(氣密) 사일로(진공 사일로, 하베스터)
• 외부 공기를 완전히 차단하도록 강판, FRP 등으로 만든 것이다.
• 기능이 가장 우수하고 저수분 사일리지에 적합하다.
• 사일리지를 꺼내 먹이는 도중에도 다시 상부에 채워 넣을 수 있다.
• 내부의 사일리지를 품질의 변화 없이 장기간 저장할 수 있고, 하부에 장치된 자동취출기(自動取出機)로 간단하게 꺼낼 수 있어 편리하다.

34 우리나라에서 목초의 파종을 가을에 하는 이유는?

① 농한기이기 때문이다.
② 잡초와의 경합이 적기 때문이다.
③ 여름철 하고현상을 피하기 위해서이다.
④ 동계 사료작물과 함께 파종하기 위해서이다.

해설
서늘한 기후에서 생육이 왕성한 목초의 특성상 봄부터 여름철에는 잡초와의 경합에서 불리하다.

35 목초의 서릿발 피해 및 동해방지를 위해 취할 수 있는 가장 효과적인 방법은?

① 밟아준다.
② 짚을 덮어준다.
③ 약제를 살포한다.
④ 고랑을 만든다.

해설
경운하고 조성한 초지는 성겨서 가뭄의 피해를 더 받게 되며 특히 겨울에 서릿발에 의한 피해로 목초의 고사율이 높아진다. 그러므로 경운 조성한 초지는 반드시 진압해 주어야 한다.

36 목초 씨앗 뿌리기에 좋은 때는?

① 더운날 오후
② 추운날 오후
③ 바람이 부는 날 오전
④ 바람이 없는 날 오전

37 다음 중 벼과 목초에 비하여 콩과 목초에 비교적 많이 함유되어 있는 조성분은?

① 조단백질   ② 조섬유
③ 조지방   ④ 조회분

해설
두(콩)과 목초는 화본(벼)과 목초에 비해 조단백질, 칼슘함량이 높다.

정답 32 ④ 33 ④ 34 ② 35 ① 36 ④ 37 ①

38 다음 중 방석형 목초에 해당되는 것은?

① 티머시
② 오처드그라스
③ 켄터키블루그래스
④ 페레니얼라이그래스

해설
형태에 따른 작물 분류
- 주형 : 벼, 오처드그라스, 크림손클로버
- 방석형(포복형) : 켄터키블루그래스, 화이트클로버
- 상번초 : 오처드그라스, 티머시, 레드클로버
- 하번초 : 켄터키블루그래스, 화이트클로버, 페레니얼라이그래스

39 다음 [보기]에서 설명하는 중독 증상을 일으키는 식물은?

┤보기├
- 과량 섭취했을 때 나타나는 질병으로 소에서 가장 많이 발생하며 그 다음이 말이고, 돼지에서는 발생이 없다.
- 소의 경우 체온이 상승하여 보통 40℃까지 오르며 소화기 및 호흡기 장해를 보여 준다.
- 소는 혈변, 혈뇨 또는 빈혈 및 호흡곤란 증세를 보이며, 혈액 중 헤라핀 수의 증가로 혈액응고가 잘 되지 않는다.

① 부추
② 쇠뜨기
③ 고사리
④ 솔잎

해설
고사리 중독
이른 봄에 풀속에 들어있는 고사리 싹을 풀과 함께 먹거나 8~9월에 풀은 없어지고 고사리만 남은 초지에서 먹을 것이 없어 고사리를 먹을 경우 발생한다. 특히 처음 방목하는 소는 고사리와 풀을 구분하지 못하여 고사리를 섭취함으로써 많이 발생한다. 증상은 비타민 B_1의 결핍과 골수조혈기능의 장애를 일으켜 재생불량성 빈혈, 혈액응고부전을 나타낸다.

40 경운 초지조성 시 농기계를 이용하여 갈아엎을 수 있는 경사도는 몇 ° 미만인가?

① 5°
② 10°
③ 15°
④ 20°

해설
일반적으로 경사도가 15° 이상이 되면 농기계(트랙터)의 전도 위험이 크게 증가하므로 농기계를 이용한 경운 작업은 15° 이하의 경사도에서 수행하는 것이 적합하다.

41 우리나라 축산업이 시급히 해결하여야 할 당면과제가 아닌 것은?

① 축산물 생산의 비차별화
② 국내 축산물의 브랜드화
③ 안전한 축산물의 생산·공급
④ 근대적인 유통구조의 개선

해설
① 가격이 비싸면 그에 상응하는 품질로 차별화가 되어야 한다.

42 한우번식경영의 생산비목 중에서 가장 큰 비율을 차지하는 비목은?

① 사료비
② 수도광열비
③ 방역치료비
④ 감가상각비

해설
한우번식우 1두당 사육비(2023년)
사료비(48.4%) > 농구비(5.8%) > 영농시설비(3.9%) > 수도광열비(2.5%) > 방역치료비(1.4%)

정답 38 ③ 39 ③ 40 ③ 41 ① 42 ①

43 축산소득 산출에 대한 설명 중 틀린 것은?

① 축산조수익에서 축산경영비를 차감한 것이다.
② 축산경영비에는 자기소유 생산요소에 대한 경제적 가치가 포함되지 않기 때문에 이들의 기회비용이 모두 축산소득을 구성하게 된다.
③ 축산소득은 축산경영성과를 파악하는 중요한 지표의 하나이다.
④ 축산소득은 자가노임에 대한 보수를 포함하지 않는다.

> 해설
> 축산소득 = 자가노력비 + 고정자본이자 + 유동자본이자 + 토지자본이자 + 순수익

44 농업경영의 분석 시 금전적인 재무제표 분석으로는 한계가 있다. 이때 금전적인 수익성이나 비용을 원인이 되는 무엇을 검토할 필요가 있는가?

① 원가분석
② 매출액분석
③ 생산과정에서의 효율
④ 손익발생과 재산의 증감

45 다음 중 우리나라 축산경영에서 개체관리의 내용으로 옳지 않은 것은?

① 개체의 식별을 위한 이표, 개체코드 등 개체 기록
② 개체별 작업의 작업분담과 작업시간 등의 기록
③ 개체의 생리적 상황파악을 위한 종부, 수태, 분만 등의 기록
④ 개체능력 평가를 위한 체중측정, 검정, 도배, 갱신 등의 기록

46 비육용 기초돈을 생산하여 판매하는 양돈경영형태는?

① 비육경영
② 번식경영
③ 일관경영
④ 복합경영

> 해설
> ① 비육경영 : 육돈 생산을 목적으로 비육과정에 전념하는 경영
> ③ 일관경영 : 모돈을 사육하여 자돈을 생산하고, 생산된 자돈을 비육하여 비육돈을 생산·판매하는 경영형태
> ④ 복합경영 : 여러 종류의 축종을 사육하거나 또는 축종과 경종을 공동으로 경영함으로써 경영수익을 증대하는 형태

47 축산에서 조수익을 구성하는 내용으로 옳은 것은?

① 주산물 수입
② 주산물 수입 + 부산물 수입
③ 가축의 매각대 + 가축의 가치증가액
④ 축산물의 판매수입 + 축산물의 자가소비액

> 해설
> 축산조수입 = 주산물 수입 + 부산물 수입 + 가축증식액

48 축산농가의 농가소득은?

① 축산소득(농업소득) + 농외소득
② 축산소득(농업소득) + 농외소득 - 조세공과금
③ 축산소득(농업소득) + 농외소득 - 조세공과금 및 가계비
④ 축산소득(농업소득) - 농외소득

49 다음 중 축산경영의 수익성 지표 묶음으로 옳은 것은?

① 노동생산성, 소득
② 자본생산성, 자본회전율
③ 순수익, 소득
④ 자본장비율, 자본이익율

해설
수익성 지표 : 소득, 소득률, 순수익, 순수익률, 가족노동보수, 자본회전율, 자본회전기간, 자본이익률

50 번식돈 경영에서 총생산이 100단위에서 500단위로 증가함에 따라, 총비용이 100,000원에서 200,000원으로 증가하였다면 한계비용은 얼마인가?

① 150원   ② 200원
③ 250원   ④ 300원

해설
한계비용 : 생산량 1단위를 증가시킬 때 증가하는 총비용의 증가분
$$\frac{200,000 - 100,000}{500 - 100} = 250원$$

51 경종에 축산이 포함되는 유축농업의 경우 유리성에 해당되는 것은?

① 토지생산성의 감퇴
② 노동의 평준화
③ 농가소득의 감소
④ 지력의 감퇴

해설
유축농업의 유리성
• 토지생산성의 증진
• 노동의 평균화
• 축산물의 생산
• 농가소득의 증가

52 경영형태가 동일한 농장 중 경영성과가 모범적인 경우와 자가 농장을 비교한 후 경영계획을 수립하는 방법은?

① 표준비교법
② 시계열비교법
③ 직접비교법
④ 부문간비교법

해설
직접비교법
집단대상 농가와 비슷한 경영형태를 가진 그 지역 우수농가의 평균치와 비교하는 진단 방법이다.

53 한우 비육경영에서 시설을 개선할 경우 우선적으로 고려할 사항이 아닌 것은?

① 자금
② 사육규모
③ 밑소의 선택기술
④ 장래의 경영목표

54 낙농경영 입지조건 중 우리나라에서 가장 적합하지 않은 유형은?

① 도시원교 낙농
② 초지형 낙농
③ 사료작물형 낙농
④ 복합경영형 낙농

해설
복합경영형
경영자가 여러 종류의 축종을 사육하거나 또는 축종과 경종을 공동으로 경영함으로써 경영수익을 증대하려는 것이다.

정답 49 ③ 50 ③ 51 ② 52 ③ 53 ③ 54 ④

55 축산경영 분석을 위한 대차대조표에 대한 설명으로 옳은 것은?

① 대변에는 자산 항목을 기입한다.
② 차변에 비용과 순수익을 기입한다.
③ 특정시점에서 경영의 재무상태를 나타낸 표이다.
④ 회계기간 중에 발생한 수익과 비용을 계산한 표이다.

해설
① 대변에는 부채, 자본 항목을 기입한다.
② 차변에 자산 항목을 기입한다.
④ 손익계산서에 대한 설명이다.

56 대규모 축산경영의 유리성이라고 할 수 없는 것은?

① 노동생산성의 향상
② 자본생산성의 향상
③ 단위당 고정자산액의 감소
④ 대량구입에 의한 비용 증가

해설
생산자재의 대량구입에 의한 비용 절감으로 유리하다.

57 부업경영의 장점으로 옳지 않은 것은?

① 지력증진 가능
② 시설의 효율적인 이용
③ 농산물 중 부산물과 생산물의 자급활용 가능
④ 가축질병에 대비한 방역 용이

해설
부업경영의 장단점

장점	• 지력의 증진 및 경지의 집약적인 이용이 가능 • 노동력 및 시설의 효율적인 이용이 가능 • 농산물 부산물과 생산물의 자급활용이 가능
단점	• 사양기술 및 생산력의 저하로 발전성이 없는 정체적인 경영 • 생산량이 적기 때문에 시장경쟁력이 약함 • 방역 및 가축개량의 곤란한 점이 많음

58 다음 중 번식우 경영에 관한 설명 중 옳지 않은 것은?

① 숫송아지를 구입하여 사육한다.
② 송아지를 생산하여 판매한다.
③ 번식률을 향상시킨다.
④ 인공수정 기술이 필요하다.

해설
번식우 경영
암소를 사육하여 독우를 생산하고 이를 이유시킨 후 판매할 목적으로 경영하는 형태이다.

정답 55 ③ 56 ④ 57 ④ 58 ①

59 축산경영계획을 수립할 때 고려할 사항으로 적당하지 않은 것은?

① 고객관리
② 축산경영의 합리화와 목표설정
③ 목표소득(이익)계획
④ 생산계획

해설
경영계획 수립 시 고려사항
- 축산물은 연도별, 계절별, 월별, 일별로 가격변동이 불안정함, 판매가격은 경영계획 시의 가격이 아닌 전년도의 평균적 가격으로 하는 것이 좋다.
- 축산물의 판매단가는 약간 저렴, 생산요소의 구입단가는 약간 높게 설정해 가격변동에 따른 경영계획의 융통성이 있게 해야 한다.
- 축산경영에 따른 소득수준은 인플레이션이나 디플레이션을 고려, 설정하고 경영규모나 기술이 장래에 변동될 것을 미리 고려해야 한다.
- 축산경영계획의 주체는 경영자가 되어야 하고, 이를 위해 경영계획은 경영자의 경험 및 목표가 포함되어야 한다.
- 또한 실무자(농장장, 직원)도 경영계획을 충분히 이해할 수 있어야 한다.
- 축산경영 계획 중 생산계획은 실현이 가능한 기술수준을 전제로 해야 한다.
- 가시적인 계획 (사료급여량 및 토지사용면적 등)뿐만 아니라, 자가 노동시간 등과 같이 생산요소로 간주된 부분도 포함하여야 한다.

60 축산경영 자료를 보고 소득을 산출하면?

사료비 100,000원, 토지용역비 10,000원, 건물 감가상각비 20,000원, 고용노임 10,000원, 가축 판매대금 300,000원, 구비평가액 10,000원, 자가노임 10,000원, 차입금이자 10,000원

① 170,000원   ② 150,000원
③ 310,000원   ④ 160,000원

해설
- 소득 = 조수입(가축 판매대금) − 경영비 + 자가노임 + 토지용역비
  = 300,000원 − 경영비 + 10,000원 + 10,000원
- 경영비 = 사료비 + 건물 감가상각비 + 고용노임 + 구비평가액 + 차입금이자
  = 100,000원 + 20,000원 + 10,000원 + 10,000원 + 10,000원
  = 150,000원
- ∴ 소득 = 300,000원 − 150,000원 + 10,000원 + 10,000원
  = 170,000원

정답 59 ① 60 ①

2016년 제4회 과년도 기출문제

01 수컷의 생식기관에서 정자가 생성되는 곳은?

① 정소(고환)
② 정소상체(부고환)
③ 정관팽대부
④ 정낭샘

해설
정소는 동물의 생식세포인 정자를 생산하는 기관으로 고환이라고도 한다.

02 비임신 암컷동물에서 자궁체의 길이가 가장 긴 동물은?

① 소
② 말
③ 돼지
④ 면양

해설
비임신 자궁체의 길이
말 15~20cm > 소 2~4cm > 면양 1~2cm > 돼지 5mm

03 결핍 시 닭에서 다발성 신경염을 일으키는 비타민은?

① 비타민 B_{12}
② 비타민 B_6
③ 비타민 B_2
④ 비타민 B_1

해설
④ 비타민 B_1 : 조류에서 다발성 신경염, 맥박수의 감소
① 비타민 B_{12} : 닭에서 부화율 저하, 병아리 다리에 이상
② 비타민 B_6 : 피부병 치료인자, 아미노산의 대사 관여
③ 비타민 B_2 : 다리마비, 성장률 감퇴, 피부 각질화

04 바이러스 감염성인 법정돼지전염병으로 변비와 설사를 번갈아 하며 피부에 붉은 반점이 특징인 질병은?

① 돈열(hog cholera)
② 돼지뇌염
③ 전염성 위염
④ 돈단독

해설
돼지열병(돼지콜레라)
병변이 생기는 장소에 증상으로는 40~42℃의 고열이 지속되고, 뒷다리가 마비되어 비틀거리는 신경증상이 나타나며, 임신돈의 경우 유산이나 사산이 일어난다.

정답 1 ① 2 ② 3 ④ 4 ①

05 솔라닌(solanine)등을 함유하여 식욕상실, 발열, 신경쇠약, 신경증상을 일으키는 식물은?

① 고구마　　② 감자
③ 고사리　　④ 아주까리

> **해설**
> 솔라닌은 감자의 순, 까마중, 도깨비가지 등에 함유하는 물질로 적혈구를 파괴한다.

06 소의 착유 시 유의사항으로 옳지 않은 것은?

① 착유작업은 하루 중 아무 때나 불규칙하게 시간이 남는 때를 이용해서 실시한다.
② 착유작업은 항상 위생적이고 정성스럽게 실시되어야 한다.
③ 착유가 끝난 기구는 항상 철저히 소독, 건조시켜야 한다.
④ 착유 전에는 전착유를 실시하여야 한다.

> **해설**
> ① 착유작업은 일정한 착유시간과 착유간격을 유지해야 하며 젖소의 착유 습관을 잘 길들여야 한다.

07 다음 중 미국의 동부지방이 원산지로, 모색이 갈색 또는 적색이며 3원교잡종을 생산하기 위해 수퇘지로 가장 많이 쓰이는 돼지의 품종은?

① 랜드레이스종　　② 요크셔종
③ 버크셔종　　　　④ 두록종

> **해설**
> 두록종
> 미국 뉴저지주 원산으로 육질이 우수하여 우리나라에서 3원교잡종 생산을 위한 부돈(종모돈)으로 많이 이용된다.

08 다음 설명하는 닭의 전염병은?

> • 접촉 또는 공기로 감염된다.
> • 우리나라에서 많이 발병되고, 급성은 브로일러 생산에 큰 피해를 주는 herpesvirus인 MDV에 의하여 일어난다.
> • 종양과 신경침해로 인해 담즙이 과다분비 되기 때문에 녹색변을 보이는 경우가 많다.

① 뉴캣슬병　　② 콕시듐병
③ 마렉병　　　④ 추백리병

> **해설**
> 닭의 전염성 질병
> • 세균성 질병 : 추백리, 가금티푸스, 전염성 코라이자, 가금콜레라, 마이코플라스마병
> • 바이러스성 질병 : 닭백혈병, 마렉병, 뉴캣슬병, 가금인플루엔자, 전염성 기관지염, 전염성 후두기관지염, 전염성 낭병, 계두, 산란저하증후군
> • 원충성 질병 : 닭콕시듐병, 류코사이토준병

09 산란계 사육에서 명암주기의 길고 짧음에 따라 가장 크게 반응하는 것은?

① 증체율　　② 육추율
③ 산란율　　④ 발정주기

> **해설**
> 광선은 닭의 뇌하수체 전엽을 자극하여 생식선의 발달을 촉진시키며, 산란과 환우(털갈이)에 관여한다.

정답　5 ②　6 ①　7 ④　8 ③　9 ③

10 가축을 개량하는 데 있어 이형접합체인 F₁끼리 교배시켰을 때 F₂(잡종2세대) 이후부터 우성과 열성 형질이 분리되는 현상은?

① 우열의 법칙 ② 분리의 법칙
③ 독립의 법칙 ④ 멘델의 법칙

> **해설**
> **멘델의 유전법칙**
> • 우열의 법칙 : 양친의 대립형질이 잡종 제1대에서 열성형질은 발현되지 않고 우성형질만 발현된다.
> • 분리의 법칙 : 잡종 제1대에서 나타나지 않던 열성형질이 잡종 제2대에서는 우성 : 열성 = 3 : 1의 비율로 나타난다.
> • 독립의 법칙 : 두 쌍 이상의 대립유전자가 이형접합체일 때, 한 쌍의 유전자는 다른 유전자쌍의 방해를 받지 않고 독립적으로 나타난다.

11 비육대상우를 선정할 때 고려해야 할 사항 중 가장 부적합한 것은?

① 목이 짧으며 배가 너무 늘어져 있지 않은 소
② 몸의 길이가 충분하고 가슴이 넓은 살이 잘 찔 수 있는 소
③ 피부가 두터우며 탄력이 있고 피모가 굵으며 거친 소
④ 머리가 작고 중구의 길이가 적당하며 비경이 넓은 소

> **해설**
> ③ 털은 짧고 윤기가 있으며 피부가 얇고 부드러우며 탄력이 있는 것

12 동식물에 필요한 위생적이고 안정된 급수원이 될 수 있는 구비 조건으로 틀린 것은?

① 수량이 풍부해야 한다.
② 무색투명하고 냄새가 없으며 맛이 좋아야 한다.
③ 중성이거나 알칼리성 물이어야 한다.
④ 적절하게 광물질(납 0.1ppm, 불소 1.5ppm, 카드뮴 0.05ppm 이상)을 함유해야 한다.

> **해설**
> **수돗물 수질**
> • 납 0.01mg/L, 불소 1.5mg/L, 카드뮴 0.005mg/L을 넘지 않을 것
> • 단위 : 1ppm = 1mg/L

13 비타민 D 성분의 부족과 관계가 깊은 질병은?

① 야맹증 ② 구루병
③ 각기병 ④ 괴혈병

> **해설**
> 비타민 D 부족 시 구루병, 골연화증, 골다공증 등의 위험이 높아진다.

14 심장을 중심으로 혈액순환 경로를 바르게 표시한 것은?

① 체조직 – 우심방 – 우심실 – 폐 – 좌심방 – 좌심실 – 체조직
② 체조직 – 우심실 – 우심방 – 폐 – 좌심실 – 좌심방 – 체조직
③ 체조직 – 좌심방 – 좌심실 – 폐 – 우심방 – 우심실 – 체조직
④ 체조직 – 좌심실 – 좌심방 – 폐 – 우심실 – 우심방 – 체조직

> **해설**
> **혈액순환**
> • 폐순환 : 우심실 → 폐동맥 → 폐의 모세혈관 → 폐정맥 → 좌심방
> • 체순환 : 좌심실 → 대동맥 → 온몸의 모세혈관 → 대정맥 → 우심방

15 돼지 수정란 이식을 위한 난관 내 난자의 채취는 교배 후 며칠 이내에 해야 하는가?

① 2일   ② 4일
③ 6일   ④ 8일

16 병아리 육추의 성공 여부는 온도와 습도 및 환기를 알맞게 조절해 주어야 하는데 평면육추실 온도측정은 어디를 기준으로 하는가?

① 병아리 어깨높이   ② 지면 1.5m
③ 병아리 무릎높이   ④ 급열기 높이

해설
어린 병아리는 체온조절능력이 충분하지 못하여 저온에 대한 저항력이 약하므로 1~2주 동안은 부화발생 시 온도에 가깝도록 온도를 조절해 주어야 한다. 이때 온도의 측정위치는 병아리의 어깨높이를 기준으로 한다.

17 식물성에 주로 β-carotene형태로 존재하며, 대부분의 포유동물에서 carotenoid가 전환되는 비타민은?

① 비타민 A   ② 비타민 D
③ 비타민 E   ④ 비타민 K

해설
비타민 A의 전구체인 프로비타민 A에는 베타카로틴, 알파카로틴, 베타크립토산틴 등의 카로티노이드가 함유되어 있다. 카로티노이드는 과일과 채소에 노란색과 오렌지색을 부여하는 식물 색소이다.

18 백색 경지방(硬脂肪)을 생산하는 사료는?

① 옥수수   ② 보리
③ 쌀겨   ④ 어분

해설
- 연지방(황색의 연한 지방) 형성 : 옥수수, 미강, 어분, 대두박, 아마인박, 땅콩박, 채종박, 비지, 두과 사일리지
- 경지방(백색의 단단한 지방) 형성 : 보리, 밀, 호밀, 밀기울, 쌀, 맥강, 야자박, 고구마, 감자, 전분박, 짚류, 완두, 순무

19 결핍 시 삼출성 소질(滲出性素質), 지방 조직염, 췌장의 섬유화 등을 나타나는 무기물은?

① 셀레늄   ② 망간
③ 요오드   ④ 아연

해설
셀레늄 결핍증세
- 쥐, 돼지 : 간괴사
- 닭, 칠면조 : 근위근병, 삼출성 소질
- 반추가축 : 근육백화증, 근육 경직, 쇠약

정답 15 ① 16 ① 17 ① 18 ② 19 ①

20 법정전염병에 해당하지 않는 것은?

① 우폐역
② 돼지수포병
③ 닭뉴캣슬병
④ 유행성 뇌염

해설
법정전염병의 종류

구분	소	돼지	닭
제1종	우역, 우폐역, 구제역, 가성우역, 블루텅병, 리프트계곡열, 럼피스킨병, 양두, 수포성 구내염	구제역, 아프리카돼지열병, 돼지열병, 돼지수포병, 수포성 구내염	뉴캣슬병, 고병원성 조류인플루엔자
제2종	탄저, 기종저, 브루셀라, 결핵, 요네병, 소해면상뇌증, 큐열	돼지오제스키병, 돼지일본뇌염, 돼지테센병	추백리, 가금티푸스, 가금콜레라
제3종	소유행열, 소아카바네, 소전염성 비기관염, 소류코시스, 렙토스피라병	전염성 위장염, 돼지단독, 생식기호흡기증후군, 유행성 설사, 위축성 비염	닭마이코플라스마, 저병원성 조류인플루엔자, 뇌척수염, 전염성 후두기관염, 마렉병, 전염성 F낭병

21 질이 좋은 목건초분말에다 당밀을 섞어서 단단한 장방형으로 가온, 고압하에서 성형시킨 것은?

① 큐브사료
② 가루사료
③ 크럼블사료
④ 알곡사료

해설
① 큐브사료 : 조사료를 각형(2.5×2~3cm)으로 성형한 것
② 가루사료(mash사료) : 원료사료를 분쇄 또는 기타 물리적 수단을 이용하여 작은 입자 상태로 공급하는 사료
③ 크럼블사료 : 펠릿사료를 다소 거칠게 부순 사료
④ 알곡사료 : 옥수수, 수수, 밀과 같은 알곡상태의 사료

22 콩과 목초와 화본과 목초를 섞어서 뿌린 새로 만든 초지(草地)는 첫해에 몇 번 베어주는 것이 알맞은가?

① 다음해부터 베어준다.
② 1회
③ 3~4회
④ 7~8회

23 혼파조합의 기본원칙으로 틀린 것은??

① 서로 경합능력이 같은 것이어야 한다.
② 기호성이 너무 다른 초종을 함께 넣어서는 안된다.
③ 6종 이상을 조합하는 것이 유리하다.
④ 의도된 목적에 알맞도록 적응성이 있어야 한다.

해설
③ 4종 이상 혼파하지 않는다.
혼파조합의 기본원칙
• 혼파되는 초종은 서로 기호성(방목)이나 경합력이 너무 차이가 나지 않고 비슷해야 한다.
• 단순혼파가 중심이 되어야 하고, 4종 이상 혼파하지 않는다.
• 의도된 목적에 맞도록 관리되어야 한다.
• 최소한 콩과 1초종과 화본과 1초종이 혼파되어야 한다.
• 초기 정착을 고려하여 방석형 초종을 혼파한다.
• 조성 초기 수량과 정착 후 수량 및 지속성을 고려한다.
• 화본과와 두과의 비율을 7 : 3으로 유지한다.

24 여뀌과에 속하는 1년생 식물이며, 칼슘함량은 낮고 riboflavin과 niacin의 함량이 많은 것은?

① 귀리
② 보리
③ 메밀
④ 호밀

해설
③ 메밀 : 마디풀과(여뀌과)
①·②·④ 귀리, 보리, 호밀 : 벼과

25 부피가 작고 조섬유의 함량은 낮으나, 단백질, 가용무질소물 등의 함량이 높은 사료는?

① 조사료　　② 농후사료
③ 보충사료　　④ 섬유질사료

해설
영양가치에 따른 사료의 구분

조사료	영양소 공급능력에 비해 부피가 크고 섬유소함량이 높고 비교적 가격이 싼 사료 예 볏짚, 야초, 목초, 사일리지, 건초
농후사료	부피가 작고 조섬유함량은 낮으나 단백질, 가용무질소물 등의 함량이 높은 사료 예 곡류, 강피류, 박류, 근괴류, 어분, 배합사료
보충사료	소량을 사용하여도 특정 영양소를 충분히 공급할 수 있는 사료. 첨가제 사료 예 감미제, 항산화제, 비타민제, 아미노산제, 호르몬제, 효모

26 유지사료에 대한 설명으로 틀린 것은?

① 사료의 에너지함량을 높여 준다.
② 필수지방산을 공급한다.
③ 사료의 기호성은 다소 억제한다.
④ 지용성 비타민을 공급한다.

해설
유지사료의 이점
• 사료의 에너지 함량을 높임으로서 사료효율을 개선할 수 있다.
• 유지에 함유된 필수지방산의 이용이 가능하다.
• 지용성 비타민 A · D · E · K 등을 공급받을 수 있다.
• 사료의 기호성 및 색상을 개선할 수 있다.
• 배합사료 제조 시 먼지 및 기계 마모를 방지할 수 있다.
한편, 유지를 사료로 이용할 때 산화가 일어나지 않도록 항산화제를 써야한다.

27 다음 중 내건성이 가장 강한 사료작물은?

① 티머시　　② 레드클로버
③ 알팔파　　④ 켄터키블루그래스

해설
알팔파는 더위에 강해 하고현상은 없으나 습지에서는 생육이 불량하다.

28 사일리지용 옥수수의 양분 생산량에 관한 설명으로 가장 옳은 것은?

① 사일리지 양분 생산량은 4/5가 암이삭, 나머지 1/5이 줄기와 잎으로 구성된다.
② 사일리지 양분 생산량은 1/5가 암이삭, 나머지 4/5이 줄기와 잎으로 구성된다.
③ 사일리지 양분 생산량은 2/3가 암이삭, 나머지 1/3이 줄기와 잎으로 구성된다.
④ 사일리지 양분 생산량은 1/3가 암이삭, 나머지 2/3이 줄기와 잎으로 구성된다.

해설
황숙기 옥수수는 총 양분 함량 중 62%가 암이삭에 포함되어 있다.

29 작부체계를 결정할 때 고려해야 할 사항과 거리가 먼 것은?

① 농가 노동배분의 합리화
② 토양비옥도의 지속적 유지
③ 위험분산
④ 축산물 가격

해설
작부체계 결정 시 고려사항
• 농가 노동분배의 합리화(노동집중현상의 완화 및 균등화)
• 윤작원칙의 고수
• 토양비옥도의 지속적 유지
• 위험분산
• 사료작물의 자급률 제고
• 자급사료의 균형적 공급

정답 25 ② 26 ③ 27 ③ 28 ③ 29 ④

30 옥수수 사일리지 조제 시 수확적기는?

① 유숙기 ② 호숙기
③ 황숙기 ④ 완숙기

해설
옥수수 수확적기
- 옥수수 황숙기의 수분함량은 68~70%로, 이때 수확하면 첨가제 없이도 양질의 사일리지를 담을 수 있다.
- 황숙기보다 일찍 수확하면 양분축적이 적고, 늦게 수확하면 암이삭이 떨어져 나가거나 줄기와 잎이 말라 양분손실이 많아진다.

31 다음 중 일반산지에서 조성 초기 콩과(두과) 목초에 가장 시용 효과가 높은 비료는?

① 철 ② 인산
③ 칼슘 ④ 황

해설
인산은 콩과 목초의 생육초기에 요구도가 높고, 뿌리의 성장을 도와 정착을 유리하게 한다.

32 다음 중 추위에 견디는 힘이 가장 강하고 산성토양에서도 잘 자라며 사일리지 및 청예작물로 많이 재배하는 것은?

① 피 ② 귀리
③ 호밀 ④ 땅콩

해설
호밀
내한성이 강할 뿐만 아니라 심근성이므로 가뭄과 척박한 토양에서도 재배가 가능하고, 생육 초기에 빨리 자라는 특성을 갖고 있어 청예용 사료작물로 적합하다.

33 화본과 목초에 속하는 것은?

① 알팔파 ② 화이트클로버
③ 레드클로버 ④ 레드톱

해설
화본과와 두과

화본과	오처드그라스, 티머시, 톨페스큐, 메도페스큐, 켄터키블루그라스, 레드톱, 스무드브롬그라스, 리드카나리그라스, 페레니얼라이그래스, 크리핑벤트그래스
두과	화이트클로버, 라디노클로버, 레드클로버, 알사이크클로버, 알팔파, 스위트클로버, 버즈풋트레포일

34 진공 사일로라고도 하며 양면에 유리섬유를 입힌 강철판으로 만들어져 있고, 벽면이 매끄러워 사일리지가 자체 중량만으로도 내려 눌리도록 되어 있는 것은?

① 기밀 사일로 ② 벙커 사일로
③ 트렌치 사일로 ④ 원통형 사일로

해설
기밀(氣密) 사일로(진공 사일로, 하베스터)
- 외부 공기를 완전히 차단하도록 강판, FRP 등으로 만든 것이다.
- 기능이 가장 우수하고 저수분 사일리지에 적합하다.
- 사일리지를 꺼내 먹이는 도중에도 다시 상부에 채워 넣을 수 있다.
- 내부의 사일리지를 품질의 변화 없이 장기간 저장할 수 있고, 하부에 장치된 자동취출기(自動取出機)로 간단하게 꺼낼 수 있어 편리하다.

35 세포벽 구성성분으로 석회시용에 의해 공급되는 식물 영양성분은?

① 칼슘 ② 인산
③ 질소 ④ 셀레늄

해설
칼슘은 세포벽의 구성성분으로 분열조직에 많이 분포되어 있다. 칼슘과 마그네슘은 석회로 공급할 수 있다.

정답 30 ③ 31 ② 32 ③ 33 ④ 34 ① 35 ①

36 방목지를 몇 개의 소목구로 나누어 각 소목구에 순차적으로 방목하는 방법은?

① 고정방목 ② 윤환방목
③ 연속방목 ④ 계목

해설
윤환방목(rotational grazing)
초지를 몇 개의 목구로 구분하여 순차적으로 윤환하여 방목하는 방법으로 가장 일반적인 방법이다.

37 수수 사료의 특징으로 틀린 것은?

① tannin 함량이 다른 곡류에 비해 낮다.
② 옥수수보다 단백질 함량이 높다.
③ 칼슘 및 비타민 D 함량이 낮다.
④ 색깔이 노란 수수일지라도 carotene함량은 적다.

해설
① 기호성과 소화율을 저하시키는 tannin(탄닌)함량은 갈색수수에 0.6~3.6%, 백색수수에 0.2~0.4% 함유되어 있다.

38 불경운 초지개량의 유리한 점으로 틀린 것은?

① 밭에 나는 1년생 잡초가 침입할 수 있는 기회를 줄여 준다.
② 발아가 잘된다.
③ 기계사용이 불가능한 지대라도 개발이 가능하다.
④ 자본투자가 적다.

해설
불경운 초지의 장점
• 파종비용이 저렴하다.
• 갈아엎지 않기 때문에 토양침식의 위험이 적다.
• 기계사용이 불가능한 지대라도 개발이 가능하다.
• 1년생 잡초가 침입할 수 있는 기회를 줄여 준다.
• 강우나 강우 직후 토양의 수분함량이 높을 때에도 목초의 파종이 가능하다.
• 목초를 도입함으로써 연중 생초의 생산기간을 연장시켜 준다.
• 생산성이 낮은 산지를 신속하고 값싸게 개발할 수 있는 방법이다.
• 한발, 홍수 및 산불 등으로 긴급복구가 필요할 때 유효한 방법이다.

39 다음 목초 중 제상에 견디는 힘이 가장 강한 것은?

① 티머시 ② 섬바디
③ 오처드그라스 ④ 라디노클로버

해설
포복성이 있는 초종은 제상에 잘 견딘다.
예 클로버, 켄터키블루그래스

40 생육 특성상 겨울형에 속하는 사료작물로만 짝지어진 것은?

① 수수, 수단그라스 ② 밀, 보리
③ 티머시, 옥수수 ④ 순무, 콩

해설
계절별 재배 사료작물
• 봄, 가을 단경기 사료작물 : 귀리, 유채 등
• 여름 사료작물 : 옥수수, 사료용 피, 수수류 등
• 겨울 사료작물 : 보리, 호밀, 이탈리안라이그래스 등

정답 36 ② 37 ① 38 ② 39 ④ 40 ②

41 비육우 경영에 있어서 사료효율을 계산하는 식이 바르게 표현된 것은?

① 사료섭취량 / 증체량
② 사료섭취량 / 사료구입량
③ 사료유실량 / 사료구입량
④ 증체량 / 사료섭취량

> **해설**
> 사료효율 = $\dfrac{증체량}{사료섭취량}$
>
> = $\dfrac{축산물\ 생산량}{사료급여량}$

42 축산물 경영비의 비용항목에 해당되지 않는 것은?

① 가축비　　② 사료비
③ 감가상각비　④ 토지자본이자

> **해설**
> **경영비와 생산비**
> • 경영비 : 외부에서 구입하여 투입된 일체의 비용 및 자가생산 농산물 중 재투입한 사료, 퇴비 등의 중간 생산물 평가액으로 구성
> • 생산비 : 경영비에 기회비용 성격의 자가노력비, 자기자본용역비, 자기 토지용역비 등을 합한 총 투입비용

43 연간 조수입이 5,000만원이 되고 경영비가 4,000만원, 총생산비가 4,400만원일 경우 낙농가의 소득률은?

① 10%　　② 20%
③ 30%　　④ 40%

> **해설**
> • 소득 = 조수입 - 경영비
> 　　= 5,000만원 - 4,000만원
> 　　= 1,000만원
> • 소득률 = 축산소득 / 축산조수입 × 100
> 　　= 1,000만원 / 5,000만원 × 100
> 　　= 20%

44 축산경영상의 문제점이라고 볼 수 없는 것은?

① 가축질병과 폐사
② 사료가격의 상승
③ 축산물 소비량의 증가
④ 축산물 가격하락

> **해설**
> **축산경영상의 문제점** : 시장개방, 사료원료가격 증가, 가축분뇨, 가축질병 등
> ※ 축산경영 : 축산의 목표를 달성하기 위해서 경영요소를 효율적으로 결합, 이용하는 합리적인 경영활동을 말한다.

45 계란 생산비를 절감시키는 방법이 아닌 것은?

① 경영규모 확대
② 육성 경영비 증대
③ 사료효율 향상
④ 산란계 육성비 절감

> **해설**
> **산란계 생산비 절감방안**
> • 산란계 사육규모를 확대한다.
> • 산란계 육성율의 제고로 육성비를 낮춘다.
> • 산란계의 생존율을 높인다.
> • 난사비를 최대한 증가시킨다.
> • 산란율의 제고(연간 분만횟수를 증가)

46 다음 중 쇠고기 수요에 영향을 미치는 요인으로 가장 거리가 먼 것은?

① 쇠고기의 가격　② 사료가격
③ 돼지고기의 가격　④ 국민소득

> **해설**
> 수요함수의 변화요인은 그 재화의 가격, 연관된 다른 재화의 가격, 소비자의 소득, 인구의 수, 기호 등이다.

정답 41 ④　42 ④　43 ②　44 ③　45 ②　46 ②

47 생산함수에서 총생산량을 생산요소 투입량으로 나눈 것을 무엇이라 하는가?

① 평균생산량 ② 한계생산량
③ 총생산량   ④ 순생산량

해설
① 평균생산량(APP) : 총생산량을 투입한 생산요소의 총량으로 나눈 것
② 한계생산량(MPP) : 추가된 한 단위를 더 투입했을 때 생산되는 추가생산량
③ 총생산량(TPP) : 투입한 생산요소의 총량에 대응하는 생산물의 총량

48 축산경영의 대차대조표 작성 시 부채항목에 해당되지 않는 것은?

① 퇴직급여담보금 ② 미불어음
③ 단기차입금   ④ 미수금

해설
미수금은 유동자산이다.

49 다음 중 축산소득의 산출 공식으로 옳은 것은?

① 축산조수입 – 축산생산비
② 축산조수입 – 축산경영비
③ 축산조수입 – 직접생산비
④ 축산조수입 – 축산경영비 + 농외소득

해설
소득 = 조수입 – 경영비

50 가족적 축산경영(부업 또는 전업)과 기업적 축산경영의 차이를 부적절하게 설명한 것은?

① 자본가적 기업축산에 있어서는 경영자의 가계와 경영이 분리되어 있으나, 가족경영에서는 혼합되어 있다.
② 자본가적 기업축산의 최고목표는 이윤추구에 있으나, 가족경영에서는 소득의 극대화에 있다.
③ 자본가적 기업축산의 노동은 고용노동이지만, 가족경영의 경우에는 가족노동이 중심이 된다.
④ 자본가적 기업축산에 있어서 가족노동은 소득의 원천이 되지만, 가족경영에서는 지출이 된다.

해설
④ 자본가적 기업축산에 있어서 가족노동은 지출이 되지만, 가족경영에서는 소득의 원천이 된다.

51 우유 kg당 가격과 생산비가 각각 600원일 때 다음 설명 중 틀린 것은?

① 순수익이 발생하지 않기 때문에 우유생산을 바로 중단해야 한다.
② 순수익은 발생하지 않지만 계속 우유를 생산할 수 있다.
③ 자가노력 보수 및 자기자본에 대한 이자가 발생하기 때문에 계속 우유를 생산할 수 있다.
④ 우유가격이 생산비 이하로 하락할 경우 우유생산을 중단하는 것이 유리하다.

해설
손실최소화의 원리
• 한계수익이 평균총비용보다 낮더라도 고정비는 이미 투자된 것이므로 유동비 수준에만 도달할 수 있다면 생산을 계속하는 것이 유리하다.
• 단기에서 생산물가격이 평균비용(AC) 보다는 낮더라도 평균가변비용(AVC)보다 높다면 생산을 계속하는 것이 유리할 경우가 있다. 이를 손실최소화의 원리라고 한다.
• 생산물의 판매가격이 추가 소요되는 유동비 수준에도 미치지 못한다면 더이상 생산을 하지 않아야 손실을 최소화할 수 있다.

정답 47 ① 48 ④ 49 ② 50 ④ 51 ①

52 유축농업의 유리성이 아닌 것은?

① 토지생산성의 증진
② 노동의 평균화
③ 축산물의 생산
④ 농가소득의 감소

해설
유축농업의 유리성
- 토지생산성의 증진
- 노동의 평균화
- 축산물의 생산
- 농가소득의 증가

53 축산경영의 기본요소에 해당되지 않은 것은?

① 이용 가능한 농용지
② 가축(생축)의 거래
③ 경영 규모와 자본
④ 사양관리에 필요한 노동력

해설
축산경영의 4대 요소 : 토지, 자본재, 노동력, 경영능력

54 생산비 산출의 필요성에 대한 내용 중 틀린 것은?

① 양축농가의 대외적 신용자료로 활용
② 생산계획 및 축산경영규모 설정
③ 수매 및 구매가격 결정의 기준
④ 양축농가의 경영성과 진단

해설
생산비 산출은 경영성과 분석과 더불어 차기의 생산계획, 판매계획, 이익계획 등에 필수적인 경영활동이다.

55 낙농경영의 수익성 산출 시 조수입을 구성하는 요소가 아닌 것은?

① 우유 판매수입
② 송아지 생산수입
③ 육성우 가치증식 평가액
④ 성우 구입비용

해설
낙농경영에 있어서 조수익
- 우유판매액
- 송아지판매액
- 구비판매액
- 육성우증체액
- 원유판매액
- 우유생산수입
- 송아지생산수입
- 구비수입
- 정부지원금
- 부산물거래가격

56 다음과 같은 조건하에서 정액법을 이용할 경우 연간 감가상각액은?(단, 원가 : 100,000원, 잔존가격 : 10,000원, 내용연수 : 5년)

① 20,000원 ② 19,000원
③ 18,000원 ④ 2,000원

해설
$$감가상각비 = \frac{100,000 - 10,000}{5}$$
$$= 18,000원$$

정답 52 ④ 53 ② 54 ① 55 ④ 56 ③

57 우리나라 농업노동의 특수성이 아닌 것은?

① 농업노동의 이동성
② 농업노동의 다양성
③ 농업노동의 계절성
④ 농업노동 과정의 연속성

해설
우리나라 농업노동의 특수성
- 농업노동의 이동성 : 농지를 따라 다니며 이동하므로 노동의 장소가 바뀐다.
- 농업노동의 다양성 : 다른 노동의 종류가 끊임없이 전개된다.
- 농업노동의 계절성 : 기온, 수분, 일조 등 자연의 영향을 크게 받으므로 노동 수요가 연중 고르지 못하다.
- 농업노동의 비연속성 : 공업은 동시 병렬적인 노동이며 농업노동은 전후 종렬적인 노동이다.

58 가족경영의 수익성 분석지표로 가장 적당하지 않은 것은?

① 소득
② 자본이익률
③ 소득률
④ 가축 1두(수)당 소득

해설
자본이익률은 '자본순수익 / 투하자본액 × 100'으로 기업의 수익성을 판정하기 위한 종합적인 척도이다.

59 소 및 쇠고기의 계통출하 유통경로로 적합한 것은?

① 사육농가 → 축협 → 공판장 → 축협 직매장
② 사육농가 → 가축시장 → 수집·반출상 → 식육유통센터
③ 사육농가 → 수집상 → 도축장 → 식육 도매상 또는 대량수요처
④ 사육농가 → 가축시장 → 축협 → 식육 도매상 또는 대량수요처

해설
계통출하 : 양축가 → 축협도축장경매 → 소매상 → 소비자

60 축산경영에 있어서 고용노동 대신 자가노동일수가 늘어나면 이에 따라 증가하는 것은?

① 경영비
② 농업소득
③ 농업순수익
④ 겸업소득

해설
- 순수익 = 조수입 – 생산비
- 생산비 = 경영비 + 자가노력비 + 고정자본이자 + 유동자본이자 + 토지자본이자

정답 57 ④ 58 ② 59 ① 60 ②

2017년 제3회 과년도 기출복원문제

※ 2017년부터는 CBT(컴퓨터 기반 시험)로 진행되어 수험자의 기억에 의해 문제를 복원하였습니다. 실제 시행문제와 일부 상이할 수 있음을 알려드립니다.

01 가축 증체율 저하, 비유량 감소, 산란율의 저하, 발정의 약화 등과 가장 관계 깊은 것은?

① 기온이 낮을 때(저온)
② 기온이 높은 때(고온)
③ 습도가 낮은 때(저습)
④ 기온지 적합할 때(적온)

해설
고온다습한 환경에서 정자농도가 감소하고, 기형정자수가 증가한다.

02 한우 체형 측정 시 요각의 앞쪽으로부터 좌골 끝까지의 직선거리를 무엇이라고 하는가?

① 좌골폭
② 고장
③ 요각폭
④ 수평체장

해설
체형 측정 부위

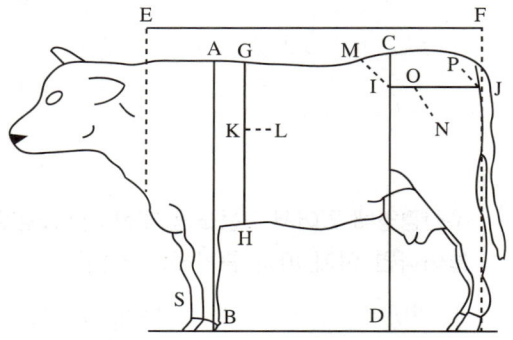

- A-B : 체고
- E-F : 수평체장
- I-J : 고장
- M-I : 요각폭
- P-J : 좌골폭
- C-D : 십자부고
- G-H : 흉심
- K-L : 흉폭
- O-N : 곤폭
- S : 전관위

※ 흉위는 흉폭과 흉심을 재는 부위를 줄자로 측정한다.

03 치사유전자에 의해 나타나는 질병은?

① 거위걸음
② 항문폐쇄
③ 헤르니아
④ 탈모증

해설
항문폐쇄는 유전적 이상으로 인해 발생하는 질병으로, 항문이 완전히 형성되지 않아 배변이 불가능한 상태이다.

04 소의 평균 발정주기는?

① 17일
② 21일
③ 23일
④ 30일

해설
가축별 발정주기와 발정지속기간

구분	번식특성	발정주기(일)	발정지속시간(시간)
소	연중	21~22	18~20
돼지	연중	19~21	48~72
면양	단일성	16~17	24~36
산양	단일성	21	32~40
말	장일성	19~25	4~8(일)

05 비유 중의 소가 흥분하거나 통증을 느낄 때 혈중에 방출되어 유즙의 분비를 방해하는 호르몬은?

① 옥시토신
② 프로락틴
③ 에스트로겐
④ 에피네프린

해설
① 옥시토신 : 모성행동 유기, 유즙 분비, 자궁수축
② 프로락틴 : 유즙 분비
③ 에스트로겐 : 난포 성숙, 2차 성징

06 섭취한 사료를 동물체 내에서 소화할 때 관계없는 기관은?

① 구강　　② 위
③ 소장　　④ 콩팥

해설
콩팥(신장)은 오줌의 배설량을 조절한다.

07 결핍이 되면 암컷에서는 불임이나 유산이 오며, 수컷에서는 고환이 퇴화하며 정자 활동이 활발하지 못하므로 불임의 원인이 되는 비타민은?

① 비타민 A　　② 비타민 D
③ 비타민 E　　④ 비타민 K

해설
비타민 E는 생식 건강에 중요한 역할을 한다. 결핍 시 생식기능 장애, 불임, 유산, 고환 퇴화 등의 문제가 발생할 수 있다.

08 젖소의 케토시스 증상을 옳게 설명한 것은?

① 탄수화물 대사에 차질이 생겨 우체 내에 아세톤 등이 축적되어 발생한다.
② 항생물질이나 설파제를 주입하여 치료가 된다.
③ 두과 청초를 많이 급여하였을 때 발생한다.
④ 외과수술에 의하여 이물질을 제거하는 방법으로 치료 된다.

해설
젖소의 케토시스(ketosis)
지방이나 탄수화물 대사에 차질이 생겨 우체내 혈액 중에 케톤체가 축적되어 발생하며, 고농도의 포도당, 칼슘, 비타민 C 주사 등으로 치료한다.
※ 아세톤은 케톤체 중 가장 간단한 형태의 화합물이다.

09 단위동물의 위내 위산의 주성분인 염산(HCl)의 기능이 아닌 것은?

① 단백질을 변성시킨다.
② 비타민의 흡수를 돕는다.
③ 십이지장에서 나오는 secretin의 분비를 촉진시킨다.
④ 위내 미생물에 의해 일어나는 발효와 부패를 억제한다.

해설
위내 점막세포에서 분비되는 염산의 기능
• 단백질을 변성시키고 이당류의 가수분해를 약간 일으킨다.
• Fe^{2+}의 흡수를 돕는다.
• 펩시노겐을 활력이 있는 펩신으로 만든다.
• 위에서 미생물에 의해 일어나는 발효 및 부패를 억제한다.

10 수정란 이식을 위한 난관 내 난자의 채취는 교배 후 며칠 이내에 해야 하는가?

① 2일　　② 4일
③ 6일　　④ 8일

정답 6 ④　7 ③　8 ①　9 ②　10 ①

11 소가 방목 중 또는 사료 급여 시 못이나 예리한 금속성 이물을 먹었을 때 생길 수 있는 질병은?

① 급성 소화불량증
② 위궤양
③ 전염성 하리
④ 창상성 제2위염

해설
소 창상성 심낭염(창상성 제2위염)
소가 끝이 날카로운 쇠붙이(못, 철사, 철조망 조각 등)를 잘못 먹어서 이것이 위내 특히 제2위의 바닥에 가라앉아 있다가 강한 제2위의 운동에 의해 위벽을 뚫고 나가 심장이나 다른 장기에 손상을 주어 심낭염, 폐렴, 흉막염 등을 일으킨다. 이 질병은 유량감소, 성장이나 비육 불량 등 생산성에 차질을 초래할 뿐만 아니라 폐사율이 높기 때문에 경제적으로 매우 중요한 질병이다.

12 일반적으로 어린 가축은 높은 온도를 좋아하나 생리적으로 별다른 영향을 받지 않는 비육용 돼지의 최적 기온의 범위는?

① −10~24℃
② 7~23℃
③ 9~35℃
④ 12~23℃

해설
육성 비육돈은 자돈사에서 이동 후 2~3일간은 23~25℃ 정도로 온도를 높게 유지하며, 이후 서서히 낮추어 일주일 후에는 18~21℃를 유지하도록 한다.

13 다음 돼지 중 제한급사가 가장 필요한 것은?

① 갓난이 돼지
② 젖먹이 돼지
③ 육성돈
④ 임신돈

해설
임신돈은 임신 기간 대부분에 걸쳐 필요 이상의 사료를 과도하게 섭취하지 않도록 제한해야 하지만, 공격적으로 사료를 급여해야 하는 구간도 존재한다.

14 돼지의 질병 중 호흡기 질병인 것은?

① 살모넬라병
② 오제스키병
③ 돼지적리
④ 부종증

해설
돼지오제스키병
제2종 가축전염병으로 모돈의 유사산 특히 초산돈에 심한 유사산을 볼 수 있으며, 경산돈에서 번식성적이 저하된다. 자돈에서는 포유자돈의 구토, 설사, 위축, 신경증상 등을 관찰할 수 있으며, 육성 및 비육돈에서는 주로 호흡기 증상이 관찰된다.
①・③ 살모넬라, 돼지적리 : 소화기 질병
④ 부종증 : 용혈성 대장균이 원인

15 다음 중 원산지가 동양종인 닭의 종류는?

① 레그혼
② 코친
③ 플리머스록
④ 미노르카

해설
② 코친 : 중국 북부
① 레그혼 : 이탈리아의 레그혼항
③ 플리머스록 : 미국 매사추세츠주
④ 미노르카 : 스페인 미노르카섬

16 닭의 카니발리즘의 원인이 아닌 것은?

① 계사 내 직사광선이 들어올 때
② 사료 내 염분이 부족할 때
③ 조사료함량이 부족할 때
④ 사육온도가 적정온도보다 낮을 때

해설
카니발리즘
계사 내에 직사광선이 들어올 때, 점등광도가 너무 높을 때, 과도하게 밀사를 할 때, 환기가 불량할 때, 영양소의 결핍 및 각종 영양소가 불균형할 때, 염분이 부족할 때, 고온으로 인한 스트레스 시, 조섬유의 함량이 부족할 때, 유전적인 영향과 습관이 있을 때, 힘과 체구 차이가 큰 병아리들을 혼사할 경우 많이 발생한다.

17 다음 토끼의 품종 중 모피용종으로 분류되는 것은?

① 친칠라종 ② 벨기언종
③ 앙고라종 ④ 폴리시종

> **해설**
> ② 벨기언종 : 육용종
> ③ 앙고라종 : 모용종
> ④ 폴리시종 : 애완종
> **토끼의 품종**
> - 육용종 : 벨기언종(벨기에), 플레미시 자이언트(프랑스), 캘리포니안(미국)
> - 모피용종 : 렉스(프랑스), 친칠라(프랑스)
> - 육용 및 모피겸용종 : 뉴질랜드 백색(미국), 백색 일본종
> - 모용종 : 앙고라(터키)
> - 애완종 : 히말라야 원산의 히말라얀과, 폴리시종, 롭이어(영국, 프랑스, 독일), 라이언 헤드(벨기에, 네덜란드), 더치(네덜란드), 드워프(네덜란드)

18 닭의 전염병 중 혈액응집 반응검사로 보균계를 가려내는 것은?

① 추백리 ② 계두
③ 뉴캣슬 ④ 콕시듐

> **해설**
> **추백리 진단방법**
> 혈청반응인 전혈급속응집반응, 급속혈청응집반응, 시험관응집반응 등을 실시하며, 비특이반응이 출현하는 경우가 있어 ELISA법으로 최종 진단한다.

19 칠면조의 품종이 아닌 것은?

① 브론즈종 ② 내러갠싯종
③ 백색 홀랜드종 ④ 톨루즈종

> **해설**
> ④ 톨루즈종 : 프랑스가 원산지인 거위의 품종
> **칠면조의 품종** : 내러갠싯, 로열팜, 미드겟화이트, 버번레드, 벨츠빌스몰화이트, 브로드브레스티브화이트, 블랙, 아메리칸브론즈, 자이언트브론즈종, 화이트홀랜드

20 생독백신에 대한 설명으로 잘못된 것은?

① 항원이 살아 있다.
② 면역 효과가 높다.
③ 값이 비교적 비싸다.
④ 병원성이 일부 잔존한다.

> **해설**
> 생독백신은 일반적으로 가격이 저렴한 편이고 항원이 살아있어 면역 효과가 높지만 병원성이 일부 남아 있는 경우도 있어 주의가 필요하다.

21 "앞으로의 시대는 종자전쟁의 시대가 될 것이다."란 말은 품종육성의 중요성을 강조하기 위한 말이다. 사료작물에 있어서 육종의 목표는 재배될 지역 특성과 많은 연관이 있다. 일반적인 사료작물의 육종목표와 거리가 먼 것은?

① 수량 및 유식물 활력
② 불량환경 적응성 및 지속성
③ 발효성
④ 내병성

> **해설**
> **사료작물의 육종목표**
> - 수량과 종자생산량을 동시에 높여야 한다.
> - 내병성이어야 한다.
> - 해충에 저항성이 높아야 한다.
> - 환경 스트레스에 저항성이어야 한다.
> - 내방목성이어야 한다.
> - 사료가치, 소화율 등의 영양가(feeding value)가 높아야 한다.
> - 독성물질의 양을 줄이거나 제거되어야 한다.
> - 사료평가방법도 개발하여야 하는 등 매우 다양한 실정이다.

22 생육 초기의 수수×수단그라스를 다량 급여하였을 때 발생할 수 있는 중독현상은?

① 엔도파이트중독 ② 고창증
③ 그래스테타니 ④ 청산중독

해설
어린 식물체의 잎과 줄기에는 청산을 함유하고 있어 중독위험이 있으므로 초장이 60cm 이상에서 수확을 시작하여 건초나 사일리지로 만들면 어린 식물체도 청산중독 위험이 없다.

23 북방형 목초는 일평균 기온이 몇 ℃ 이상일 때 하고현상이 나타나는가?

① 5℃ ② 10℃
③ 15℃ ④ 25℃

해설
하고현상 : 25℃ 이상의 고온과 가뭄으로 목초의 생육이 중단되거나 말라죽는 현상

24 다음 중 토양 관리용 기계는?

① 로터리 ② 하베스터(harvester)
③ 사각베일러 ④ 헤이 컨디셔너

해설
① 로터리 : 경운·쇄토가 동시 진행되어 작업능률이 좋으나 반전성이 떨어지고, 소요동력, 연료소모량이 많다.
②·③·④ 하베스터, 사각베일러, 헤이 컨디셔너 : 수확·조제용 기계
※ 경운·정지용 기계 : 플라우 및 쟁기, 해로, 로터리

25 경운 초지조성 시 특징 설명으로 틀린 것은?

① 전 식생 및 낙엽 등을 땅속에 묻어 버린다.
② 잡목과 산야초의 재생이 적어 초지 사후 관리에 용이하다.
③ 장애물 제거에 노력과 시간이 많이 들지만, 토양유실의 염려가 없다.
④ 초지의 초기수량이 높다.

해설
③ 경운으로 땅 표면을 갈아엎기 때문에 토양이 유실되기 쉽다.

경운 초지조성의 장단점

장점	• 경운해 줌으로써 자연식생의 제거가 가능하다. • 짧은 기간 동안에 생산성이 높은 초지 조성이 가능하다. • 초지 조성 시 땅 표면이 고르기 때문에 목초를 수확할 때 기계작업이 가능하다.
단점	• 땅 표면을 갈아엎기 때문에 표토유실을 받기 쉽다. • 땅을 갈아엎는데 필요한 농기계를 구입하는 데 비용이 많이 든다. • 표고 및 경사 때문에 지대에 따라 농기계의 사용이 불가능하다.

26 좋은 파종상(播種床)을 만드는 것은 종자의 발아, 출현, 정착 및 생장에 많은 영향을 미치기 때문이다. 그러면 파종상이 갖추어야 할 구비조건으로 거리가 가장 먼 것은?

① 파종상은 상층이나 상층표토에 관계없이 수분이 충분히 있어야 한다.
② 표토는 곱고 가루모양이어서 종자주위에 완전히 모아져야 한다.
③ 종자가 파종되는 바로 밑의 토양은 단단하여야 한다.
④ 토양의 경운층은 토양수분과 양분이 위로 이동할 수 있도록 미경운된 하층심토와 연결되어야 한다.

해설
② 표토는 부드럽고 입상이며, 너무 곱거나 가루모양이어서는 안 된다.

22 ④ 23 ④ 24 ① 25 ③ 26 ② **정답**

27 초지조성 방법 중 땅을 갈아엎지 않고 초지를 만들 대상지에 가축을 방목하여 야생초나 잡관목을 밟아 없애거나 약하게 만든 다음 초지를 조성하는 방법은?

① 경운 초지조성
② 겉뿌림 초지조성
③ 임간 초지조성
④ 제경법 초지조성

해설
제경(발굽갈이) 초지조성 : 초지 대상지에 소나 양을 집중 투입하여 발굽과 이빨을 이용한 선점식생을 제거한 후 파종 또는 다시 가축을 투입하여 진압

28 옥수수와 초지에 가장 큰 피해를 주고, 1년에 3~4회 발생하며 빠른 속도로 이동하면서 피해를 주는 해충은?

① 멸강나방　　② 굼벵이
③ 조명나방　　④ 거세미

해설
멸강나방
우리나라에서는 초지 조성이 시작된 이래 가장 큰 피해를 주는 해충으로, 주로 조, 귀리, 밀, 옥수수, 벼, 화본과 목초 등에 해를 준다.

29 작부조합을 위한 초종이나 품종 선택 시 고려하여야 할 사항이 아닌 것은?

① 수출가능성
② 품질의 우수성
③ 생산 비용과 노력
④ 건물 및 가소화영양소 수량

해설
사료작물의 작부체계 설정을 위한 작물 선택 시 고려사항
• 내병성이 강하고, 사료가치가 우수한 작물을 선택한다.
• 생산, 저장, 이용작업이 쉬운 작물을 선택한다.
• 생산비용이 적게 들고 수량이 높은 작물을 선택한다.
• 단위면적당 수량 및 가소화영양소총량(TDN)이 높은 작물을 선택한다.
• 연간 사료가치의 변화가 적고 안정적으로 공급이 가능한 사료작물을 선택한다.
• 보유기계, 사일로, 가축분뇨 등을 효율적으로 이용할 수 있는 초종 선택이 필요하다.
• 같은 초종이라도 품종에 따라 숙기가 다르므로 품종에 대한 정확한 인식과 선택이 중요하다.
• 작부체계 설정 시 지력유지, 생산량, 사료가치, 품질, 노동력, 수익성 등을 고려한다.

30 다음 설명의 (　)에 가장 적합한 초장은?

대체로 청예이용 시 목초의 제회 예취에 알맞은 초장은 40~50cm이다. 그러나 방목 시에는 초장이 너무 길 경우 제상량(蹄傷量)이 많고, 그 대신 이용률이 저하되기 때문에 방사 개시 적기를 (　~　)cm로 보고 있다.

① 5~10　　② 20~25
③ 35~40　　④ 50~60

해설
기성초지의 방목 개시 적기는 초장이 20~25cm 정도일 때이다.

정답　27 ④　28 ①　29 ①　30 ②

31 목초류의 풋베기에서 몇 cm 이상 그루를 남겨두는 것이 좋은가?

① 25~30cm ② 15~20cm
③ 5~10cm   ④ 35~40cm

> **해설**
> 너무 낮게 예취하면 재생이 늦어지고 죽어 없어지는 개체가 발생하므로 5cm 이하로 예취하지 않는 것이 좋다.

32 채초(採草)를 과도하게 자주 할 경우 발생하는 현상은?

① 뿌리에 영양축적이 많아진다.
② 다음해 봄의 눈 뜨는 시기가 늦어진다.
③ 종자의 성숙이 빨라진다.
④ 수량과 생산연한을 감소시키게 된다.

33 사일리지용 옥수수를 파종한 후 잡초를 방제하기 위해 제초제의 살포시기로 알맞은 것은?

① 파종한 후 3~4일 이내
② 파종한 후 6~7일 이내
③ 파종한 후 9~10일 이내
④ 파종한 후 10일 이후

> **해설**
> **옥수수의 잡초방제**
> 옥수수는 잡초의 발생에 따라 수량이 20~30% 이상 감소되므로, 제초제는 파종이 끝난 직후부터 3일 이내에 전면적으로 살포하는 것이 바람직하다.

34 옥수수의 수확적기는 사일리지의 발효와 품질에 많은 영향을 미치기 때문에 매우 중요하다. 그러면 다음의 사일리지용 옥수수의 수확적기에 대한 설명 중 거리가 가장 먼 것은?

① 생리적 성숙기(physiological maturity)로 보통 황숙기라 한다.
② 흑색 층(black layer)이 형성되는 시기이다.
③ 수분함량이 70% 내외가 되는 시기이다.
④ 파종한 지 110일 정도 경과한 시기이다.

> **해설**
> **황숙기의 판정**
> • 수분함량은 68~70%이다.
> • 웅수(수꽃) 50% 출현 후 35~42일 정도
> • 생리적 숙기로 판정할 때는 흑색 층(black layer)이 생겼을 때이다.
> • 옥수수 알맹이의 끝부분이 오목하게 들어가는 시기이다.

35 다음 중 좋은 품질의 사일리지가 아닌 것은?

① 색깔이 가급적 밝은 갈색이다.
② 곰팡이가 없고 악취가 없다.
③ 미끈미끈하고 푸석푸석하다.
④ 입에 넣었을 때 상쾌한 산미를 느끼게 해야 한다.

> **해설**
> 만졌을 때 적당한 수분이 있어 축축한 느낌이 드는 것, 까슬까슬한 감이 드는 것은 품질이 좋은 것이고, 질척질척하거나 끈적끈적한 것, 너무 뽀송뽀송한 것은 나쁜 것이다.

정답 31 ③ 32 ④ 33 ① 34 ④ 35 ③

36 다음 방목방법 중 방목 전기간을 통하여 가축을 한 방목지에 넣어서 방목하는 방법은?

① 고정방목　　② 윤환방목
③ 대상방목　　④ 계목

해설
고정방목(연속방목)
야초지나 임지 등에서 행하는 방목방식으로 장기간 같은 목구에 연속하여 방목하고 보통 주야방목(종일방목)한다. 가축을 이용하여 초지를 전면적으로 이용하는 것이 가장 중요하다.

37 방목초지를 몇 개의 목구로 나누어 돌아가며 방목하는 방법을 무엇이라 하는가?

① 윤환방목　　② 고정방목
③ 주야방목　　④ 임간방목

해설
윤환방목(rotational grazing)
초지를 몇 개의 목구로 구분하여 순차적으로 윤환하여 방목하는 방법으로 가장 일반적인 방법이다.

38 추위는 물론 더위에도 잘 견디고, 한여름철의 가뭄에도 강하나 엔도파이트에 감염되었을 경우 가축에게 장애를 일으키는 목초는?

① 오처드그라스　　② 톨페스큐
③ 티머시　　④ 켄터키블루그래스

해설
엔도파이트 진균병
톨페스큐의 주요 병으로 감염되면 환경에 대한 저항성은 증가하나 가축에는 나쁜 영향을 주는 병이다.

39 켄터키블루그래스에 대한 설명으로 옳은 것은?

① 그늘에 견디는 힘이 가장 강하다.
② 높은 알칼로이드 함량으로 가축에 대한 기호성이 낮다.
③ 뿌리가 깊어 가뭄이나 더운 지역에 알맞다.
④ 하번초로 방목에 적합하다.

해설
켄터키블루그래스는 하번초로 방목에 적합하며, 추위에 강하고 기호성이 좋다.

40 일반적으로 생산성이 많이 떨어진 경우 실시하는 초지의 갱신주기로 가장 적합한 것은?

① 1년 사용 후
② 2~3년 지난 후
③ 4~6년 지난 후
④ 7~10년 지난 후

해설
초지갱신 시기
- 화학성이 저하했을 경우 : 토양 pH 5.0 이하로 산성화
- 물리성이 저하했을 경우 : 토양경도(산중식 경도계) 26mm 이상
- 식생이 악화 됐을 경우 : 잡초의 발생, 나지의 발생, 불식과번지의 생성
- 기간 초종 식생이 쇠퇴했을 경우 : 생산성 및 기호성이 낮은 초종의 구성 비율 상승 등

41 도시 근교에서의 농경지가 좁은 상태에서 우유생산을 주로 하는 경영형태는?

① 전업적 비육경영
② 초지형 낙농경영
③ 송아지생산경영
④ 집약적 낙농경영

정답　36 ①　37 ①　38 ②　39 ④　40 ③　41 ④

42 양돈 경영형태를 사육목적에 따라 분류한 것으로 틀린 것은?

① 종돈생산 경영
② 번식돈 경영
③ 비육돈 경영
④ 전업적 경영

해설
경영규모에 의한 분류 : 기업적 경영, 전업적 경업, 부업적 경영

43 경종농업에서 생산되는 유기물을 가축에 급여함으로써 축산물을 생산한다는 축산경영상의 특징으로 가장 옳은 것은?

① 2차 생산적 성격
② 초지와 간접적 관계
③ 농업의 안정화
④ 생활수단의 자급화

해설
축산이 일반적인 경종농업과 다른 산업적 특성
- 2차 생산적 성격
- 가공 산업
- 환경문제
- 윤리적 책임(동물복지)
- 농업자원
- 식품수급

44 다음 가축 중 투자 자본의 회수기간이 가장 짧은 것은?

① 비육우
② 돼지
③ 번식우
④ 육계(브로일러)

해설
육계 산업은 병아리로 부화된 지 40일 이내에 성계로 출하되기 때문에 자본회전율이 매우 빠른 영역이다.

45 감가상각비를 계산하는 데 필요하지 않은 것은?

① 제작회사의 신뢰도
② 기초가격
③ 잔존가격
④ 내용연수

해설
감가상각비(정액법)
기존가격(구입, 생산가격)에서 잔존가격을 차감한 잔액에 대해서 내용연수로 나눈 값을 매년 감가상각비로 책정하는 방법이다.

46 축산경영의 입지조건과 관계가 적은 것은?

① 그 지방 축산의 사정, 교통 및 시장
② 채초지, 방목지 이용가능성
③ 부근 농가의 축산에 대한 관심도
④ 공기가 맑은 산간오지

해설
축산경영조직의 입지조건
- 자연적 입지조건 : 토양의 비옥도, 기후조건, 토지의 경사도, 강우량, 바람, 일조시간 등
- 경제적 입지조건 : 시장과의 거리, 토지가격이 적정수준
- 사회적·법률적 조건 : 사회적·법률적 제약조건이 없는 토지

정답 42 ④ 43 ① 44 ④ 45 ① 46 ④

47 일정한 노동력과 자금을 가지고 한우고기와 우유를 생산한다고 가정하였을 때, 한우고기를 더 생산하기 위해서는 우유생산을 포기해야 할 경우 두 생산물은 무엇이라 하는가?

① 경합생산물 ② 보완생산물
③ 보합생산물 ④ 결합생산물

해설
① 경합생산물 : 특정 생산요소의 양이 주어짐으로써 어느 한 생산물의 생산을 증가시키면 다른 한 생산물의 생산량이 감소하는 경우 이 두 생산물의 관계
② 보완생산물 : 양돈농가가 밭작물을 일부 재배할 경우 양돈경영에서 생산된 구비를 밭작물에 투입함으로써 비료구입비도 절약되고 작물수확량도 늘어났을 때 이 두 부문 간의 관계
③ 보합생산물 : 다른 축산물의 생산량을 증감시키지 않고 한 가지 축산물의 생산량을 증가시킬 수 있다면 이 두 생산물 간의 관계
④ 결합생산물 : 한 가지 생산물을 생산할 때 다른 생산물의 생산이 일정한 비율로 생산되는 경우

48 다음 중 낙농경영에서 경영수지 진단자료에 해당되지 않는 것은?

① 유지율 ② 분만 간격
③ 시설 및 기구 ④ 마리당 산유량

해설
낙농경영에서 경영수지 진단자료 : 유사비, 두당 연간 산유량, 연간 착유일수, 분만간격, 유지율 등

49 안정성 지표에 해당되지 않는 것은?

① 자기자본 구성비율 ② 사료효율
③ 자본회전율 ④ 고정비율

해설
안정성 지표 : 유동비율, 고정자본비율, 자기자본비율, 부채비율

50 축산경영비에 관한 설명 중 틀린 것은?

① 축산경영에 소요된 재화와 용역을 얻기 위해 현물로 그 댓가를 지불하였을 경우에 이의 평가액도 경영비를 구성한다.
② 사료·연료 등 구입현물의 기말재고량이 기초재고량보다 많을 때에는 그 평가액의 차액을 축산경영비에 가산해야 한다.
③ 사료를 외상으로 구입하고 그 대금을 지불하지 않았을 경우에도 그 미불금을 구입사료비에 포함시켜야 한다.
④ 축산경영비는 축산소득적 실비(失費)라고도 한다.

해설
② 사료·연료 등 구입현물의 기말재고량이 기초재고량보다 많을 때에는 그 평가액의 차액을 축산경영비에서 공제해야 한다. 기말재고량이 기초재고량보다 감소되었을 때에는 그 평가액의 차액을 축산경영비에 포함해야 한다.

51 손익계산서의 분석을 통하여 과거의 경영활동에 대한 성과 판단 및 장래의 목표 이익을 설정하는 수단으로 주로 이용되는 경영분석 방법은?

① 안정성 분석법
② 손익분기 분석법
③ 생산성 분석법
④ 축산물생산비 분석법

해설
손익분기점 분석을 통해 비용, 생산량, 가격이 수익성에 어떻게 변화를 미치는가는 알 수 있고, 기업이 유지될 수 있는 최소한의 조건을 결정한다.

정답 47 ① 48 ③ 49 ② 50 ② 51 ②

52 축산물생산비 계산의 대상에 대한 설명이 잘못된 것은?

① 생산비는 화폐가치로 표시할 수 있어야 한다.
② 생산비는 생산하고자 하는 축산물에 실제로 소비되었다고 하는 사실이 있어야 한다.
③ 재해·도난 등 불가항력적인 요인에 의하여 발생한 비용은 생산비에 포함하지 않는다.
④ 축산경영에서 지불되는 정치적·종교적 기부금도 경제 가치의 소비이므로 생산비 계산에 포함시켜야 한다.

해설
생산비가 되기 위한 조건
• 생산비는 화폐가치로 표시할 수 있어야 한다.
• 생산비는 생산하고자 하는 축산물에 직접 소비되는 것이어야 한다.
• 생산비는 정상적인 생산활동을 위하여 소비된 것이어야 한다.

53 우유의 생산비를 절감하기 위해 적절한 방법은?

① 착유우의 번식간격 확대
② 착유우의 생산수명 단축
③ 착유우의 두당 산유량 증대
④ 사료급여량 증대

해설
낙농농가의 우유 생산비 절감 방안
• 사료비 절감
• 두당 생산성의 극대화
 - 노동생산성 향상 방안 : 시설 자동화와 사육규모의 적정화
 - 젖소의 가축생산성 향상 : 고능력우 확보
  ⓐ 우유 위생등급 향상 : 세균 및 체세포수 감소
  ⓑ 유지율 및 유단백율 향상을 위한 노력 : 유단백 중심의 유대체계 개선을 반영하는 사양관리기술
  ⓒ 번식률 향상에 의한 산유량 증대
  ⓓ 고능력 젖소의 이용년한 연장 : 가축감가상각비 절감
 - 토지의 생산성 향상

54 조수익이 1,000,000원, 경영비가 600,000원, 소득율이 90%인 사람의 소득은 얼마인가?

① 360,000원
② 400,000원
③ 1,000,000원
④ 1,600,000원

해설
소득 = 조수입 − 경영비
    = 1,000,000원 − 600,000원
    = 400,000원

55 양돈농가의 어느 해 소득률이 50%이었다. 이 농가가 양돈조수익 80,000천원을 얻었을 때 양돈소득은?

① 20,000천원
② 40,000천원
③ 60,000천원
④ 80,000천원

해설
소득률 = 소득/조수입
50% = 소득/80,000천원
∴ 소득 = 40,000천원

56 축산물 유통의 물적기능(physical function)에 해당되지 않는 기능은?

① 축산물의 저장
② 축산물의 수송
③ 축산물의 가공
④ 축산물의 판매

해설
축산물 유통기능
생산자로부터 소비자에게 축산물이 이전되어 가는 과정에서 특화된 활동을 의미한다.
• 물적기능 : 수송, 저장, 가공에 의한 시간적, 장소적, 형태적 효용을 창출하는 기능
• 교환기능 : 소유권 이전(판매, 수집·구매)에 관한 기능
• 조성기능 : 표준화 및 등급화, 시장정보, 금융 및 위험부담 등에 의해서 유통의 기능(비축, 행정, 법률, 세무 등을 포함)을 조성

정답 52 ④ 53 ③ 54 ② 55 ② 56 ④

57 축산물 유통 근대화의 의의를 설명한 내용 중 틀린 것은?

① 축산물 유통조직기능의 확립
② 축산물 수급의 균형
③ 축산물 거래의 공정성
④ 축산물 가격의 안정성

58 다음 중 비육한 소의 유리한 출하방식은?

① 우시장 이용
② 계통출하 이용
③ 산지시장 이용
④ 소매시장 이용

> **해설**
> **계통출하**
> 일정한 규격과 품질을 유지하여 대규모로 출하하는 방식으로, 비육한 소의 출하에 유리하다.

59 다음 중 축산부기의 목적과 가장 거리가 먼 것은?

① 경영자 자신의 이익적립 수단
② 재무상태와 경영성과의 파악
③ 경영진단 및 개선에 필요한 자료 제공
④ 축산물생산비의 산출로 축산물 가격정책의 자료 제공

> **해설**
> **축산부기의 목적**
> • 재산의 증감과 수입, 비용을 정확하게 파악하는 수단을 삼는다.
> • 기록의 결과를 이해관계인에게 증거자료로 제시하고 통보한다.
> • 증거서류로 보존함으로써 분쟁 발생 시 해결수단으로 삼는다.
> • 경영진단 및 개선에 필요한 자료를 제공한다.

60 축산물 가격정책의 목적이라고 볼 수 없는 것은?

① 생산농가의 손실방지
② 생산자재 확보
③ 물가 안정
④ 가격기능을 통한 생산조절

> **해설**
> **축산물 가격정책의 목적**
> • 생산자가격의 안정
> • 원활한 공급의 보장
> • 소비자가계의 보호
> • 생산성 제고

[정답] 57 ① 58 ② 59 ① 60 ②

2018년 제3회 과년도 기출복원문제

01 가축이 섭취하기 이전에 사료에 들어 있는 에너지로 열량계에 넣어 연소시켰을 때 발생하는 열량은?

① 총에너지(gross energy)
② 가소화에너지(digestible energy)
③ 대사에너지(metabolizable energy)
④ 정미에너지(net energy)

해설
① 총에너지 : 섭취한 사료의 총에너지
② 가소화에너지 : 섭취한 사료의 총에너지에서 분으로 배설된 에너지를 공제한 값으로 계산한다.
③ 대사에너지 : 가소화에너지에서 오줌 및 가연성 가스 등으로 손실되는 에너지를 공제한 값이다.
④ 정미에너지 : 대사에너지에서 열량증가로 손실되는 에너지를 뺀 에너지이다.

02 돼지 모색 중 가장 우성인 색은?

① 흑색　　② 백색
③ 적갈색　④ 멧돼지색

해설
돼지의 모색에서 백색이 우성이다.

03 영국이 원산이고, 육용종으로 분류되며 조숙성이며 식욕이 왕성하고 성질이 거칠며 뿔이 없고, 전신 모색이 검은 소의 품종은?

① 리무진　　　② 헤리퍼드
③ 애버딘앵거스　④ 샤롤레

해설
① 리무진 : 19세기 프랑스 남서부 지역에서 유럽의 새로운 육우품종 개량한 품종으로, 짐을 나르는 용도와 고기소로 우수하다.
② 헤리퍼드 : 영국의 헤리퍼드 지방이 원산으로, 육우종 중 성징이 가장 온순하고 방목지에서 사육하기 좋은 품종이다.
④ 샤롤레 : 프랑스 샤롤레 지방이 원산으로 체모는 송아지 때는 황갈색이나 자라면서 크림 백색의 단색이 된다.

04 한우 장기 비육에 관한 설명 중 옳지 못한 것은?

① 거세우 또는 2살 정도의 수소를 이용하여 3년 이내에 비육을 완료한다.
② 수술, 무혈 거세기 등을 이용하여 거세를 실시하는 것이 좋다.
③ 뿔을 깎아 주고, 발굽을 깎아 주는 것은 사양 관리상 필요하다.
④ 운동과 방목은 가급적 피하여 비육 효율을 좋게 할 수 있다.

해설
④ 운동은 초기에는 1일 1~2시간, 말기에는 매일 또는 격일로 30분 정도로 제한하고, 자유 채식시키는 것이 보통이나 육성기에는 제한급여는 보상성장 효과가 있다.

정답 1 ① 2 ② 3 ③ 4 ④

05 젖소의 초유와 상유의 성분 비교에서 초유에 비하여 상유에 많이 들어 있는 성분은?

① 글로불린, 알부민 ② 지방
③ 유당 ④ 비타민 A

해설
초유는 정상적인 우유(상유)보다 카세인, 단백질, 각종 무기물, 지용성 비타민 등의 함량이 높고, 유당(lactose)과 칼슘(Ca)의 함량이 낮다.

06 번식에 관계하는 호르몬 중 자궁을 수축시켜 출산을 촉진시키고 젖 배출을 돕는 호르몬은?

① 에스트로겐
② 테스토스테론
③ 옥시토신
④ 프로게스테론

해설
옥시토신 : 뇌하수체 후엽에서 분비되는 호르몬으로 자궁수축, 유즙배출 및 젖방출 촉진 기능을 담당한다.

07 비타민은 왜 공급해 주어야 하는가?

① 영양소 대사 기능 및 내병성 증진
② 에너지 발생 및 체온 유지
③ 면역항체 형성
④ 사료효율 향상

해설
비타민은 주 영양소는 아니지만 생체의 물질대사나 생리기능을 조절하는 필수적인 영양소이다.

08 가축의 사료에 함유된 탄수화물 성분 중 섬유소의 소화율이 가장 높은 가축은?

① 말 ② 돼지
③ 소 ④ 닭

해설
반추가축(소, 양)은 인간이나 돼지와 같은 단위동물과 달리 풀사료를 먹고 소화시킬 수 있는 특수한 반추위가 있으며, 반추위는 단위동물이 소화할 수 없는 섬유소, 요소와 같은 비단백태질소화합물을 분해하여 이용할 수 있는 특징을 가지고 있다.

09 큰 소의 이는 전부 몇 개인가?

① 16개 ② 24개
③ 32개 ④ 36개

해설
소의 이는 문치(겸치, 내중간치, 외중간치, 우치)와 구치(앞어금니, 뒤어금니)로 구성되어 있으며, 총 32개의(문치 8개, 구치 24개) 이를 가지고 있다.

10 젖소의 착유 시 유의사항으로 틀린 것은?

① 착유작업은 하루 중 아무 때나 불규칙하게 시간이 남는 때를 이용해서 실시한다.
② 착유작업은 항상 위생적이고 정성스럽게 실시되어야 한다.
③ 착유가 끝난 기구는 항상 철저히 소독, 건조시켜야 한다.
④ 착유 전에는 전착유를 실시하여야 한다.

해설
① 착유작업은 일정한 착유시간과 착유간격을 유지해야 하며 젖소의 착유 습관을 잘 길들여야 한다.

정답 5 ③ 6 ③ 7 ① 8 ③ 9 ③ 10 ①

11 덴마크의 재래종에 대요크셔종과의 교잡에 의해 육종된 베이컨형인 대형 백색돈은?

① 두록종　　② 랜드레이스종
③ 웰시종　　④ 스포티드종

해설
랜드레이스종
덴마크가 원산지인 베이컨형의 대형 백색종으로 19~20세기 초에 걸쳐 덴마크의 재래종과 대요크셔종의 교잡종을 기초로 후대검정을 통하여 산육능력이 우수한 랜드레이스종이 만들어지게 되었다.

12 다음 중 필수아미노산에 속하지 않는 것은?

① 라이신　　② 메티오닌
③ 히스티딘　　④ 글리신

해설
아미노산

필수 아미노산	아르기닌, 라이신, 트립토판, 히스티딘, 페닐알라닌, 류신, 아이소류신, 트레오닌, 메티오닌, 발린
비필수 아미노산	글리신, 알라닌, 세린, 아스파르트산, 글루탐산, 프롤린, 하이드록시프롤린, 시스테인, 타이로신, 하이드록시라이신

13 돼지의 경우 난자와 정자가 수정된 후 착상이 이루어지는 부위는?

① 자궁각　　② 자궁체
③ 자궁경　　④ 난관

해설
태아는 자궁각에 착상되어 커진다.

14 닭 품종 중 난육겸용종인 품종은?

① 로드아일랜드레드종
② 코친종
③ 코니시종
④ 레그혼종

해설
②·③ 코친종, 코니시종 : 육용종
④ 레그혼종 : 난용종
닭의 품종
- 육용종 : 브라마종, 코친종, 도킹종, 코니시종 등
- 난용종 : 레그혼종, 미노르카종, 안달루시종, 햄버그종, 캠파인종, 안코나종 등
- 난육겸용종 : 플리머스록종, 뉴햄프셔종, 로드아일랜드레드종, 오스트랄로프종, 오핑턴종 등
- 애완용종 : 폴리시, 오골계(실키, 연산), 장미계, 챠보 등

15 입체부화기의 입란실 최적온도는 전기간을 통해 몇 ℃를 유지하는 것이 가장 좋은가?

① 32~33℃　　② 37~38℃
③ 42~43℃　　④ 47~48℃

해설
보편적으로 발육좌에서 부화 19일 동안의 최적온도는 37.5~37.7℃이고, 발생좌에서는 36.1~37.2℃이다.

정답　11 ②　12 ④　13 ①　14 ①　15 ②

16 난질의 외부 품질 결정 조건에 해당되지 않는 것은?

① 알의 크기 ② 난형과 난각
③ 난백계수 ④ 난각의 건실도

해설
난백계수 : 달걀을 평판 위에 깨뜨린 후 난백의 가장 높은 부분의 높이를 평균 직경으로 나눈 것
※ 계란의 품질평가기준
- 외부 난질 지표 : 알의 크기(난중), 난형과 난각(난각색, 난각두께, 난각밀도), 난형지수, 난각강도
- 내부 난질 지표 : 난백의 높이, 호우유니트(HU), 난황색, 난황과 난백의 pH 및 점도 측정

17 원산지가 아프리카동북부인 산양의 품종은?

① 자넨종 ② 토겐부르크종
③ 누비안종 ④ 알파인종

해설
①·② 자넨종, 토겐부르크종, 알파인증 : 스위스
④ 알파인종 : 스위스-프랑스 알프스지방
산양의 품종
- 유용종 : 누비안종(아프리카), 토겐부르크종(스위스), 자넨종(스위스), 한국 재래종, 미국라만차종, 알파인종(스위스-프랑스)
- 모용종 : 앙고라종(앙카라, 터키), 캐시미어종(티베트, 인도)

18 교미동작이나 이와 유사한 자극이 있은 후 가장 빠른 시간에 배란이 되는 가축은?

① 양 ② 염소
③ 토끼 ④ 돼지

해설
토끼의 배란은 교미 자극 후 10시간 뒤에 일어난다.

19 토끼에서 가장 큰 피해를 주는 질병으로 이 병에 걸리면 식욕이 없고 빈혈, 설사 등의 증세가 나타나는 질병은?

① 스너플 ② 콕시듐
③ 매독 ④ 고창증

해설
콕시듐증
콕시듐원충이 소화관벽에 기생하여 일어나는 질병으로 설사와 장염, 혈변을 특징으로 한다.

20 고기류에서 감염되는 기생충으로 볼 수 없는 것은?

① 갈고리촌충 ② 선모충
③ 톡소플라스마 ④ 마디촌충

해설
촌충은 돼지에 기생하는 갈고리촌충, 소에 기생하는 민촌충, 생선에 기생하는 넓은마디촌충 등 세 종류가 사람에게 감염된다.

21 사료작물을 형태에 따라 분류하면 벼과(화본과), 콩과(두과), 국과(국화과), 십자화과 및 기타로 나눌 수 있다. 그러면 단백질 함량은 조금 낮지만 섬유소 함량이 높고, 단위면적당 건물생산량이 높기 때문에 사초로서 가장 중요한 위치를 차지하고 있는 사료작물은?

① 화본과(벼과) 사료작물
② 두과(콩과) 사료작물
③ 국화과 사료작물
④ 십자화과 사료작물

정답 16 ③ 17 ③ 18 ③ 19 ② 20 ④ 21 ①

22 콩과(두과) 우점초지에서 방목을 주로 할 때 발생될 수 있는 가축 질병은?

① 고창증　　② 그래스테타니
③ 청산중독　④ 맥각병

> **해설**
> 두과(콩과) 목초만 다량 급여 시 발생하는 대표적인 장해는 고창증이다.

23 북방형(한지형) 목초의 생육 적정 온도는?

① 10℃ 내외　② 20℃ 내외
③ 30~35℃　　④ 40℃ 내외

> **해설**
> 북방형(한지형)목초의 생육적온 : 15~21℃

24 경사지 경운 시 트랙터를 이용할 수 있는 가장 알맞은 경사도는?

① 15° 이하　② 20°
③ 25°　　　 ④ 30° 이상

> **해설**
> 일반적으로 경사도가 15° 이상이 되면 트랙터의 전도 위험이 크게 증가하므로 트랙터를 이용한 경운 작업은 15° 이하의 경사도에서 수행하는 것이 적합하다.

25 산성토양의 산도를 교정하기 위하여 사용하여야 할 성분은?

① 질소　② 인산
③ 칼륨　④ 석회

> **해설**
> 석회시용으로 토양이 중성이 되면 영양소를 잘 흡수한다.

26 뿌리혹박테리아를 접종하였을 때 절약할 수 있는 거름 성분은?

① 질소질 거름　② 인산질 거름
③ 칼륨질 거름　④ 철분

> **해설**
> 콩과 목초의 뿌리에는 질소고정을 할 수 있는 뿌리혹박테리아를 갖는다.

27 다음 파종방법 중 목초의 정착력이 가장 좋은 방법은?

① 산파　　② 조파
③ 대상조파　④ 세조파

> **해설**
> ③ 대상조파 : 조파의 단점인 비료의 염해를 줄이기 위하여 보완한 조파방법이다.
> ① 산파 : 토양수분이 적절한 조건에서 잡초억제와 토양피복을 신속히 할 수 있는 장점이 있으나 비료나 종자의 손실량이 많다.
> ② 조파 : 건조지대에서 많이 이용하며, 종자와 비료를 절약할 수 있으나 비료의 염해를 받을 염려가 있다.
> ④ 세조파 : 골 너비와 골 사이를 좁게 하여 여러 줄로 파종하는 방법이다.

정답　22 ①　23 ②　24 ①　25 ④　26 ①　27 ③

28 혼파의 장점이 아닌 것은?

① 지상공간의 유리한 이용
② 사료의 시기적 균형생산
③ 양질사료의 급여
④ 초종 간의 경합이 유리함

해설
키가 큰 상번초와 키가 작은 하번초를 혼파함으로 공간이용 증대 및 초종 간 경합을 경감시켜 준다.

29 옥수수 마디가 짧고 키가 자라지 않으며 병의 발생은 멸구류에 의하여 전염되고, 병증을 보면 잎의 색깔이 담녹색을 보이는 병은?

① 흑조위축병
② 깜부기병
③ 문고병
④ 매운병

해설
흑조위축병(검은줄오갈병)
주로 옥수수에 나타나는 병으로서 멸구류에 의해 전염되며 생육초기에는 마디 사이가 짧아지고 짙은 녹색을 띠다 결국 죽어 없어진다. 생육후기에 감염되면 잎의 뒷부분에 엽맥을 따라 돌기가 형성된다.

30 초지의 이용 방법 중 생초를 그대로 베어서 축사에 운반한 다음 급여하는 방법은?

① 풋베기
② 방목
③ 건초
④ 사일리지

해설
풋베기 : 작물의 잎이 파릇파릇할 때 잘라서 사용하는 것이다.

31 건초에 대한 설명으로 알맞은 것은?

① 건초는 미생물의 작용에 의해 만들어진다.
② 수분함량이 15% 이하가 되도록 말린 조사료이다.
③ 운반과 저장이 불편하다.
④ 기호성이 우수한 다즙질 사료이다.

해설
건초는 자연의 태양에너지를 이용하여 수분함량을 약 15%(15~20%) 이하가 되도록 물리적으로 건조시킨 조사료의 저장형태이다.

32 건초를 베는 시기가 늦어질수록 품질과 사료가치에 주는 영향을 설명한 것 중 부적당한 것은?

① 잎의 손실 감소
② 단백질량의 감소
③ 소화하기 어려운 물질의 증가
④ 기호성의 저하

해설
① 건초 수확 시기가 늦어질수록 수분함량이 낮아져 잎이 탈락하는 비율이 높아진다. 작물이 어릴 때는 단백질, 지방, 카로틴, 칼슘이 많고 기호성, 소화성이 좋다.

33 다음 중 근류균을 이용하는 작물은?

① 톨페스큐
② 켄터키블루그라스
③ 오처드그라스
④ 알팔파

해설
알팔파는 근류균과 공생하며 질소를 고정하는 능력이 뛰어나 고단백 사료작물로서 중요한 역할을 한다.

34 사일리지 제조 시 발효에 관계없는 세균은?

① 유산균　　② 황산균
③ 낙산균　　④ 초산균

> **해설**
> 사일리지 조제 시 생성되는 유기산 중 빨리 생성되는 순서는 초산 → 젖산(유산) → 낙산 순이다.

35 사일리지를 조제하는 가장 간단한 방법으로 재료를 지상 위에 퇴적하여 발효시키는 방법의 사일로는?

① 원통 사일로　　② 트렌치 사일로
③ 벙커 사일로　　④ 스택 사일로

> **해설**
> 스택 사일로
> - 지상의 평면에 두꺼운 비닐을 깔고 사일리지 재료를 쌓은 다음 주위를 다시 두꺼운 비닐로 덮어 두는 것이다.
> - 필요에 따라 어떤 장소에나 마음대로 옮겨 다니면서 설치할 수 있는 편리한 점이 있고 시설비가 필요 없는 장점이 있다.
> - 밀폐상태로 보존할 수가 없으므로 폐기량이 많아지는 결점이 있다.
> - 사일로 중 건물손실률이 가장 높다(30~35%).

36 예취에 비해 방목이 좋은 이유가 아닌 것은?

① 노동력이 절감된다.
② 가축의 건강을 좋게 한다.
③ 비료를 절감할 수 있다.
④ 풀의 생산량이 많아진다.

> **해설**
> 방목
> 가장 오래된 원시적인 가축 사양법으로, 노동력이 절약되고 생산비를 줄일 수 있으며 가축의 건강에도 좋아 널리 이용되는 사육법이다. 다만 대단위 면적의 초지가 필요하고 기호성이 없는 풀이 남거나 가축의 발굽에 의해 목초가 상하는 제상률(蹄傷率)이 높아 관리 비용이 많이 든다.

37 일반 목초지에서도 잘 자라지만 특히 그늘에 강하여 임간 초지에 알맞은 화본과 목초는?

① 오처드그라스(Orchardgrass)
② 톨페스큐(Tall fescue)
③ 리드카나리그라스(Reed canarygrass)
④ 페레니얼라이그래스(Perennial ryegrass)

> **해설**
> 청예, 건초 및 사일리지로 이용할 수 있지만 가장 적합한 이용은 방목이다.

38 목초를 수확한다는 것은 토양으로부터 양분을 탈취하는 것이므로 빼앗은 양분 이상으로 추비(追肥)를 주어야 다음 수량도 높게 유지된다. 그러면 ha당 생초 수량이 50톤(건물 10톤)인 혼파초지의 적정 질소의 추비량은 얼마인가?(단, 생초 중에 들어 있는 질소 성분량은 0.5%, 비료이용률은 50%, 천연질소공급량은 150kg/ha이다)

① 100kg/ha　　② 200kg/ha
③ 150kg/ha　　④ 300kg/ha

> **해설**
> - 생초 중 질소량 = 50,000kg × 0.5%
>   = 250kg/ha(∵ 1톤 = 1,000kg)
> - 수확한 생초 중 질소량 = 천연질소공급량 + 추비량 × 비료이용률
>   250kg/ha = 150kg/ha + 추비량 × 50%
> ∴ 추비량 = 200kg/h

정답 34 ② 35 ④ 36 ④ 37 ① 38 ②

39 콩과 목초 중 다년생 가는 줄기를 내어 퍼지며, 생태형으로 분류할 때 야생형, 보통형, 라디노형으로 나눈 목초는?

① 알팔파
② 화이트클로버
③ 레드클로버
④ 버즈풋트레포일

해설
생태형(소엽의 길이)에 따른 화이트클로버의 분류
- 야생형(소엽군) : 22mm 이하
- 보통형(중엽군) : 23~32mm
- 라디노형(대엽군) : 33mm 이상

40 축산경영의 전문화를 위한 합리적인 경영형태는?

① 단일경영
② 복합경영
③ 준복합경영
④ 공동경영

해설
단일경영 : 전문적으로 단일상품을 생산하는 경영형태

장점	• 작업이 단일화됨으로써 능률이 높은 기계의 사용이 가능하다. • 작업의 단일화로 노동의 숙련도 향상과 분업화의 이익을 가져온다. • 단일경영으로 생산비의 저하가 가능하고 시장경쟁력이 증대된다. • 생산물의 동일성에 의하여 시장정보에 유리하다. • 단일생산물이므로 판매상 유리하다. • 특정 축산물을 집중적으로 생산하여 경영의 합리화를 기할 수 있다.
단점	• 가축질병, 가격파동 등의 요인이 집중적으로 작용할 수 있어 경영 내적인 불안정성이 존재한다. • 수입이 일정시기에 집중된다. • 자본회전이 원만하지 못하다. • 노동이용이 집중되고 연간 평준화, 분산화가 되지 못하고, 계절적 편중현상이 나타난다.

41 토양을 가리는 성질이 적어 사토에서 사양토까지 가리지 않으며, 산성토양 및 염분이 많은 토양도 가리지 않고 방목시 고창증의 위험도 없으나 예취 후 재생이 느린 콩과 목초는?

① 알팔파(Alfalfa)
② 레드클로버(Red clover)
③ 화이트클로버(White clover)
④ 버즈풋트레포일(Bird's foot trefoil)

해설
버즈풋트레포일
알팔파가 자랄 수 없는 습지, 라디노클로버가 못 견디는 건조토양에도 재배가 가능하다.

42 다음 중 친환경 축산을 위한 합리적인 복합경영의 형태가 될 수 없는 것은?

① 비육우 경영 + 과수 경영
② 양계 경영 + 채소 경영
③ 번식우 경영 + 미작 경영
④ 낙농 경영 + 양돈 경영

해설
친환경 축산을 위한 합리적인 복합경영의 형태는 축산과 경종농업과의 결합이다.

43 육계경영의 장점이라고 할 수 있는 것은?

① 육계가격의 진폭이 심하다.
② 자본회전율이 높다.
③ 사료요구율이 높다.
④ 출하조정이 어렵다.

해설
육계 산업은 병아리로 부화된 지 40일 이내에 성계로 출하되기 때문에 자본회전율이 매우 빠른 영역이다.

정답 39 ② 40 ① 41 ④ 42 ④ 43 ②

44 다음 중 축산경영의 4대 요소로 적합하지 않은 것은?

① 노동력　　② 정보
③ 경영능력　④ 자본재

해설
축산경영의 4대 요소 : 토지, 자본재, 노동력, 경영능력

45 다음 낙농경영에 있어 고정자산에 해당하는 것은?

① 사료비　　② 외상매출금
③ 착유우　　④ 소농기구

해설
고정자본재 : 착유우, 종모우, 종빈우, 번식돈, 산란계 등과 같이 그 경영내에서 1년 이상 생산활동에 참여하고 있는 생산수단

46 착유우의 구입가격이 3,000,000원, 착유우의 이용연수가 5년, 착유우의 잔존가가 구입가의 50%일 때 정액법을 이용하여 감가상각비를 산출할 경우 이 착유우의 매년 감가상각비는?

① 200,000원　② 250,000원
③ 300,000원　④ 350,000원

해설
$$감가상각비 = \frac{3,000,000 - 1,500,000}{5} = 300,000원$$

47 시험장 성적 또는 조사지역에서 가장 합리적인 경영모형을 설정하여 진단하려는 농가의 경영실적과 비교하는 진단방법은?

① 표준비교법　② 직접비교법
③ 시계열비교법　④ 내부비교법

해설
② 직접비교법 : 집단대상 농가와 비슷한 경영형태를 가진 그 지역 우수농가의 평균치와 비교하는 진단 방법이다.
③ 시계열비교법 : 전년도 농업경영체의 경영성과와 금년의 농업경영성과를 비교하는 방법이다.
④ 내부비교법 : 수량, 경영비, 소득 등 경영 내부에서 얻어진 분석 결과 값만으로 비교하는 방법이다.

48 양돈경영의 경쟁력 제고 방안으로 적합하지 않는 것은?

① 부업경영 유지
② 생산기술 향상
③ 생산비 절감
④ 저렴한 고품질 돈육생산

해설
양돈산업의 경쟁력 제고 및 수출 확대를 위해서는 무엇보다도 양돈산업의 구조개선이 시급하다. 이를 위해서는 현재와 같은 부업형 규모의 양돈을 가족노동력으로 경영이 가능한 전업규모의 육성이 필요하다.

49 비육우 경영에 있어서 일반적으로 증체량 1kg에 대해 어느 정도의 사료가 소요되는가를 나타내는 진단지표는?

① 유사비　　② 지육생산량
③ 일당증체량　④ 사료요구율

해설
사료요구율
• 사료소모량을 말하며 비육우의 생산능력을 나타내는 지표이다.
• 사료요구율 = 사료섭취량/증체량

50 채란 양계의 변동 비목이 아닌 것은?

① 생산사료비 ② 건물수선비
③ 농구수선비 ④ 유지사료비

해설
- 변동비 : 생산량의 증감 변화에 비례해서 변화하는 비용
- 종류 : 구입사료비, 수도광열비, 방역치료비, 소농기구비, 제재료비, 고용노력비 등

51 축산물생산비를 잘못 설명한 것은?

① 제2차 생산비는 목적하는 축산물의 기초원가이다.
② 경영자본이자와 토지자본이자는 1차 생산비에 포함되지 않는다.
③ 제1차 생산비는 경영개선을 위한 경영능률의 측정에 중요한 자료가 된다.
④ 제2차 생산비는 생산에 관계된 모든 비용의 합계로서 축산물의 가격정책 자료로 널리 이용된다.

해설
1차 생산비(기초생산비)는 거래의미의 생산비이다.
1차 생산비 = 가축비 + 사료비 + 감가상각비 + 고용노동비 + 기타제비

52 어느 낙농 농가의 연간 우유판매 수입이 120,000,000원, 송아지 생산액 등 부산물 수입이 10,000,000원이었으며, 연간 우유생산량은 200,000kg, 우유생산을 위한 낙농부문 총 비용지출 합계액이 90,000,000원이었다고 한다. 이 농가의 우유 1kg당 생산비는 얼마인가?

① 600원 ② 500원
③ 450원 ④ 400원

해설
$$\text{단위당 생산비} = \frac{\text{전체생산비} - \text{부산물 평가액}}{\text{생산량}}$$
$$= \frac{90{,}000{,}000원 - 10{,}000{,}000원}{200{,}000kg}$$
$$= 400원/kg$$

53 낙농조수입의 구성요소라 할 수 없는 것은?

① 우유판매액
② 우유자가소비분평가액
③ 자가생산사료
④ 송아지 판매액

해설
낙농경영에 있어서 조수익
- 우유판매액
- 구비판매액
- 원유판매액
- 송아지생산수입
- 정부지원금
- 송아지판매액
- 육성우증체액
- 우유생산수입
- 구비수입
- 부산물거래가격

54 낙농경영에서 소득에 들어가지 않는 것은?

① 차입자본이자 ② 자가노동비
③ 자기자본이자 ④ 자기소유지대

해설
소득 = 조수입 - 경영비(차입자본이자)

55 다음 중 축산물 유통이라고 볼 수 없는 것은?

① 양축가가 생산한 우유를 유업체에 파는 일
② 유업체가 집유한 우유를 가공하는 일
③ 유업체가 가공한 우유를 판매하는 일
④ 양축가가 생산한 우유를 자가소비하는 일

해설
축산물 유통
축산물 생산으로부터 얻어진 모든 축산물과 용역이 생산자로부터 최종 소비자에 이르기까지 야기되는 모든 기업활동의 성과이다.

정답 50 ④ 51 ① 52 ④ 53 ③ 54 ① 55 ④

56 축산물 유통기능에는 물리적 기능과 교환기능, 그리고 조성기능으로 크게 분류되는데 다음 중 물리적 기능에 해당되지 않는 것은?

① 등급기능 ② 수송기능
③ 저장기능 ④ 가공기능

> **해설**
> ① 등급기능은 축산물의 품질을 평가하고 분류하는 기능으로, 이는 교환기능에 해당한다.

57 어느 양계 농가가 사육한 육계를 1마리당 수집상에게 1,000원에 판매하였는데, 이 육계가 도시에서 소비자에게 닭으로 판매될 때에는 5,000원에 판매되었다. 이때 농가수취율은?

① 20% ② 30%
③ 40% ④ 50%

> **해설**
> 농가수취율 = 농가의 수취가격 / 소비자 지불가격 × 100
> = 1,000원 / 5,000원 × 100 = 20%

58 축산물 등급제도의 목적으로 볼 수 없는 것은?

① 축산물의 품질향상과 원활한 유통
② 가축개량의 촉진
③ 축산물의 농가수취가격 인하
④ 축산농가의 소득향상과 소비자 편익증대

> **해설**
> 축산물 등급제는 소비자들에게 알 권리와 선택할 권리를 보장하고, 부정 생산과 유통을 사전에 방지하고 국내산 축산물의 품질 고급화와 안전성을 확보하여 국내 축산물의 경쟁력을 갖춰나갈 수 있다는 점에서 긍정적으로 받아들여지고 있는 제도이다.

59 축산물 가격의 특성을 설명한 것으로 적당하지 않은 것은?

① 수요과 공급이 균형되어 가격은 안정되어 있다.
② 축산물은 타 농산물과 달리 자가소비 비중이 적어 거의 전량을 도매시장, 상인 등에 판매한다.
③ 복잡한 유통구조와 가격구조를 가지고 있다.
④ 축산물 가격이 주기적으로 변동하는 경향이 있다.

> **해설**
> ① 수요량과 공급량은 여러 가지 요인에 의해서 변화하기 때문에 가격의 불안정이 야기되므로 수급조정을 위한 방안이 강구되어야 한다.

60 한우고기의 수요변화와 관련된 설명으로 바르게 설명한 것은?

① 국민들의 소득수준이 증가할수록 고급 브랜드육을 선호하는 경향이 있다.
② 돼지고기 가격이 크게 상승하면 한우고기의 수요는 감소하는 경향이 있다.
③ 한우고기 가격이 상승하면 한우고기 수요도 따라서 증대되는 경향이 있다.
④ 한우고기 가격이 하락하면 한우고기 수요도 따라서 감소하기 마련이다.

2019년 제3회 과년도 기출복원문제

01 가축의 체온조절기능 중 가장 기능이 큰 것은?
① 호흡
② 음수량
③ 배설
④ 체표면

해설
폐로 숨을 쉬고 내뱉는 호흡과 피부호흡을 통해 체온을 조절한다.

02 다음 그림의 교잡법은 무슨 교잡법을 나타내고 있는가?

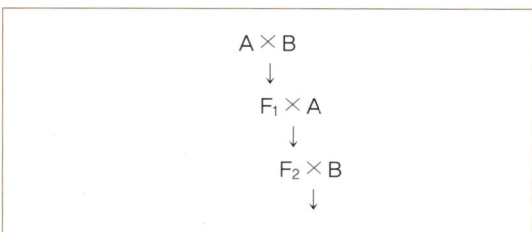

① 2원교잡
② 퇴교배
③ 3원교잡
④ 상호역교배

해설
상호역교배(criss-crossing)
2품종 또는 계통 간의 1대잡종 암컷에 양친 중 어느 한쪽의 품종의 수컷을 교배시키고 잡종2대에는 양친의 다른 쪽 품종을 교배시키는 방법이다.

03 고기소 품종에 대한 설명이 바른 것은?
① 헤리퍼드종은 미국이 원산지이다.
② 브라만종은 추위에 강한 품종이다.
③ 샤롤레종은 유육 겸용종이다.
④ 앵거스종은 모색이 흑색이다.

해설
① 헤리퍼드종은 영국의 헤리퍼드 지방이 원산지이다.
② 브라만종은 내서성이 강하나 추위에 약한 품종이다.
③ 샤롤레종은 육용종이다.

04 젖소의 발정 징후가 아닌 것은?
① 다른 암소나 수소가 올라타는 것을 허용치 않는다.
② 정서적으로 불안한 상태를 보인다.
③ 외음부가 붓고 질 점액이 흐른다.
④ 교미 자세를 취한다.

해설
① 발정기에 수컷의 승가를 허용한다.

05 초유에는 상유에 없는 특수한 물질이 들어 있어 꼭 새끼에게 먹여야 되는데, 그 이유로 가장 적당한 것은?
① 고단백질의 함유
② 소화가 잘 됨
③ 고지방질의 함유
④ 면역단백질의 함유

해설
포유동물에서 초유를 먹이는 가장 큰 이유는 필요한 면역물질(ilmmunoglobulin)을 공급하기 때문이다.

정답 1 ② 2 ④ 3 ④ 4 ① 5 ④

06 다음 그림 중 소의 신장에 해당 되는 것은?

①

②

③

④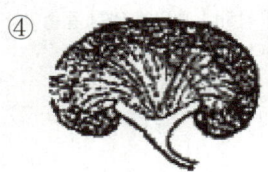

07 비타민에 관한 설명 중 옳은 것은?

① 모든 비타민은 동물체 내에서 합성이 가능하므로 급여할 필요가 없다.
② 비타민은 동물체의 성장에 필요하나 결핍되어도 아무런 이상은 없다.
③ 동물의 체내 대사에 꼭 필요한 성분이므로 사료에 첨가하여 급여해야 한다.
④ 모든 비타민은 물에는 녹지만 지방에는 녹지 않는다.

> **해설**
> ① 비타민은 모두 외부에서 공급해 주어야 하지만 몇 가지 예외가 있다.
> ② 비타민은 동물체의 성장과 생리작용에 필요하여 결핍되면 이상이 생긴다.
> ④ 수용성 비타민은 물에는 녹지만 지방에는 녹지 않는다.

08 결핍되면 혈당량이 증가하여 당뇨병의 원인이 되는 물질은 어느 것인가?

① 인슐린(insulin)
② 글루카곤(glucagon)
③ 항이뇨 호르몬(ADH)
④ 황체 형성 호르몬(LH)

> **해설**
> 당뇨병은 체내 인슐린 절대량이 부족하거나 인슐린 작용이 부족해 혈당량이 높아진 상태가 지속돼 여러 가지 대사이상이나 만성합병증을 초래한다.

09 소, 양, 염소 같은 초식 가축에 없는 이는?

① 앞니　　　　② 송곳니
③ 앞어금니　　④ 뒤어금니

> **해설**
> **동물의 이빨**
> • 육식동물 : 고기를 찢기 좋게 송곳니 발달
> • 초식동물 : 풀 뜯기 좋게 앞 윗니 없고 풀과 곡식을 갈기 좋게 어금니 발달

10 수정란이 착상하여 발육하는 곳은?

① 난소　　　　② 난관
③ 자궁　　　　④ 자궁경

> **해설**
> 자궁은 수정란이 착상하여 발육을 시작하는 곳으로, 태아를 보호하고 영양을 공급하며, 임신 기간 동안 태아가 발육할 수 있는 환경을 제공한다.

정답 6 ③ 7 ③ 8 ① 9 ② 10 ③

11 미국 뉴저지주 원산으로 육질이 우수하여 우리나라에서 3원교잡종 생산을 위한 부돈(종모돈)으로 많이 이용되는 품종은?

① 랜드레이스종 ② 두록종
③ 햄프셔종 ④ 요크셔종

해설
두록종
일반적으로 사료이용성이 좋고 발육이 좋은 3원교잡종을 생산하기 위하여 종모돈으로 가장 널리 쓰이는 품종이다.

12 수퇘지의 효율적인 이용면에서 정액의 채취 간격은 며칠이 가장 적당한가?

① 1일 ② 3일
③ 5일 ④ 7일

해설
정액 채취 빈도는 수퇘지의 효율적인 이용 면에서 볼 때 3일 간격(주 2회)으로 채취하면서 휴식시키는 것이 좋은 방법이다.

13 다음 중 어릴 때 생리적인 빈혈이 많은 가축은?

① 소 ② 돼지
③ 토끼 ④ 오리

해설
새끼돼지는 태어날 때부터 빈혈 상태로 태어나며 어미젖을 통해서 충분히 철분 공급을 받지 못하므로 헤모글로빈 생성이 부족하여 빈혈증이 생긴다.

14 다음 설명 중 돼지의 유행성 폐렴에 대한 조치로 볼 수 없는 것은?

① 밀집사육방지
② 위생적인 사양관리
③ 백신접종실시
④ 병든 돼지 조기도태

해설
예방치료로서 효과 있는 항생제를 사료에 혼합하여 장기간(약 30일간) 투약하면 완전치료는 어려우나 다소 예방 효과를 볼 수 있다. 예방법으로서는 위생적인 사양관리(飼養管理)가 가장 중요한 방법이며, 효과 있는 백신은 아직 개발되지 못하고 있다.

15 닭에서 부화의 3대 요소가 아닌 것은?

① 온도 ② 습도
③ 소독 ④ 환기

해설
- 부화의 3대 요소 : 온도, 습도, 환기
- 부화의 5대 요소 : 온도, 습도, 환기, 전란(알 굴림), 위생

16 닭에서 강제털갈이의 효과가 아닌 것은?

① 휴산기간이 짧아진다.
② 알껍질이 두꺼우며 치밀하다.
③ 수정률은 높고 부화율은 낮다.
④ 관리가 용이하고 연중 원하는 시기에 실시할 수 있다.

해설
강제환우의 효과 : 산란률의 향상, 난각의 질 개선, 달걀 무게 증가, 산란기간 연장, 양계경영을 유리하게 함(묵은 닭을 달걀 값이 비싼 시기에 다시 산란을 하게 함), 종계의 경우 종란 생산율 향상, 햇닭의 육성비 절약

정답 11 ② 12 ② 13 ② 14 ③ 15 ③ 16 ③

17 다음 염소 품종 중 모용종은?

① 캐시미어종　② 중국염소
③ 누비안종　　④ 알파인종

>[해설]
>**염소의 품종**
>- 유용종 : 자넨(스위스), 토겐부르크(스위스), 알파인(스위스), 누비안(아프리카)
>- 육용종 : 한국 재래종(한국), 중국종(중국), 보어(남아프리카)
>- 모용종 : 앙고라(티베트), 캐시미어(티베트, 인도)
>- 겸용종 : 콜롬비아, 파나마, 타기, 로멜데일

18 토끼의 평균 임신기간은?

① 31일　② 150일
③ 280일　④ 333일

>[해설]
>토끼의 임신기간은 평균 31일이며 보통 5~8마리를 30분에서 1시간 사이에 분만한다.

19 염소 또는 양에 허리마비병을 일으키는 병원체인 사상충을 매개하는 곤충은?

① 모기　② 파리
③ 진드기　④ 벼룩

>[해설]
>**허리마비병**
>소의 복강 내에 기생하는 사상충이 흡혈곤충인 모기의 매개에 의해 염소에 기생하여 뇌와 척추를 자극한다.

20 다음 중 물리적 소독법에 속하지 않는 것은?

① 약제소독　② 삶는소독
③ 건열소독　④ 증기소독

>[해설]
>**소독방법**
>- 물리적 소독법 : 저온살균법, 자비소독, 증기소독, 건열멸균법, 소각화염법, 자외선소독법
>- 화학적 소독법 : 약제소독(승홍수, 석탄산수, 크레졸수, 포름알데하이드, 알코올, 계면 활성제(비누), 과산화수소)

21 어린 식물체는 청산(시안화수소산)이 함유되어 있어 섭취 시 가축의 중독에 가장 유의할 작물은?

① 옥수수　② 호밀
③ 수단그라스　④ 귀리

>[해설]
>수단그라스의 어린 식물체 잎과 줄기에는 청산을 함유하고 있어 중독위험이 있으므로 초장이 60cm 이상에서 수확을 시작하여 건초나 사일리지로 만들면 어린 식물체도 청산중독 위험이 없다.

22 우리나라에서 양축농가들이 호밀을 재배하는 주된 이유가 아닌 것은?

① 비교적 가을 늦게까지 파종해도 월동이 가능해서
② 이듬해 봄에 일찍 수확을 할 수 있어서
③ 답리작으로 재배가 용이해서
④ 옥수수에 비해서 가소화양분총량(TDN) 함량이 높아서

>[해설]
>호밀은 옥수수에 비해서 TDN 함량은 낮지만 가을 늦게까지 파종이 가능하고 봄에 일찍 수확할 수 있어 사료용으로 재배된다.
>※ 가소화양분총량(TDN) 지수 크기
>　옥수수 > 수단그라스 > 호밀 > 이탈리안라이그래스 > 연맥

[정답] 17 ① 18 ① 19 ① 20 ① 21 ③ 22 ④

23 다음 중 연맥의 특징으로 가장 알맞은 것은?

① 다른 맥류보다 추위에 강하다.
② 뿌리가 적어 수확한 다음 갈아엎기가 수월하다.
③ 기호성이 좋으며 건초용으로 알맞다.
④ 출수 후에 줄기가 굳어지는 것이 빠르다.

해설
③ 잎이 많고 커서 가축의 기호성과 영양가가 높은 사료작물이다.

24 여름철 하고현상에 대한 대책 중 틀린 것은?

① 10cm 이상 높게 베어 지온 상승을 억제시킨다.
② 하고기가 되기 전 채초나 방목을 끝낸다.
③ 고온기에는 질소비료의 사용을 증가시킨다.
④ 장마철에는 방목을 억제시키고 건초나 엔실리지를 급여한다.

해설
③ 질소비료는 생장 촉진에 도움이 되지만, 고온에서는 과도한 질소 공급이 식물의 흡수를 방해하므로 고온기에는 질소비료 사용을 줄여야 한다.

25 쇄토작업의 가장 중요한 의의는?

① 토양에 충분한 수분공급
② 목초의 균일한 발아와 정착
③ 목초의 사료적 가치향상
④ 토양의 비옥도 증진

해설
쇄토(흙부수기)
경운한 토양의 큰 덩어리를 1~5mm 크기로 알맞게 분쇄하는 작업으로, 파종, 이식의 작업이 편해지고, 발아가 잘되어 생육도 좋아진다.

26 불경운 초지조성법의 장점이 아닌 것은?

① 기계사용이 안되는 경사지도 조성할 수 있다.
② 작업이 간편하고 비용이 적게 든다.
③ 토양유실의 염려가 없다.
④ 시간과 노동력 등의 투입에 비하여 개량의 성과가 낮은 경우가 있다.

해설
④는 불경운 초지조성의 단점이다.
불경운 초지의 장점
- 파종비용이 저렴하다.
- 갈아엎지 않기 때문에 토양침식의 위험이 적다.
- 기계사용이 불가능한 지대라도 개발이 가능하다.
- 1년생 잡초가 침입할 수 있는 기회를 줄여 준다.
- 강우나 강우 직후 토양의 수분함량이 높을 때에도 목초의 파종이 가능하다.
- 목초를 도입함으로써 연중 생초의 생산기간을 연장시켜 준다.
- 생산성이 낮은 산지를 신속하고 값싸게 개발할 수 있는 방법이다.
- 한발, 홍수 및 산불 등으로 긴급복구가 필요할 때 유효한 방법이다.

27 목초의 파종량에 관한 설명으로 가장 관계가 없는 것은?

① 적기가 지났을 때는 파종량을 늘린다.
② 발아율이 나쁘면 파종량을 늘린다.
③ 건조 시에 파종할 때는 파종량을 늘린다.
④ 늦게 수확할 것은 파종량을 늘린다.

해설
④ 수확시기와 파종량은 관계가 없다.

정답 23 ③ 24 ③ 25 ② 26 ④ 27 ④

28 다음 중 섞어뿌리기 조합의 기본 원칙은?

① 섞어뿌리기는 많은 종을 섞어 복잡해야 한다.
② 조합 시 초종 간 서로 경합능력이 달라야 한다.
③ 파종량은 흩뿌림 때보다 적어야 한다.
④ 방목용 초지에서는 초종 간 기호성이 비슷해야 한다.

> 해설
> ④ 기호도가 다른 초종을 섞을 경우 가축이 선호하는 식물만 먹고 나머지는 남기게 되어 초지의 균형이 깨질 수 있다.

29 사료작물을 청예(靑刈)로 급여할 경우 유리한 점은?

① 이용하는 데 노동력이 덜 든다.
② 이용적기(利用適期)가 빨라진다.
③ 각종 영양소를 풍부하게 공급할 수 있다.
④ 가축의 건강장애 유발을 막을 수 있다.

> 해설
> **예취 이용의 장단점**
>
> | | |
> |---|---|
> | 장점 | • 방목에 비해 ha당 30~50% 가축을 더 사육할 수 있다.
• 먼 거리 또는 분산되어 있는 초지이용에 적합하다.
• 사일리지나 건초에 비해 영양가의 손실을 방지한다.
• 저장급여에 비하여 시설투자비용이 절감된다.
• 영양손실이 가장 적어 단위면적당 많은 사초를 가축에게 급여할 수 있다.
• 방목에서 생기는 제상과 유린을 방지할 수 있다.
• 사일리지나 건초제조의 노력과 비용이 절약된다. |
> | 단점 | • 청초를 베고 옮기는 데 비용이 소요된다.
• 봄철에는 방목보다 2주 정도 이용이 늦다.
• 연간생산량이 불균형하다(조절 필요).
• 사사(舍飼) 시 생산된 분뇨를 처리해야 한다.
• 고창증, 과식을 유발할 수 있고, 독초, 기타 이물질 등이 급여될 수 있다. |

30 목초의 분류 중 이용형태에 따른 분류에 해당하는 것은?

① 채초용   ② 2년생(한해살이)
③ 방석형   ④ 화본과 목초

> 해설
> **이용형태에 따른 분류** : 청예용(채초용), 방목용, 건초용, 사일리지용, 총체용

31 채초지의 최종 예취적기는 하루 평균기온이 5℃로 내려가는 날부터 며칠 전에 끝내야 하는가?(단, 목초가 겨울을 넘기는 데 필요한 충분한 양의 양분을 축적하여야 한다)

① 10일   ② 20일
③ 30일   ④ 40일

> 해설
> 가을철에 일평균 기온이 5℃ 되는 날로부터 40일 전이 최종 예취의 적기이다.

32 다음 작업기 중 목초를 직접 베는데 이용되는 기계는?

① 테더(tedder)   ② 레이크(rake)
③ 로터리(rotary)   ④ 모어(mower)

> 해설
> ①・②・③ 테더, 레이크, 로터리는 건초를 뒤집거나 긁어모으는 작업에 사용된다.

정답 28 ④ 29 ③ 30 ① 31 ④ 32 ④

33 사일리지용 옥수수에 대하여 바르게 설명한 것은?

① 단백질 함량이 높다.
② 집약적인 윤작체계에 적합하다.
③ 기계화에 어려움이 있다.
④ 에너지 함량이 적다.

해설
사일리지용 옥수수
- 단위면적당 건물 및 양분수량이 높고 가소화영양소총량 또한 우수하다.
- 파종에서 수확에 이르기까지 기계화 작업이 가능하기에 노동력을 절약할 수 있다.
- 가축에 대한 기호성이 높으며 농후사료에 가까운 영양소를 가져 고능력우 사양에도 적합하다.

34 사일리지의 외관상 품질평가를 하고자 한다. 다음 중 품질이 우수한 사일리지로 판단되는 것은?

① 색채가 암갈색이다.
② 낙산취가 난다.
③ 향긋한 산미(酸味)가 있다.
④ 수분이 마르면서 끈적끈적한 느낌이 있다.

해설
사일리지의 외관에 의한 품질판정
- 향취 : 시큼한 냄새가 나는 것이 좋다.
- 맛 : 새콤하고 향긋한 산미가 좋다.
- 색깔 : 황록색이 좋고, 재료에 따라 색이 다양하다.
- 감촉 : 부슬부슬하고 부드러운 것이 좋다.

35 우리나라에서 조사료로 가장 많이 이용되는 농업 부산물은?

① 볏짚   ② 고구마 줄기
③ 보리짚   ④ 옥수수 대

해설
조사료 : 볏짚, 목초, 야초, 근채류 등

36 방목의 특징 설명으로 옳은 것은?

① 풋베기보다 노동력이 많이 든다.
② 봄철에 풋베기 보다 사초의 이용을 빨리 할 수 있다.
③ 가축이 먹지 않아 허실되는 사초의 양을 줄일 수 있다.
④ 단위면적당 풋베기보다 가축을 더 기를 수 있다.

37 목구를 전기목책 등으로 작게 나누어 초지를 집약적으로 이용하는 방법으로 이용률이 가장 높은 방목법은?

① 고정방목   ② 연속방목
③ 대상방목   ④ 계목

해설
대상방목(strip grazing)
윤환방목을 더욱 집약화한 방목방법으로 전기목책 등을 이용하여 매일 목구를 이동하는 방목방법이다.

38 추위에 강해 우리나라에서는 대관령 지역이 재배하기에 알맞으며 줄기 기부에 볼록한 비늘줄기를 가지고 있는 목초는?

① 오처드그라스
② 톨페스큐
③ 티머시
④ 이탈리안라이그래스

해설
티머시는 추위에 강하고 대관령 지역에서 잘 자라며 줄기 기부에 특유의 비늘줄기를 가지고 있어 다른 목초들과 쉽게 구분된다.

정답 33 ② 34 ③ 35 ① 36 ② 37 ③ 38 ③

39 목초를 혼파할 때에는 억압력 지수가 서로 비슷한 것끼리 하던가 아니면 억압력 지수가 높은 초종을 조기에 가볍게 예취해 주어야 고른 식생을 얻을 수 있다. 다음 목초 중 초기생육이 가장 좋아 억압력 지수가 가장 높은 화본과 초종은?

① 오처드그라스(Orchard grass)
② 톨페스큐(Tall fescue)
③ 리드카나리그라스(Reed canarygrass)
④ 이탈리안라이그래스(Italian ryegrass)

해설
이탈리안라이그래스는 유식물의 억압력 지수가 가장 높다.

40 어린 식물기에는 활력이 강하고 기호성이 좋으나 내한성이 낮은 목초로 밭에 있어서는 사일리지용 옥수수의 뒷그루로, 그리고 논에서는 논뒷그루로도 이용되는 목초는?

① 오처드그라스
② 톨페스큐
③ 이탈리안라이그래스
④ 켄터키블루그래스

해설
이탈리안라이그래스
• 사료가치가 높고 가축의 기호성이 좋다.
• 내한성이 낮고 습해에 강하여 밭에서는 사일리지용 옥수수의 뒷그루로, 논에서는 겨울철 논뒷그루로 이용된다.

41 전업적인 축산경영이 갖는 장점은?

① 노동의 숙련도를 높이고 분업의 이익을 얻을 수 있다.
② 노동배분의 평균화를 기할 수 있다.
③ 자금회전을 원활히 할 수 있다.
④ 경제적 위험을 분산시킬 수 있다.

해설
전업축산
• 농가소득의 대부분이 축산에 의해 얻어지는 경영형태
• 규모 경제성의 이점을 살리고 발달된 기술의 도입이 용이하다.
• 기계화 자동화 시설을 효율적으로 이용하여 생산비를 절감할 수 있다.
• 생산물 판매 및 사료 등 생산자재의 대량 거래로 가격경쟁력을 갖는다.

42 한 농가에서 모돈을 사육하여 자돈을 생산하고, 생산된 자돈을 비육하여 비육돈을 생산·판매하는 경영형태는?

① 번식경영
② 일관경영
③ 비육경영
④ 종돈경영

해설
① 번식경영 : 자돈을 생산·판매하기 위하여 모돈을 육성·번식하는 경영형태
③ 비육경영 : 육돈 생산을 목적으로 비육과정에 전념하는 경영
④ 종돈경영 : 우수한 혈통과 능력을 지닌 종돈을 생산하기 위한 경영형태

43 브로일러 양계경영 특성상 단점은?

① 자본회전이 느리다.
② 다른 가축보다 사료효율이 낮다.
③ 위험부담의 기간이 길다.
④ 가격의 변동이 크다.

해설
브로일러 양계경영은 가격변동이 크다는 단점이 있다.

44 경종농업을 하면서 1~4두의 젖소를 사육하는 형식은?

① 겸업적 낙농 ② 전업적 낙농
③ 부업적 낙농 ④ 착유업적 낙농

해설
부업적 낙농은 경종농업이 주이며 유휴노동력, 농산부산물 이용하여 가축을 사육하는 형식이다.

45 다음 중 고정자산인 트랙터의 감가 원인이 아닌 것은?

① 사용 소모에 의한 감가
② 자연적 소모에 의한 감가
③ 경제적 효율에 의한 감가
④ 부적응에 의한 감가

해설
발생원인에 따른 고정자산의 감가

물리적(기술적) 감가	• 사용 또는 작업에 의한 소모 • 시간의 경과에 따른 자연적 폐퇴(廢頹) • 재해 등에 의한 우발적 소모
기계적(경제적) 감가	• 기술의 진보에 따른 시설 및 설치물의 구식화 • 경제사정 변화에 따른 부적격화

46 축산의 경영규모가 확대되어 가면서 경영관리의 우열에 따라서 경영성과에 커다란 차이가 나는 등 경영자 능력이 중요시 되고 있다. 경영자 능력의 3가지 요소와 관계가 없는 것은?

① 판단력   ② 노동력
③ 결단력   ④ 실행력

해설
경영자 능력의 3가지 요소 : 판단력, 결단력, 실행력

47 다음 경영기록의 기능으로 잘못된 것은?

① 경영진단의 자료로 이용된다.
② 과세의 기초자료가 된다.
③ 경영상 형식적인 절차이다.
④ 원가계산의 자료가 된다.

해설
경영기록은 경영성과를 파악하고, 경영능력의 분석자료를 제공함으로서 경영개선을 향상시키는 데 있다.

48 축산경영진단 순서를 바르게 연결한 것은?

① 경영실태의 파악 → 문제의 분석 → 문제의 발견 → 대책과 처방
② 문제의 발견 → 경영실태의 파악 → 문제의 분석 → 대책과 처방
③ 문제의 발견 → 문제의 분석 → 경영실태의 파악 → 대책과 처방
④ 경영실태의 파악 → 문제의 발견 → 문제의 분석 → 대책과 처방

49 다음 진단지표 중 양축농가의 기술수준과 관련된 것은?

① 수익성 지표   ② 안정성 지표
③ 생산력 지표   ④ 비용성 지표

해설
생산성은 생산과정에서 투입된 자본, 노동 등 요소투입(input)과 산출물(output)간의 관계를 나타내는 비율로서, 투입요소 한 단위가 산출한 생산량(또는 부가가치)으로 정의된다. 제자원 이용법의 경제적 건전성의 척도 또는 각종 자원의 유효이용 척도라고도 할 수 있다.

정답 44 ③ 45 ③ 46 ② 47 ③ 48 ④ 49 ③

50 낙농경영을 합리화시키기 위해서 손익분기점을 낮게 하는 요인과 관계가 없는 것은?

① 자본회전율 저하　② 사료비 절감
③ 노동효율 향상　　④ 젖 생산량 증대

해설
자본회전율은 높을수록 유리하다.

51 축산물생산비와 축산경영비에 모두 포함되는 것은?

① 자가노동의 평가액
② 자기자본의 이자평가액
③ 자기토지자본에 대한 이자
④ 자기소유 종축에 대한 감가상각비

해설
①·②·③은 생산비 항목이다.

52 한우비육경영의 생산비 중에서 가장 큰 비중을 차지하는 비목은?

① 밑소비(가축비)　② 농후사료비
③ 가축약품비　　　④ 고용노임비

해설
한우비육우 1두당 사육비(2023년)
사료비[42.9% = 농후사료(23.7%) + 조사료(5.0%) + TMR 사료(14.2%)] > 가축비(32.7%) > 고용노동비(0.8%) > 방역치료비(0.4%)

53 축산경영에서 이윤극대화의 원칙으로 옳은 것은?

① 한계수입 = 평균비용일 경우
② 한계비용 = 한계수입일 경우
③ 한계비용 = 평균가격일 경우
④ 한계수입 = 최고비용일 경우

해설
축산경영의 이윤극대화 조건
• 한계수익과 한계비용이 일치할 때
• 총수익과 총비용의 차액이 최대일 때
• 생산요소와 생산물의 가격비가 한계생산과 일치할 때

54 A 양돈농가의 어느 해 비육돈 1두당 조수익이 133,000원, 경영비가 94,000원, 비용합계액이 112,000원이었다. A 양돈농가의 비육돈 1두당 소득은?

① 21,000원　② 39,000원
③ 115,000원　④ 15,000원

해설
소득 = 조수입 - 경영비
　　 = 133,000 - 94,000
　　 = 39,000원

55 소득률 공식으로 옳은 것은?

① $\dfrac{소득}{조수익} \times 100$　② $\dfrac{소득}{경영비} \times 100$
③ $\dfrac{소득}{총자본} \times 100$　④ $\dfrac{경영비}{소득} \times 100$

해설
소득률은 조수익에서 소득의 비을 나타내는 값으로, 기업의 수익성을 평가하는 데 중요한 지표로 사용되며, 높은 소득률은 효율적인 비용 관리와 높은 수익성을 나타낸다.

56 축산물의 판매기능에 속하는 것은?

① 수요창조
② 인도 시기나 자본조건의 상담
③ 판매 필요 여부
④ 판매품의 품질 및 수량결정

해설
판매기능
머천다이징(merchandising)이라 불리는 모든 활동을 포함 수요 창출을 위한 광고 및 다른 모든 판매촉진 활동과 의사결정 과정(적정판매량, 포장, 최선의 유통경로, 적정 판매 시기 및 장소 설정 등)이다.

57 축산물의 수집분배 및 경매기능을 수행하는 곳은?

① 소매시장　② 도매시장
③ 소비시장　④ 산지시장

해설
도매시장의 기능 : 가격형성기능, 수급조절기능, 분산기능, 위험전가기능, 분산기능, 거래안전기능 등

58 가축과 축산물의 유통과정에서 가장 중요하다고 생각되는 것은 무엇인가?

① 축산물의 집하조직
② 축산물의 질
③ 축산물의 적정가격
④ 축산물의 규격생산

해설
유통의 효율화를 추구하는 것은 생산자와 소비자의 수취 및 지불가격에 영향을 미친다.

59 축산물 가격의 기능이라고 볼 수 없는 것은?

① 양축부분과 비양축부분 간의 자원이동을 유발시킨다.
② 농공 간의 소득이전을 일으킨다.
③ 축산물 가격의 상대적 상승은 양축농가의 소득 효과를 통해서 농촌 저축의 증대를 유도한다.
④ 축산물 가격의 상대적 하락은 생산자와 소비자를 동시에 보호할 수 있다.

해설
④ 축산물 가격이 하락하면 당연히 축산농가는 수입이 줄어 타격을 입게 된다.

60 우유의 수요에 영향을 미치는 요인으로 볼 수 없는 것은?

① 우유의 가격
② 콜라나 쥬스 등과 같은 대체음료의 가격
③ 낙농가의 소득수준
④ 국민들의 식습관

해설
수요함수의 변화요인은 그 재화의 가격, 연관된 다른 재화의 가격, 소비자의 소득, 인구의 수, 기호 등이다.

정답 56 ① 57 ② 58 ③ 59 ④ 60 ③

2020년 제3회 과년도 기출복원문제

01 가축의 몸체를 이루고 있는 조직 중 동물체의 표면이나 내장의 관 또는 체강을 덮고 있는 조직은?

① 상피조직　　② 결합조직
③ 근육조직　　④ 신경조직

해설
① 상피조직 : 몸의 표면과 몸통의 체강을 덮고 있으며 분비선을 형성한다.
② 결합조직 : 상당 부분은 세포외 기질로 구성되어 있으며 그 안에 적은 수의 세포가 자리잡고 있다. 다른 조직을 지지하거나 강화하고, 피부나 근육이 서로 잘 밀착되도록 결합시키는 역할을 한다.
③ 근육조직 : 수축하는 능력이 있다. 골격근, 심근, 민무늬근이 있다.
④ 신경조직 : 전기적 신호를 생성하고 전달하도록 특수화되어 있다.

02 염소는 잡종교배를 이용하면 능력이 향상되는데 다음 중 잡종교배를 이용하는 목적에 해당하지 않는 것은?

① 새로운 유전자 도입
② 새로운 품종 육성
③ 잡종강세 이용
④ 품종 특유 형질 보존

해설
잡종교배(교잡)의 목적
• 새로운 유전인자를 도입하여 유전적 변이를 크게 하기 위하여
• 품종 간 상보 효과를 이용하기 위하여
• 번식능력, 생존율, 초기 성장 등에서 잡종강세를 이용하기 위하여
※ 교잡(잡종교배)은 이형접합체의 비율을 증가시키고 동형접합체의 비율을 감소시킨다.

03 산유량은 6,000kg 정도로 많으나 평균 유지율은 3.4% 정도로 비교적 낮은 젖소의 품종은?

① 홀스타인종　　② 저지종
③ 건지종　　　　④ 샤롤레종

해설
홀스타인
원산지는 네덜란드와 북부 독일이다. 체모는 검고 희거나 붉고 흰 반점으로 되어 있으며 온대지방에서 많이 사육한다.

04 홀스타인(Holstein) 암소 품종의 외모 심사표준에서 실격조건에 해당되는 것은?

① 엉덩이는 요각보다 좌골이 약간 낮은 상태로 길이가 길며 너비가 넓은 것
② 전구는 앞다리가 곧게 바르고 적절히 넓게 벌어져 있고 직사각형으로 딛고 있어서 앞몸을 잘 지탱할 것
③ 모색은 흑색 또는 백색의 전신 단일모색인 것
④ 머리는 윤곽이 선명하고 강한 턱과 크게 벌어진 콧구멍 및 넓은 주둥이를 갖출 것

해설
홀스타인의 외모심사 실격조건
• 모색
 - 흑 또는 백의 전신 단일모색
 - 미방 또는 복부의 흑색
 - 한 다리라도 제관부가 흑모로 쌓인 것
 - 혼합모
• 유방 : 선천적인 1유구 이상의 결여
• 이성쌍태아의 불임축
• 부정행위
• 유전적인 불량형질

정답　1 ①　2 ④　3 ①　4 ③

05 건유는 유선세포의 휴식과 태아발육을 도와 건강한 송아지 생산 및 산유량을 증가시키기 위해서인데 보통 건유기간으로 적당한 것은?

① 20~30일   ② 31~41일
③ 50~60일   ④ 80~90일

> **해설**
> 최대산유량을 얻기 위한 가장 적절한 건유기간은 50~60일이다.

06 수컷의 주생식기관은?

① 정소(고환)   ② 전립샘
③ 정낭샘   ④ 난관

> **해설**
> 정소는 동물의 생식세포인 정자를 생산하는 기관으로 고환이라고도 한다.

07 결핍 시 다발성 신경염을 일으키는 비타민은?

① 비타민 B_{12} ② 비타민 B_6
③ 비타민 B_2 ④ 비타민 B_1

> **해설**
> ④ 비타민 B_1 : 조류에서 다발성 신경염, 맥박수의 감소
> ① 비타민 B_{12} : 닭에서 부화율 저하, 병아리 다리에 이상
> ② 비타민 B_6 : 피부병 치료인자, 아미노산의 대사 관여
> ③ 비타민 B_2 : 다리마비, 성장률 감퇴, 피부 각질화

08 반추동물의 위 모양 유문샘부에 해당하는 곳은?

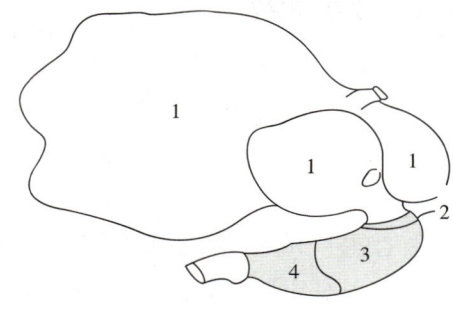

① 1   ② 2
③ 3   ④ 4

> **해설**
> 반추동물 위의 구조
>
>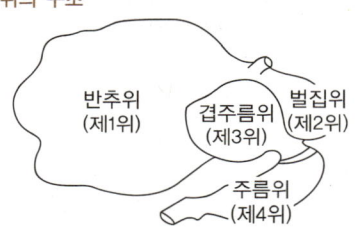
>
> ※ 위의 유문부(위의 끝부분, 위와 십이지장이 연결된 부위)에 있는 유문샘은 점액을 분비하여 위가 자가소화 되는 것을 막는다.

09 소의 동결정액의 보존방법으로 액체질소를 많이 이용하는 데 액체질소의 온도로 가장 적당한 것은?

① -79℃   ② -110℃
③ -183℃   ④ -196℃

> **해설**
> 정액의 보존
> • 액상 보존 : 15~20℃
> • 동결 정액 : -196℃(액체질소)

10 다음 중 구제역(foot and mouth disease)의 설명으로 틀린 것은?

① 감염대상 동물은 소, 돼지, 양, 염소, 사슴 등 발굽이 둘로 갈라진 동물에서 발생한다.
② 잠복기는 2~14일 정도이나 농장 내 감염시는 3~4일이다.
③ 감염된 가축은 발육장애, 운동장애, 비유장애 등의 생산성에 직접적으로 피해를 준다.
④ 국내 제2종 가축전염병으로 바이러스 질병이므로 백신을 사용하여 치료한다.

해설
④ 국내 제1종 가축전염병으로 바이러스 질병이므로 치료가 되지 않고, 치료를 해서도 안된다.

11 미국 옥수수 지대가 원산으로 특징은 체장이 길고 안면이 바르며 귀는 서고 턱은 가볍다. 피모는 거칠지 않으며, 유전력과 번식력이 강하고 성질이 활발하고 체질이 강건하여 기후풍토에 적응성이 강하다. 털색은 흑색이고 어깨와 앞다리 및 몸둘레에 흰띠를 두른 돼지는?

① 버크셔　　　　② 햄프셔
③ 두록　　　　　④ 체스트화이트

해설
햄프셔종
미국 원산으로 털색이 대부분 검은색이지만 검은 바탕의 어깨부터 앞다리에 걸쳐서 흰 띠가 있다.

12 암돼지 발정주기 동기화의 장점이 아닌 것은?

① 가축관리가 용이　　② 계획번식
③ 인공수정이 용이　　④ 수유중 발정

해설
발정주기 동기화의 장단점

장점	• 발정관찰이 정확하여 인공수정의 실시가 용이하다. • 정액공급 및 보관 등 제반업무를 효율적으로 수행할 수 있다. • 분만관리와 자축관리가 더욱 용이하다. • 계획번식과 생산조절이 가능하다. • 발정의 발견과 교배적기 파악이 용이하다. • 수정란 이식기술의 발전에 공헌한다. • 가축개량과 능력검정사업을 효과적으로 수행할 수 있다.
단점	• 사용약품(호르몬제의 처리)에 따른 부작용이 나타날 위험성이 있다. • 인건비와 약품비의 부담이 있다. • 전문지식과 숙련된 기술이 필요하다.

13 면양 젖 속에 들어 있는 성분 중 우유 속에 들어 있는 성분보다 적은 것은?

① 지방　　　　　　② 칼슘
③ 가소화영양분 총량　④ 수분

14 다음 닭 중 미국 원산으로 깃털은 적갈색이고 난각은 갈색이며 체구가 비교적 큰 닭은?

① 미노르카　　　② 레그혼
③ 뉴햄프셔　　　④ 플리머스록

해설
뉴햄프셔(New hamphshire)
로드아일랜드를 기초로 개량한 품종이다. 강건한 체질과 온순한 성질로 케이지사육에 적합하다.

정답　10 ④　11 ②　12 ④　13 ④　14 ③

15 인산칼슘제의 공급목적과 관계가 없는 것은?

① 뼈의 형성   ② 알껍질 형성
③ 몸의 색소 형성   ④ 치아의 형성

해설
인산칼슘은 주로 뼈와 치아, 알껍질 형성 등 골격 형성에 중요한 역할을 한다.

16 양의 꼬리를 자르는 데 가장 적절한 시기는 언제인가?

① 생후 1~2주   ② 생후 5~6주
③ 생후 10~11주   ④ 생후 15~16주

해설
꼬리 자르기는 생후 1~2주령에 둘째 꼬리뼈와 셋째 꼬리뼈 사이를 자른다.

17 돼지의 제2종 법정전염병에 해당되는 것은?

① 돼지단독   ② 돼지위축성 비염
③ 돼지콜레라   ④ 돼지일본뇌염

해설
돼지의 법정전염병
- 제1종 : 아프리카돼지열병, 돼지열병(돼지콜레라), 돼지수포병, 구제역, 수포성 구내염
- 제2종 : 돼지오제스키병, 돼지일본뇌염, 돼지테센병
- 제3종 : 돼지전염성 위장염, 돼지단독, 돼지생식기호흡기증후군, 돼지유행성 설사, 돼지위축성 비염

18 탄저의 특징이 아닌 것은?

① 소규모 발생은 연중 발생되나 대규모 발생은 여름철을 전후하여 많다.
② 별안간 비틀거리고 호흡 곤란 및 경련을 보인다.
③ 폐사한 가축의 천연공에서 출혈을 볼 수 있다.
④ 사람은 감염되지 않는다.

해설
④ 탄저병은 인수공통전염병으로 소화기나 피부를 통하여 감염된다.

19 병아리의 세균성 전염병으로 석고 상태의 흰 설사를 한 후 항문이 막혀서 죽게 되는 닭의 질병은?

① 추백리병   ② 계두
③ 뉴캣슬병   ④ 뇌척수염

해설
추백리의 주요 증상은 병아리에서는 주로 부화 후 1주일 이내에 발생하고, 발열, 식욕저하를 보이며, 회백색 설사가 특징이다.

20 싹이 난 감자나 푸른색 감자를 가축에 급여 시 일어나는 식중독 증상의 원인 물질은 무엇인가?

① 아질산   ② 고시폴
③ 솔라닌   ④ 아민

해설
감자가 햇빛에 노출되어 녹색을 띠거나 싹이 나면 자연 독성분인 솔라닌(solanine)이 생겨 섭취 시 식욕상실, 발열, 신경쇠약, 신경 증상 같은 식중독 증상을 유발한다.

정답 15 ③ 16 ① 17 ④ 18 ④ 19 ① 20 ③

21 중북부 아프리카 원산으로 더위와 가뭄에 잘 견디며 성장 시에 옥수수보다 높은 기온을 필요로 하는 목초는?

① 수수　　　　② 귀리
③ 수단그라스　④ 호밀

> **해설**
> **수단그라스**
> 기온이 높고 건조한 지방에서 재배가 잘되는 사료작물로 가뭄에 강하며 옥수수보다 수분 요구량이 적다. 옥수수보다 생육에 고온을 요구하므로 대관령 같은 산간지역에서는 옥수수 재배보다 불리하다.

22 호밀에 관한 설명으로 옳은 것은?

① 일반적인 다른 맥류보다 토양을 가리는 성질이 많다.
② 사일리지로만 이용하여 융통성이 없는 작물이다.
③ 생육이 빠르나 추위에 약하다.
④ 뿌리가 잘 발달되어 깊이 뻗어 있다.

> **해설**
> **호밀**
> • 호밀은 추위에 강하고 척박한 토양에 적응성이 우수하지만 사료의 품질은 낮은편이다.
> • 생육 초기에 빨리 자라는 특성이 있어 조기수확에 의한 청예용 사료작물로 적합하다.
> • 방목, 청예, 건초, 사일리지 및 원형곤포 사일리지 등 다방면으로 이용할 수 있다.
> • 키가 커 쓰러짐이 우려되며(기계화에 다소 불리), 출수 이후 사료가치 감소폭이 크다.

23 초지의 보호와 거리가 먼 내용은?

① 잡초 방제의 철저
② 병해 방제의 철저
③ 초지의 보파와 갱신
④ 충해의 유도 권장

> **해설**
> ④ 병해충 방제

24 초지 내 습지나 다소 선선한 지역에서도 잘 자라며 토양을 가리는 성질이 적어 산성토양, 척박한 토양에도 잘 자라는 사료용 피에 대한 설명이다. 가장 거리가 먼 것은?

① 종자의 생산이 용이하고 많으나 체계적인 종자공급체계가 이루어지지 않고 있다.
② 어릴 때부터 방목하면 청산중독의 위험이 있어서 충분히 자란 다음 이용한다.
③ 파종 후 2~3개월 내에 풋베기 생산이 가능하다.
④ 다른 사료작물에 비하여 재배하기가 쉽다.

> **해설**
> ② 청산중독은 생육 중에 있는 어린 수수류나 수단그라스계 잡종을 청예나 방목용으로 이용할 때 발생한다.

25 다음 중 불경운 초지조성이 경운 초지조성에 비하여 좋은 점은?

① 짧은 기간에 초지를 만들 수 있다.
② 초지를 만드는 비용이 적게 든다.
③ 초지조성 시 땅 표면이 고르기 때문에 목초를 수확할 때 기계작업이 가능하다.
④ 목초 생산량의 증가가 빨라진다.

> **해설**
> **불경운 초지의 장점**
> • 파종비용이 저렴하다.
> • 갈아엎지 않기 때문에 토양침식의 위험이 적다.
> • 기계사용이 불가능한 지대라도 개발이 가능하다.
> • 1년생 잡초가 침입할 수 있는 기회를 줄여 준다.
> • 강우나 강우 직후 토양의 수분함량이 높을 때에도 목초의 파종이 가능하다.
> • 목초를 도입함으로써 연중 생초의 생산기간을 연장시켜 준다.
> • 생산성이 낮은 산지를 신속하고 값싸게 개발할 수 있는 방법이다.
> • 한발, 홍수 및 산불 등으로 긴급복구가 필요할 때 유효한 방법이다.

정답　21 ③　22 ④　23 ④　24 ②　25 ②

26 다음 중 콩과 작물의 뿌리에 공생하는 근류균의 역할은?

① 공기 중의 질소를 고정하여 작물이 이용하게 한다.
② 토양을 부식시켜 토양 물리성을 개선한다.
③ 해충이 기피하는 물질을 분비하여 뿌리를 보호한다.
④ 화본과 작물의 뿌리의 생육을 억제하여 양분과 수분을 확보한다.

해설
① 뿌리혹박테리아는 공기 중의 질소를 고정하여 작물이 이용하게 한다.

27 넓은 방목지에 적당한 파종방법은?

① 흩뿌림 ② 줄뿌림
③ 점뿌림 ④ 무더기뿌림

해설
흩뿌림(산파)
• 가능한 한 짧은 기간 동안에 목초를 지면에 피복시키는 방법이다.
• 토양수분이 적절한 조건에서 잡초억제와 토양피복을 신속히 할 수 있는 장점이 있으나 비료나 종자의 손실량이 많다.

28 경작지가 좁은 우리나라에서는 제한된 사료작물포를 효과적으로 이용할 수 있는 작부체계기술이 필수적이다. 작부체계를 설정 시 초종 또는 품종을 선택할 때에 고려해야 할 사항과 거리가 먼 것은?

① 파종량
② 초종 또는 품종의 숙기
③ 생산량
④ 이용방법 또는 저장성

해설
사료작물의 작부체계 설정을 위한 작물 선택 시 고려사항
• 내병성이 강하고, 사료가치가 우수한 작물을 선택한다.
• 생산, 저장, 이용작업이 쉬운 작물을 선택한다.
• 생산비용이 적게 들고 수량이 높은 작물을 선택한다.
• 단위면적당 수량 및 가소화영양소총량(TDN)이 높은 작물을 선택한다.
• 연간 사료가치의 변화가 적고 안정적으로 공급이 가능한 사료작물을 선택한다.
• 보유기계, 사일로, 가축분뇨 등을 효율적으로 이용할 수 있는 초종 선택이 필요하다.
• 같은 초종이라도 품종에 따라 숙기가 다르므로 품종에 대한 정확한 인식과 선택이 중요하다.
• 작부체계 설정 시 지력유지, 생산량, 사료가치, 품질, 노동력, 수익성 등을 고려한다.

29 다모작(多毛作)의 주목적은?

① 지력의 유지 및 증진
② 종자의 다량 채취
③ 단위면적당 최고의 수량
④ 계절별 사료의 균형

해설
다모작 : 같은 땅에서 1년에 종류가 다른 작물을 세 번 이상 심어 거두는 방식

정답 26 ① 27 ① 28 ① 29 ③

30 낙농경영형태가 영세하고 운동장에서 젖소를 기르는 농가에 적합한 사초 이용방법은?

① 풋베기 ② 방목
③ 건초 ④ 사일리지

해설
풋베기
사료를 신선하게 제공하는 방식으로 운동장에서 젖소를 기르는 영세한 낙농가에 적합하다.

31 벼과(화본과) 목초를 건초로 이용할 때 양과 질을 생각한다면 베는 적기로 가장 알맞은 것은?

① 유식물기
② 이삭이 나온 때부터 꽃이 필 때
③ 이삭이 여무는 결실기
④ 잎만 있고 줄기가 없을 때

해설
화본과 목초는 출수기(이삭이 나오는 시기), 두과 목초는 개화 초기이다.

32 건초제조에 쓰이는 기계가 아닌 것은?

① 헤이 컨디셔너 ② 테더
③ 베일러 ④ 목초 절단기

해설
① 헤이 컨디셔너 : 예취 직후 목초의 자연건조율을 증진하기 위하여 압착을 가하는 기계이다.
② 테더 : 예취한 목초를 균일하게 건조하기 위해 뒤집는(반전) 기계이다.
③ 베일러 : 초지에 널려있는 집초열을 걷어 올려 압축하여 묶는 기계이다.

33 사일리지용 옥수수의 재배에 적합한 토양은?

① 배수가 잘되는 기름진 땅이 좋다.
② 산성토양이 좋다.
③ 경토가 얕아야 좋다.
④ 염분이 많은 땅일수록 좋다.

해설
옥수수에 알맞은 토양은 비옥하며, 토심이 깊고, 유기물 함량이 많고 물빠짐이 좋은 사질양토이다.

34 다음 ( ) 안에 적합한 것은?

수분함량이 ( )% 이상 되는 재료로 사일리지를 담그면 산도가 4.0 이하인 경우에도 낙산발효가 억제되지 않는 경우도 있는데 이는 수분함량이 높아 모든 미생물의 활성이 높아지기 때문이다.

① 50 ② 60
③ 70 ④ 80

해설
발효불량
수분함량이 70% 이상인 경우 낙산발효에 의한 악취발생으로 기호성이 감소하며 수분함량이 50% 이하일 경우 호기성 세균에 의한 곰팡이가 번식한다.

35 사료작물은 주로 방목이나 청예로 이용하고 있으며 이용목적에 따라 초형도 달리하는 것이 좋다. 그러면 다음 중 방목위주의 초지에 유리한 초형으로 짝지어진 것은?

① 다발형-상번초 ② 방석형-하번초
③ 다발형-하번초 ④ 방석형-상번초

해설
불경운 초지의 혼파조합은 경운 초지에 비하여 초종수·파종량·방석형 목초가 많으며, 월동에 강하고, 특히 하번초 위주의 초종으로 구성되어 있다.

정답 30 ① 31 ② 32 ④ 33 ① 34 ③ 35 ②

36 사일로의 종류와 특성은 매우 다양하고 저장효율도 다르며 건축비도 차이가 많기 때문에 농가의 사정에 따라 다양하게 선택할 수 있다. 그러나 양질의 사일리지를 얻기 위해서는 사일리지의 저장원리를 이해하고 기본작업을 철저히 지키는 것이 무엇보다도 중요하다. 그러면 옥수수 사일리지 조제의 기본 작업 중 양질 사일리지 발효와 거리가 먼 것은?

① 세절과 철저한 답압에 의한 공기배제
② 수확적기 또는 적절한 수분조절
③ 밀봉과 외부공기 유입 방지를 위한 누름
④ 산의 첨가에 의한 사일로 내 산도 저하

해설
고품질 사료작물 사일리지 조제 기술
• 발효 미생물 생장을 위한 적합한 수분함량
• 사료작물의 최대 수량과 최고의 품질을 이룰 수 있는 수확적기
• 재료의 절단으로 표면적을 확대하고, 반추위 내 소화율을 개선
• 답압으로 공기를 배제시켜 유산균의 증식을 촉진시키며, 즙액의 삼출을 촉진하고 용적을 줄임
• 답압 후 윗부분을 보온덮개와 비닐로 덮고 흙이나 폐타이어 등을 이용하여 가압

37 오처드그라스(orchard grass)가 자라는 데 알맞은 온도 범위는 몇 ℃ 정도인가?

① 1~15℃   ② 15~21℃
③ 21~31℃ ④ 32℃ 이상

해설
생육에 알맞은 기온은 21℃이나 밤과 낮의 일교차가 12~22℃ 되는 기후에서 가장 잘 자란다.

38 단위면적당 생산성이 높고 사초의 품질도 우수하여 목초의 여왕이라고 불리기도 하나 산성이 강하고 배수가 나쁜 토양에서는 잘 자라지 못하며 처음 조성 시 붕소와 근류균 접종이 꼭 필요하기 때문에 널리 재배되고 있지 못한 목초는?

① 알팔파(Alfalfa)
② 레드클로버(Red clover)
③ 화이트클로버(White clover)
④ 벌노랑이(Bird's foot trefoil)

해설
우리나라에서 알팔파 재배를 성공하려면 배수가 잘되고 약산성으로 만들어야 하며, 붕소(B) 시비와 근류균을 접종하면 수량이 높은 알팔파 초지를 오랫동안 유지할 수 있다.

39 어린 식물의 활력이 강하고 기호성이 좋으나 내한성이 낮은 목초로 논뒷그루로도 이용되는 목초는?

① 오처드그라스   ② 톨페스큐
③ 이탈리안라이그래스 ④ 켄터키블루그래스

해설
이탈리안라이그래스
• 사료가치가 높고 가축의 기호성이 좋다.
• 내한성이 낮고 습해에 강하여 밭에서는 사일리지용 옥수수의 뒷그루로, 논에서는 겨울철 논뒷그루로 이용된다.

40 특히 추위에 강하기 때문에 우리나라 고랭지에서 재배하기에 알맞은 질이 좋은 건초의 재료는?

① 티머시   ② 레드톱
③ 라디노클로버 ④ 톨페스큐

해설
티머시는 추위에 강해 우리나라에서는 대관령 지역이 재배하기에 알맞으며 줄기 기부에 볼록한 비늘줄기를 가지고 있는 목초이다.

정답 36 ④ 37 ② 38 ① 39 ③ 40 ①

41 축산경영의 복합화가 갖는 장점은?

① 기술의 고도화
② 분업이득의 획득
③ 유통상의 유리
④ 노동배분의 평균화

해설
복합경영의 장점
- 토지의 효율적 이용
- 노동력의 이용 증진
- 기계 및 시설의 효율적 이용
- 위험의 분산
- 자금회전의 원활화

42 구입사료를 중심으로 한 토지 이탈적 유형에 속하는 것으로 주로 도시근교에 집중되어 있는 낙농경영의 유형은?

① 전업적 낙농경영
② 복합적 낙농경영
③ 겸업적 낙농경영
④ 착유전업적 낙농경영

해설
착유전업적 경영 : 도시근교에서 농경지가 좁은 상태에서 우유생산을 주로 하는 경영형태

43 자돈을 구입하여 체중을 100~110kg정도 사육하여 판매하는 경영형태를 무엇이라고 하는가?

① 종돈 생산경영
② 비육돈 생산경영
③ 번식돈 생산경영
④ 복합 양돈경영

해설
비육돈 경영 : 육돈 생산을 목적으로 비육과정에 전념하는 경영

44 축산경영의 유형이 지역별로 다르게 나타나는 것은 토지의 어떤 특성 때문인가?

① 불확장성 ② 비이동성
③ 불소모성 ④ 무한성

해설
토지의 경제적 성질
- 불가증성(불확장성) : 토지는 임의로 만들거나(증가) 또는 확장할 수 없는 성질
- 불가동성(비이동성) : 토지는 불가동성에 의한 입지조건에 따른 영향으로 농업의 경영형태가 달라진다.
- 불소모성(불가괴성) : 토지는 소모되지 않고 불변하며 영구적으로 이용 가능하다.

45 자본 등식이 바르게 표기된 것은?

① 자산 + 부채 = 자본
② 자산 + 자본 = 부채
③ 부채 × 자산 = 자본
④ 자산 − 부채 = 자본

해설
대차대조표 등식
자산 = 부채 + 자본

46 젖소(초산우)의 취득원가 2,000,000원, 내용연수 6년, 노폐우 판매가격 1,400,000원일 때 감가상각비는 얼마인가?

① 1,000원 ② 10,000원
③ 100,000원 ④ 1,000,000원

해설
$$감가상각비 = \frac{2,000,000 - 1,400,000}{6}$$
$$= 100,000원$$

47 축산경영개선을 위해서 경영진단을 한다. 다음 중 축산경영진단 시 비교기준이 불명확한 방법은?

① 표준적 진단기준(지표)과 비교하는 방법
② 당해 지역의 유사한 경영의 경영성과와 비교하는 방법
③ 축종이 서로 다른 경영을 비교하는 방법
④ 자신의 경영성적을 연차간 혹은 기간별로 비교하는 방법

48 다음 중 경영의 안정성을 측정하는 지표는?

① 소득   ② 자본이익율
③ 자본생산성   ④ 부채비율

해설
안정성 지표 : 유동비율, 고정자본비율, 자기자본비율, 부채비율

49 손익계산서 계정에 해당되는 것은?

① 비용계정   ② 자산계정
③ 부채계정   ④ 자본계정

해설
손익계산서
이익 = 수익계정 - 비용계정

50 기계력 이용에는 비용이 드는데 이런 비용에는 일정하게 지출되는 고정비와 이용 정도에 따라 증감하는 변동비가 있다. 시간당 비용을 잘못 설명한 것은?

① 이용시간이 적을수록 시간당 비용이 커진다.
② 구입가액이 높을수록 시간당 비용은 커진다.
③ 이용시간이 많을수록 시간당 비용이 커진다.
④ 구입가액이 저렴할수록 시간당 비용은 적어진다.

해설
③ 이용시간이 많을수록 시간당 비용이 적어진다.

51 생산비에 포함되지 않는 항목은?

① 사료비
② 광열 수도료
③ 가족노동에 대한 노임
④ 부산물 가액

해설
축산물생산비 : 소, 돼지, 닭 등 축산경영 과정에서 일정단위 축산물을 생산하기 위하여 소비된 재화와 용역의 계산단위당 비용(부산물 수입 제외)

52 우유 생산비 중 비용이 가장 많은 것은?

① 노동비   ② 감가상각비
③ 사료비   ④ 위생비

해설
국내 낙농경영 여건은 사료비용이 우유 생산비의 50% 이상을 차지한다.

정답 47 ③ 48 ④ 49 ① 50 ③ 51 ④ 52 ③

53 다음 중 낙농농가의 우유 생산비 절감 방안으로 가장 적절하지 않은 것은?

① 산유량 증대
② 고품질 우유 생산
③ 번식률 향상
④ 젖소 이용년한 연장

해설
낙농농가의 우유 생산비 절감 방안
- 사료비 절감
- 두당 생산성의 극대화
  - 노동생산성 향상 방안 : 시설 자동화와 사육규모의 적정화
  - 젖소의 가축생산성 향상 : 고능력우 확보
    ⓐ 우유 위생등급 향상 : 세균 및 체세포수 감소
    ⓑ 유지율 및 유단백율 향상을 위한 노력 : 유단백 중심의 유대체계 개선을 반영하는 사양관리기술
    ⓒ 번식률 향상에 의한 산유량 증대
    ⓓ 고능력 젖소의 이용년한 연장 : 가축감가상각비 절감
  - 토지의 생산성 향상

54 어느 양돈농가의 비육은 1두당 연간 조수익이 500,000원, 경영비가 200,000원, 경영비에 자가노력비 200,000원을 포함한 생산비가 400,000원이라고 할 때, 이 농가의 비육돈 1두당 순수익은 얼마인가?

① 500,000원　② 400,000원
③ 300,000원　④ 100,000원

해설
- 순수익 = 조수입 − 생산비
  = 500,000 − 생산비
- 생산비 = 경영비 + 자가노력비 + 자본이자
  = 200,000 + 200,000 = 400,000
∴ 순수익 = 500,000 − 400,000 = 100,000원

55 축산물 유통기능 중 물적기능에 대한 설명이 바르게 된 것은?

① 보조적 기능 − 생산과 소비의 시간차를 메우는 기능
② 수송기능 − 생산자와 소비자의 위치가 다름으로 발생하는 기능
③ 저장기능 − 축산물의 형태를 바꾸는 기능
④ 가공기능 − 유통에 영향을 주는 포장, 계량, 통신, 유통기관의 제도적 기능

해설
① 보조적 기능 : 금융, 위험부담, 시장과 매장정보, 시장정보, 표준화 등
③ 저장기능 : 생산과 소비의 시간차를 메우는 기능
④ 가공기능 : 축산물의 형태를 바꾸는 기능

56 축산물 유통의 조성기능에 해당되는 것은?

① 축산물의 저장
② 축산물의 표준화 및 등급화
③ 축산물의 구매와 판매
④ 원유의 집유

해설
축산물 유통의 조성기능
표준화 및 등급화, 시장정보, 금융 및 위험부담 등에 의해서 유통의 기능(비축, 행정, 법률, 세무 등을 포함)을 조성한다.

정답　53 ②　54 ④　55 ②　56 ②

57 육계 1수당 농가수취가격은 1,000원, 수송비는 500원, 소비자 지불가격은 2,000원이라고 한다. 이때 육계 1수당 유통마진은 얼마인가?

① 500원　　② 1,000원
③ 1,500원　④ 2,000원

해설
유통마진 = 소비자 지불가격 − 생산자 수취가격
　　　　= 2,000 − 1,000 = 1,000원

58 다음 중 축산물 가격의 특성을 설명한 것으로 적합하지 않은 것은?

① 수요와 공급이 균형되어 가격은 항상 안정되어 있다.
② 축산물은 타 농산물과 달리 자가소비 비중이 적어 거의 전량을 도매시장, 상인 등에 판매한다.
③ 복잡한 유통구조와 가격구조를 가지고 있다.
④ 축산물 가격이 주기적으로 변동하는 경향이 있다.

해설
① 수요량과 공급량은 여러 가지 요인에 의해서 변화하기 때문에 가격의 불안정이 야기되므로 수급조정을 위한 방안이 강구되어야 한다.

59 낙농경영농가의 우유가격 결정에 영향을 미치는 요인이 아닌 것은?

① 체세포수　② 세균수
③ 산유량　　④ 유지방

해설
원유의 가격을 결정하는 요인 : 세균수, 체세포수, 유지방율, 유단백율

60 달걀의 가격이 10% 하락했을 때 그 수요량이 5% 증가되었다. 이때 달걀의 수요 탄력치는?

① 0.5　　② 1.0
③ 1.5　　④ 2.0

해설
수요의 가격탄력성 = 수요량 변화율 / 가격변화율
　　　　　　　　= 5 / 10
　　　　　　　　= 0.5

정답 57 ② 58 ① 59 ③ 60 ①

2021년 제3회 과년도 기출복원문제

01 혈액순환계의 폐순환 과정 중 신선한 동맥혈이 흐르는 곳은?

① 우심방 → 우심실
② 우심실 → 폐동맥
③ 폐동맥 → 폐모세혈관
④ 폐정맥 → 좌심방

해설
폐순환
우심실 → 폐동맥 → 폐의 모세혈관 → 폐정맥 → 좌심방
　　정맥혈　　　　　　　　　　　　　동맥혈

02 돼지의 육성에서 잡종강세를 최대한 이용하기 위한 교배 방법은?

① 1대잡종 생산　② 윤환교배
③ 3원교잡종 생산　④ 계통교배

해설
3원교잡
두 가지 이상의 순종을 교배하여 이종잡종의 장점을 최대한 활용하는 방법으로 잡종강세를 극대화하여 생산성을 높일 수 있다.

03 소의 체형 측정 시 요각의 앞쪽으로부터 좌골 끝까지의 직선거리를 무엇이라고 하는가?

① 좌골폭　② 고장
③ 요각폭　④ 수평체장

해설
체형 측정 부위

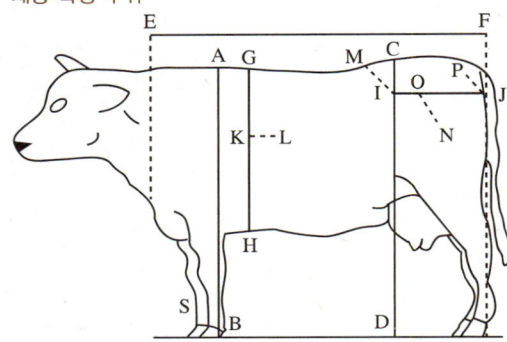

• A-B : 체고　　• C-D : 십자부고
• E-F : 수평체장　• G-H : 흉심
• I-J : 고장　　• K-L : 흉폭
• M-I : 요각폭　• O-N : 곤폭
• P-J : 좌골폭　• S : 전관위
※ 흉위는 흉폭과 흉심을 재는 부위를 줄자로 측정한다.

04 다음은 한우를 비육하고자 한우의 외모를 조사한 것이다. 비육할 소로 적당하지 않은 소는?

① 늑골과 늑골 사이가 넓고 등이 평평하고 넓은 소
② 전구가 발달하고 머리가 큰 소
③ 요각폭이 넓고 십자부가 평평한 소
④ 가슴이 넓고 깊이가 있는 소

해설
② 머리는 체구에 비해 알맞게 크고, 모양이 좋고 선명한 것

정답　1 ④　2 ③　3 ②　4 ②

05 젖소의 사료급여량을 계산할 때 고려하지 않아도 되는 사항은?

① 생체중
② 우유 지방율
③ 착유 시간
④ 착유량

해설
젖소의 사료급여량 계산
영양소 요구량, 체중, 산유량, 유지방 등

06 젖소의 정소에 위치하면서 테스토스테론(testosterone)이라는 웅성호르몬을 분비하는 세포는?

① 세르톨리(sertoli)세포
② 간질(leydig)세포
③ 웅성(androgen)세포
④ 세정관(seminiferous)세포

해설
정소의 세정관에서 정자가 생산되고 간질세포에서 웅성호르몬(테스토스테론)이 생성된다.

07 비타민 A의 부족으로 오는 병은 어느 것인가?

① 식도경색
② 고창증
③ 요도결석
④ 창상성 위염

해설
비타민 A는 결석에 의해 손상된 요도벽의 세포재생을 촉진시키고, 비타민 C는 소변을 산성화하여 결석 형성을 줄여준다.

08 반추동물의 제1위는?

① 혹위
② 겹주름위
③ 벌집위
④ 주름위(샘위)

해설
반추동물의 위
- 제1위 : 혹위(반추위)
- 제2위 : 벌집위
- 제3위 : 겹주름위
- 제4위 : 주름위(진위)

09 인공수정 방법 중 한 손을 직장에 넣어 자궁경관부를 잡고 오른손으로는 정액주입기를 자궁경관에 천천히 넣어 경관부를 손으로 확인한 다음 주입하는 인공수정 방법은?

① 인공질법
② 질경법
③ 타진주입법
④ 직장질법

해설
정액주입 방법
- 질경법 : 질경으로 질을 개구하여 주입기의 선단을 자궁외구로부터 1~2cm 정도 삽입한 다음 정액을 서서히 주입하는 방법
- 겸자법 : 질내 삽입된 질경을 통하여 자궁경관을 확인한 다음 겸자를 사용하여 자궁경관입구를 몸통 바깥쪽으로 끄집어 당겨 고정한 후 자궁경관 외구에 주입기를 사입하여 정액을 주입하는 방법
- 직장질법 : 직장에 손을 넣고 자궁경을 고정한 후 정액주입기의 선단을 손의 감촉으로 자궁경관 내에 밀어넣어 주입하는 방법

정답 5 ③ 6 ② 7 ③ 8 ① 9 ④

10 원유의 위생적인 착유와 냉각이 원유 품질에 미치는 영향 설명으로 옳은 것은?

① 원유는 위생적으로 착유되고 5℃ 이하로 속히 냉각되어야 품질을 보존할 수 있다.
② 원유는 비위생적으로도 착유되어도 5℃ 이하로 속히 냉각만 되면 품질을 보존할 수 있다.
③ 원유는 위생적으로 착유되면 냉각시키지 않아도 품질을 보존할 수 있다.
④ 원유는 비위생적으로 착유되고 냉각시키지 않아도 품질을 보존할 수 있다.

해설
원유의 온도는 원유중의 세균의 증식을 좌우하는 것이므로 착유된 우유의 효율적인 냉각은 세균수 감소에 있어서 중요한 역할을 한다.

11 원산지가 영국 해협이고 체형이 젖소 중 가장 작고 유지율이 가장 높은 젖소 품종은?

① 저지   ② 건지
③ 에어셔   ④ 홀스타인

해설
① 저지 : 성 성숙이 빠르고 유지율 및 전고형분 함량이 다른 품종보다 높다.
② 건지 : 영국령 건지섬이 원산으로, 체모는 갈색이나 뚜렷한 흰 무늬가 있다. 유지율은 5% 정도이며 전고형분 함량도 높은 편이다.
③ 에어셔 : 스코틀랜드 남서부 에어셔 지방이 원산으로, 체모는 적색이나 담적색부터 갈색 및 암적색에 이르기까지 다양하며 흰 무늬가 있거나 완전히 흰 것도 있다. 유지율은 4% 정도이며 지방구가 작다.
④ 홀스타인 : 원산지는 네덜란드와 북부 독일이다. 체모는 검고 희거나 붉고 흰 반점으로 되어 있으며 온대지방에서 많이 사육한다.

12 난자와 정자가 수정이 이루어지는 부위는?

① 질   ② 자궁
③ 난관   ④ 난소

해설
난관은 암컷의 생식기관으로 난자와 정자가 결합하여 수정이 이루어지는 장소이다.

13 바이러스 감염성인 법정돼지전염병으로 변비증상을 일으키며 귀, 목, 엉덩이에 괴사반점이 생기는 것은?

① 돈콜레라   ② 돼지뇌염
③ 전염성 위염   ④ 돈단독

해설
돈콜레라 : 바이러스에 의한 대표적 급성·전신성·열성전염병으로 주로 돼지에게 발병하는 법정가축전염병

14 산란계 품종 선택 시 고려할 사항과 가장 거리가 먼 것은?

① 알무게   ② 체형
③ 산란능력   ④ 사료 이용성

해설
산란계 품종 선택 시 고려사항 : 산란능력(산란수, 산란율), 알무게, 난질, 생존율, 사료요구율(사료이용성) 등

15 닭이 정상적으로 산란하는 데 있어서 가장 적합한 온도는?

① 약 10℃ ② 약 20℃
③ 약 25℃ ④ 약 30℃

해설
산란계의 성계는 닭장 온도가 10℃ 이하로 떨어지면 체온을 유지하기 위해 적온(20℃)일 때보다 산란율과 산란량이 20% 이상 크게 줄어든다.

16 닭의 질병에 관한 설명 중 맞는 것은?

① 닭의 질병은 물과 사료에 의해서만 전염되므로 물, 사료에만 주의하면 된다.
② 추백리병에 전염되어 폐사하면 살균하여 식용으로 하여도 무방하다.
③ 전염병 오염을 방지하기 위하여 항시 주변을 청결, 소독해야 하며 방충망을 설치해야 한다.
④ 닭이 회충에 감염되면 산란율에는 큰 지장이 없으므로 그대로 사육해도 무방하다.

해설
① 닭의 질병은 전염성이 크므로 그 피해를 줄이기 위해서는 항상 계사 내외를 청결히 하고, 철저한 소독을 하며, 닭의 건강한 상태를 유지시키는 등 그 예방이 중요한다.
② 추백리 양성판정 시 양성판정 개체는 살처분 조치가 취해지며, 해당 계사의 계군은 종계로의 사용이 금지되며, 이동제한 명령이 내려진다.
④ 닭이 내부 구충에 감염되면 식욕부진, 호흡곤란, 설사, 허약(영양장애), 빈혈, 성장지연, 산란율 저하를 유발한다.

17 면양사육에 있어 결핍 시 식모증(食毛症)을 유발하는 영양소는?

① 알칼리염류 ② 단백질
③ 지방   ④ 조사료

해설
면양사육에 있어 결핍 시 식모증을 유발 할 수 있는 영양소 : 무기질, 알칼리염류

18 육용 및 모피겸용종인 토끼의 품종은?

① 뉴질랜드 백색종 ② 친칠라종
③ 캘리포니안종   ④ 렉스종

해설
②·④ 친칠라종, 렉스종 : 모피용종
③ 캘리포니안종 : 육용종
토끼의 품종
- 육용종 : 벨기언종(벨기에), 플레미시 자이언트(프랑스), 캘리포니안(미국)
- 모피용종 : 렉스(프랑스), 친칠라(프랑스)
- 육용 및 모피겸용종 : 뉴질랜드 백색(미국), 백색 일본종
- 모용종 : 앙고라(터키)
- 애완종 : 히말라야 원산의 히말라얀과, 폴리시종, 롭이어(영국, 프랑스, 독일), 라이언 헤드(벨기에, 네덜란드), 더치(네덜란드), 드워프(네덜란드)

19 다음 중 기생충성 질병이 아닌 것은?

① 소간질증 ② 방선균증
③ 폐충종   ④ 콕시듐증

해설
방선균은 실 모양이고 가지를 내기도 하는 형태로 자라는 그람 양성 세균의 일종이다.

20 다음 중 인수공통감염병은?

① 유방암　　　　② 소의 유행열
③ 브루셀라　　　④ 소전염성비기관염

해설
인수공통감염병의 종류 : 장출혈성대장균감염증, 일본뇌염, 브루셀라증, 탄저, 공수병, 동물인플루엔자 인체감염증, 중증급성호흡기증후군(SARS), 변종크로이츠펠트-야콥병(vCJD, 광우병), 큐열, 결핵, 중증열성혈소판감소증후군(SFTS)

21 다음 목초 중 북방형 목초가 아닌 것은?

① 오처드그라스　　② 수단그라스
③ 티머시　　　　　④ 켄터키블루그래스

해설
한지형 사료작물과 난지형 사료작물

구분	생존연한	화본과	두과
한지형	다년생	오처드그라스, 티머시, 톨페스큐, 메도페스큐, 켄터키블루그래스, 레드톱, 스무드브롬그라스, 리드카나리그라스, 페레니얼라이그래스, 크리핑벤트그래스	화이트클로버, 라디노클로버, 레드클로버, 알사이크클로버, 알팔파, 스위트클로버, 버즈풋트레포일
	월년생	이탈리안라이그래스, 호밀, 귀리, 밀, 보리	크림슨클로버, 서브트레니언클로버, 커먼베치, 헤어리베치, 자운영, 루핀
난지형	다년생	버뮤다그래스, 달리스그래스, 존슨그래스, 판골라그래스, 로즈그래스, 위핑러브그래스, 잔디	칡, 세리시아레스페데자
	1년생	기장, 조, 옥수수, 수수, 수단그라스	코리안레스페데자, 커먼레스페데자, 콩, 완두 등

22 구릉지가 많고 경사가 일반 경작지에 비해 심한 초지에서 산지초지용 트랙터는 안정성과 작업능률이 일반 평지용 트랙터와 다소 차이가 있다. 그러면 산지용 트랙터의 특성과 관계가 먼 것은?

① 같은 크기의 포탈 차축(車軸)을 가져야 한다.
② 4륜구동형(four-wheel drive)으로 4바퀴에 동력이 전달되는 것이 좋다.
③ 차중의 분포 및 작업 시 무게가 앞쪽에 40%, 뒤쪽에 60%가 분포되어야 한다.
④ 양차축에 차동장치(differential locks both axile)가 있어야 한다.

해설
③ 무게는 앞쪽이 60%, 뒤쪽이 40%(작업기 장착작업 시는 앞뒤 50%씩 유지)로 분포되어 있어야 한다.

23 매년 갈아엎고 파종하는 일반작물과는 달리 초지는 한번 조성하면 수년간 계속되고 토양을 보존하는 효과가 높아서 가장 환경친화적인 농업이라고 할 수 있다. 그러면 초지의 토양보존 효과 중 거리가 먼 것은?

① 토양 유기물의 증가
② 토양의 떼알구조(입단구조) 형성
③ 벼과(화본과) 목초에 의한 질소고정
④ 토양의 침식방지

해설
③ 두과 목초에 의한 질소고정

정답　20 ③　21 ②　22 ③　23 ③

24 사료작물 중 산성토양 및 건조한 조건에서도 잘 자라며 추위에 가장 잘 견디는 작물은?

① 호밀　　② 연맥
③ 유채　　④ 이탈리안라이그래스

해설
호밀
- 호밀은 추위에 강하고 척박한 토양에 적응성이 우수하지만 사료의 품질은 낮은편이다.
- 생육 초기에 빨리 자라는 특성이 있어 조기수확에 의한 청예용 사료작물로 적합하다.
- 방목, 청예, 건초, 사일리지 및 원형곤포 사일리지 등 다방면으로 이용할 수 있다.
- 키가 커 쓰러짐이 우려되며(기계화에 다소 불리), 출수 이후 사료가치 감소폭이 크다.

25 세포벽 구성성분으로 석회시용에 의해 공급되는 식물 영양성분은?

① 칼슘　　② 인산
③ 질소　　④ 셀레늄

해설
칼슘은 세포벽의 구성성분으로 분열조직에 많이 분포되어 있다. 칼슘과 마그네슘은 석회로 공급할 수 있다.

26 근류균(뿌리혹박테리아)에 대한 설명 중 잘못된 것은?

① 산성토양에서 잘 자란다.
② 토양의 질소 공급원이 된다.
③ 콩과 식물의 단백질 함량을 높인다.
④ 목초의 생산량을 높인다.

해설
① 근류균은 약알칼리성~중성토양에서 활발하게 활동한다.

27 씨앗과 거름이 직접 닿지 않기 때문에 거름의 염해를 줄이고, 생산량이 높은 초지를 만들 수 있는 파종방법은?

① 흩어뿌림　　② 줄뿌림
③ 대상 줄뿌림　　④ 점뿌림

해설
대상조파(대상 줄뿌림)
- 조파의 단점인 비료의 염해를 줄이기 위하여 보완한 조파방법이다.
- 목초종자와 비료를 절약하고, 종자의 비료피해를 막을 수 있다.

28 화본과 목초와 두과 목초의 혼파로 인하여 얻을 수 있는 장점이 아닌 것은?

① 질소의 시비량을 현저히 줄일 수 있다.
② 수확시기의 결정과 같은 재배관리가 쉽다.
③ 병충해로 인한 목초의 피해를 최소화 할 수 있다.
④ 도복이 방지되고 서릿발 피해가 줄어든다.

해설
혼파의 단점
- 재배 시기에 따른 관리가 어렵다.
- 파종작업이 힘들다.
- 병해충 방제와 채종작업이 어렵다.
- 기계화가 어렵다.

정답 24 ① 25 ① 26 ① 27 ③ 28 ②

29 벼멸구에 의하여 감염되고, 생육 초기에는 마디 사이가 짧아지고 짙은 녹색을 띠다 결국 죽어 없어지며, 생육 후기에 감염되면 잎의 뒷부분에 엽맥을 따라 돌기가 형성되는 옥수수의 병은?

① 그을음무늬병 ② 흑수병(깜부기병)
③ 흑조위축병 ④ 깨씨무늬병

해설
흑조위축병(검은줄오갈병)
주로 옥수수에 나타나는 병으로서 멸구류에 의해 전염되며 한번 발생하면 치료가 불가능하다.

30 다음 사료작물의 이용에 따른 분류로 맞지 않는 것은?

① 청예용 ② 방목용
③ 사일리지용 ④ 수확용

해설
사료작물의 이용에 따른 분류 : 청예용, 건초용, 사일리지용, 방목용, 총채용

31 화본과(벼과) 목초의 건초 베는 시기는?

① 목초가 어려 영양가가 많은 때
② 이삭이 필 때부터 꽃이 필 때
③ 꽃이 한창 필 때
④ 서리내리기 전

해설
화본과 목초는 이삭이 필 때부터 꽃이 필 때가 가장 영양가 높고 건초로 만들기에 적합한 시기이다.

32 건초제조법 중 포장건조법에 관하여 바르게 설명한 것은?

① 인공건조법이라고도 한다.
② 송풍기에 의하여 바람으로 말리는 방법이다.
③ 화력건조법 등이 있다.
④ 천일건조법이라고도 한다.

해설
포장건조법
천일건조법, 양건법, 자연건조법이라고도 하며, 태양열을 이용하며 공기의 유통을 좋게 하는 건조방법이다.

33 옥수수 사일리지를 제조할 때 가장 적당한 수확시기는?

① 개화기(開花期)
② 유숙기(乳熟期)
③ 황숙기(黃熟期)
④ 출수기(出穗期)

해설
옥수수 수확적기
• 옥수수 황숙기의 수분함량은 68~70%로, 이때 수확하면 첨가제 없이도 양질의 사일리지를 담을 수 있다.
• 황숙기보다 일찍 수확하면 양분축적이 적고, 늦게 수확하면 암이삭이 떨어져 나가거나 줄기와 잎이 말라 양분손실이 많아진다.

정답 29 ③ 30 ④ 31 ② 32 ④ 33 ③

34 사일리지를 조제할 때 젖산 발효를 촉진하기 위해서 하는 일로 알맞은 것은?

① 사일로 속에 공기를 많이 남긴다.
② 재료의 길이를 짧게 자른다.
③ 단백질 함량이 높은 재료를 사용한다.
④ 재료의 수분함량을 높게 한다.

해설
길게 절단하는 것보다 짧게 절단하는 것이 절단면적이 넓어지기 때문에 유산 발효를 위한 유리한 조건이 된다. 이 외에도 절단을 하면 원료의 저장밀도 증가, 유산발효의 촉진, 사일리지의 취급용이, 여름철의 2차 발효방지, 유우 및 육우의 사일리지 섭취량 증가 등의 장점이 있다.

35 사일리지를 조제하는 가장 간단한 방법으로 재료를 지상 위에 퇴적하여 발효시키는 방법의 사일로는?

① 원통 사일로
② 트렌치 사일로
③ 벙커 사일로
④ 스택 사일로

해설
스택 사일로
- 지상의 평면에 두꺼운 비닐을 깔고 사일리지 재료를 쌓은 다음 주위를 다시 두꺼운 비닐로 덮어 두는 것이다.
- 필요에 따라 어떤 장소에나 마음대로 옮겨 다니면서 설치할 수 있는 편리한 점이 있고 시설비가 필요 없는 장점이 있다.
- 밀폐상태로 보존할 수가 없으므로 폐기량이 많아지는 결점이 있다.
- 사일로 중 건물손실률이 가장 높다(30~35%).

36 방목강도를 증가시키면 초지 이용률과 목초생산량은 어떻게 변하는가?

① 초지의 이용률은 높아지나 목초의 생산량은 낮아진다.
② 초지의 이용률은 낮아지나 목초의 생산량은 낮아진다.
③ 초지의 이용률과 목초의 생산량은 모두 높아진다.
④ 초지의 이용률과 목초의 생산량은 모두 낮아진다.

해설
가을에 너무 늦게까지 방목하면 월동 후 풀의 재생이 느리고 동사하기 쉬워 단풍나무나 옻나무 잎이 단풍이 들었을 때 방목을 중단하는 것이 좋다.

37 오처드그라스에 대한 설명으로 가장 알맞은 것은?

① 우리나라에서 적응성이 넓은 목초 중의 하나이며 그늘에서도 잘 자란다.
② 알칼로이드 때문에 가축에 장애를 주는 경우도 있다.
③ 추위에 강하기 때문에 우리나라에서는 대관령 지역에 알맞다.
④ 한해살이 벼과(화본과) 목초이다.

해설
② 리드카나리그라스는 알칼로이드 때문에 가축에 장애를 주는 경우도 있다.
③ 티머시는 추위에 강하기 때문에 우리나라에서는 대관령 지역에 알맞다.
④ 다년생 벼과(화본과) 목초이다.

38 곧은 뿌리를 가지며, 경우에 따라 뿌리가 7~9m까지 땅속 깊숙히 뻗으며, 토양산도에 가장 민감한 콩과 초종은?

① 알팔파
② 화이트클로버
③ 레드클로버
④ 버즈풋트레포일

> **해설**
> 알팔파는 대표적인 심근성 두과에 속한다. 산성토양에 약하고 붕소결핍에 민감하다.

39 다음 목초 중 단년생 상번초로 주로 건초로 이용하며 토양개량 작물로도 우수한 콩과 작물로 줄기와 잎자루에 털이 많은 목초는?

① 화이트클로버(White clover)
② 레드클로버(Red clover)
③ 알사이크클로버(Alsike clover)
④ 알팔파(Alfalfa)

40 다음 중 이탈리안라이그래스를 답리작용으로 이용할 때 10a에 필요한 종자의 산파 파종량은?

① 2kg
② 4kg
③ 6kg
④ 8kg

> **해설**
> 이탈리안라이그래스 파종량(목초 파종기)
> • 조파(줄뿌림) : 30kg/ha
> • 산파(흩어뿌림) : 40kg/ha
> • 벼 입모 중 파종 : 50kg/ha

41 사초식물의 꽃차례나 외부형태 및 세포학, 생화학, 생리학 등의 지식을 총동원하여 분류하는 방식은?

① 형태에 의한 분류
② 생존연한에 의한 분류
③ 이용형태에 의한 분류
④ 식물학적 분류

> **해설**
> 사료작물의 분류
> • 형태 : 눈으로 비교 및 식별하는 방법
> • 생존연한 : 1년생, 월년생, 2년생, 다년생
> • 이용형태 : 청예, 방목, 건초, 사일리지, 총체
> • 식물학적 : 꽃차례나 외부형태 및 세포학, 생화학, 생리학 등의 지식을 총동원하여 분류

42 한우와 미작(米作)을 복합적으로 경영했을 때 나타나는 단점에 해당하는 것은?

① 노동과 자재의 상호 이용기회가 적다.
② 노동생산성이 낮아지기 쉽다.
③ 노동배분을 균등화하기 어렵다.
④ 자연적 피해가 집중될 수 있다.

> **해설**
> 복합경영의 단점
> • 경영 간에 노동의 경합이 생길 수 있어서 노동생산성이 낮아지기 쉽다.
> • 기계화가 어렵다.
> • 기술의 다양화로 경영자의 전문적인 기술의 발달이 어렵다.
> • 전문적인 기술향상이 저해되어 단위당 생산성이 떨어진다.
> • 여러 종류의 소량판매로 생산물의 판매에 불리하다.

43 축산경영에서 생산요소가 아닌 것은?

① 자본
② 노동력
③ 조수익
④ 토지

> **해설**
> 축산경영의 4대 요소 : 토지, 자본재, 노동력, 경영능력

정답 38 ① 39 ② 40 ② 41 ④ 42 ② 43 ③

44 축산경영형태 중 계열경영의 효과가 아닌 것은?

① 생산비 절감
② 규모의 경제 실현
③ 생산농가의 소득 불안정
④ 제품 생산의 규격화

해설
계열경영
전문경영체 중심의 생산·가공·유통의 통합경영으로 사육농가는 생산분야에만 전념토록 하여 생산비 절감, 품질 및 위생수준 향상, 유통과 소비자 서비스 능률화, 농가소득 보장, 수급 및 가격 안정의 효과를 얻을 수 있다.

45 다음 축산경영과 관련된 설명 중 옳은 것은?

① 한우 비육우는 감가상각을 하지 않는다.
② 모든 가축은 감가상각을 해야 한다.
③ 비육돈도 고정자산이기 때문에 감가상각을 해야 한다.
④ 착유우는 감가상각을 하지 않는다.

해설
유동자본재(비육우, 비육돈, 육계 및 육성중인 모든 가축)는 감가상각의 대상이 되지 않는다.

46 다음 중 우유 1kg당 젖소의 상각비를 바르게 표시한 것은?

① $\dfrac{유우의\ 당초\ 가격 - 폐우가격}{내용연수} \div 연간생산유량$

② $\dfrac{유우의\ 당초\ 가격 + 사양비}{내용연수} \div 분기별생산유량$

③ $\dfrac{유우의\ 당초\ 가격 - 송아지\ 가격}{내용연수} \div 연간생산유량$

④ $\dfrac{유우의\ 당초\ 가격 + 송아지\ 가격}{내용연수} \div 분기별생산유량$

47 집단대상 농가와 비슷한 경영형태를 가진 그 지역 우수농가의 평균치와 비교하는 진단 방법은?

① 표준비교법
② 직접비교법
③ 내부비교법
④ 부문 간 비교법

해설
① 표준비교법 : 조사지역에서 가장 합리적인 경영모형을 설정하고, 진단하려는 농업경영체의 경영실적과 비교하는 진단 방법이다.
③ 내부비교법 : 수량, 경영비, 소득 등 경영 내부에서 얻어진 분석결과 값만으로 비교하는 방법이다.
④ 부문 간 비교법 : 농업경영체가 시행하는 사업부문 간의 성과를 비교 분석하는 방법이다.

48 축산경영의 수익성을 측정하는 경영진단지표는?

① 축산소득
② 자기자본 비율
③ 부채비율
④ 노동생산성

해설
축산경영 진단지표
• 기술진단지표
• 안정성 지표 : 유동비율, 고정자본비율, 자기자본비율, 부채비율
• 수익성 지표 : 소득, 소득률, 순수익, 순수익률, 가족노동보수, 자본회전율, 자본회전기간, 자본이익률
• 생산성 지표 : 노동생산성, 토지생산성, 자본생산성

정답 44 ③ 45 ① 46 ① 47 ② 48 ①

49 유사비(乳飼比)를 바르게 표현한 것은?

① $\dfrac{우유\ 생산량}{구입\ 사료량}$

② $\dfrac{우유\ 생산량}{농후사료\ 구입비}$

③ $\dfrac{구입\ 사료량}{우유\ 판매수입}$

④ $\dfrac{구입\ 사료비}{우유\ 판매수입}$

해설
유사비는 유대(우유 판매수입)에 대한 구입 사료비의 비율이다.

50 축산물을 생산하기 위해서 소요되는 제반 비용 중 고정비에 속하지 않는 것은?

① 지대
② 감가상각비
③ 치료비
④ 자본에 대한 이자

해설
고정비 : 자급사료비, 수선비, 감가상각비, 자가노력비, 지대, 자본이자 등

51 양돈경영에서 생산비 중 가장 높은 비율을 차지하는 것은?

① 사료값　② 방역비
③ 인공수정료　④ 돼지수송비

해설
비육돈 경영비 중 가축비와 사료비 비중이 크다.

52 어느 낙농농가의 젖소 1두당 연간 산유량은 5,000kg, 총사육관리비용은 3,500,000원, 경영비는 2,000,000원, 부산물 수입은 500,000원이라고 할 때, 우유 1kg당 생산비는?

① 300원　② 400원
③ 600원　④ 700원

해설
단위당 생산비 $= \dfrac{전체생산비 - 부산물\ 평가액}{생산량}$

$= \dfrac{3,500,000 - 500,000}{5,000}$

$= 600원$

53 축산경영에서 조수익을 증대시키는 수단과 관계가 없는 것은 무엇인가?

① 가축단위당 생산성의 증가
② 경영규모의 확대
③ 토지 생산성의 향상
④ 감가상각비의 증대

해설
조수익은 농가에서 1년간 농업경영의 성과로 얻은 농산물과 부산물의 전체 가액

54 '농업조수익 - 농업경영비'의 공식에 의하여 산출되는 것은?

① 농외소득　② 농가소득율
③ 농업소득　④ 겸업소득

해설
• 축산소득 = 축산조수입 - 축산경영비
• 축산조수입 = 주산물가액 + 부산물평가액

정답 49 ④　50 ③　51 ①　52 ③　53 ④　54 ③

55 축산물 유통의 조성기능에 해당되는 것은?

① 축산물의 저장
② 축산물의 표준화 및 등급화
③ 축산물의 구매와 판매
④ 원유의 집유

해설
축산물 유통의 조성기능
표준화 및 등급화, 시장정보, 금융 및 위험부담 등에 의해서 유통의 기능을 조성한다(비축, 행정, 법률, 세무 등을 포함).

56 축산물의 유통기능 중 교환기능에 해당되는 것은?

① 원유의 집유   ② 축산물 가공
③ 축산물의 수송   ④ 시장정보의 제공

해설
축산물 유통의 교환기능
판매, 수집·구매 등으로 소유권을 이전하는 기능이다.

57 양계농가가 생산한 계란을 1개당 중간상인에게 90원에 판매하였으나, 백화점에서 소비자에게는 120원에 판매되었을 때 농가수취율은 얼마인가?

① 70%   ② 75%
③ 80%   ④ 85%

해설
농가수취율 = 생산자 수취가격 / 소비자 구입가격 × 100
       = 90 / 120 × 100 = 75%

58 축산물을 주원료로 하는 가공공장의 설치에서 장소의 선정에 가장 큰 영향을 미치는 것은?

① 축산물 가격   ② 자금구입 사정
③ 축산물 운송비   ④ 가공 기술

해설
입지는 생산원가에 직접적인 영향을 미치며, 가격에도 많은 영향을 미친다. 생산원가의 경우 재료비, 노무비, 수송비와 같은 변동비와 세금·시설 및 토지의 구입가격과 같은 고정비에 영향을 미친다.

59 다음 중 축산물 가격정책의 목적과 가장 거리가 먼 것은?

① 축산물의 수급안정
② 농가의 소득보장
③ 소비자 보호
④ 공업원료의 확보

해설
축산물 가격정책의 목적
• 생산자가격의 안정
• 원활한 공급의 보장
• 소비자가계의 보호
• 생산성 제고

60 돼지고기 공급에 영향을 미치는 요인이 아닌 것은?

① 배합사료 가격의 하락
② 새로운 양돈기술의 도입으로 생산비 절감
③ 돼지고기의 수입량 증가
④ 우유 가격의 하락

정답 55 ② 56 ① 57 ② 58 ③ 59 ④ 60 ④

2022년 제3회 과년도 기출복원문제

01 섭취한 총에너지에서 똥으로 배설된 에너지를 빼고 남은 부분의 에너지는?

① 대사에너지　　② 가소화에너지
③ 총에너지　　　④ 정미에너지

해설
② 가소화에너지 : 섭취한 사료의 총에너지에서 똥으로 배설된 에너지를 공제한 값으로 계산한다.
① 대사에너지 : 가소화에너지에서 오줌 및 가연성 가스 등으로 손실되는 에너지를 공제한 값이다.
③ 총에너지 : 섭취한 사료의 총에너지
④ 정미에너지 : 대사에너지에서 열량증가로 손실되는 에너지를 뺀 에너지이다.

02 유우 개체 선택상의 주의점이 아닌 것은?

① 품종의 특징을 가진 개체를 선택
② 유우의 이상적인 체형을 가지고 있는 것을 선택
③ 표준 체적은 갖추지 못했어도 비유 기관이 발달된 개체를 선택
④ 사료 이용성이 높은 개체를 선택

03 면양의 유전력 중 가장 낮은 것은?

① 출생된 새끼양의 수
② 한 살 때의 체중
③ 이유 후 증체율
④ 피부주름

04 젖소의 사육방식에는 계류식과 개방식이 있는데 계류식 우사의 장점으로 옳은 것은?

① 건축비가 적게 든다.
② 개체별 관리가 가능하다.
③ 사료급여, 분뇨처리 작업이 편리하다.
④ 소의 자유로운 운동이 가능하다.

해설
계류식 우사는 소를 한 마리씩 묶어서 사육하여 발정확인, 인공수정 등 개체관리가 편리하다.

05 초유는 일반 우유보다 일반적으로 모든 유성분 함량이 높은 편인데 다음 중 일반 우유보다 함량이 낮은 성분은?

① 유당　　② 고형분
③ 지방　　④ 단백질

해설
초유는 정상적인 우유(상유)보다 카세인, 단백질, 각종 무기물, 지용성 비타민 등의 함량이 높고, 유당(lactose)과 칼슘(Ca)의 함량이 낮다.

06 다음 중 황체호르몬(프로게스테론)의 생리작용이 아닌 것은?

① 자궁유의 분비촉진
② 자궁과 유선의 발육
③ 자궁의 수축 억제
④ 성숙 난포의 배란

해설
난소에서 나오는 호르몬
• 에스트로겐 : 자궁속막 발달촉진, 배란촉진
• 프로게스테론 : 임신 전에는 배란을 촉진하고 수정 후에는 배란을 억제, 임신유지, 유선포계의 발달

07 다음 그림(소의 생식기관)에서 자궁각을 표시한 부분은?

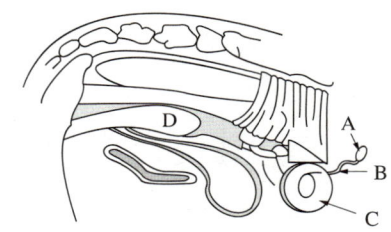

① A
② B
③ C
④ D

해설
A : 난소, B : 난관, C : 자궁각, D : 질
암소의 생식기

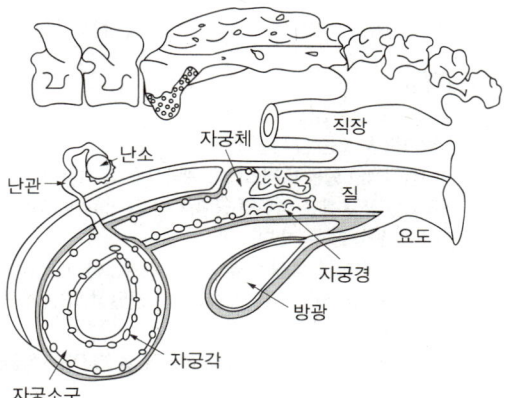

08 가축의 침 속에 들어 있는 소화효소는?

① 아밀레이스
② 레닛
③ 라이페이스
④ 펩신

해설
침에는 약 99%의 수분과 녹말을 소화하는 아밀레이스(아밀라아제)나 병원균을 죽이는 라이소자임과 같은 효소가 함유되어 있다.

09 콜레칼시페롤이 자외선을 받을 때 체내에서 합성되는 대표적인 비타민은?

① 비타민 A
② 비타민 D
③ 비타민 E
④ 비타민 K

해설
비타민 D의 종류
• 콜레칼시페롤은 피부에서 자외선을 통해 합성되며, 여러 식품을 통해 섭취할 수도 있다.
• 에르고칼시페롤은 주로 균류가 에르고스테롤이라는 콜레스테롤과 자외선으로 합성한 것을 섭취함으로 얻을 수 있다.

10 소에서 고열과 호흡기 계통의 급성염증 및 괴사를 특징으로 하는 전염병으로, 병원체는 헤르페스바이러스(herpesvirus)이며 2차 혼합감염의 위험이 높은 질병은?

① 바이러스성 하리증
② 전염성 비기관염
③ 유행열
④ 유행성 뇌염

해설
소의 전염성 비기관염은 급성 호흡기병으로 연중 발생하는데, 특히 한랭기에 많이 발생하며 어린 소에 피해가 크다.

정답 6 ④ 7 ③ 8 ① 9 ② 10 ②

11 돼지가 체내에서 아라키돈산을 합성할 수 있는 지방산은?

① 올레인산　② 팔미트산
③ 부티르산　④ 리놀렌산

해설
필수지방산의 종류와 기능

필수지방산	구조	기능
리놀레산 (linoleic acid)	C_{18} (2개의 이중결합)	가장 중요한 필수지방산으로 하루 총열량의 1~2%를 섭취해야 한다.
리놀렌산 (linolenic acid)	C_{18} (3개의 이중결합)	신체기능을 조절하고 EPA, DHA(생선이유)를 합성한다.
아라키돈산 (arachidonic acid)	C_{20} (4개의 이중결합)	linoleic acid로부터 합성한다.

12 비육돈 관리에 관한 설명으로 틀린 것은?

① 돼지 1두당 돈사의 면적은 체중이 75kg일 때 $0.25~0.35m^2$가 적당하다.
② 비육돈은 16~21℃의 온도가 가장 발육에 좋다.
③ 비육돈은 50~60%의 습도가 가장 발육에 좋다.
④ 비육기간 중 발육이 불량하거나 이상이 있는 돼지는 즉시 격리 수용하는 것이 좋다.

해설
① 체중이 75kg인 돼지 1두당 돈사의 면적은 $0.8~1.0m^2$가 적당하다.

13 다음 질병 중 돼지의 질병이 아닌 것은?

① 콜레라　② 파이토플라스마
③ 전염성 위장염　④ 위축성 비염

해설
파이토플라스마(phytoplasma)는 식물에 기생하여 병해를 일으키는 한 무리의 특수한 세균이다.

14 앞몸은 작고 뒷몸이 잘 발달된 닭은?

① 난용종　② 육용종
③ 난육겸용종　④ 애완용종

해설
① 난용종 : 몸집이 작고, 몸의 앞부분보다 뒷부분이 잘 발달된 체형을 가지고 있다.
② 육용종 : 몸집이 정방형이다.
③ 난육겸용종 : 난용종과 육용종의 중간 체형을 가진다.
④ 애완용종 : 볏 모양, 깃컬 색깔 또는 전체 모양이 아름답다.

15 닭의 쪼는 습성을 예방하는 방법으로 가장 좋은 것은?

① 밀사　② 부리자르기
③ 날개자르기　④ 볏자르기

해설
부리자르기 특징
• 발가락을 쪼는 습관을 방지할 수 있다.
• 신경질적인 행동이 제거되어 예방접종 및 사양관리에 편리하다.
• 깃털을 쪼고 뽑는 행위와 탈항증 및 카니발리즘(쪼는 성질, 식우성)을 방지할 수 있다.
• 사료의 편식과 허실을 줄이고 사료효율을 개선할 수 있다.
• 전체 계군의 활력이 증진되어 보다 균일성 있는 계군을 유지할 수 있다.
• 잘 싸우지 않아 체력 소모가 적고 알을 깨 먹는 성질을 방지할 수 있다.

16 원생동물에 의하여 발생하는 닭의 질병은?

① 콜레라 ② 콕시듐병
③ 뉴캣슬병 ④ 마렉병

> [해설]
> **콕시듐증**
> 콕시듐원충이 소화관벽에 기생하여 일어나는 질병으로 설사와 장염, 혈변을 특징으로 한다.

17 면양 거세의 목적에 적합하지 않은 것은?

① 도체의 품질개선
② 성질이 온순하여 혼합사육 가능
③ 육질 향상
④ 사료효율 향상

> [해설]
> 거세는 도체의 품질개선, 성질 온순화, 육질 향상을 목적으로 하며, 사료효율은 비거세수컷에 비해 떨어진다.

18 가축에 따라 연중 주기적으로 발정하는 것과 1년 중 특정한 계절에만 발정을 하는 경우가 있는데 다음 중 그 원인으로 적당한 것은?

① 일조시간 ② 영양의 상태
③ 발정연령 ④ 기온 및 습도

> [해설]
> 계절번식을 하는 면양의 경우 일조시간의 길이가 번식계절의 시기를 결정하는 가장 중요한 요인이다.

19 각종 병원균이 서식하는 데 필요한 조건이 아닌 것은?

① 일광 ② 온도
③ 습도 ④ 산소

> [해설]
> 미생물 증식 환경인자 : 산소, 온도, 습도, pH

20 가축의 사료중독 현상과 관계가 먼 것은?

① 유독성 식물 중독
② 사료 중의 세균 중독
③ 사료의 부패 중독
④ 생장 촉진제 첨가

> [해설]
> 사료의 생산과정에서 발생되는 위해인자의 종류는 곰팡이독소, 중금속, 병원성 미생물, 이물질 및 기타 화학물질 등으로 매우 다양하며, 발생원인도 다르게 나타난다. 또한 위해인자에 따라 가축 및 소비자에게 미치는 영향은 다르게 나타나는데, 직접적으로 가축의 생산성을 저하시키는 경우, 중독증상이나 질병을 일으켜 폐사시키는 경우 또는 가축으로부터 축적되어 축산물 섭취를 통해 소비자에게 영향을 미치는 경우가 있다.

21 사초의 이용목적에 따른 분류에서 목초를 베어서 가축에게 이용할 목적으로 생산하는 포장을 무엇이라고 하는가?

① 방목지 ② 목야지
③ 계류지 ④ 채초지

> [해설]
> **채초지** : 가축에게 먹일 풀을 베어 내기 위한 땅

[정답] 16 ② 17 ④ 18 ① 19 ① 20 ④ 21 ④

22 사료작물 내 청산 함량을 낮추는 방법이 아닌 것은?

① 질소비료를 많이 사용한다.
② 초장이 120~150cm 이상 자랐을 때 이용한다.
③ 5시간 이상 예건시켜 이용한다.
④ 담근먹이로 조제한다.

해설
여름 사료작물에 질소비료나 퇴비를 줄 경우 반드시 권장량을 두세 번에 나눠 급여해야 소의 청산중독이나 질산중독을 예방할 수 있다.

23 북방형 목초의 경우 기온이 몇 도(℃) 이상인 경우에 하고현상이 발생하는가?

① 18℃   ② 21℃
③ 23℃   ④ 25℃

해설
하고현상 : 북방형 목초의 경우 25℃의 고온이 되면 생장이 정지되고 식물체가 약해지면서 병충해 발생이 증가되며 심하게 지속되면 말라 죽는 현상

24 경운 초지조성 시 흙덩이를 깨거나 땅 고르기에 주로 사용하는 농기계는 어느 것인가?

① 플라우(plow)
② 드릴러(driller)
③ 디스크해로(disk harrow)
④ 헤이레이크(hay rake)

해설
원판해로(disc harrow)
플라우나 쟁기로 간 땅의 2차로 경운된 큰 흙덩이를 더욱 미세하게 파쇄하는 작업기이다.

25 초지조성 및 사료작물 재배 과정에서 진압을 하는 이유는?

① 모세관현상에 의한 수분공급으로 종자나 식물의 뿌리에 수분흡수를 쉽게 하기 위해
② 뿌리를 지면에 단단하게 고정시키기 위해
③ 흙이 바람에 날리는 것을 막기 위해
④ 굵은 흙덩어리를 부수기 위해

해설
경운하고 조성한 초지는 성겨서 가뭄의 피해를 더 받게 되며 특히 겨울에 서릿발에 의한 피해로 목초의 고사율이 높아진다. 그러므로 경운조성한 초지는 반드시 진압해 주어야 한다.

26 다음 중 파종상의 구비조건으로 옳은 것은?

① 겉흙과 속흙에 물기가 충분히 있어야 한다.
② 매우 고운 가루 흙이 좋다.
③ 씨앗이 자리를 잡는 바로 밑의 흙은 부드러워야 한다.
④ 갈아 엎은 위층과 갈리지 않은 아래층의 흙은 수분과 양분의 이동이 있어서는 안된다.

해설
② 목초가 파종되는 표토는 부드럽고 입상이어야 하나 너무 곱거나 가루모양이어서는 안 된다.
③ 종자가 파종되는 바로 밑의 토양은 단단해야 한다.
④ 토양의 경운층은 토양수분과 양분이 위로 이동할 수 있도록 미경운된 하층심토와 직접 접촉되고 연결되어 있어야 한다.

정답 22 ① 23 ④ 24 ③ 25 ① 26 ①

27 가축을 놓아 풀을 뜯고 발굽에 의하여 들풀이 죽거나 땅에 묻히게 한 후 목초를 파종하는 방법은?

① 집약초지 ② 겉뿌림법
③ 화입법 ④ 제경법

> **해설**
> 발굽갈이법(제경법) : 산지를 갈아엎지 않고 가축의 발굽과 이빨을 이용하여 선점식생을 제거하고 목초를 파종하는 방법

28 초지의 혼파조합을 짜는 데 있어서 기본원칙으로 부적합한 것은?

① 화본과 1종과 콩과 1종만은 최소한 조합되어야 한다.
② 혼파되는 초종은 서로 경합능력이 같은 것이라야 한다.
③ 혼파된 초종은 처음 조합을 만들 때 의도된 목적에 알맞도록 적응성이 있어야 한다.
④ 단순혼파가 중심이 되어야 하며, 4종 이상을 조합하는 것이 유리하다.

> **해설**
> ④ 4종 이상 혼파하지 않는다.
> **혼파조합의 기본원칙**
> • 혼파되는 초종은 서로 기호성(방목)이나 경합력이 너무 차이가 나지 않고 비슷해야 한다.
> • 단순혼파가 중심이 되어야 하고, 4종 이상 혼파하지 않는다.
> • 의도된 목적에 맞도록 관리되어야 한다.
> • 최소한 콩과 1초종과 화본과 1초종이 혼파되어야 한다.
> • 초기 정착을 고려하여 방석형 초종을 혼파한다.
> • 조성 초기 수량과 정착 후 수량 및 지속성을 고려한다.
> • 화본과와 두과의 비율을 7 : 3으로 유지한다.

29 완숙퇴비를 사용하지 않았을 때나 오래된 초지에 많이 발생하며 주로 사료작물이나 목초, 잔디의 뿌리를 잘라먹어 목초나 사료작물을 죽게 만드는 해충은?

① 풍뎅이류 유충(굼벵이)
② 땅강아지
③ 멸강나방 유충
④ 밤나방과의 유충

> **해설**
> 유충인 굼벵이는 초지나 잔디밭에 발생하여 식물의 뿌리를 잘라먹기 때문에 화본과 목초인 오처드그라스가 죽게 되어 초지의 갱신이 필요할 정도로 황폐되는 경우가 많다.

30 다음 설명하는 사초 이용방법은?

> • 낙농경영형태가 영세하다.
> • 운동장에서 젖소를 기르는 방법이 채용된다.
> • 곡류의 값이 비쌀 때 유리하다.

① 풋베기(청예) ② 방목
③ 건초 ④ 사일리지

> **해설**
> 풋베기(청예) : 낙농경영형태가 영세하고 운동장에서 젖소를 기르는 농가에 적합한 사초 이용방법

31 풋베기 방법에 대한 설명으로 옳은 것은?

① 영양분의 손실량이 많다.
② 단위면적당 많은 사초를 생산한다.
③ 풋베기로 알맞은 초종은 켄터키블루그래스이다.
④ 방목보다 노동력이 적게 든다.

> **해설**
> 저장이나 가공 없이 직접 베어 급여하기 때문에 영양손실을 줄일 수 있어 단위면적당 더 많은 사초를 가축에게 급여할 수 있다.

32 우리나라에서 건초는 조제 방법에 따라 손실량의 차이가 크므로 세심한 주의를 하여 손실을 가능한 한 줄여야 하는데 다음 중 화본과 목초로 건초를 조제할 때 제조과정에서 그 손실이 가장 크게 예상되는 것은?

① 반전, 잡초 등의 과정에서 잎의 탈락에 의한 손실
② 퇴적과 건조지연 등에 의한 발효, 일광조사 및 공기 접촉에 의한 손실
③ 비 및 이슬 등 강우에 의한 손실
④ 세포가 사멸할 때까지의 호흡에 의한 손실

> **해설**
> 비를 맞으면 영양분의 손실이 크며, 이슬이 마르기 시작하면서부터 예취한다. 마르지 않을 때 비를 맞는 것이 마른 후 맞는 것보다 손실이 적다.

33 사일리지용(엔실리지용) 옥수수를 수확한 뒤 후작으로 재배 가능한 밭 사료작물이 아닌 것은?

① 수단그라스   ② 유채
③ 귀리   ④ 호밀

> **해설**
> 작부체계에서 옥수수 수확 후 후작으로 호밀, 연맥, 귀리, 유채가 많이 이용되고 있다.

34 양호한 사일리지 조제를 위해 재료의 자르기(절단)에 대한 설명으로 알맞은 것은?

① 수분함량이 높은 것은 짧게 자른다.
② 수분함량이 낮은 것은 짧게 자른다.
③ 잎이 많고 부드러울 때에는 짧게 자른다.
④ 거칠고 여물 때에는 길게 자른다.

> **해설**
> **사일리지 재료의 절단길이**
> • 재료의 수분함량이 높을 때는 비교적 길게, 낮을 때는 짧게 자른다.
> • 재료가 부드러울 때는 길게, 굳은 것은 짧게 자른다.
> • 잎이 많은 것은 길게, 거칠 때는 짧게 자른다.

35 땅에 구덩이를 파서 직접 재료를 채우는 것으로 사일로 시설비가 적게 들며 재료의 충전이 용이한 사일로는?

① 트렌치 사일로   ② 벙커 사일로
③ 원통 사일로   ④ 기밀 사일로

> **해설**
> 트렌치 사일로는 구덩이를 파서 사료를 저장하는 방법으로, 시공이 간단하고 경비가 적게 들며 재료를 쉽게 충전할 수 있는 장점이 있다.

36 다음 중 방목을 실시할 때 계절에 따른 휴목기간에 대한 설명으로 알맞은 것은?

① 봄이 여름과 가을보다 길어야 한다.
② 여름이 봄과 가을보다 길어야 한다.
③ 가을이 봄과 여름보다 길어야 한다.
④ 계절에 관계없이 같아야 한다.

> **해설**
> 휴목일수는 계절에 따라 차이가 있으나 풀의 생장이 왕성한 봄철에는 15~20일, 생장이 완만한 여름철 이후는 25~35일 정도로 한다.

37 다음 중 화본과 야생초에 해당되는 것은?

① 억새   ② 비수리
③ 싸리   ④ 쑥

> **해설**
> ① 억새 : 화본과
> ②·③ 비수리, 싸리 : 콩과
> ④ 쑥 : 국화과

정답 32 ③ 33 ① 34 ② 35 ① 36 ② 37 ①

38 토양에 대한 적응력이 강하여 습한 토양, 건조한 토양에서도 잘 자라며, 특히 분뇨의 흡비력이 강하여 분뇨이용 증대에도 알맞으나 쉽게 굳어지는 특성 때문에 자주 예취하여야 하고 생초로 과도하게 급여할 경우 알칼로이드 문제를 일으키는 목초는?

① 오처드그라스(Orchardgrass)
② 톨페스큐(Tall fescue)
③ 리드카나리그라스(Reed canary grass)
④ 페레니얼라이그래스(Perennial ryegrass)

해설
리드카나리그라스는 질소반응이 높고, 알칼로이드 독소를 함유하고 있다.

39 여러해살이 화본과 목초로 줄기는 직립성 및 포복성을 가지며 좋은 땅에서는 초장이 1m까지 자라고, 이삭의 길이는 20cm이다. 이 목초의 이름은?

① 알팔파   ② 레드톱
③ 켄터키블루그래스   ④ 레드클로버

해설
레드톱(red top)
다년생 화본과 목초로 잎이 가늘고 줄기는 원형이며, 내한성은 강하나 습한 토양에서는 생육이 불량하다.

40 목초의 분류상 콩과 목초에 속하지 않는 초종은?

① 알팔파   ② 레스페데자
③ 티머시   ④ 레드클로버

해설
화본과와 두과

화본과	오처드그라스, 티머시, 톨페스큐, 켄터키블루그래스, 레드톱, 스무드브롬그래스, 리드카나리그라스, 페레니얼라이그래스, 크리핑벤트그래스
두과	화이트클로버, 라디노클로버, 레드클로버, 알사이크클로버, 알팔파, 스위트클로버, 버즈풋트레포일, 레스페데자

41 농가소득의 대부분이 축산에 의해 얻어지는 경영 형태는?

① 전업축산   ② 부업축산
③ 기업축산   ④ 겸업축산

해설
전업축산은 농가의 노동력을 축산에만 투여하는 농가이다.

42 우리나라 전업양돈경영에서 주로 취하고 있는 경영형태로 최종상품으로서의 육돈 생산을 목적으로 하나 육돈의 기초축도 경영 내에서 번식하여 번식과 육성비육의 전 과정을 경영하는 형태는?

① 일관경영   ② 번식경영
③ 비육경영   ④ 단일경영

해설
① 일관경영 : 모돈을 사육하여 자돈을 생산하고, 생산된 자돈을 비육하여 비육돈을 생산·판매하는 경영형태
② 번식경영 : 자돈을 생산·판매하기 위하여 모돈을 육성·번식하는 경영형태
③ 비육경영 : 육돈 생산을 목적으로 비육과정에 전념하는 경영
④ 단일경영 : 전문적으로 단일상품을 생산하는 경영형태

43 브로일러 양계경영의 장점과 거리가 먼 것은?

① 자본회전이 빠르다.
② 생산량의 출하 조정이 가장 잘 된다.
③ 사료효율이 높다.
④ 위험부담 기간이 짧다.

해설
브로일러 양계경영의 장점
• 자본회전이 빠르다.
• 사료효율이 높다.
• 위험부담 기간이 짧다.

44 원유검사에서 유지율은 얼마 정도인가?

① 1% 이하
② 3~4% 정도
③ 6~9% 정도
④ 10% 이상

해설
- 유지방율 : 3.5~3.6%
- 유단백율 : 3.2~3.4%

45 다음 중 차입금이자율의 수준을 판단하는 데 기준이 되는 것은?

① 고정자본율
② 자기자본율
③ 총자본수익율
④ 자기자본수익률

해설
자기자본수익률 : 순이익을 자기자본으로 나누어 계산한 재무성과의 측정 지표
자산 = 차입금 + 자기자본

46 노동능률을 높이기 위한 방법이 아닌 것은?

① 노동수단의 고도화
② 노동수단의 인력화
③ 작업방법의 표준화
④ 노동력 분배의 평균화

해설
축산경영 운영에 있어 노동능률 향상 방안
- 작업의 능률화, 간략화, 분업화, 협업화, 표준화, 기계화
- 노동수단의 고도화, 노동배분의 평균화
- 토지조건의 정비

47 축산의 경영관리 중 기록관리에서 기술분석에 관한 기록과 관계가 적은 것은?

① 사료수불부
② 착유기록부
③ 번식기록부
④ 비용기록부

48 경영진단 결과 소득이 낮을 경우 다음 중 대책 및 처방 내용이 아닌 것은?

① 자동화 시설 및 농기계 도입
② 비용분석을 통한 비용절감 가능 기술 도입
③ 사육규모 조절
④ 생산량 증대를 위한 신기술 도입

49 유우 1두당 산유량, 모돈 1두당 자돈이유두수는 생산량을 두수로 나눈 것이다. 이러한 것을 생산기술분석에서 무엇이라고 하는가?

① 이용률·조업도·회전율
② 투입·산출비율
③ 노동생산성
④ 가축생산성

해설
가축생산성이란 가축의 생산력을 나타내며, 두(수)당 생산량으로 표시한다.
가축생산성 = 총생산량 / 생산두(수)

50 다음 중 투하자본에 대한 매출액의 비율을 나타내는 것으로, 투하자본이 1년 동안에 몇 번이나 이용되고 있는지를 평가하는 것은?

① 소득률　　② 자본회전율
③ 자본이익률　④ 단위당소득

해설
자본회전율
일정기간 자본의 평균 잔액에 대한 그 기간 매출액 비율을 뜻하는 말로 기업의 자본회전 속도를 나타내는 지표이다.

51 축산물생산비와 축산경영비의 차이점은 무엇인가?

① 둘은 같은 의미이다.
② 생산비는 주로 경영단위로 산정되고, 경영비는 주로 작목단위(作目單位)로 계산된다.
③ 생산비는 주로 축산물 가격정책의 기초자료로, 경영비는 경영능률 및 수익성 척도의 자료로 이용된다.
④ 생산비에는 자급비가 포함되지 않으나 경영비에는 자급비가 포함된다.

해설
생산비와 경영비
- 생산비 : 축산물을 생산하기 위하여 소비된 소모품(사료, 동물약품, 기타 재료 등)과 인건비, 자본이자 및 지대 등을 합한 총계이다.
- 경영비 : 경영체가 일정기간 동안에 조달 투입된 일체의 용역과 물재에 대해 지불된 비용이다.

52 다음 중 낙농경영에서 젖소가격이 높을 때 수익성을 낮게 만드는 요인은?

① 산유량 증가　　② 번식률 향상
③ 이용연한 단축　④ 번식간격 단축

해설
낙농농가의 경영개선에 의한 생산비 절감방안
- 사료효율 향상
- 사육규모의 적정화
- 산유량 증대
- 번식률 향상
- 젖소 이용연한 연장

53 다음 중 평균생산(AP)과 한계생산(MP)과의 관계를 설명한 것으로 틀린 것은?

① MP > AP 경우 AP 증가
② MP < AP 경우 AP 감소
③ MP = AP 경우 AP 최대
④ 생산을 계속 하더라도 AP > 0, MP > 0

해설
한계생산(MP)과 평균생산(AP) 간의 관계
- 한계생산 > 평균생산 : 평균생산 증가
- 한계생산 < 평균생산 : 평균생산 감소
- 한계생산 = 평균생산 : 평균생산 극대
- 한계생산 증가 시 평균생산 증가
- 한계생산 감소 시 평균생산량 증가 또는 감소

54 축산소득의 내용으로 맞는 것은?

① 자본이자 + 순수익 + 노력비 + 차입금이자 + 이윤
② 순수익 + 노력비 + 고정자본이자 + 유동자본이자 + 차입금이자
③ 자가노력비 + 고정자본이자 + 유동자본이자 + 토지자본이자 + 순수익
④ 고정자본이자 + 순수익 + 토지자본이자 + 차입금이자 + 고용노력비

정답 50 ② 51 ③ 52 ③ 53 ④ 54 ③

55 소비자의 월소득이 10% 증가하니까 우유의 소비량이 10% 증가하였다. 이때 우유의 소득탄성치는 얼마인가?

① 0.1
② 0.5
③ 1.0
④ 1.5

해설
소득탄성치 = 소득 변화율 ÷ 소비량 변화율
= 10/10 = 1.0

56 축산물 유통에 있어서 저장 및 보관기능이 수행되는 필요성이라고 볼 수 없는 것은?

① 수급조절
② 생산물의 성질
③ 투기
④ 차별가격

해설
차별가격(差別價格)
불완전 경쟁 시장에서 동일한 상품 또는 서비스에 대하여, 두 개 이상의 다른 가격을 정하는 일 또는 그 가격이다.

57 축산물 유통에 있어서 유통비용이란?

① 축산물이 생산자에서 소비자에게 유통되는 과정에서 발생된 일체의 비용과 유통기관의 이윤을 포함한 것이다.
② 축산물의 생산과 유통과정에서 발생된 모든 비용을 포함한 것이다.
③ 축산물의 가공·저장기능을 수행하는 데 소요된 비용만을 말한다.
④ 중간상인의 상업적 이윤을 말한다.

58 다음 중 비육한 소의 출하 방식으로 가장 신뢰도가 높고 유리한 방식은?

① 우시장 이용
② 계통출하 이용
③ 산지시장 이용
④ 소매시장 이용

해설
소의 출하형태 및 거래
개별출하(양축가가 도매시장, 공판장에 직접출하), 계통출하(경매)

59 다음 중 우리나라 쇠고기 유통의 개선방안으로 볼 수 없는 것은?

① 포장육 유통의 의무화
② 냉장 부분육 유통체계 수립
③ 영세한 소규모 도축장 위주의 유통체계 확립
④ 쇠고기의 원산지별, 등급별 구분 판매 체계 확립

해설
③ 지역별 거점도축장 위주로 유통체계를 확립

60 다음 중 축산물 유통에 있어서 비가격경쟁의 수단이라고 볼 수 없는 것은?

① 가격 할인
② 제품의 차별화
③ 판매촉진 활동
④ 서비스의 차별화

해설
비가격경쟁의 존재
• 가격경쟁보다 주로 비가격경쟁 전개
• 판매서비스, 품질의 개선 또는 광고 등의 형태로 경쟁

2023년 제3회 과년도 기출복원문제

01 건유는 유선세포의 휴식과 태아발육을 도와 건강한 송아지 생산 및 산유량을 증가시키기 위해서인데 보통 건유기간으로 적당한 것은?

① 20~30일
② 31~41일
③ 50~60일
④ 80~90일

[해설]
최대산유량을 얻기 위한 가장 적절한 건유기간은 50~60일이다.

02 젖소 번식장애의 원인 중 대표적인 것은?

① 태반의 정체
② 자궁의 염좌
③ 난소낭종
④ 산욕열

[해설]
난소낭종은 공태기간을 연장시키는 주된 요인들 중 하나가 되기 때문에 각별한 주의가 요망된다.
※ 번식장애 : 암소의 경우 발정주기의 반복이나 배란, 수정, 착상, 임신, 분만 등의 생리작용이 일시적 또는 지속적으로 정지되거나 장애를 받는 상태를 말한다.

03 가축체형 측정에서 기갑부의 가장 높은 곳에서 지면까지 수직 높이를 잰 것을 무엇이라 하는가?

① 체장
② 체고
③ 흉심
④ 고장

[해설]
① 체장 : 어깨 전단에서 좌골후단을 직선으로 이은 수평거리
③ 흉심 : 견갑골 뒤의 등에서 가슴바닥까지의 수직거리
④ 고장 : 요각 전단에서 좌골추단까지의 직선거리

04 각종 병원균이 서식하는 데 필요한 조건이 아닌 것은?

① 일광
② 온도
③ 습도
④ 산소

[해설]
미생물 증식 환경인자 : 산소, 온도, 습도, pH

05 다음 중 원산지가 동양종인 닭의 종류는?

① 레그혼
② 코친
③ 플리머스록
④ 미노르카

[해설]
② 코친 : 중국 북부
① 레그혼 : 이탈리아의 레그혼항
③ 플리머스록 : 미국 매사추세츠주
④ 미노르카 : 스페인 미노르카섬

[정답] 1 ③ 2 ③ 3 ② 4 ① 5 ②

06 돼지 품종 중 미국 원산으로 어깨에 백색 띠가 있는 품종은?

① 버크셔종 ② 요크셔종
③ 햄프셔종 ④ 탐워스종

> **해설**
> **햄프셔종**
> 털색이 대부분 검은색이지만 검은 바탕의 어깨부터 앞다리에 걸쳐서 흰 띠가 있다.

07 -10~24℃ 사이 온도의 범주 내에서는 생리적으로 별다른 영향을 받지 않는 가축은 어느 것인가?

① 산란계 ② 육계
③ 비육돈 ④ 젖소(홀스타인종)

> **해설**
> 젖소(홀스타인종)는 환경적응력이 강하여 전 세계에서 사육되고 있다.

08 닭의 세균성 전염병으로 석고 상태의 흰 설사를 한 후 항문이 막혀서 죽게 되는 닭의 질병은?

① 추백리 ② 계두
③ 뉴캣슬 ④ 뇌척수염

> **해설**
> 추백리의 주요 증상은 병아리에서는 주로 부화 후 1주일 이내에 발생하고, 발열, 식욕저하를 보이며, 회백색 설사가 특징이다.

09 소독용으로 쓰이는 알코올 농도는?

① 90% ② 60%
③ 80% ④ 70%

> **해설**
> 메틸알코올은 70~75% 수용액에서 살균력이 강하며 주로 수지, 피부, 기구 등의 소독에 사용되며 사용법이 간편하고 거의 독성이 없다. 알코올은 증발이 빠르고 무포자균에 효과적이나 아포형성균에는 효과가 없다.

10 내부 기생충(유충류) 중 흡충류에 속하는 것은?

① 벼룩 ② 디스토마
③ 이 ④ 모기

> **해설**
> **내부 기생충**
> • 원충류 : 이질아메바, 말라리아원충, 질트리코노나스증
> • 윤충류
> – 선충류 : 회충, 구충, 요충, 편충, 말레이사상충, 아나사키스
> – 조충류 : 무구조충, 유구조충, 광절열두조충
> – 흡충류 : 간흡충증, 폐흡충증, 요꼬가와흡충

11 인공포유 요령으로 옳지 못한 것은?

① 포유기구의 소독을 철저히 하고 깨끗이 관리하여야 한다.
② 포유 시 우유의 온도는 38~40℃가 적합하다.
③ 포유는 일정한 시간에 실시하고 신선한 젖을 먹여야 한다.
④ 한 방에서 여러 마리 사육할 때는 큰 그릇에 여러 마리가 함께 포유하여 서로 빨도록 한다.

> **해설**
> ④ 여러 마리가 함께 큰 그릇에서 포유하는 것은 각 개체에게 적절한 양의 우유를 공급하기 어려우므로 개체 순서대로 포유해야 한다.

12 한우의 외모심사에서 실격 조건이 아닌 것은?

① 전신 이모색
② 백반과 부분 호반
③ 흑만선
④ 감점 40점 이상 부위가 있는 것

해설
④ 감점 50% 이상 부위가 있는 것

13 우유의 품질에 결정적인 영향을 미치는 젖소의 질병은?

① 식체　　　　② 고창증
③ 후산정체　　④ 유방염

해설
유방염은 우유 중에 세균 및 체세포수가 증가하여 유질이 저하되고 유량감소, 치료비 지출 등 경제적 손실이 매우 큰 젖소 질병이다.

14 소에 있어서 근육주사를 놓는 부위로 적당한 곳은?

① 목의 양쪽　　② 엉덩이
③ 등허리　　　④ 외음부

해설
소를 위한 주사
- 근육주사 : 엉덩이, 목 옆구리
- 정맥주사 : 귀정맥, 경정맥
- 피하주사 : 목 옆이나 견갑골 뒤의 가슴
- 피내주사 : 어깨 또는 목의 중간 1/3

15 면양 거세의 목적에 적합하지 않는 것은?

① 도체의 품질개선
② 성질이 온순하여 혼합사육 가능
③ 육질 향상
④ 사료효율 향상

해설
거세의 목적
- 축산분야 : 사역 및 사양관리의 편의성을 높이고, 임의교배를 방지하며, 육질을 개선하기 위해 이용한다.
- 수의분야 : 음낭수종, 잠복정소, 정소염 및 정소종양과 같은 질병치료를 위해 이용한다.

16 돼지의 경우 난자와 정자가 수정된 후 착상이 이루어지는 부위는?

① 자궁각
② 자궁체
③ 자궁경
④ 난관

해설
태아는 자궁각에 착상되어 커진다.

17 병아리는 부화 후 며칠까지 모이를 주지 않아도 되는가?

① 2일　　　　② 3일
③ 4일　　　　④ 5일

해설
부화 직후의 병아리는 배 속에 아직 난황이 남아 있어 이를 분해 이용하므로 부화 후 2일까지는 모이를 주지 않아도 된다.

정답 12 ④　13 ④　14 ②　15 ④　16 ①　17 ①

18 소가 방목 중 또는 사료 급여 시 못이나 예리한 금속성 이물을 먹고 생기는 질병은?

① 급성소화 불량증
② 창상성 제2위염
③ 전염성 하리
④ 위궤양

> **해설**
> **소 창상성 심낭염(창상성 제2위염)**
> 소가 끝이 날카로운 쇠붙이(못, 철사, 철조망 조각 등)를 잘못 먹으면 이것이 위내 특히 제2위의 바닥에 가라 앉아 있다가 강한 제2위의 운동에 의해 위벽을 뚫고 나가 심장이나 다른 장기에 손상을 주어 심낭염, 폐렴, 흉막염 등을 일으킨다. 이 질병은 유량감소, 성장이나 비육 불량 등 생산성에 차질을 초래할 뿐만 아니라 폐사율이 높기 때문에 경제적으로 매우 중요한 질병이다.

19 다음 중 가축의 소화생리 과정에서 영양분의 흡수를 가장 많이 하는 곳은?

① 식도
② 위장
③ 소장
④ 대장

> **해설**
> 소장에는 융모라는 작은 손가락 모양의 돌기가 있어 영양분을 흡수할 수 있는 면적을 넓힌다.

20 산란계 품종 선택 시 고려할 사항과 가장 거리가 먼 것은?

① 알무게
② 체형
③ 산란능력
④ 사료 이용성

> **해설**
> **산란계 품종 선택 시 고려사항** : 산란능력(산란수, 산란율), 알무게, 난질, 생존율, 사료요구율(사료이용성) 등

21 목초의 분류 중 생존연한에 의한 분류는?

① 방목용
② 다년생(여러해살이)
③ 상번초
④ 두과 목초

> **해설**
> **생존연한에 의한 분류** : 1년생, 월년생, 2년생, 다년생

22 초지의 이용방법 중 생초를 그대로 베어서 축사에 운반한 다음 급여하는 방법은?

① 풋베기
② 방목
③ 건초
④ 사일리지

> **해설**
> **풋베기** : 작물의 잎이 파릇파릇할 때 잘라서 사용하는 것이다.

18 ② 19 ③ 20 ② 21 ② 22 ①

23 다음 목초 중 추위는 물론 더위에 특히 강하여 여름철을 잘 넘기며, 척박한 토양 및 산성 토양에도 강하여 환경적응성과 지속성은 매우 강하나 이삭이 나온(출수) 후에는 빨리 굳어지고 기호성이 낮아지는 특성이 있어 세심한 예취관리가 이루어져야 하는 목초는?

① 오처드그라스
② 톨페스큐
③ 켄터키블루그래스
④ 페레니얼라이그래스

> **해설**
> 톨페스큐는 세포 내에 기생하는 곰팡이와 공생하여 더운 여름에 견디는 힘이 강하다.

24 수단그라스, 이탈리안라이그래스 등의 첫 번째 풋베기의 설명으로 옳은 것은?

① 그루를 2~3cm 남기고 벤다.
② 그루를 3~5cm 남기고 벤다.
③ 그루를 6~10cm 남기고 벤다.
④ 그루를 10~15cm 남기고 벤다.

> **해설**
> 너무 낮게 수확하면 재생이 늦어지고 죽어 없어지는 개체가 발생하므로 5cm 이하로 예취하지 않는 것이 좋다.

25 사료작물의 기후적 선택조건으로 거리가 먼 것은?

① 생육적온 ② 일조량
③ 강수량   ④ 토양산도

> **해설**
> 사료작물의 생장에 영향을 미치는 요소
> • 인위적으로 조절 가능 : 파종량, 파종시기, 토질, 잡초와의 경합, 병해충의 정도, 비료의 종류와 양 등
> • 인위적으로 조절 불가능 : 기온, 강수량, 일조시간 등

26 콩과 목초의 특성과 관계가 없는 것은?

① 식물성 단백질 공급원이다.
② 토양의 비옥도를 증진시킨다.
③ 산성이 강한 땅에서 잘 자라지 않는다.
④ 고온 건조한 기후를 좋아한다.

> **해설**
> ④ 콩과 목초는 서늘한 기후를 좋아하는 북방형이 많다.

27 지력을 유지 증진할 수 있을 뿐 아니라 가축의 사료를 얻을 수 있는 토지 이용방식은?

① 방목식   ② 소전식
③ 개량삼포식 ④ 자유식

> **해설**
> **개량삼포식**
> 휴한하는 대신 클로버, 알팔파, 헤어리베치 등 질소 고정 효과가 있는 콩과 식물을 심고 이를 그대로 거름으로 삼아 적극적으로 지력을 회복시키는 방식이다.

정답 23 ② 24 ③ 25 ④ 26 ④ 27 ③

28 초지조성 시 토양개량제로 석회를 살포하는 주목적은?

① 토양 산도 교정
② 유기물 보충
③ 인산질 보충
④ 토양수분 유지

해설
석회시용으로 토양이 중성이 되면 영양소를 잘 흡수한다.

29 가축을 놓아 풀을 뜯고 발굽에 의하여 들풀이 죽거나 땅에 묻히게 한 후 목초를 파종하는 방법은?

① 집약초지
② 겉뿌림법
③ 화입법
④ 제경법

해설
발굽갈이법(제경법) : 산지를 갈아엎지 않고 가축의 발굽과 이빨을 이용하여 선점식생을 제거하고 목초를 파종하는 방법

30 엔실리지 발효에 관계하는 유익한 균으로 저장성을 높여 주는 혐기성 균은?

① 젖산균
② 고초균
③ 대장균
④ 방선균

해설
저장과정 중에 유산균(젖산균)이 작용하여 유산발효가 일어나게 되고, 이때 생긴 유산의 힘으로 장기간 저장할 수 있다.

31 탑형(塔型) 사일로는 트렌치 사일로나 벙커식 사일로에 비하여 어떠한 장점이 있는가?

① 건축비가 절감된다.
② 사일리지의 적재 이용이 쉽다.
③ 지하수위(地下水位)의 영향을 받지 않는다.
④ 재료 자체의 압력이 커서 제품의 손실이 적다.

해설
탑형 사일로(원통형 사일로)
- 표면적을 최소화하여 공기 접촉면이 적으므로 저장손실이 적고 건물회수율이 높다.
- 즙액 손실이 크고 충진과 급여 등 이용이 불편하다.
- 건축 시 공간이 작고 노출되는 표면적이 작아 충진과 급여 시 기계화가 많이 이루어져야 한다.

32 초기 생육이 빠르고 기호성이 좋으나 내한성이 약하여 주로 남부지방에서 논뒷그루용으로도 많이 재배되는 사료작물은?

① 수단그라스
② 연맥
③ 이탈리안라이그래스
④ 유채

해설
이탈리안라이그래스
- 사료가치가 높고 가축의 기호성이 좋다.
- 내한성이 낮고 습해에 강하여 밭에서는 사일리지용 옥수수의 뒷그루로, 논에서는 겨울철 논뒷그루로 이용된다.

33 옥수수의 지상 부위에 혹처럼 흰 껍질을 쓴 부분이 생겨 이상 비대를 하게 되며 자우에 터져서 검은 가루가 날리게 되는 병은?

① 깨씨무늬병
② 그을음무늬병
③ 잎마름병
④ 깜부기병

해설
깜부기병
생육 도중 옥수수의 이삭에 많이 발생하며 검은색의 커다란 혹이 형성된다 하여 흑수병이라고도 한다.

34 연맥의 특징에 관하여 바르게 설명한 것은?

① 따뜻한 지역이 원산지이므로 여름철에 잘 자란다.
② 맥류 중 목초의 특성에 가장 가깝다.
③ 일반적으로 논뒷그루로 재배하기에 알맞다.
④ 맥류 중 토양을 가리는 성질이 가장 적고 월동성이 뛰어나다.

해설
① 서늘한 기후에서 잘 자라는 작물로, 여름철에는 고온으로 인해 생육이 부적합하다.
③ 일반적으로 밭작물로 재배되며, 논뒷그루로 재배하기에는 적합하지 않다.
④ 토양을 가리는 성질은 적지만 내한성이 약해 월동이 어렵다.

35 다음 중 난지형 목초에 해당하는 것은?

① 티머시
② 버뮤다그래스
③ 오처드그라스
④ 켄터키블루그래스

해설
한지형 사료작물과 난지형 사료작물

구분	생존연한	화본과	두과
한지형	다년생	오처드그라스, 티머시, 톨페스큐, 메도페스큐, 켄터키블루그래스, 레드톱, 스무드브롬그라스, 리드카나리그라스, 페레니얼라이그라스, 크리핑벤트그래스	화이트클로버, 라디노클로버, 레드클로버, 알사이크클로버, 알팔파, 스위트클로버, 버즈풋트레포일
	월년생	이탈리안라이그래스, 호밀, 귀리, 밀, 보리	크림슨클로버, 서브트레니언클로버, 커먼베치, 헤어리베치, 자운영, 루핀
난지형	다년생	버뮤다그래스, 달리스그라스, 존슨그래스, 판골라그래스, 로즈그래스, 위핑러브그래스, 잔디	칡, 세리시아레스페데자
	1년생	기장, 조, 옥수수, 수수, 수단그라스	코리안레스페데자, 커먼레스페데자, 콩, 완두 등

36 알팔파 품종 선택에 있어서 고려하여야 될 사항과 거리가 가장 먼 것은?

① 유식물의 활력이 높을 것
② 사일리지가 잘될 것
③ 내한성이 강할 것
④ 내병성, 내충성이 강할 것

해설
알팔파는 주로 건초 생산을 목적으로 재배되므로 사일리지보다는 건초로서의 품질과 생산성이 중시된다.

37 목초는 이용하는 방법에 따라 목초가 함유한 영양분의 이용률이 다른데 다음 중 목초 이용율이 가장 높은 급여 형태는?

① 건초
② 헤일리지
③ 생초
④ 엔실리지

해설
목초는 사료가치 면에서는 생초 그대로 이용하는 것이 영양성분의 손실이 가장 적다. 이것을 청예라 하며, 우리말로는 풋베기라고 한다.

38 서남아시아 원산으로 온대지방에 널리 분포되고 여러해살이 콩과 목초로 보통 품종은 자주색 꽃이 피며 배수가 좋은 중성 또는 알칼리성 토양에 잘 자라는 작물은?

① 화이트클로버
② 알팔파
③ 버즈풋트레포일
④ 알사이크클로버

해설
알팔파
• 단위면적당 생산성이 높고 사초의 품질도 우수하여 목초의 여왕이라고 불리기도 한다.
• 산성이 강하고 배수가 나쁜 토양에서는 잘 자라지 못한다.

39 옥수수 사일리지를 조제할 때 재료를 베는 시기로 알맞은 것은?

① 탄수화물 함량이 높고 수분함량이 낮을 때
② 단백질 함량이 높고 잎과 줄기의 비율이 높을 때
③ 수분함량이 높고 탄수화물 함량이 높을 때
④ 잎과 줄기의 비율이 높고 수분함량이 많을 때

해설
옥수수 수확적기
• 옥수수 황숙기의 수분함량은 68~70%로, 이때 수확하면 첨가제 없이도 양질의 사일리지를 담을 수 있다.
• 황숙기보다 일찍 수확하면 양분축적이 적고, 늦게 수확하면 암이삭이 떨어져 나가거나 줄기와 잎이 말라 양분손실이 많아진다.

40 다음 중 파종상의 구비조건으로 옳은 것은?

① 겉흙과 속흙에 물기가 충분히 있어야 한다.
② 매우 고운 가루 흙이 좋다.
③ 씨앗이 자리를 잡는 바로 밑의 흙은 부드러워야 한다.
④ 갈아 엎은 위층과 갈리지 않은 아래층의 흙은 수분과 양분의 이동이 있어서는 안된다.

해설
② 목초가 파종되는 표토는 부드럽고 입상이어야 하나 너무 곱거나 가루모양이어서는 안 된다.
③ 종자가 파종되는 바로 밑의 토양은 단단해야 한다.
④ 토양의 경운층은 토양수분과 양분이 위로 이동할 수 있도록 미경운된 하층심토와 직접 접촉되고 연결되어 있어야 한다.

정답 37 ③ 38 ② 39 ① 40 ①

41 축산물의 구매기능에 속하지 않는 것은?
① 수요의 예측   ② 수집
③ 상품화 계획   ④ 예상고객의 발견

해설
구매기능
농가는 생산요소나 제품을 공급하는 원천을 찾고, 이들을 수집하는 등 구매와 관련된 모든 활동을 수행한다.

42 어느 양계 농가가 사육한 육계를 1마리당 수집상에게 1,000원에 판매하였는데, 이 육계가 도시에서 소비자에게 닭으로 판매될 때에는 5,000원에 판매되었다. 이때 농가수취율은?
① 20%   ② 30%
③ 40%   ④ 50%

해설
농가수취율 = 농가의 수취가격 / 소비자 지불가격 × 100
= 1,000원 / 5,000원 × 100 = 20%

43 일반적으로 낙농경영 중 사료비는 우유 생산비의 몇 % 정도를 차지하는가?
① 50% 내외
② 70% 내외
③ 80% 내외
④ 90% 내외

해설
우유 생산비에서 사료비의 비중은 57.9% 정도(2022년 기준)이다.

44 닭의 산란성을 지배하는 유전적 요소와 관계가 가장 적은 것은?
① 성 성숙   ② 쪼는 습성
③ 산란강도   ④ 산란지속성

해설
닭의 개량형질 중 산란능력
조숙성(초산일령), 산란강도, 산란지속성, 취소성, 동기휴산성

45 낙농경영에 있어 다두화의 장점이 아닌 것은?
① 노동수단의 고도화
② 시설의 근대화
③ 신용도 증가
④ 질병 발생의 최소화

해설
사육형태가 다두화, 집단화됨에 따라 호흡기질환의 발병이 증가하고, 바이러스, 파이토플라스마, 세균 등이 복합적으로 작용하여 발생하므로 증상이 심하게 나타난다.

46 소비자의 소득수준과 밀접한 관계가 있는 축산물 유통의 기능은?
① 수송기능   ② 저장기능
③ 가공기능   ④ 경영적 기능

해설
국민 생활수준의 향상과 더불어 간편화, 다양화를 추구하는 경향 등이 확산되면서 가공식품 소비는 매년 증가추세가 지속된다.

정답 41 ④ 42 ① 43 ① 44 ② 45 ③ 46 ③

47 토지의 이용관계에 따라 분류한 축산경영의 형태가 아닌 것은?

① 초지중심 축산
② 가공업적 축산
③ 전업적 축산
④ 경지중심 축산

> [해설]
> 경영규모에 의한 분류 : 기업적 경영, 전업적 경업, 부업적 경영

48 고기소 경영의 유형별 특성을 바르게 설명한 것은?

① 번식우 경영 – 암송아지는 분만 전, 수송아지는 비육개시 전까지 사육하는 형태
② 비육우 경영 – 송아지나 수소를 고기생산 목적으로 사육하는 형태
③ 일관생산 경영 – 주로 번식기의 암소를 사육하고 번식에 필요한 종모우와 인공수정을 실시하여 번식 시키는 형태
④ 육성우 경영 – 번식우 경영으로 생산한 수송아지를 비육하여 출하하는 형태

> [해설]
> ① 번식우 경영 : 암소를 사육하여 독우를 생산하여 이를 이유시킨 후 판매할 목적으로 경영하는 형태
> ③ 일관생산 경영 : 자축만을 생산하는 번식 경영과 비육우만을 생산하는 비육 경영과는 달리 비육용 소축 생산을 위한 번식 경영과 그것을 육축으로 비육하는 비육 경영을 동시에 수행하는 경영이다.
> ④ 육성우 경영 : 송아지를 분만하여 착유하기 전까지 육성하는 형태

49 다음 중 비육한 소의 유리한 출하방식은?

① 우시장 이용
② 계통출하 이용
③ 도매시장 이용
④ 소매시장 이용

> [해설]
> **소의 출하형태 및 거래**
> 개별출하(양축가가 도매시장, 공판장에 직접출하), 계통출하(경매)

50 다음 중 유동부채에 해당하는 것은?

① 장기차입금 ② 단기차입금
③ 출자금   ④ 외상매출금

> [해설]
> **유동부채** : 보고기간 종료일로부터 1년 이내 만기가 도래하는 것
> 예 외상매입금, 단기차입금, 선수금, 예수금, 가수금 등

51 젖소 비육우의 유통기구와 관계되는 것은?

① 집유소   ② 보급소
③ 중앙도매시장 ④ 사육자

> [해설]
> **유통단계별 경로**
> • 출하단계 : 축산물도매시장, 공판장
> • 도매단계 : 도축장, 식육포장처리업체
> • 소매단계 : 최종소비자를 대상으로 하는 판매점, 일반음식점 및 단체급식소 등

정답 47 ③ 48 ② 49 ② 50 ② 51 ③

52 낙농경영에서 주산물 수입은?

① 우유 수입   ② 송아지 수입
③ 구비 수입   ④ 노폐우 수입

해설
낙농경영의 주수입과 부수입
- 주수입 : 우유 판매대금
- 부수입 : 송아지 판매대금, 퇴구비 판매대금
- 기타 : 가축 증식액

53 다음 중 경영진단의 순서가 바르게 된 것은?

㉠ 경영상 장단점 판단
㉡ 원인 분석
㉢ 경영상 실태 파악
㉣ 처방과 대책

① ㉡ - ㉢ - ㉠ - ㉣
② ㉠ - ㉡ - ㉢ - ㉣
③ ㉢ - ㉡ - ㉠ - ㉣
④ ㉢ - ㉠ - ㉡ - ㉣

해설
경영진단의 순서
경영실태 파악 분석 → 문제의 발견 → 문제(요인) 분석 → 대책과 처방

54 경운기의 취득가격이 1,500,000원이고, 내용연수가 8년, 폐기가격은 취득가격의 10%일 때 정액법을 이용하여 감가상각비를 산출할 경우 이 경운기의 연간 감가상각비는 얼마인가?

① 158,750원   ② 168,750원
③ 188,750원   ④ 208,750원

해설
$$감가상각비 = \frac{1,500,000 - 150,000}{8}$$
$$= 168,750원$$

55 축산물 유통의 물적기능이 아닌 것은?

① 수송기능   ② 저장기능
③ 가공기능   ④ 등급화

해설
축산물 유통기능
생산자로부터 소비자에게 축산물이 이전되어 가는 과정에서 특화된 활동을 의미한다.
- 물적기능 : 수송, 저장, 가공에 의한 시간적, 장소적, 형태적 효용을 창출하는 기능
- 교환기능 : 소유권 이전(판매, 수집·구매)에 관한 기능
- 조성기능 : 표준화 및 등급화, 시장정보, 금융 및 위험부담 등에 의해서 유통의 기능(비축, 행정, 법률, 세무 등을 포함)을 조성

56 축산물을 주원료로 하는 가공공장의 설치에서 장소의 선정에 가장 큰 영향을 미치는 것은?

① 축산물 가격   ② 자금구입 사정
③ 축산물 운송비   ④ 가공 기술

해설
입지는 생산원가에 직접적인 영향을 미치며, 가격에도 많은 영향을 미친다. 생산원가의 경우 재료비, 노무비, 수송비와 같은 변동비와 세금·시설 및 토지의 구입가격과 같은 고정비에 영향을 미친다.

정답 52 ① 53 ④ 54 ② 55 ④ 56 ③

57 홀스타인 젖소에서 착유한 우유의 평균비중(15℃)은?

① 1.638　　② 1.055
③ 1.032　　④ 0.944

해설
원유검사 시 정상유의 비중은 1.028 이상 1.034 미만이다.

58 전업 낙농가의 연간 우유판매수입 3,800만원, 송아지 판매수입 1,000만원, 구비평가액 200만원, 사료비 3,350만원, 위생비 50만원, 제 재료비 50만원, 고용노임 300만원, 융자금이자 150만원, 토지 임차료 100만원, 가족 노동비 350만원, 자기 자본 이자 50만원일 때 경영비는 얼마인가?

① 1,000만원　　② 2,000만원
③ 3,000만원　　④ 4,000만원

해설
경영비는 사료비, 위생비, 재료비, 고용노임, 융자금이자, 토지임차료, 가족노동비, 자기 기본이자 등을 모두 합한 4,000만원이다.
※ 경영비는 자가노력비, 제자본이자를 포함하지 않는다.

59 우리나라 한우의 생산 및 유통 측면에서의 현황과 문제점을 열거한 것 중 잘못된 것은?

① 조사료 생산기반이 양호하여 배합사료 의존도가 낮음에도 불구하고 사육규모가 영세하다.
② 한우 개량체계가 미흡하여 외국 육용우에 비해 한우의 생산성이 떨어진다.
③ 가축시장이 영세하고 그 기능이 취약하여 농가 문전거래가 일반화되어 있다.
④ 소값 하락 시 타격이 가장 큰 송아지 생산농가에 대한 보호장치가 미흡하다.

해설
① 사료의 해외의존도가 높아 외부의 충격에 취약한 구조이다.

60 착유한 원유의 저장온도로서 적당한 것은?

① -10℃　　② 4~5℃
③ 15~20℃　　④ 50℃

해설
농가에서의 집유 시 원유의 냉각온도는 5℃ 이하이어야 한다.

2024년 제3회 과년도 기출복원문제

01 수정란이 착상하여 발육하는 곳은?

① 난소
② 난관
③ 자궁
④ 자궁경

해설
자궁은 수정란이 착상하여 발육을 시작하는 곳으로, 태아를 보호하고 영양을 공급하며, 임신 기간 동안 태아가 발육할 수 있는 환경을 제공한다.

02 젖소의 건유기간으로 가장 적합한 것은?

① 30~40일
② 50~60일
③ 70~80일
④ 90~100일

해설
건유는 유선세포의 휴식과 태아발육을 도와 건강한 송아지 생산 및 산유량을 증가시키기 위해서인데 최대산유량을 얻기 위한 가장 적절한 건유기간은 50~60일이다.

03 산유량은 6,000kg 정도로 많으나 평균유지율은 3.4% 정도로 비교적 낮은 젖소의 품종은?

① 홀스타인종
② 저지종
③ 건지종
④ 샤롤레종

해설
홀스타인
원산지는 네덜란드와 북부 독일이다. 체모는 검고 희거나 붉고 흰 반점으로 되어 있으며 온대지방에서 많이 사육한다.

04 닭 품종 중 난육겸용종인 품종은?

① 로드아일랜드레드종
② 코친종
③ 코니시종
④ 레그혼종

해설
② · ③ 코친종, 코니시종 : 육용종
④ 레그혼종 : 난용종
닭의 품종
- 육용종 : 브라마종, 코친종, 도킹종, 코니시종 등
- 난용종 : 레그혼종, 미노르카종, 안달루시종, 햄버그종, 캠파인종, 안코나종 등
- 난육겸용종 : 플리머스록종, 뉴햄프셔종, 로드아일랜드레드종, 오스트랄로프종, 오핑턴종 등
- 애완용종 : 폴리시, 오골계(실키, 연산), 장미계, 챠보 등

05 치사유전자에 의해 나타나는 질병은?

① 거위걸음
② 항문폐쇄
③ 헤르니아
④ 탈모증

해설
항문폐쇄는 유전적 이상으로 인해 발생하는 질병으로, 항문이 완전히 형성되지 않아 배변이 불가능한 상태이다.

정답 1 ③ 2 ② 3 ① 4 ① 5 ②

06 인산칼슘제의 공급목적과 관계가 없는 것은?

① 뼈의 형성   ② 알껍질 형성
③ 몸의 색소 형성   ④ 치아의 형성

해설
인산칼슘은 주로 뼈와 치아, 알껍질 형성 등 골격 형성에 중요한 역할을 한다.

07 소의 동결정액의 보존방법으로 액체질소를 많이 이용하는데 액체질소의 온도로 가장 적당한 것은?

① -79℃   ② -110℃
③ -183℃   ④ -196℃

해설
정액의 보존
- 액상 보존 : 15~20℃
- 동결 정액 : -196℃(액체질소)

08 인공포유 요령으로 옳지 못한 것은?

① 포유기구의 소독을 철저히 하고 깨끗이 관리하여야 한다.
② 포유 시 우유의 온도는 38~40℃가 적합하다.
③ 포유는 일정한 시간에 실시하고 신선한 젖을 먹여야 한다.
④ 한 방에서 여러 마리 사육할 때는 큰 그릇에 여러 마리가 함께 포유하여 서로 빨도록 한다.

해설
④ 여러 마리가 함께 큰 그릇에서 포유하는 것은 각 개체에게 적절한 양의 우유를 공급하기 어려우므로 개체 순서대로 포유해야 한다.

09 돼지의 육성에서 잡종강세를 최대한 이용하기 위한 교배 방법은?

① 1대잡종 생산   ② 윤환교배
③ 3원교잡종 생산   ④ 계통교배

해설
3원교잡
두 가지 이상의 순종을 교배하여 이종잡종의 장점을 최대한 활용하는 방법으로 잡종강세를 극대화하여 생산성을 높일 수 있다.

10 바이러스에 의한 소의 전염병으로 입술, 혀, 발굽 부위에 수포가 발생하는 질병은?

① 우역   ② 구제역
③ 우두   ④ 유행열

해설
입안의 점막, 발굽, 발굽 사이 등의 상피에 수포 및 난반이 형성되는 것이 구제역의 특징이다.

11 가축체형 측정에서 기갑부의 가장 높은 곳에서 지면까지 수직 높이를 잰 것을 무엇이라 하는가?

① 체장   ② 체고
③ 흉심   ④ 고장

해설
① 체장 : 어깨 전단에서 좌골후단을 직선으로 이은 수평거리
③ 흉심 : 견갑골 뒤의 등에서 가슴바닥까지의 수직거리
④ 고장 : 요각 전단에서 좌골추단까지의 직선거리

정답 6 ③ 7 ④ 8 ④ 9 ③ 10 ② 11 ②

12 결핍이 되면 암컷에서는 불임이나 유산이 오며, 수컷에서는 고환이 퇴화하며 정자 활동이 활발하지 못하므로 불임의 원인이 되는 비타민은?

① 비타민 A ② 비타민 D
③ 비타민 E ④ 비타민 K

해설
비타민 E는 생식 건강에 중요한 역할을 한다. 결핍 시 생식기능 장애, 불임, 유산, 고환 퇴화 등의 문제가 발생할 수 있다.

13 한우 거세의 목적에 적합하지 않은 것은?

① 도체의 품질개선
② 성질이 온순하여 혼합사육 가능
③ 육질 향상
④ 사료효율 향상

해설
거세는 도체의 품질개선, 성질 온순화, 육질 향상을 목적으로 하며, 사료효율은 비거세수컷에 비해 떨어진다.

14 번식에 관계하는 호르몬 중 자궁을 수축시켜 출산을 촉진시키고 젖 배출을 돕는 호르몬은?

① 에스트로겐
② 테스토스테론
③ 옥시토신
④ 프로게스테론

해설
옥시토신 : 뇌하수체 후엽에서 분비되는 호르몬으로 자궁수축, 유즙배출 및 젖방출 촉진 기능을 담당한다.

15 다음 중 높은 유전력을 나타내는 것은?

① 유우의 수태율
② 돼지의 사료효율
③ 돼지의 도체장
④ 소의 산유량

해설
③ 돼지의 도체장 : 50~60%
① 유우의 수태율 : 0~10%
② 돼지의 사료효율 : 25~30%
④ 소의 산유량 : 20~30%

16 입체식 부화기를 이용한 닭의 부화작업 시 부란 초기부터 18일까지의 온도와 상대습도가 가장 알맞게 짝지어진 것은?

① 온도 39.8℃, 습도 60%
② 온도 39.5℃, 습도 70%
③ 온도 37.5℃, 습도 80%
④ 온도 37.8℃, 습도 60%

해설
보편적으로 발육좌에서 부화 19일 동안의 최적온도는 37.5~37.7℃이고, 발생좌에서는 36.1~37.2℃이다.

17 한우의 외모심사에서 실격 조건이 아닌 것은?

① 전신 이모색
② 백반과 부분 호반
③ 흑만선
④ 감점 40점 이상 부위가 있는 것

해설
④ 감점 50% 이상 부위가 있는 것

정답 12 ③ 13 ④ 14 ③ 15 ③ 16 ④ 17 ④

18 닭의 카니발리즘의 원인이 아닌 것은?

① 계사 내 직사광선이 들어올 때
② 사료 내 염분이 부족할 때
③ 조사료함량이 부족할 때
④ 사육온도가 적정온도보다 낮을 때

해설
카니발리즘
계사 내에 직사광선이 들어올 때, 점등광도가 너무 높을 때, 과도하게 밀사를 할 때, 환기가 불량할 때, 영양소의 결핍 및 각종 영양소가 불균형할 때, 염분이 부족할 때, 고온으로 인한 스트레스 시, 조섬유의 함량이 부족할 때, 유전적인 영향과 습관이 있을 때, 힘과 체구 차이가 큰 병아리들을 혼사할 경우 많이 발생한다.

19 젖소의 이상적인 산유주기에서 산유량이 가장 많은 시기는 분만 후 어느 때인가?

① 분만 직후
② 분만 후 1~2개월
③ 분만 후 3~4개월
④ 분만 후 5~6개월

해설
산유량은 분만 후 4~5주에 최고수준에 도달하고, 사료섭취량은 8~10주에 최고에 달한다.

20 생독백신에 대한 설명으로 잘못된 것은?

① 항원이 살아 있다.
② 면역 효과가 높다.
③ 값이 비교적 비싸다.
④ 병원성이 일부 잔존한다.

해설
생독백신은 일반적으로 가격이 저렴한 편이고 항원이 살아있어 면역 효과가 높지만 병원성이 일부 남아 있는 경우도 있어 주의가 필요하다.

21 우리나라에서 양축농가들이 호밀을 재배하는 주된 이유가 아닌 것은?

① 비교적 가을 늦게까지 파종해도 월동이 가능해서
② 이듬해 봄에 일찍 수확을 할 수 있어서
③ 답리작으로 재배가 용이해서
④ 옥수수에 비해서 가소화양분총량(TDN) 함량이 높아서

해설
호밀은 옥수수에 비해서 TDN 함량은 낮지만 가을 늦게까지 파종이 가능하고 봄에 일찍 수확할 수 있어 사료용으로 재배된다.
※ 가소화양분총량(TDN) 지수 크기
  옥수수 > 수단그라스 > 호밀 > 이탈리안라이그래스 > 연맥

22 추위에 강해 우리나라에서는 대관령 지역이 재배하기에 알맞으며 줄기 기부에 볼록한 비늘줄기를 가지고 있는 목초는?

① 오처드그라스
② 톨페스큐
③ 티머시
④ 이탈리안라이그래스

해설
티머시는 추위에 강하고 대관령 지역에서 잘 자라며 줄기 기부에 특유의 비늘줄기를 가지고 있어 다른 목초들과 쉽게 구분된다.

23 어린 식물기에는 활력이 강하고 기호성이 좋으나 내한성이 낮은 목초로 밭에 있어서는 사일리지용 옥수수의 뒷그루로, 그리고 논에서는 논뒷그루로도 이용되는 목초는?

① 오처드그라스
② 톨페스큐
③ 이탈리안라이그래스
④ 켄터키블루그래스

해설
이탈리안라이그래스
• 사료가치가 높고 가축의 기호성이 좋다.
• 내한성이 낮고 습해에 강하여 밭에서는 사일리지용 옥수수의 뒷그루로, 논에서는 겨울철 논뒷그루로 이용된다.

24 목구를 전기목책 등으로 작게 나누어 초지를 집약적으로 이용하는 방법으로 이용률이 가장 높은 방목법은?

① 고정방목   ② 연속방목
③ 대상방목   ④ 계목

해설
대상방목(strip grazing)
윤환방목을 더욱 집약화한 방목방법으로 전기목책 등을 이용하여 매일 목구를 이동하는 방목방법이다.

25 다음 중 섞어뿌리기 조합의 기본 원칙은?

① 섞어뿌리기는 많은 종을 섞어 복잡해야 한다.
② 조합 시 초종 간 서로 경합능력이 달라야 한다.
③ 파종량은 흩뿌림 때보다 적어야 한다.
④ 방목용 초지에서는 초종 간 기호성이 비슷해야 한다.

해설
④ 기호도가 다른 초종을 섞을 경우 가축이 선호하는 식물만 먹고 나머지는 남기게 되어 초지의 균형이 깨질 수 있다.

정답 22 ③ 23 ③ 24 ③ 25 ④

26 다음 중 파종상의 구비조건으로 옳은 것은?

① 겉흙과 속흙에 물기가 충분히 있어야 한다.
② 매우 고운 가루 흙이 좋다.
③ 씨앗이 자리를 잡는 바로 밑의 흙은 부드러워야 한다.
④ 갈아 엎은 위층과 갈리지 않은 아래층의 흙은 수분과 양분의 이동이 있어서는 안 된다.

해설
② 목초가 파종되는 표토는 부드럽고 입상이어야 하나 너무 곱거나 가루모양이어서는 안 된다.
③ 종자가 파종되는 바로 밑의 토양은 단단해야 한다.
④ 토양의 경운층은 토양수분과 양분이 위로 이동할 수 있도록 미경운된 하층심토와 직접 접촉되고 연결되어 있어야 한다.

27 가축을 놓아 풀을 뜯고 발굽에 의하여 들풀이 죽거나 땅에 묻히게 한 후 목초를 파종하는 방법은?

① 집약초지 ② 겉뿌림법
③ 화입법   ④ 제경법

해설
발굽갈이법(제경법): 산지를 갈아엎지 않고 가축의 발굽과 이빨을 이용하여 선점식생을 제거하고 목초를 파종하는 방법

28 목초의 파종량에 관한 설명으로 가장 관계가 없는 것은?

① 적기가 지났을 때는 파종량을 늘린다.
② 발아율이 나쁘면 파종량을 늘린다.
③ 건조 시에 파종할 때는 파종량을 늘린다.
④ 늦게 수확할 것은 파종량을 늘린다.

해설
④ 수확시기와 파종량은 관계가 없다.

29 사일리지용 옥수수에 대하여 바르게 설명한 것은?

① 일반적으로 단위면적당 건물생산량은 다른 사료작물보다 낮다.
② 곡실용 옥수수보다 날씨의 영향을 많이 받는다.
③ 열대성 작물로서 낮과 밤의 기온이 높은 기후조건을 좋아한다.
④ 노동력 부족으로 옥수수에 대한 관심이 부족하다.

30 여름철 하고현상에 대한 대책 중 틀린 것은?

① 10cm 이상 높게 베어 지온 상승을 억제시킨다.
② 하고기가 되기 전 채초나 방목을 끝낸다.
③ 고온기에는 질소비료의 사용을 증가시킨다.
④ 장마철에는 방목을 억제시키고 건초나 엔실리지를 급여한다.

해설
③ 질소비료는 생장 촉진에 도움이 되지만, 고온에서는 과도한 질소 공급이 식물의 흡수를 방해하므로 고온기에는 질소비료 사용을 줄여야 한다.

31 생육 초기의 수수 × 수단그라스를 다량 급여하였을 때 발생할 수 있는 중독현상은?

① 엔도파이트중독
② 고창증
③ 그래스테타니
④ 청산중독

> **해설**
> 어린 식물체의 잎과 줄기에는 청산을 함유하고 있어 중독위험이 있으므로 초장이 60cm 이상에서 수확을 시작하여 건초나 사일리지로 만들면 어린 식물체도 청산중독 위험이 없다.

32 산성토양의 산도를 교정하기 위하여 사용하여야 할 성분은?

① 질소   ② 석회
③ 칼륨   ④ 인산

> **해설**
> 석회시용으로 토양이 중성이 되면 영양소를 잘 흡수한다.

33 다음 작업기 중 목초를 직접 베는 데 이용되는 기계는?

① 테더(tedder)
② 레이크(rake)
③ 로터리(rotary)
④ 모어(mower)

> **해설**
> ①·②·③ 테더, 레이크, 로터리는 건초를 뒤집거나 긁어모으는 작업에 사용된다.

34 다음 중 근류균을 이용하는 작물은?

① 톨페스큐
② 켄터키블루그래스
③ 오처드그라스
④ 알팔파

> **해설**
> 알팔파는 근류균과 공생하며 질소를 고정하는 능력이 뛰어나 고단백 사료작물로서 중요한 역할을 한다.

35 켄터키블루그래스에 대한 설명으로 옳은 것은?

① 그늘에 견디는 힘이 가장 강하다.
② 높은 알칼로이드 함량으로 가축에 대한 기호성이 낮다.
③ 뿌리가 깊어 가뭄이나 더운 지역에 알맞다.
④ 하번초로 방목에 적합하다.

> **해설**
> 켄터키블루그래스는 하번초로 방목에 적합하며, 추위에 강하고 기호성이 좋다.

36 경사지 경운 시 트랙터를 이용할 수 있는 가장 알맞은 경사도는?

① 15° 이하   ② 20°
③ 25°   ④ 30° 이상

> **해설**
> 일반적으로 경사도가 15° 이상이 되면 트랙터의 전도 위험이 크게 증가하므로 트랙터를 이용한 경운 작업은 15° 이하의 경사도에서 수행하는 것이 적합하다.

정답 31 ④ 32 ② 33 ④ 34 ④ 35 ④ 36 ①

37 땅에 구덩이를 파서 직접 재료를 채우는 것으로 사일로 시설비가 적게 들며 재료의 충전이 용이한 사일로는?

① 트렌치 사일로
② 벙커 사일로
③ 원통 사일로
④ 기밀 사일로

> **해설**
> 트렌치 사일로는 구덩이를 파서 사료를 저장하는 방법으로, 시공이 간단하고 경비가 적게 들며 재료를 쉽게 충전할 수 있는 장점이 있다.

38 건초를 베는 시기가 늦어질수록 품질과 사료가치에 미치는 영향을 설명한 것으로 옳지 않은 것은?

① 잎의 손실 감소
② 단백질량의 감소
③ 소화하기 어려운 물질의 증가
④ 기호성의 저하

> **해설**
> ① 건초 수확 시기가 늦어질수록 수분함량이 낮아져 잎이 탈락하는 비율이 높아진다.

39 화본과(벼과) 목초의 건초 베는 시기는?

① 목초가 어려 영양가가 많은 때
② 이삭이 필 때부터 꽃이 필 때
③ 꽃이 한창 필 때
④ 서리 내리기 전

> **해설**
> 화본과 목초는 이삭이 필 때부터 꽃이 필 때가 가장 영양가가 높고 건초로 만들기에 적합한 시기이다.

40 낙농경영형태가 영세하고 운동장에서 젖소를 기르는 농가에 적합한 사초 이용방법은?

① 풋베기
② 방목
③ 건초
④ 사일리지

> **해설**
> 풋베기
> 사료를 신선하게 제공하는 방식으로 운동장에서 젖소를 기르는 영세한 낙농가에 적합하다.

41 착유우의 구입가격이 3,000,000원, 착유우의 이용연수가 5년, 착유우의 잔존가가 구입가의 50%일 때 정액법을 이용하여 감가상각비를 산출할 경우 이 착유우의 매년 감가상각비는?

① 200,000원
② 250,000원
③ 300,000원
④ 350,000원

> **해설**
> 감가상각비 = $\dfrac{3,000,000원 - 1,500,000원}{5년}$
> = 300,000원

42 우리나라 한우의 생산 및 유통 측면에서의 현황과 문제점을 열거한 것 중 잘못된 것은?

① 조사료 생산기반이 양호하여 배합사료 의존도가 낮음에도 불구하고 사육규모가 영세하다.
② 한우 개량체계가 미흡하여 외국 육용우에 비해 한우의 생산성이 떨어진다.
③ 가축시장이 영세하고 그 기능이 취약하여 농가 문전거래가 일반화되어 있다.
④ 소값 하락 시 타격이 가장 큰 송아지 생산농가에 대한 보호장치가 미흡하다.

> **해설**
> ① 사료의 해외의존도가 높아 외부의 충격에 취약한 구조이다.

정답 37 ① 38 ① 39 ② 40 ① 41 ③ 42 ①

43 전업 낙농가의 연간 우유판매수입 3,800만원, 송아지 판매수입 1,000만원, 구비평가액 200만원, 사료비 3,350만원, 위생비 50만원, 제 재료비 50만원, 고용노임 300만원, 융자금이자 150만원, 토지 임차료 100만원, 가족 노동비 350만원, 자기자본 이자 50만원일 때 경영비는 얼마인가?

① 1,000만원 ② 2,000만원
③ 3,000만원 ④ 4,000만원

해설
경영비는 사료비, 위생비, 재료비, 고용노임, 융자금이자, 토지임차료, 가족노동비, 자기 기본이자 등을 모두 합한 4,000만원이다.
※ 경영비는 자가노력비, 제자본이자를 포함하지 않는다.

44 우유 생산비 중 비용이 가장 많은 것은?

① 사료비 ② 감가상각비
③ 노동비 ④ 위생비

해설
국내 낙농경영 여건은 사료비용이 우유 생산비의 50% 이상을 차지한다.

45 브로일러 양계경영 특성상 단점은?

① 자본회전이 느리다.
② 다른 가축보다 사료효율이 낮다.
③ 위험부담의 기간이 길다.
④ 가격의 변동이 크다.

해설
브로일러 양계경영은 가격변동이 크다는 단점이 있다.

46 경영진단의 종류 중 외부비교법에 해당하는 것은?

① 시계열비교법
② 계획 대 실적 비교법
③ 부문 간 비교법
④ 직접비교법

해설
• 외부비교법 : 표준비교법, 직접비교법
• 내부비교법 : 시계열비교법, 계획 대 실적 비교법, 부문 간 비교법

47 자돈을 구입하여 체중을 100~110kg 정도 사육하여 판매하는 경영형태를 무엇이라고 하는가?

① 종돈 생산경영
② 비육돈 생산경영
③ 번식돈 생산경영
④ 복합 양돈경영

해설
비육돈 경영 : 육돈 생산을 목적으로 비육과정에 전념하는 경영

[정답] 43 ④ 44 ① 45 ④ 46 ④ 47 ②

48 도시 근교에서의 농경지가 좁은 상태에서 우유생산을 주로 하는 경영형태는?

① 전업적 비육경영
② 초지형 낙농경영
③ 송아지 생산경영
④ 전업적 낙농경영

49 유사비(乳飼比)를 바르게 표현한 것은?

① $\dfrac{우유\ 생산량}{구입\ 사료량}$

② $\dfrac{우유\ 생산량}{농후사료\ 구입비}$

③ $\dfrac{구입\ 사료량}{우유\ 판매수입}$

④ $\dfrac{구입\ 사료비}{우유\ 판매수입}$

> **해설**
> 유사비는 유대(우유 판매수입)에 대한 구입 사료비의 비율이다.

50 축산물 유통기능에는 물리적 기능과 교환기능, 그리고 조성기능으로 크게 분류되는데 다음 중 물리적 기능에 해당되지 않는 것은?

① 등급기능
② 수송기능
③ 저장기능
④ 가공기능

> **해설**
> ① 등급기능은 축산물의 품질을 평가하고 분류하는 기능으로, 이는 교환기능에 해당한다.

51 A 양돈농가의 어느 해 비육돈 1두당 조수익이 133,000원, 경영비가 94,000원, 비용합계액이 112,000원이었다. A 양돈농가의 비육돈 1두당 소득은?

① 21,000원
② 39,000원
③ 115,000원
④ 15,000원

> **해설**
> 소득 = 조수입 − 경영비
>   = 133,000원 − 94,000원
>   = 39,000원

52 축산경영진단 순서를 바르게 연결한 것은?

① 경영실태의 파악 → 문제의 분석 → 문제의 발견 → 대책과 처방
② 문제의 발견 → 경영실태의 파악 → 문제의 분석 → 대책과 처방
③ 문제의 발견 → 문제의 분석 → 경영실태의 파악 → 대책과 처방
④ 경영실태의 파악 → 문제의 발견 → 문제의 분석 → 대책과 처방

53 축산물 등급 제도의 목적으로 볼 수 없는 것은?

① 축산물의 품질향상과 원활한 유통
② 가축개량의 촉진
③ 축산물의 농가수취가격 인하
④ 축산농가의 소득향상과 소비자 편익 증대

> **해설**
> 축산물 등급제는 소비자들에게 알 권리와 선택할 권리를 보장하고, 부정 생산과 유통을 사전에 방지하고 국내산 축산물의 품질 고급화와 안전성을 확보하여 국내 축산물의 경쟁력을 갖춰나갈 수 있다는 점에서 긍정적으로 받아들여지고 있는 제도이다.

54 낙농조수입의 구성요소라 할 수 없는 것은?

① 우유판매액
② 우유자가소비분평가액
③ 자가생산사료
④ 송아지 판매액

> **해설**
> 낙농경영에 있어서 조수익
> • 우유판매액   • 송아지판매액
> • 구비판매액   • 육성우증체액
> • 원유판매액   • 우유생산수입
> • 송아지생산수입   • 구비수입
> • 정부지원금   • 부산물거래가격

55 소득률 공식으로 옳은 것은?

① $\dfrac{\text{소득}}{\text{조수익}} \times 100$ ② $\dfrac{\text{소득}}{\text{경영비}} \times 100$

③ $\dfrac{\text{소득}}{\text{총자본}} \times 100$ ④ $\dfrac{\text{경영비}}{\text{소득}} \times 100$

> **해설**
> 소득률은 조수익에서 소득의 비율 나타내는 값으로, 기업의 수익성을 평가하는 데 중요한 지표로 사용되며, 높은 소득률은 효율적인 비용 관리와 높은 수익성을 나타낸다.

56 축산경영의 입지조건과 관계가 적은 것은?

① 그 지방 축산의 사정, 교통 및 시장
② 채초지, 방목지 이용가능성
③ 부근 농가의 축산에 대한 관심도
④ 공기가 맑은 산간오지

> **해설**
> 축산경영조직의 입지조건
> • 자연적 입지조건 : 토양의 비옥도, 기후조건, 토지의 경사도, 강우량, 바람, 일조시간 등
> • 경제적 입지조건 : 시장과의 거리, 토지가격이 적정수준
> • 사회적・법률적 조건 : 사회적・법률적 제약조건이 없는 토지

정답 53 ③ 54 ③ 55 ① 56 ④

57 원유의 가격을 결정하는 요인이 아닌 것은?

① 세균수　② 체세포수
③ 유지율　④ 산도

> **해설**
> 원유의 가격을 결정하는 요인 : 세균수, 체세포수, 유지방율, 유단백율

58 다음 중 비육한 소의 유리한 출하방식은?

① 우시장 이용
② 계통출하 이용
③ 산지시장 이용
④ 소매시장 이용

> **해설**
> 계통출하
> 일정한 규격과 품질을 유지하여 대규모로 출하하는 방식으로, 비육한 소의 출하에 유리하다.

59 토지의 이용관계에 따라 분류한 축산경영의 형태가 아닌 것은?

① 초지중심 축산
② 가공업적 축산
③ 전업적 축산
④ 경지중심 축산

> **해설**
> 경영규모에 의한 분류 : 기업적 경영, 전업적 경업, 부업적 경영

60 노동능률을 높이기 위한 방법이 아닌 것은?

① 노동수단의 고도화
② 노동수단의 인력화
③ 작업방법의 표준화
④ 노동력 분배의 평균화

> **해설**
> 노동능률을 높이기 위해서는 노동수단의 고도화, 작업방법의 표준화, 노동력 분배의 평균화 등이 필요하다. 인력화는 오히려 능률을 낮출 수 있다.

정답　57 ④　58 ②　59 ③　60 ②

2025년 제3회 최근 기출복원문제

01 작부체계를 결정할 때 고려해야 할 사항과 거리가 먼 것은?

① 농가 노동분배의 합리화
② 토양비옥도의 지속적 유지
③ 위험분산
④ 축산물 가격

해설
작부체계 결정 시 고려사항
- 농가 노동분배의 합리화(노동집중현상의 완화 및 균등화)
- 윤작원칙의 고수
- 토양비옥도의 지속적 유지
- 위험분산
- 사료작물의 자급률 제고
- 자급사료의 균형적 공급

02 북방형 목초 중 방석형 목초는?

① 티머시
② 오처드그라스
③ 화이트클로버
④ 라디노클로버

해설
형태에 따른 작물 분류
- 주형 : 벼, 오처드그라스, 크림손클로버
- 방석형(포복형) : 켄터키블루그래스, 화이트클로버
- 상번초 : 오처드그라스, 티머시, 레드클로버
- 하번초 : 켄터키블루그래스, 화이트클로버, 페레니얼라이그래스

03 다음 중 내분비기관은?

① 심장
② 폐
③ 간
④ 뇌하수체

해설
척추동물의 내분비계
- 표적기관 : 호르몬의 작용이 미치는 기관
- 단독 내분비선 : 송과선(= 송과체), 뇌하수체, 부갑상선, 갑상선, 부신
- 혼합분비선 : 췌장, 고환, 난소

04 북방형 목초에서 여름철 일평균 기온이 25℃ 이상일 때 나타나는 현상은 무엇인가?

① 냉해
② 하고현상
③ 질소중독
④ 일소현상

해설
하고현상 : 25℃ 이상의 고온과 가뭄으로 목초의 생육이 중단되거나 말라죽는 현상

정답 1 ④ 2 ③ 3 ④ 4 ②

05 옥수수와 초지에 가장 큰 피해를 주고, 1년에 3~4회 발생하며 빠른 속도로 이동하면서 피해를 주는 해충은?

① 굼벵이
② 밤나방과 유충
③ 멸강나방 유충
④ 조명나방 유충

해설
멸강나방
우리나라에서는 초지 조성이 시작된 이래 가장 큰 피해를 주는 해충으로, 주로 조, 귀리, 밀, 옥수수, 벼, 화본과 목초 등에 해를 준다.

06 다음 중 돼지의 품종이 아닌 것은?

① 요크셔
② 두록
③ 뉴햄프셔
④ 랜드레이스

해설
뉴햄프셔(New hamphshire)
로드아일랜드를 기초로 개량한 닭 품종이다. 강건한 체질과 온순한 성질로 케이지사육에 적합하다.

07 콩과 목초 중 다년생 가는 줄기를 내어 퍼지며, 생태형으로 분류할 때 야생형, 보통형, 라디노형으로 나눈 목초는?

① 알팔파
② 화이트클로버
③ 레드클로버
④ 버즈풋트레포일

해설
생태형(소엽의 길이)에 따른 화이트클로버의 분류
• 야생형(소엽군) : 22mm 이하
• 보통형(중엽군) : 23~32mm
• 라디노형(대엽군) : 33mm 이상

08 다음 중 일반산지에서 조성 초기 콩과(두과) 목초에 가장 사용 효과가 높은 비료는?

① 철
② 인산
③ 칼슘
④ 황

해설
인산은 콩과 목초의 생육 초기에 요구도가 높고, 뿌리의 성장을 도와 정착을 유리하게 한다.

09 홀스타인(Holstein) 암소 품종의 외모 심사표준에서 실격조건에 해당되는 것은?

① 엉덩이는 요각보다 좌골이 약간 낮은 상태로 길이가 길며 너비가 넓은 것
② 전구는 앞다리가 곧게 바르고 적절히 넓게 벌어져 있고 직사각형으로 딛고 있어서 앞몸을 잘 지탱할 것
③ 모색은 흑색 또는 백색의 전신 단일모색인 것
④ 머리는 윤곽이 선명하고 강한 턱과 크게 벌어진 콧구멍 및 넓은 주둥이를 갖출 것

해설
홀스타인의 외모심사 실격조건
• 모색
 - 흑 또는 백의 전신 단일모색
 - 미방 또는 복부의 흑색
 - 한 다리라도 제관부가 흑모로 쌓인 것
 - 혼합모
• 유방 : 선천적인 1유구 이상의 결여
• 이성쌍태아의 불임축
• 부정행위
• 유전적인 불량형질

10 미국 뉴저지주 원산으로 육질이 우수하여 우리나라에서 3원교잡종 생산을 위한 부돈(종모돈)으로 많이 이용되는 품종은?

① 랜드레이스종 ② 두록종
③ 뉴햄프셔종 ④ 요크셔종

해설
두록종
일반적으로 사료이용성이 좋고 발육이 좋은 3원교잡종을 생산하기 위하여 종모돈으로 가장 널리 쓰이는 품종이다.

11 다음 소의 생식기관에서 자궁각을 표시한 부분은?

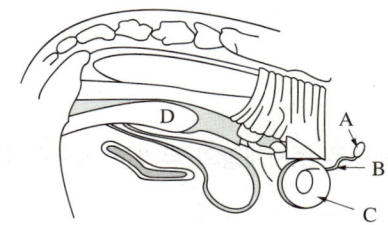

① A ② B
③ C ④ D

해설
A : 난소, B : 난관, C : 자궁각, D : 질
암소의 생식기

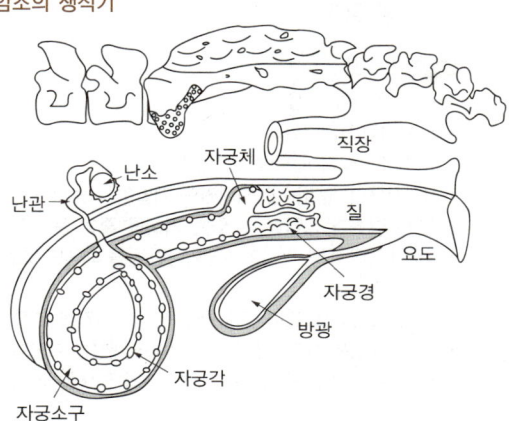

12 젖소의 열사병에 관한 설명 중 A에 해당하는 것은?

열사병이 발생한 소는 처음에는 멍청하게 서 있다가 강제로 걷게 하면 비틀거리다가 주저앉는다. 그러면서 불안해하고 입을 벌리고 호흡이 빨라진다. 체온이 (A)℃를 넘으면 호흡촉박과 전신적으로 동통이 나타난다. 체온이 더 상승하면 호흡은 얕고 불규칙해지며, 맥은 약하고 빨라지고, 흔히 전신 경련에 이어서 말기에는 혼수에 빠진다.

① 30 ② 35
③ 37 ④ 41

해설
체온이 41℃를 넘으면 호흡촉박과 전신적으로 동통이 나타난다.

13 다음 중 구제역(foot and mouth disease)의 설명으로 틀린 것은?

① 감염대상 동물은 소, 돼지, 양, 염소, 사슴 등 발굽이 둘로 갈라진 동물에서 발생한다.
② 잠복기는 2~14일 정도이나 농장 내 감염시는 3~4일이다.
③ 감염된 가축은 발육장애, 운동장애, 비유장애 등의 생산성에 직접적으로 피해를 준다.
④ 국내 제2종 가축전염병으로 바이러스 질병이므로 백신을 사용하여 치료한다.

해설
④ 국내 제1종 가축전염병으로 바이러스 질병이므로 치료가 되지 않고, 치료를 해서도 안 된다.

정답 10 ② 11 ③ 12 ④ 13 ④

14 백색 경지방(硬脂肪)을 생산하는 사료는?

① 옥수수
② 보리
③ 쌀겨
④ 어분

해설
- 연지방(황색의 연한 지방) 형성 : 옥수수, 미강, 어분, 대두박, 아마인박, 땅콩박, 채종박, 비지, 두과 사일리지
- 경지방(백색의 단단한 지방) 형성 : 보리, 밀, 호밀, 밀기울, 쌀, 맥강, 야자박, 고구마, 감자, 전분박, 짚류, 완두, 순무

15 벼멸구에 의하여 감염되고, 생육 초기에는 마디 사이가 짧아지고 짙은 녹색을 띠다 결국 죽어 없어지며, 생육 후기에 감염되면 잎의 뒷부분에 엽맥을 따라 돌기가 형성되는 옥수수의 병은?

① 그을음무늬병
② 흑수병(깜부기병)
③ 흑조위축병
④ 깨씨무늬병

해설
흑조위축병(검은줄오갈병)
주로 옥수수에 나타나는 병으로서 멸구류에 의해 전염되며 한 번 발생하면 치료가 불가능하다.

16 돼지의 생시체중은 2kg이고 출하 시 체중은 107kg이었으며 출하하는 데까지는 160일이 걸렸다고 한다. 이때의 일당증체량은?

① 0.66kg/일
② 0.76kg/일
③ 1.50kg/일
④ 1.52kg/일

해설
일당증체량 = 비육기 체중 / 비육일수
= (107 − 2) / 160
= 0.66kg/일

17 불경운 초지개량의 유리한 점으로 틀린 것은?

① 밭에 나는 1년생 잡초가 침입할 수 있는 기회를 줄여 준다.
② 발아가 잘된다.
③ 기계사용이 불가능한 지대라도 개발이 가능하다.
④ 자본투자가 적다.

해설
불경운 초지의 장점
- 파종비용이 저렴하다.
- 갈아엎지 않기 때문에 토양침식의 위험이 적다.
- 기계사용이 불가능한 지대라도 개발이 가능하다.
- 1년생 잡초가 침입할 수 있는 기회를 줄여 준다.
- 강우나 강우 직후 토양의 수분함량이 높을 때에도 목초의 파종이 가능하다.
- 목초를 도입함으로써 연중 생초의 생산기간을 연장시켜 준다.
- 생산성이 낮은 산지를 신속하고 값싸게 개발할 수 있는 방법이다.
- 한발, 홍수 및 산불 등으로 긴급복구가 필요할 때 유효한 방법이다.

정답 14 ② 15 ③ 16 ① 17 ②

18 산유량이 가장 많은 젖소의 품종은?

① 건지종(Guernsey)
② 홀스타인(Holstein)
③ 저지(Jersey)
④ 에어셔종(Ayrshire)

해설
- 산유량이 가장 많은 품종 : 홀스타인
- 유지율이 좋은 품종 : 저지
- 유육겸용 품종 : 홀스타인, 브라운스위스
- 방목에 적합한 품종 : 에어셔, 브라운스위스

19 닭의 인공수정에서 주로 사용하는 정액채취 방법은?

① 복부 마사지법
② 직장질법
③ 해면체법
④ 전기자극법

해설
닭의 정액채취는 복부 마사지법이나 횡취법을 주로 사용한다.

20 소에서 고열과 호흡기 계통의 급성염증 및 괴사를 특징으로 하는 전염병으로, 병원체는 헤르페스바이러스(herpesvirus)이며 2차 혼합감염의 위험이 높은 질병은?

① 바이러스성 하리증
② 전염성 비기관염
③ 유행열
④ 유행성 뇌염

해설
소의 전염성 비기관염은 급성 호흡기병으로 연중 발생하는데, 특히 한랭기에 많이 발생하며 어린 소에 피해가 크다.

21 양돈사료 가공방법 중 익스트루전 가공에 대한 설명으로 옳은 것은?

① 원료사료를 볶거나 튀기는 방법이다.
② 가루사료를 증기로 고열·고압을 가하여 부풀린 다음 건조시켜 좁은 구멍으로 밀어내 압출·성형하는 방법이다.
③ 주로 곡류(옥수수, 루핀, 귀리, 보리, 수수 등)를 납작하게 압착 한 것이다.
④ 각종 원료를 분쇄 및 미분쇄 형태로 단순 배합하는 것이다.

해설
③ 플레이킹(박편처리)에 대한 설명이다.
④ 가루(매시)에 대한 설명이다.

정답 18 ② 19 ① 20 ② 21 ②

22 인공수정에서 정액의 희석에 사용되는 첨가물 중 글리세롤의 용도는?

① 완충제
② 동해 방지
③ 에너지원
④ 저온충격 방지

해설
정액 희석액의 첨가물
- 항동해제 : 글리세롤
- 에너지원 : 포도당과 같은 당류
- 저온충격 방지제 : 난황, 우유
- 완충제 : 시트르산, 인산 등

23 추위에 강해 우리나라에서는 대관령 지역이 재배하기에 알맞으며 줄기 기부에 볼록한 비늘줄기를 가지고 있는 목초는?

① 오처드그라스
② 톨페스큐
③ 티머시
④ 이탈리안라이그래스

해설
티머시는 추위에 강하고 대관령 지역에서 잘 자라며 줄기 기부에 특유의 비늘줄기를 가지고 있어 다른 목초들과 쉽게 구분된다.

24 예취에 비해 방목이 좋은 이유가 아닌 것은?

① 노동력이 절감된다.
② 가축의 건강을 좋게 한다.
③ 비료를 절감할 수 있다.
④ 풀의 생산량이 많아진다.

해설
방목
가장 오래된 원시적인 가축 사양법으로, 노동력이 절약되고 생산비를 줄일 수 있으며 가축의 건강에도 좋아 널리 이용되는 사육법이다. 다만 대단위 면적의 초지가 필요하고 기호성이 없는 풀이 남거나 가축의 발굽에 의해 목초가 상하는 제상률(蹄傷率)이 높아 관리 비용이 많이 든다.

25 다음 중 근육조직에 가장 많이 존재하며, 전해질 균형과 신경근육의 기능에 관여하고, 칼슘과 인 다음으로 돼지의 체내에 많이 존재하는 광물질은?

① K
② Fe
③ Mg
④ Zn

해설
① K : 신경조직과 세포 내에 가장 많이 들어 있다.
② Fe : 동물체 내 철은 70% 정도는 헤모글로빈에, 나머지 30% 정도는 간에 들어있으며 그밖에 약간은 골수와 지라에 들어있다.
③ Mg : K이온 다음으로 세포 내에 많이 들어있는 양이온성 물질로, 인산기 전달효소의 활성제 역할을 담당하며, 여러 가지 효소의 활성에도 관여한다.
④ Zn : 전립선·신장·간·심장 등에 많이 분포되어 있으며, 혈액 내에서는 75%가 적혈구 내에 들어있다.

26 화본과 목초의 형태적 특징으로 옳지 않은 것은?

① 뿌리는 섬유모양의 수염뿌리이다.
② 잎은 잎집(엽초), 잎몸(엽신) 및 잎혀(엽설) 등으로 구성된다.
③ 화서는 수상화서, 원추화서 등이 있다.
④ 잎몸의 엽맥은 그물모양이다.

> **해설**
> 화본과 목초의 형태적 특징
> • 뿌리는 섬유모양의 수염뿌리이다.
> • 잎은 잎집(엽초), 잎몸(엽신), 잎귀(엽이), 잎혀(엽설)로 구성된다.
> • 엽맥은 나란히맥으로 되어 있다.
> • 줄기는 대체로 속이 빈 원통형이고, 마디가 뚜렷하다.
> • 꽃차례는 수상, 원추 또는 총상꽃차례로 되어 있다.

27 사일리지 재료의 수확적기로 옳지 않은 것은?

① 화본과 목초 – 출수기
② 호밀 – 개화기~유숙기
③ 두과 목초 – 개화 초기
④ 옥수수 – 유숙기

> **해설**
> ④ 옥수수의 수확적기는 황숙기로 수염이 나온 후 50~55일 정도이다.

28 병아리의 다발성 신경염은 어떤 비타민의 결핍증상으로 나타나는가?

① 비타민 A   ② 비타민 D
③ 비타민 E   ④ 비타민 B_1

> **해설**
> 비타민 B_1 결핍 시 조류에서 다발성 신경염, 맥박수의 감소

29 닭의 세균성 전염병으로 석고 상태의 흰 설사를 한 후 항문이 막혀서 죽게 되는 닭의 질병은?

① 추백리   ② 계두
③ 뉴캣슬   ④ 뇌척수염

> **해설**
> 추백리의 주요 증상은 병아리에서는 주로 부화 후 1주일 이내에 발생하고, 발열, 식욕저하를 보이며, 회백색 설사가 특징이다.

30 돼지의 도체 형질 중 유전력이 가장 높은 것은?

① 도체율   ② 등지방두께
③ 체장   ④ 증체량

> **해설**
> 가축의 유전력
>
> | 가축 | 형질 | 유전력 |
> |---|---|---|
> | 돼지 | 증체량 | 0.24 |
> | | 체장 | 0.50 |
> | | 등지방두께 | 0.55 |
> | 젖소 | 체형 | 0.14 |
> | | 비유량 | 0.20 |
> | | 유지율 | 0.60 |
> | 고기소 | 도체등급 | 0.14 |
> | | 생시체중 | 0.34 |
> | | 증체량 | 0.60 |

정답 26 ④ 27 ④ 28 ④ 29 ① 30 ②

31 식물성에 주로 β-carotene 형태로 존재하며, 대부분의 포유동물에서 carotenoid가 전환되는 비타민은?

① 비타민 A
② 비타민 D
③ 비타민 E
④ 비타민 K

해설
비타민 A의 전구체인 프로비타민 A에는 베타카로틴, 알파카로틴, 베타크립토산틴 등의 카로티노이드가 함유되어 있다. 카로티노이드는 과일과 채소에 노란색과 오렌지색을 부여하는 식물 색소이다.

32 일반적으로 생산성이 많이 떨어진 경우 실시하는 초지의 갱신주기로 가장 적합한 것은?

① 1년 사용 후
② 2~3년 지난 후
③ 4~6년 지난 후
④ 7~10년 지난 후

해설
초지갱신 시기
- 화학성이 저하했을 경우 : 토양 pH 5.0 이하로 산성화
- 물리성이 저하했을 경우 : 토양경도(산중식 경도계) 26mm 이상
- 식생이 악화 됐을 경우 : 잡초의 발생, 나지의 발생, 불식과번지의 생성
- 기간 초종 식생이 쇠퇴했을 경우 : 생산성 및 기호성이 낮은 초종의 구성 비율 상승 등

33 다음 중 소의 치식을 바르게 나타낸 것은?

① $\dfrac{3 \cdot 3 \cdot 0 \cdot 0}{3 \cdot 3 \cdot 0 \cdot 4}$ ② $\dfrac{0 \cdot 0 \cdot 3 \cdot 3}{4 \cdot 0 \cdot 3 \cdot 3}$

③ $\dfrac{3 \cdot 3 \cdot 0 \cdot 0}{3 \cdot 3 \cdot 2 \cdot 2}$ ④ $\dfrac{0 \cdot 0 \cdot 3 \cdot 3}{2 \cdot 2 \cdot 3 \cdot 3}$

해설
소의 치식
$\dfrac{0 \cdot 0 \cdot 3 \cdot 3}{4 \cdot 0 \cdot 3 \cdot 3}$
가로선의 상하에 왼쪽부터 문치(앞니), 견치(송곳니), 소구치(앞어금니), 대구치(뒷어금니)의 수를 쓴다.

34 풋베기 방법에 대한 설명으로 옳은 것은?

① 영양분의 손실량이 많다.
② 단위면적당 많은 사초를 생산한다.
③ 풋베기로 알맞은 초종은 켄터키블루그래스이다.
④ 방목보다 노동력이 적게 든다.

해설
저장이나 가공 없이 직접 베어 급여하기 때문에 영양손실을 줄일 수 있어 단위면적당 더 많은 사초를 가축에게 급여할 수 있다.

35 다음 중 뇌하수체 전엽에서 분비되는 호르몬이 아닌 것은?

① 난포자극호르몬
② 황체형성호르몬
③ 옥시토신
④ 프로락틴

해설
뇌하수체 전엽 호르몬
성장호르몬, 프로락틴, 갑상선자극호르몬, 부신피질자극호르몬, 난포자극호르몬, 황체형성호르몬 등

36 인공포유 요령으로 옳지 못한 것은?

① 포유기구의 소독을 철저히 하고 깨끗이 관리하여야 한다.
② 포유 시 우유의 온도는 38~40℃가 적합하다.
③ 포유는 일정한 시간에 실시하고 신선한 젖을 먹여야 한다.
④ 한 방에서 여러 마리 사육할 때는 큰 그릇에 여러 마리가 함께 포유하여 서로 빨도록 한다.

해설
④ 여러 마리가 함께 큰 그릇에서 포유하는 것은 각 개체에게 적절한 양의 우유를 공급하기 어려우므로 개체 순서대로 포유해야 한다.

37 소의 상유에 비하여 초유에서 그 함량이 월등히 많아지는 대표적인 성분은?

① 면역글로불린　② 지방질
③ 유당　　　　　④ 무기물

해설
포유동물에서 초유를 먹이는 가장 큰 이유는 필요한 면역물질(immunoglobulin)을 공급하기 때문이다.

38 수직으로 세워진 원통형 구조물로, 콘크리트 등으로 구성하여 저장손실이 적고 건물 회수율이 높은 사일로의 종류로 알맞은 것은?

① 트렌치 사일로
② 벙커식 사일로
③ 탑형 사일로
④ 폐쇄형 사일로

해설
사일로의 종류

탑형	• 수직으로 세워진 원통형 구조물(강철, 콘크리트, 유리섬유 등으로 제작) • 상부에서 사료를 투입하고, 하부에서 꺼내는 방식 • 건물 회수율이 높고 장기 저장에 유리
트렌치형	• 지면을 파서 만든 도랑의 형태 • 조성 비용이 저렴하고 사료 적재와 반출이 편리
벙커형	• 3면이 벽으로 둘러싸인 콘크리트 구조물 • 공간 활용이 효율적 • 대규모 농가에서 기계화된 작업이 가능
스택형	• 사료를 직접 지면 위에 쌓고 비닐 등으로 위를 덮어 공기를 차단하는 방식 • 임시 사일리지 저장용으로 사용

39 초지조성 및 사료작물 재배 과정에서 진압을 하는 이유는?

① 모세관현상에 의한 수분공급으로 종자나 식물의 뿌리에 수분흡수를 쉽게 하기 위해
② 뿌리를 지면에 단단하게 고정시키기 위해
③ 흙이 바람에 날리는 것을 막기 위해
④ 굵은 흙덩어리를 부수기 위해

해설
경운하고 조성한 초지는 성겨서 가뭄의 피해를 더 받게 되며 특히 겨울에 서릿발에 의한 피해로 목초의 고사율이 높아진다. 그러므로 경운조성한 초지는 반드시 진압해 주어야 한다.

정답　36 ④　37 ①　38 ③　39 ①

40 닭의 부리자르기의 특징으로 옳지 않은 것은?

① 알을 깨먹는 성질을 방지할 수 있다.
② 활력의 증진으로 균일한 계군을 얻는다.
③ 탈항증 및 카니발리즘을 방지할 수 있다.
④ 사료효율이 떨어진다.

해설
부리자르기 특징
- 발가락을 쪼는 습관을 방지할 수 있다.
- 신경질적인 행동이 제거되어 예방접종 및 사양관리에 편리하다.
- 깃털을 쪼고 뽑는 행위와 탈항증 및 카니발리즘(쪼는 성질, 식우성)을 방지할 수 있다.
- 사료의 편식과 허실을 줄이고 사료효율을 개선할 수 있다.
- 전체 계군의 활력이 증진되어 보다 균일성 있는 계군을 유지할 수 있다.
- 잘 싸우지 않아 체력 소모가 적고 알을 깨 먹는 성질을 방지할 수 있다.

41 돼지 성체의 수분함량은 보통 몇 %인가?

① 80%   ② 70%
③ 65%   ④ 45%

해설
돼지는 성장하면서 지방이 증가하고 체내 수분 비율이 감소한다.
- 자돈(새끼돼지) : 약 70~80%
- 비육돈(성장기 돼지) : 약 55~60%
- 성체 돼지(비육 완료 후) : 약 45~50%

42 다음 중 한우의 사료로 사용가능한 것은?

① 감귤부산물, 버섯폐배지, 골분
② 육분, 버섯폐배지, 과일박
③ 감귤부산물, 버섯폐배지, 과일박
④ 골분, 버섯폐배지, 과일박

해설
육·골분사료는 세계적으로 2008년 광우병 발병 이후 반추동물의 사료로 사용하고 있지 않다.
한우 TMR 사료로 활용 가능한 농식품 부산물
두부박(비지), 맥주박, 주정박, 설탕제조 부산물(당밀), 전분제조 부산물(전분박), 과일부산물(감귤박, 사과박, 당근박, 배박, 포도박, 토마토박 등), 제과제빵 부산물, 버섯부산물(폐배지) 등

43 생육 특성상 겨울형에 속하는 사료작물로만 이루어진 것은?

① 수단그라스, 수수   ② 콩, 순무
③ 옥수수, 티머시   ④ 보리, 호밀

해설
계절별 재배 사료작물
- 봄, 가을 단경기 사료작물 : 귀리, 유채 등
- 여름 사료작물 : 옥수수, 사료용 피, 수수류 등
- 겨울 사료작물 : 보리, 호밀, 이탈리안라이그래스 등

44 입체부화기의 입란실 최적온도는 전기간을 통해 몇 ℃를 유지하는 것이 가장 좋은가?

① 32~33℃   ② 37~38℃
③ 42~43℃   ④ 47~48℃

해설
보편적으로 발육좌에서 부화 19일 동안의 최적온도는 37.5~37.7℃이고, 발생좌에서는 36.1~37.2℃이다.

45 양의 심장사상충을 매개하는 개체와 해당 개체가 서식할 수 없는 해발고도로 옳은 것은?

① 파리, 해발 400~500m
② 벼룩, 해발 600~800m
③ 모기, 해발 1,000~1,500m
④ 진드기, 해발 400~500m

해설
심장사상충은 모기에 의해 전파되는 기생충으로, 모기가 감염된 양이나 개, 고양이의 혈액 속에 있는 유충을 흡혈한 뒤 다른 동물을 흡혈할 때 유충이 전파된다. 모기는 해발 1,000~1,500m 이하에서 활발히 활동하지만, 그 이상에서는 활동이 제한되어 1,500m 이상의 고도에서는 심장사상충의 전파가 어렵다.

46 방목초지를 몇 개의 목구로 나누어 돌아가며 방목하는 방법을 무엇이라 하는가?

① 윤환방목 ② 고정방목
③ 주야방목 ④ 임간방목

해설
윤환방목(rotational grazing)
초지를 몇 개의 목구로 구분하여 순차적으로 윤환하여 방목하는 방법으로 가장 일반적인 방법이다.

47 총에너지(GE)와 정미에너지(NE)의 관계식으로 옳은 것은?

① 정미에너지(NE) = 총에너지(GE) − 분에너지 − 뇨·가스에너지 − 열발생량
② 정미에너지(NE) = 총에너지(GE) − 대사에너지 − 열발생량
③ 정미에너지(NE) = 총에너지(GE) − 가소화에너지 − 열발생량
④ 정미에너지(NE) = 총에너지(GE) − 가소화에너지 − 대사에너지

해설
정미에너지(NE ; Net energy)
총에너지에서 똥, 오줌·가스로 손실되는 에너지를 제외하고 다시 열량증가로 소비된 에너지를 뺀 나머지 에너지를 말한다. 즉, 순수하게 동물의 유지 및 생산을 위하여 이용되는 에너지이다.

48 조단백질 함량이 44%인 대두박과 조단백질 16%인 밀기울을 가지고 조단백질 함량 35%인 사료 100kg을 만들려면 각각 몇 kg씩 혼합해야 하는가?

① 밀기울 31kg, 대두박 69kg
② 밀기울 32kg, 대두박 68kg
③ 밀기울 33kg, 대두박 67kg
④ 밀기울 34kg, 대두박 66kg

해설
- 대두박의 비율을 A%, 밀기울의 비율을 B%라 하면
  $A + B = 100$ ——— ⓐ
  $0.44A + 0.16B = 35$ ——— ⓒ
- ⓐ에 0.44를 곱하면 ⓒ식이 되는데 여기에서 ⓑ식을 뺀다.
  $0.44A + 0.44B = 44$ — ⓒ
  $-0.44A + 0.16B = 35$ — ⓑ
  ———————————————
  $0.28B = 9$
  ∴ B = 약 32.14, A = 약 67.86
- 밀기울 32kg, 대두박 68kg을 혼합한다.

49 한우 체형 측정 시 요각의 앞쪽으로부터 좌골 끝까지의 직선거리를 무엇이라고 하는가?

① 좌골폭　　② 고장
③ 요각폭　　④ 흉위

해설
체형 측정 부위

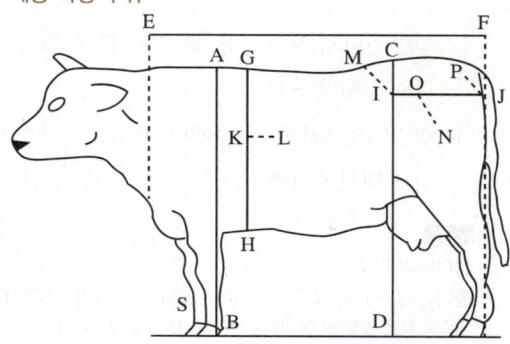

- A–B : 체고
- E–F : 수평체장
- I–J : 고장
- M–I : 요각폭
- P–J : 좌골폭
- C–D : 십자부고
- G–H : 흉심
- K–L : 흉폭
- O–N : 곤폭
- S : 전관위

※ 흉위는 흉폭과 흉심을 재는 부위를 줄자로 측정한다.

50 가축이 10일 동안 12kg의 사료를 섭취하고 체중이 10kg 증가했다면 이때 각각 사료요구율과 사료효율은?

① 사료요구율 1.2, 사료효율 0.83
② 사료요구율 0.83, 사료효율 1.2
③ 사료요구율 1.4, 사료효율 0.95
④ 사료요구율 0.95, 사료효율 1.4

해설
- 사료요구율 = 사료급여량 / 증체량
  　　　　　 = 12kg / 10kg = 1.2
- 사료효율 = 증체량 / 사료급여량 × 100
  　　　　 = (축산물생산량 / 사료급여량) × 100
  　　　　 = 10kg / 12kg × 100 = 83%

51 목초 수확 시 사용되는 장비는?

① 로터리　　② 퇴비살포기
③ 모어　　　④ 디스크해로

해설
③ 모어(mower) : 목초를 직접 베는 데 이용한다.
① 로터리(rotary) : 밭을 갈고 흙을 부드럽게 만드는 데 사용한다.
② 퇴비살포기(manure spreader) : 퇴비를 지표에 골고루 뿌릴 때 사용한다.
④ 디스크해로(disk harrow) : 플라우나 쟁기로 간 땅의 2차로 경운된 큰 흙덩이를 더욱 미세하게 파쇄하는 작업기이다.

52 다음 미량광물질 중 사료 첨가제로 옳지 않은 것은?

① Fe　　② Co
③ Se　　④ Mo

해설
몰리브덴(Mo)
과잉 시 문제가 되는 미량원소로, 반추가축에서 몰리브덴이 과다하면 구리(Cu)의 결핍을 유발하여 설사 및 성장장애를 유발하므로 사료에 별도로 첨가하지 않는다.
※ 미량광물질 첨가제 : Cu, Fe, Zn, I, Mn, Co, 규산염광물질 첨가제 등

53 병아리 육추의 성공 여부는 온도와 습도 및 환기를 알맞게 조절해 주어야 하는데 평면육추실 온도측정은 어디를 기준으로 하는가?

① 병아리 어깨높이
② 지면 1.5m
③ 병아리 무릎높이
④ 급열기 높이

> **해설**
> 어린 병아리는 체온조절능력이 충분하지 못하여 저온에 대한 저항력이 약하므로 1~2주 동안은 부화발생 시 온도에 가깝도록 온도를 조절해 주어야 한다. 이때 온도의 측정위치는 병아리의 어깨높이를 기준으로 한다.

54 우리나라에서 건초는 조제 방법에 따라 손실량의 차이가 크므로 세심한 주의를 하여 손실을 가능한 한 줄여야 하는데 다음 중 화본과 목초로 건초를 조제할 때 제조과정에서 그 손실이 가장 크게 예상되는 것은?

① 반전, 잡초 제거 등의 과정에서 잎의 탈락에 의한 손실
② 퇴적과 건조지연 등에 의한 발효, 일광조사 및 공기 접촉에 의한 손실
③ 비 및 이슬 등 강우에 의한 손실
④ 세포가 사멸할 때까지의 호흡에 의한 손실

> **해설**
> 비를 맞으면 영양분의 손실이 크며, 이슬이 마르기 시작하면서부터 예취한다. 마르지 않을 때 비를 맞는 것이 마른 후 맞는 것보다 손실이 적다.

55 청예용 옥수수의 도복 방지 방법이 아닌 것은?

① 밀식하지 말 것
② 비료는 권장량 이상 충분히 사용
③ 완숙퇴비 사용
④ 내도복성 품종 선택

> **해설**
> **옥수수의 도복 방지 방법**
> • 내도복성 품종 선택
> • 적정 재배관리(정식간격 조절, 적정 시비관리, 수분관리)
> • 생육관리(병해충 방제, 적기 수확 등)

56 반추위 내에서 휘발성 지방산의 합성 순서를 바르게 나열한 것은?

① acetic acid > propionic acid > butyric acid
② propionic acid > acetic acid > butyric acid
③ acetic acid > butyric acid > propionic acid
④ propionic acid > butyric acid > acetic acid

> **해설**
> **휘발성 지방산(VFA)의 평균 비율 및 주요 기능**
> • 아세트산(60~70%) : 지방 합성, 젖 생산 시 에너지원
> • 프로피온산(15~20%) : 간에서 포도당으로 전환, 혈당 유지
> • 부티르산(10~15%) : 케톤체 생성, 장세포의 에너지원

정답 53 ① 54 ③ 55 ② 56 ①

57 화본과 목초와 두과 목초의 혼파로 인하여 얻을 수 있는 장점이 아닌 것은?

① 질소의 시비량을 현저히 줄일 수 있다.
② 수확시기의 결정과 같은 재배관리가 쉽다.
③ 병충해로 인한 목초의 피해를 최소화할 수 있다.
④ 도복이 방지되고 서릿발 피해가 줄어든다.

해설
혼파의 단점
- 재배 시기에 따른 관리가 어렵다.
- 파종작업이 힘들다.
- 병해충 방제와 채종작업이 어렵다.
- 기계화가 어렵다.

58 단위면적당 생산성이 높고 사초의 품질도 우수하여 목초의 여왕이라고 불리기도 하나 산성이 강하고 배수가 나쁜 토양에서는 잘 자라지 못하며 처음 조성 시 붕소와 근류균 접종이 꼭 필요하기 때문에 널리 재배되고 있지 못한 목초는?

① 알팔파(Alfalfa)
② 레드클로버(Red clover)
③ 화이트클로버(White clover)
④ 벌노랑이(Birdsfoot trefoil)

해설
우리나라에서 알팔파 재배를 성공하려면 배수가 잘되고 약산성으로 만들어야 하며, 붕소(B) 시비와 근류균을 접종하면 수량이 높은 알팔파 초지를 오랫동안 유지할 수 있다.

59 고온에서 생산량이 높고 재생이 잘 되어 여름철 청예용으로 알맞으나 어릴 때 방목하여 이용하면 청산중독의 위험이 있고 줄기의 비율이 높아 TDN 생산량이 다소 떨어지는 사료작물은?

① 옥수수
② 수단그라스계 잡종
③ 연맥
④ 호맥

해설
수수, 수단그라스류의 사료작물을 방목으로 이용할 때는 초장이 60cm 이상일 때 이용해야 청산중독 위험을 방지할 수 있다.

60 옥수수 사일리지 조제의 기본 작업 중 양질 사일리지 발효와 거리가 먼 것은?

① 세절과 철저한 답압에 의한 공기배제
② 수확적기 또는 적절한 수분조절
③ 밀봉과 외부공기 유입 방지를 위한 누름
④ 산의 첨가에 의한 사일로 내 산도 저하

해설
고품질 사료작물 사일리지 조제 기술
- 발효 미생물 생장을 위한 적합한 수분함량
- 사료작물의 최대 수량과 최고의 품질을 이룰 수 있는 수확적기
- 재료의 절단으로 표면적을 확대하고, 반추위 내 소화율을 개선
- 답압으로 공기를 배제시켜 유산균의 증식을 촉진시키며, 즙액의 삼출을 촉진하고 용적을 줄임
- 답압 후 윗부분을 보온덮개와 비닐로 덮고 흙이나 폐타이어 등을 이용하여 가압

정답 57 ② 58 ① 59 ② 60 ④

2025년 제4회 최근 기출복원문제

01 백색 경지방(硬脂肪)을 생산하는 사료는?

① 대두박 ② 야자박
③ 채종박 ④ 옥수수

해설
- 연지방(황색의 연한 지방) 형성 : 옥수수, 미강, 어분, 대두박, 아마인박, 땅콩박, 채종박, 비지, 두과 사일리지
- 경지방(백색의 단단한 지방) 형성 : 보리, 밀, 호밀, 밀기울, 쌀, 맥강, 야자박, 고구마, 감자, 전분박, 짚류, 완두, 순무

02 건초의 품질평가 항목이 아닌 것은?

① 녹색도 ② 유기산 함량
③ 수분함량 ④ 잎의 비율

해설
건초의 외관 품질평가
- 녹색도 : 연록 또는 자연 녹색
- 순도 : 식생비율, 잡초 혼입도
- 수분함량 : 15% 이하
- 잎의 비율 : 많을수록 좋다.
- 냄새 : 상큼한 풀 냄새
- 곰팡이 발생이 없을 것

03 옥시토신 분비와 관련이 없는 것은?

① 발정 ② 교미
③ 출산 ④ 수유

해설
발정에 관여하는 호르몬 : 에스트로젠, 황체형성호르몬, 난포자극호르몬 등이 있다.

04 다음 중 방석형 목초에 해당되는 것은?

① 티머시
② 오처드그라스
③ 켄터키블루그라스
④ 페레니얼라이그라스

해설
형태에 따른 작물 분류
- 주형 : 벼, 오처드그라스, 크림손클로버
- 방석형(포복형) : 켄터키블루그라스, 화이트클로버
- 상번초 : 오처드그라스, 티머시, 레드클로버
- 하번초 : 켄터키블루그라스, 화이트클로버, 페레니얼라이그라스

05 수컷의 생식기관에서 정자가 생성되는 곳은?

① 정소(고환)
② 정소상체(부고환)
③ 정관팽대부
④ 정낭샘

해설
정소는 동물의 생식세포인 정자를 생산하는 기관으로 고환이라고도 한다.

정답 1 ② 2 ② 3 ① 4 ③ 5 ①

06 초유는 일반 우유보다 일반적으로 모든 유성분 함량이 높은 편인데 다음 중 일반 우유보다 함량이 낮은 성분은?

① 유당 ② 고형분
③ 지방 ④ 단백질

> **해설**
> 초유는 정상적인 우유(상유)보다 카세인, 단백질, 각종 무기물, 지용성 비타민 등의 함량이 높고, 유당(lactose)과 칼슘(Ca)의 함량이 낮다.

07 돼지의 경제형질에 해당하지 않는 것은?

① 후퇴성
② 복당산자수
③ 사료효율
④ 등지방두께

> **해설**
> **돼지의 경제적 개량형질** : 복당산자수, 이유 시 체중, 이유 후 성장률, 사료효율, 도체의 품질(도체장, 배장근단면적, 도체율, 햄-로인 비율, 등지방두께, 근내지방도)

08 다음 중 사료용 옥수수의 추비 사용 적기는?

① 가을철 기온이 따뜻할 때
② 초장이 40~50cm 자라고 본엽이 6~7매 정도일 때
③ 초장이 10cm 정도 생육할 때
④ 겨울철에 비나 눈이 내리는 양이 많을 때

> **해설**
> **옥수수의 추비(웃거름)관리**
> 추비(웃거름)는 질소 시비량의 50%로 초장이 40~50cm 자라고 본엽이 6~7매, 즉 초고(草高)가 사람의 무릎높이 정도일 때 포기로부터 10~15cm 정도 떨어진 곳에 시용하고 흙으로 덮어 주는 것이 가장 효과적이다.

09 토양에 대한 적응력이 강하여 습한 토양, 건조한 토양에서도 잘 자라며, 특히 분뇨의 흡비력이 강하여 분뇨이용 증대에도 알맞으나 쉽게 굳어지는 특성 때문에 자주 예취하여야 하고 생초로 과도하게 급여할 경우 알칼로이드 문제를 일으키는 목초는?

① 오처드그라스(Orchardgrass)
② 톨페스큐(Tall fescue)
③ 리드카나리그라스(Reed canary grass)
④ 페레니얼라이그래스(Perennial ryegrass)

> **해설**
> 리드카나리그라스는 질소반응이 높고, 알칼로이드 독소를 함유하고 있다.

10 다음 중 익스트루전 공정(extrusion cooking)에 대한 설명으로 옳은 것은?

① 절단→사료의 사전 열처리→익스트루전→건조 및 냉각
② 건조 및 냉각→절단→사료의 사전 열처리→익스트루전
③ 익스트루전→절단→건조 및 냉각→사료의 사전 열처리
④ 사료의 사전 열처리→익스트루전→절단→건조 및 냉각

11 결핍이 되면 암컷에서는 불임이나 유산이 오며, 수컷에서는 고환이 퇴화하며 정자 활동이 활발하지 못하므로 불임의 원인이 되는 비타민은?

① 비타민 A
② 비타민 D
③ 비타민 E
④ 비타민 K

해설
비타민 E는 생식 건강에 중요한 역할을 한다. 결핍 시 생식기능 장애, 불임, 유산, 고환 퇴화 등의 문제가 발생할 수 있다.

12 작부조합을 위한 초종이나 품종 선택 시 고려하여야 할 사항이 아닌 것은?

① 수출가능성
② 품질의 우수성
③ 생산 비용과 노력
④ 건물 및 가소화영양소 수량

해설
사료작물의 작부체계 설정을 위한 작물 선택 시 고려사항
- 내병성이 강하고, 사료가치가 우수한 작물을 선택한다.
- 생산, 저장, 이용작업이 쉬운 작물을 선택한다.
- 생산비용이 적게 들고 수량이 높은 작물을 선택한다.
- 단위면적당 수량 및 가소화 영양소 총량(TDN)이 높은 작물을 선택한다.
- 연간 사료가치의 변화가 적고 안정적으로 공급이 가능한 사료작물을 선택한다.
- 보유기계, 사일로, 가축분뇨 등을 효율적으로 이용할 수 있는 초종 선택이 필요하다.
- 같은 초종이라도 품종에 따라 숙기가 다르므로 품종에 대한 정확한 인식과 선택이 중요하다.
- 작부체계 설정 시 지력유지, 생산량, 사료가치, 품질, 노동력, 수익성 등을 고려한다.

13 생육 특성상 여름형에 속하는 사료작물로만 짝지어진 것은?

① 수수, 수단그라스
② 밀, 보리
③ 티머시, 옥수수
④ 순무, 콩

해설
계절별 재배 사료작물
- 봄, 가을 단기기 사료작물 : 귀리, 유채 등
- 여름 사료작물 : 옥수수, 사료용 피, 수수류 등
- 겨울 사료작물 : 보리, 호밀, 이탈리안라이그래스 등

14 사료작물은 주로 방목이나 청예로 이용하고 있으며 이용목적에 따라 초형도 달리하는 것이 좋다. 그러면 다음 중 방목위주의 초지에 유리한 초형으로 짝지어진 것은?

① 다발형-상번초
② 방석형-하번초
③ 다발형-하번초
④ 방석형-상번초

해설
불경운 초지의 혼파조합은 경운 초지에 비하여 초종수·파종량·방석형 목초가 많으며, 월동에 강하고, 특히 하번초 위주의 초종으로 구성되어 있다.

정답 11 ③ 12 ① 13 ① 14 ②

15 다음 중 근류균을 이용하는 작물은?

① 톨페스큐
② 켄터키블루그래스
③ 오처드그라스
④ 알팔파

> **해설**
> 알팔파는 근류균과 공생하며 질소를 고정하는 능력이 뛰어나 고단백 사료작물로서 중요한 역할을 한다.

16 우리나라에서 두과 목초 중 알팔파를 처음 재배할 경우 부족하기 쉬운 미량성분은?

① 붕소
② 칼륨
③ 인산
④ 질소

> **해설**
> 우리나라는 토양의 산도가 높고 습도가 높아 알팔파를 처음 재배할 경우 산성토양의 교정이 필수적이며, 근류균의 접종 및 정착 초기 붕소의 시용이 필요하다.

17 건초 제조에 쓰이는 기계가 아닌 것은?

① 헤이 컨디셔너
② 테더
③ 베일러
④ 목초 절단기

> **해설**
> ① 헤이 컨디셔너(hay conditioner) : 예취 직후 목초의 자연건조율을 증진하기 위하여 압착을 가하는 기계이다.
> ② 테더(tedder) : 예취한 목초를 균일하게 건조하기 위해 뒤집는 (반전) 기계이다.
> ③ 베일러(baler) : 초지에 널려있는 집초열을 걷어 올린 후 압축하여 묶는 기계이다.

18 다음 중 미국의 동부지방이 원산지로, 모색이 갈색 또는 적색이며 3원교잡종을 생산하기 위해 수퇘지로 가장 많이 쓰이는 돼지의 품종은?

① 랜드레이스종
② 요크셔종
③ 버크셔종
④ 두록종

> **해설**
> **두록종**
> 미국 뉴저지주 원산으로 육질이 우수하여 우리나라에서 3원교잡종 생산을 위한 부돈(종모돈)으로 많이 이용된다.

19 다음 돼지의 품종 중 영국종이 아닌 것은?

① 웰시종
② 대요크셔종
③ 버크셔종
④ 햄프셔종

> **해설**
> **햄프셔종**
> 미국 원산으로 털색이 대부분 검은색이지만 검은 바탕의 어깨부터 앞다리에 걸쳐서 흰 띠가 있다.

20 돼지의 성장 촉진 특성상 가장 나중에 발달하는 조직은?

① 뼈 ② 근육
③ 지방 ④ 신경

해설
발육순서 : 신경 → 골격 → 근육 → 지방

21 1년에 3~4회 발생하고, 제1회 성충은 5월이나 6월경에 발생하는 해충으로 화본과 사료작물의 지상부에 큰 피해를 가하는 것은?

① 굼벵이 ② 송충이
③ 무당벌레 ④ 멸강나방

해설
멸강나방
우리나라에서는 초지 조성이 시작된 이래 가장 큰 피해를 주는 해충으로, 주로 조, 귀리, 밀, 옥수수, 벼, 화본과 목초 등에 해를 준다.

22 소의 급성열성 바이러스성 전염병으로 호흡촉박, 침 흘림, 안구충혈 증상이 나타나는 질병은?

① 유행열 ② 우결핵
③ 브루셀라 ④ 탄저

해설
소 유행열
흡혈곤충에 의해 전염되는 바이러스성 질병으로 고열, 호흡촉박, 변비, 안구 충혈 등의 증상이 있다.

23 근류균(뿌리혹박테리아)에 대한 설명 중 잘못된 것은?

① 산성토양에서 잘 자란다.
② 토양의 질소 공급원이 된다.
③ 콩과식물의 단백질 함량을 높인다.
④ 목초의 생산량을 높인다.

해설
① 근류균은 약알칼리성~중성토양에서 활발하게 활동한다.

24 사일리지용 옥수수에 대하여 바르게 설명한 것은?

① 단백질 함량이 높다.
② 집약적인 윤작체계에 적합하다.
③ 기계화에 어려움이 있다.
④ 에너지 함량이 적다.

해설
사일리지용 옥수수
- 단위 면적당 건물 및 양분수량이 높고 가소화 영양소 총량 또한 우수하다.
- 파종에서 수확에 이르기까지 기계화 작업이 가능하기에 노동력을 절약할 수 있다.
- 가축에 대한 기호성이 높으며 농후사료에 가까운 영양소를 가져 고능력우 사양에도 적합하다.

정답 20 ③ 21 ④ 22 ① 23 ① 24 ①

25 기계 착유 시 유두컵의 기실에 진공압과 대기압을 교대로 발생시키는 장치는?

① 집유 호스
② 맥동기
③ 진공펌프
④ 라이너

해설
맥동기는 유두컵의 기실에 진공압과 대기압을 교대로 발생시킨다.

26 사료작물의 작부체계 운영에 있어서 농업경영상 지켜야 할 조건으로 옳지 않은 것은?

① 농가 노동분배의 합리화
② 토양 비옥도의 지속적 유지
③ 위험분산과 사료작물 자급률 제고
④ 수량 우수성 작물의 지속적 재배

해설
한 작물의 지속적인 재배는 연작장해, 토양 비옥도 저하로 이어질 수 있다.

27 두과 목초의 식별에 쓰이는 식물 부위가 아닌 것은?

① 턱잎의 모양
② 엽설의 모양
③ 작은 잎자루 길이
④ 꼬투리 모양

해설
엽설은 화본과(벼과) 식물에서 볼 수 있는 특징으로, 잎몸과 잎집이 만나는 곳에 작은 막이나 털 형태로 달려있다.

28 돼지의 영양에서 비필수아미노산은?

① 발린
② 류신
③ 트레오닌
④ 알라닌

해설
필수아미노산 : 아르기닌, 라이신, 트립토판, 히스티딘, 페닐알라닌, 류신, 아이소류신, 트레오닌, 메티오닌, 발린

29 쇄토작업의 가장 중요한 의의는?

① 토양에 충분한 수분공급
② 목초의 균일한 발아와 정착
③ 목초의 사료적 가치 향상
④ 토양의 비옥도 증진

해설
쇄토(흙부수기)
경운한 토양의 큰 덩어리를 1~5mm 크기로 알맞게 분쇄하는 작업으로, 파종, 이식의 작업이 편해지고, 발아가 잘되어 생육도 좋아진다.

정답 25 ② 26 ④ 27 ② 28 ④ 29 ②

30 건초를 베는 시기가 늦어질수록 품질과 사료가치에 미치는 영향을 설명한 것으로 옳지 않은 것은?

① 잎의 손실 감소
② 단백질량의 감소
③ 소화하기 어려운 물질의 증가
④ 기호성의 저하

해설
건초 수확 시기가 늦어질수록 수분함량이 낮아져 잎이 탈락하는 비율이 높아진다.

31 다음 중 과도하게 섭취하면 중독을 일으킬 수 있는 광물질이 아닌 것은?

① 나트륨
② 몰리브덴
③ 구리
④ 셀레늄

해설
몰리브덴, 구리, 셀레늄, 붕소, 비소는 필수미량광물질이지만, 과량 섭취 시 독성을 나타낼 수 있다.

32 돼지에서 분만 후 발정재귀가 가장 많이 발생하는 시기는?

① 이유 후 4~7일
② 이유 후 10~14일
③ 이유 후 21일
④ 이유 후 28일

해설
발정재귀는 이유 후 3~7일에 나타나는데, 일반적으로 4~5일의 발정재귀일을 갖는 모돈이 많다.

33 사초식물의 꽃차례나 외부형태 및 세포학, 생화학, 생리학 등의 지식을 총동원하여 분류하는 방식은?

① 형태에 의한 분류
② 생존연한에 의한 분류
③ 이용형태에 의한 분류
④ 식물학적 분류

해설
사료작물의 분류
- 형태 : 눈으로 비교 및 식별하는 방법
- 생존연한 : 1년생, 월년생, 2년생, 다년생
- 이용형태 : 청예, 방목, 건초, 사일리지, 총체
- 식물학적 : 꽃차례나 외부형태 및 세포학, 생화학, 생리학 등의 지식을 총동원하여 분류

34 추위에 강하여 우리나라 중북부지방의 답리작으로 많이 재배되는 사료작물은?

① 오처드그라스
② 호밀
③ 이탈리안라이그래스
④ 귀리

해설
호밀은 내한성이 강할 뿐 아니라 심근성이므로 가뭄과 척박한 토양에서도 재배가 가능하다.

정답 30 ① 31 ① 32 ① 33 ④ 34 ②

35 북방형 목초는 여름철에 기온이 몇 도(℃) 이상일 때 하고현상이 나타나는가?

① 5℃ ② 10℃
③ 15℃ ④ 25℃

> **해설**
> 하고현상 : 25℃ 이상의 고온과 가뭄으로 목초의 생육이 중단되거나 말라죽는 현상

36 면실박을 급여한 산란계의 계란을 저장할 때 난백이 핑크색으로 변화되는 것은 어떤 물질 때문인가?

① 고시폴 ② 청산
③ 타닌 ④ 시나핀

> **해설**
> 면실박의 항영양인자인 고시폴(gossypol) 성분이 난백의 알부민 단백질과 만나면 난백을 분홍색~연한 주황색으로 변색시킨다.

37 돼지의 영구치 치식으로 옳은 것은?

① $\dfrac{3-1-4-3}{3-1-4-3} \times 2 = 44$

② $\dfrac{3-2-4-3}{3-2-4-3} \times 2 = 48$

③ $\dfrac{3-1-3-3}{3-1-3-3} \times 2 = 48$

④ $\dfrac{2-2-4-3}{2-2-4-3} \times 2 = 44$

> **해설**
> 돼지의 이빨은 3개월경에 젖니 28개, 18개월이 되면 44개의 영구치를 갖게 된다.

38 포유동물의 난자 형성과 난포 발육에 대한 설명으로 옳지 않은 것은?

① 난자는 황체와 동일한 곳의 난포벽에 위치한다.
② 난구세포는 난자를 둘러싸고 있으며 난자에게 영양분을 공급한다.
③ 난포에는 미성숙 난자가 존재하며 추후 성숙하면 배란된다.
④ 그라프난포는 배란 직전의 난포로 성숙한 난자가 들어있다.

> **해설**
> ① 배란된 난포의 자리에 황체가 형성된다.

39 답리작에 알맞은 사료작물의 특성으로 옳지 않은 것은?

① 내습성이 강해야 한다.
② 추위에 강해야 한다.
③ 다년생이어야 한다.
④ 청초가 부족한 이른 봄에 수량이 높아야 한다.

> **해설**
> ③ 다년생 작물은 다음 벼농사에 방해가 될 수 있어 답리작에 알맞지 않다.

정답 : 35 ④ 36 ① 37 ① 38 ① 39 ③

40 일반적으로 젖소를 방목할 때 가장 적합한 시기의 화본과 목초 초장은?

① 5~10cm ② 20~25cm
③ 35~40cm ④ 50~60cm

해설
기성초지의 방목 개시 적기(두 번째 이후)는 초장이 20~25cm 정도일 때이다.

41 결핍 시 다발성 신경염을 일으키는 비타민은?

① 비타민 B_{12} ② 비타민 B_6
③ 비타민 B_2 ④ 비타민 B_1

해설
④ 비타민 B_1 : 조류에서 다발성 신경염, 맥박수의 감소
① 비타민 B_{12} : 닭에서 부화율 저하, 병아리 다리에 이상
② 비타민 B_6 : 피부병 치료인자, 아미노산의 대사 관여
③ 비타민 B_2 : 다리마비, 성장률 감퇴, 피부 각질화

42 싹이 난 감자나 푸른색 감자를 가축에 급여 시 일어나는 식중독 증상의 원인 물질은 무엇인가?

① 아질산 ② 고시폴
③ 솔라닌 ④ 아민

해설
감자가 햇빛에 노출되어 녹색을 띠거나 싹이 나면 자연 독성분인 솔라닌(solanine)이 생겨 섭취 시 식욕상실, 발열, 신경쇠약, 신경 증상 같은 식중독 증상을 유발한다.

43 다음 중 소의 부분육 중 요각 근처 부위로 옳은 것은?

① 치마살 ② 갈비살
③ 채끝살 ④ 살치살

해설
요각(腰角)은 좌골(엉덩이뼈)의 가장 돌출된 끝부분을 말하며, 채끝살이 요각에 가장 가까운 채끝 부위에 해당한다.
① 치마살 : 양지
② 갈비살 : 갈비
④ 살치살 : 등심
※ 소고기 대분할 10개 부위

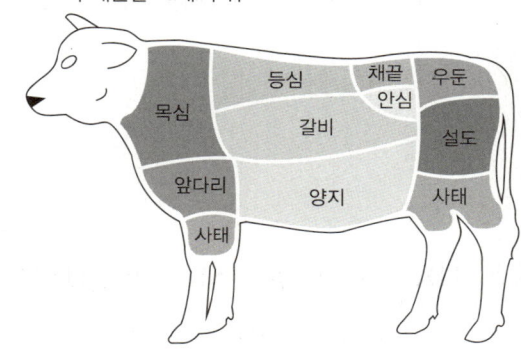

44 돼지의 검정을 체중 25kg일 때 시작하여 115kg일 때 종료하였다. 검정기간은 총 85일 소요되었으며, 이 기간 동안 사료 270kg이 급여되었을 때 이 돼지의 사료요구율은?

① 2.85 ② 3.00
③ 2.50 ④ 3.25

해설
사료요구율 = 사료급여량 / 증체량
= 270 / (115 - 25)
= 3.0

정답 40 ② 41 ④ 42 ③ 43 ③ 44 ②

45 한 배의 산자수가 10두 이상인 새끼돼지는 포유 중 빈혈증상을 보이는 경우가 많은데 이러한 빈혈을 예방하기 위해 사용되는 약품은?

① 칼슘 주사제
② 철분 주사제
③ 비타민 A 주사제
④ 비타민 D 주사제

해설
철분주사는 생후 3일 이내에 1차 주사(100mg/1두)하고, 생후 10~14일 이내에 2차 주사(100mg/1두)한다.

46 다음 중 섞어뿌리기 조합의 기본 원칙은?

① 섞어뿌리기는 많은 종을 섞어 복잡해야 한다.
② 조합 시 초종 간 서로 경합능력이 달라야 한다.
③ 파종량은 흩뿌림 때보다 적어야 한다.
④ 방목용 초지에서는 초종 간 기호성이 비슷해야 한다.

해설
④ 기호도가 다른 초종을 섞을 경우 가축이 선호하는 식물만 먹고 나머지는 남기게 되어 초지의 균형이 깨질 수 있다.

47 돼지의 평균 발정지속시간은?

① 약 21일   ② 약 3일
③ 약 14일   ④ 약 7일

해설
돼지의 발정주기는 평균 21일이고, 평균 발정지속시간은 후보돈의 경우 48시간, 경산돈 60시간 정도로 약 3일 정도이다.

48 사료작물을 청예(靑刈)로 급여할 경우 유리한 점은?

① 이용하는 데 노동력이 덜 든다.
② 이용적기가 빨라진다.
③ 각종 영양소를 풍부하게 공급할 수 있다.
④ 가축의 건강장애 유발을 막을 수 있다.

해설
예취 이용의 장단점

장점	• 방목에 비해 ha당 30~50% 가축을 더 사육할 수 있다. • 먼 거리 또는 분산되어 있는 초지이용에 적합하다. • 사일리지나 건초에 비해 영양가의 손실을 방지한다. • 저장급여에 비하여 시설투자비용이 절감된다. • 영양손실이 가장 적어 단위면적당 많은 사초를 가축에게 급여할 수 있다. • 방목에서 생기는 제상과 유린을 방지할 수 있다. • 사일리지나 건초제조의 노력과 비용이 절약된다.
단점	• 청초를 베고 옮기는 데 비용이 소요된다. • 봄철에는 방목보다 2주 정도 이용이 늦다. • 연간생산량이 불균형하다(조절 필요). • 사사(舍飼) 시 생산된 분뇨를 처리해야 한다. • 고창증, 과식을 유발할 수 있고, 독초, 기타 이물질 등이 급여될 수 있다.

49 비유 중의 소가 흥분하거나 통증을 느낄 때 혈중에 방출되어 유즙의 분비를 방해하는 호르몬은?

① 옥시토신   ② 프로락틴
③ 에스트로겐   ④ 에피네프린

해설
① 옥시토신 : 모성행동 유기, 유즙 분비, 자궁수축
② 프로락틴 : 유즙 분비
③ 에스트로겐 : 난포 성숙, 2차 성징

50 주요 목초의 생육에 적합한 토양 산도는?

① pH 4.5~5.5
② pH 5.5~6.5
③ pH 7.5~8.0
④ pH 8.0~9.0

해설
목초의 생육에 적합한 토양산도는 대부분 pH 5.5~7.0의 범위이다.

51 돼지 개량 시 중요하게 고려되는 경제형질이 아닌 것은?

① 산자수
② 사료효율
③ 육색
④ 도체율

해설
육색은 육질등급을 판정하는 기준이다.

52 목초의 자연건조법에 대한 설명으로 옳지 않은 것은?

① 양건법이라고도 한다.
② 땅 위에 얇게 펴서 말린다.
③ 3~4일간 말린다.
④ 태양건조 시 비타민 D가 파괴된다.

해설
④ 목초를 예취해서 햇볕에 적당히 잘 말리면 비타민 D 함량이 더 높아질 수 있다.

53 목초류의 풋베기에서 몇 cm 이상 그루를 남겨두는 것이 좋은가?

① 25~30cm
② 15~20cm
③ 5~10cm
④ 35~40cm

해설
너무 낮게 예취하면 재생이 늦어지고 죽어 없어지는 개체가 발생하므로 5cm 이하로 예취하지 않는 것이 좋다.

54 다음 중 가축은 감염되지만, 사람은 감염되지 않는 질병은?

① 폐렴
② 탄저
③ 구제역
④ 결핵

해설
③ 구제역은 소, 돼지, 양, 염소, 사슴 등 발굽이 둘로 갈라진 동물(우제류)에서 발생하는 바이러스성 법정전염병이다.
①·②·④ 폐렴, 탄저, 결핵은 인수공통감염병이다.

55 건초의 품질평가에 있어 양질의 건초에 대한 설명으로 옳지 않은 것은?

① 혐기성 병원균이 발생해야 한다.
② 수분함량은 15% 이하이다.
③ 이물질이 많이 혼입되지 않아야 한다.
④ 단백질 함량이 많을수록 좋다.

해설
① 건초는 물리적으로 건조시켜 수분함량을 15% 이하로 낮춘 형태로, 혐기성 병원균은 사일리지의 제조 과정에서 나타난다.

정답 50 ② 51 ③ 52 ④ 53 ③ 54 ③ 55 ①

56 반추동물의 위 중 소화효소가 분비되어 실질적인 소화작용이 일어나는 부위는?

① 반추위　　② 벌집위
③ 겹주름위　④ 주름위

해설
반추동물의 위
- 반추위(제1위, 혹위), 벌집위(제2위) : 반추활동, 휘발성 지방산 생산, 미생물 활동
- 겹주름위(제3위) : 수분흡수
- 주름위(제4위) : 위산, 펩신과 같은 소화효소 분비

57 건유는 유선세포의 휴식과 태아발육을 도와 건강한 송아지 생산 및 산유량을 증가시키기 위해서인데 보통 건유기간으로 적당한 것은?

① 20~30일　② 31~41일
③ 50~60일　④ 80~90일

해설
최대산유량을 얻기 위한 가장 적절한 건유기간은 50~60일이다.

58 치사유전자에 의해 나타나는 질병은?

① 거위걸음　② 항문폐쇄
③ 헤르니아　④ 탈모증

해설
항문폐쇄는 유전적 이상으로 인해 발생하는 질병으로, 항문이 완전히 형성되지 않아 배변이 불가능한 상태이다.

59 산유량은 6,000kg 정도로 많으나 평균유지율은 3.4% 정도로 비교적 낮은 젖소의 품종은?

① 홀스타인종　② 저지종
③ 건지종　　　④ 샤롤레종

해설
홀스타인
원산지는 네덜란드와 북부 독일이다. 체모는 검고 희거나 붉고 흰 반점으로 되어 있으며 온대지방에서 많이 사육한다.

60 경사지 경운 시 트랙터를 이용할 수 있는 가장 알맞은 경사도는?

① 15° 이하　② 20°
③ 25°　　　④ 30° 이상

해설
일반적으로 경사도가 15° 이상이 되면 트랙터의 전도 위험이 크게 증가하므로 트랙터를 이용한 경운 작업은 15° 이하의 경사도에서 수행하는 것이 적합하다.

PART 03

실 기
(작업형)

CHAPTER 01 실기(작업형)

핵심이론 01 체형 측정

(1) 돼지의 체형 측정

① 돼지의 외부명칭

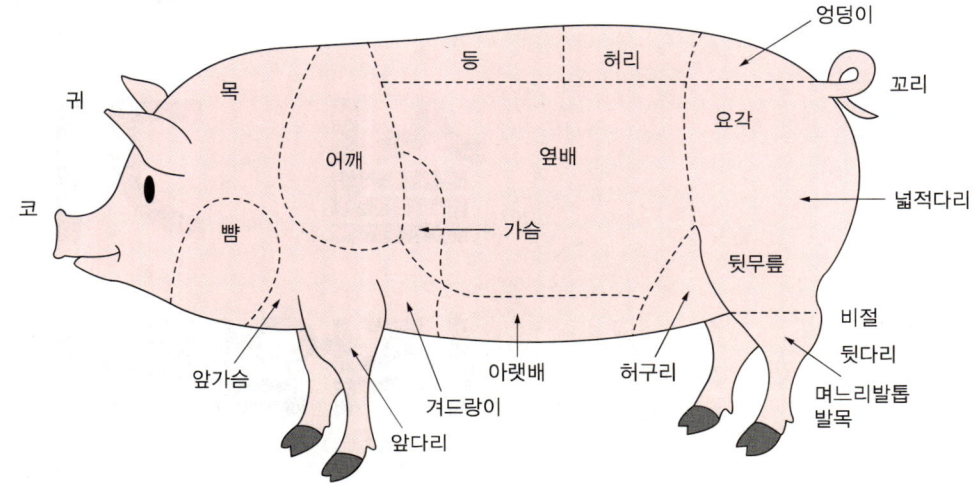

② 돼지의 체형 측정

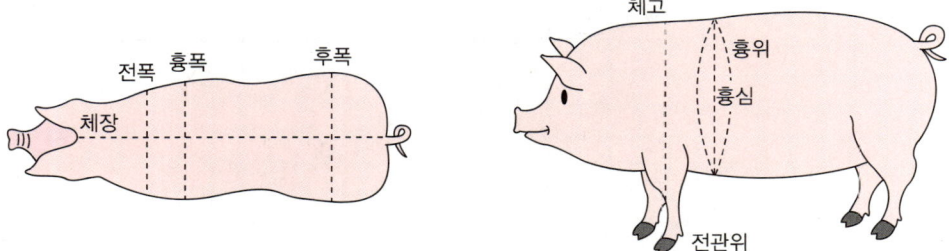

㉠ 체장 : 양 귀 사이의 중앙에서 체상선을 따라 미근까지의 길이
㉡ 전폭 : 전구의 가장 넓은 부위의 폭
㉢ 흉폭 : 앞다리 바로 뒷부분 가슴의 폭
㉣ 후폭 : 후구의 제일 넓은 부위의 폭
㉤ 체고 : 어깨 상단에서 바닥까지의 직선거리
㉥ 흉위 : 앞다리 바로 뒤의 몸 둘레 길이
㉦ 흉심 : 앞다리 바로 뒷부분의 가슴 깊이
㉧ 전관위 : 왼쪽 앞다리의 가장 가는 부분의 둘레 길이

③ 돼지의 철분주사 및 예방 접종
　㉠ 주사시기 및 주사량
　　• 1차 : 생후 1~3일(100mg/1mL)
　　• 2차 : 생후 10~14일(100mg/1mL)
　㉡ 새끼돼지의 뒷다리를 잡고 주사 부위(대퇴부, 목)를 소독한다.
　㉢ 철분제를 주사기로 뽑아(1회용 주사기 사용 권장) 주사기를 거꾸로 들어 공기를 뺀다.
　㉣ 대퇴부나 목 부위 근육에 주사하고, 주사 부위를 지압하여 주사액이 나오는 것 방지한다.
　㉤ 완료된 것은 색깔있는 마커로 표시한다.
　※ 예방 접종의 경우, 접종 부위인 엉덩이, 귀 뒷부분 또는 사타구니를 70% 알코올로 소독한다.
　　돼지 1마리당 1mL를 피하에 주사한다. 큰 돼지는 귀 뒤에 피하 주사, 새끼돼지는 뒷다리 안쪽, 중돼지는 꼬리를 들고 뒷다리가 땅에서 떨어지면 귀 뒤에 주사한다.

(2) 소의 체형 측정
① 소의 외부명칭

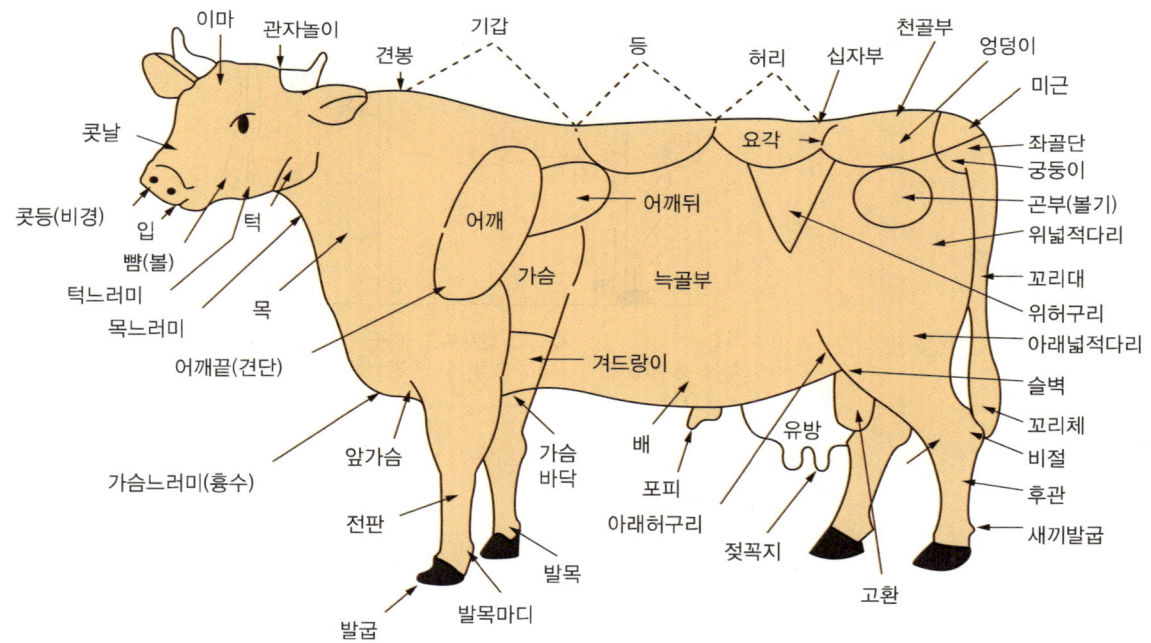

② 소의 체형 측정
  ㉠ 실습 재료 : 소, 체척계, 골반계, 줄자, 필기도구
  ㉡ 실습 방법 및 순서
    • 측정 장소는 평탄한 지면(수평인 콘크리트 바닥이 좋음)을 이용한다. 그렇지 않으면 측정 결과가 달라져서 정확한 측정값을 얻을 수 없다.
    • 체형을 측정할 때에는 소가 움직이지 못하게 하고, 자세는 네 다리를 바로 세우며, 머리는 자연 상태, 즉 수평이 되게 하고, 머리의 방향은 앞을 바라보게 한다.
    • 일반적으로 소의 오른쪽에서 측정한다.
    • 측정은 신속, 정확해야 하며, 같은 부위를 2회씩 측정하여 평균값을 얻는다.
    • 측정 중에는 소가 놀라지 않도록 조심해야 하며, 특히 금속 기구의 소리나 반사 광선 등에 유의한다.
    • 일반 심사를 할 때에는 11개 부위를 측정한다.

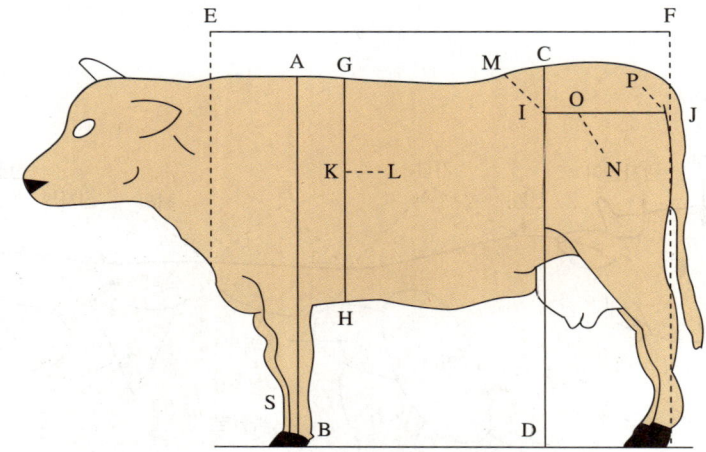

A-B : 체고   C-D : 십자부고   E-F : 체장(수평체장)
G-H : 흉심, 흉위(둘레)   I-J : 고장   S : 전관위

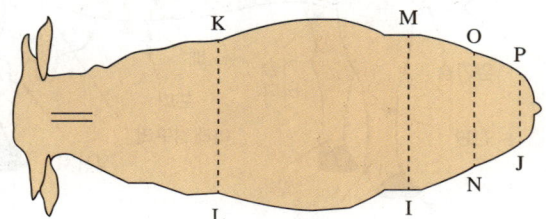

K-L : 흉폭   M-I : 요각폭   O-N : 곤폭   P-J : 좌골폭

핵심이론 02 생산물의 신선도 판정

(1) 젖소 착유 전 관리

① 일반 관리

　㉠ 개체 확인

　㉡ 항생제 투약, 건유 예정우, 유방염 감염우 등을 확인한다.

　㉢ 유방에 털이 길게 자란 소는 깎아준다.

　㉣ 유두 침지

　㉤ 유방과 유두 세척(온수)

　㉥ 마른 헝겊이나 종이로 수분을 제거한다.

　㉦ 착유기의 작동 상태를 점검한다.

② CMT 검사

　㉠ 각 유두별로 2~3회 손착유 하여 별도의 용기에 담고 CMT 검사를 한다.

　㉡ 시약과 우유는 1 : 1의 비율로 섞어 고체의 알갱이가 생기면 감염, 변화가 없으면 정상으로 판정한다.

　㉢ 검사 방법 및 순서

(a) 분방별로 2mL 정도의 유즙을 채취한다.

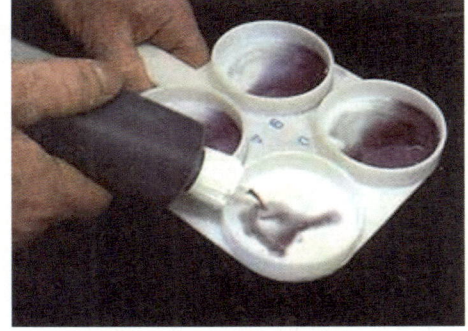

(b) CMT 용액을 2mL 정도 넣는다.

(c) 수평을 유지하면서 원으로 흔든다.

(d) 반응상태를 확인한다.

(2) 우유의 비중 측정

① 실습 목표 : 우유의 가수(加水)여부를 확인한다(물이나 다른 물질 첨가 여부를 위해).
② 실습 재료 : 우유, 메스 실린더, 우유용 비중계(우유도), 온도계
③ 방법 및 순서

　㉠ 우유를 메스 실린더 벽면을 따라 붓는다(기포 생성 방지).
　㉡ 온도계를 넣어 약 30초간 방치 후 온도를 읽고 기록한다.
　㉢ 비중계를 메스 실린더 벽면에 닿지 않도록 주의하여 천천히 넣고, 상하운동이 정지하면 눈금을 읽는다.

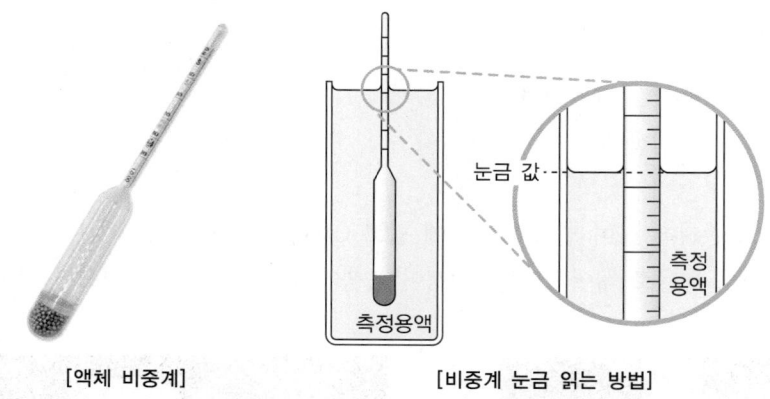

[액체 비중계]　　　[비중계 눈금 읽는 방법]

　㉣ 우유 비중을 15℃로 보정한 후 1.0을 붙인다.

$$※\ 보정\ 비중 = \frac{1 + [비중계\ 눈금\ 값 + (온도 - 15) \times 0.2]}{1,000}$$

　㉤ 판정
　　• 정상 우유 : 1.028 ~ 1.034
　　• 평균 비중 : 1.032(홀스타인 젖소)

(3) 우유의 알코올 검사

① 실습 목표 : 우유의 신선도를 판정할 수 있다.
② 실습 재료 : 우유, 시험관, 피펫, 70% 알코올
③ 방법 및 순서

　㉠ 우유 2mL를 피펫을 사용하여 취한 후 시험관에 넣는다.
　㉡ 70% 에탄올 2mL를 피펫으로 취하여 ㉠의 시험관에 넣는다.
　㉢ 유리 막대로 5초 이내에 신속히 혼합하여 응고물 생성 여부를 관찰한다.
　㉣ 관찰 결과 응고물이 생성되면 산패된 우유로 판정한다.

(4) 우유의 적정 산도(pH) 측정
① 실습 재료 및 기구 : 뷰렛, 시험관, 우유국자, 우유용 피펫, 비커, 유리막대, 지시약용 피펫, 원유, 수산화나트륨(NaOH) 100mL, 지시약(1% 페놀프탈레인 용액) 5mL
② 방법 및 순서
　㉠ 비커에 우유 17.4mL를 넣고 지시약을 2~3방울 섞는다.
　　　17.4mL × 1.032 = 17.96g = 약 18g
　㉡ NaOH를 뷰렛에 넣고 눈금을 읽는다.
　㉢ 우유를 유리막대로 섞으면서 알칼리 용액을 넣으며 색의 변화를 관찰한다.
　㉣ 분홍색이 나타나고 30초 동안 변하지 않는 때를 기준으로 한다.
　㉤ 수산화나트륨 용액의 사용량을 확인한다.
　㉥ 산도를 계산한다.

$$※\ 산도 = \frac{(0.1N-NaOH) \times 0.009}{우유량 \times 우유의\ 비중} \times 100 = \frac{알칼리\ 소비량(mL) \times 0.9}{우유의\ 무게(g)}$$

핵심이론 03 도면의 정자 수 측정

① 실습 방법 및 순서

㉠ 혈구 계산판을 증류수로 씻고 휴지로 물기를 닦는다.

㉡ 혈구 계산판 위에 커버글라스를 덮는다.

㉢ 희석배율에 맞춰 희석액량과 원정액량을 계산하여 시험관에 3% 생리식염수와 원정액을 넣는다.

㉣ 시험관 마개를 덮고 희석액과 정액이 잘 혼합되도록 2~3분간 흔들어 준다.

㉤ 100P 피펫에 팁을 끼우고 희석정액을 취한 후 혈구 계산판 H자 홈 부분에 정액을 주입한다(두 팔꿈치를 모두 실험대에 대거나 왼손으로 피펫대에 대고 사용한다).

㉥ 혈구 계산판을 재물대에 올려놓고 현미경을 100배로 조절한다.

㉦ 조동나사를 시계방향으로 돌려 혈구 계산판을 대물렌즈에 가깝게 접근시킨 후 천천히 내리면서 검경한다.

㉧ 현미경을 400배로 조절하고 미동나사를 조절하여 정자가 선명하게 보이도록 한다.

② 정자 수 계산

㉠ 혈구 계산판 내 정자 수 측정 부위

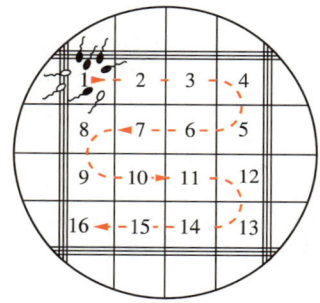

㉡ 혈구 계산판 확대도

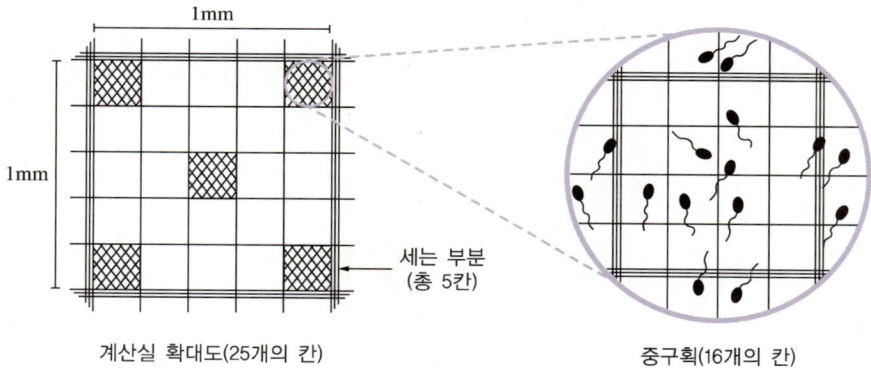

③ 정자 수 세기(예시)

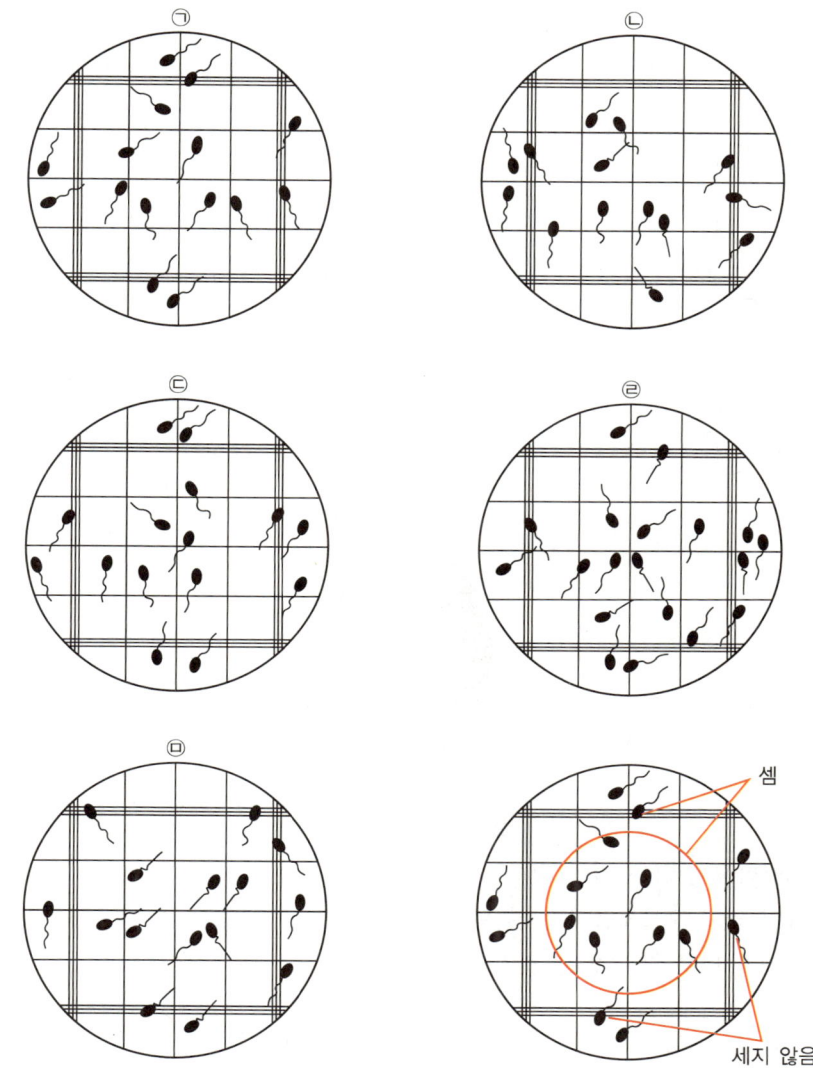

구분	㉠+㉡+㉢+㉣+㉤	계
좌상경계	8 + 8 + 7 + 10 + 9	42
좌하경계	+ + + +	40
우상경계	+ + + +	45
우하경계	+ + + +	43

④ 계산식 및 답안 작성(예시)

구분	계산식	답	채점란
도면 A	좌상경계, 8 + 8 + 7 + 10 + 9	42 마리	
도면 B	좌상경계,	마리	
도면 C	좌상경계,	마리	

핵심이론 04 생산물의 등급 구분

(1) 종란의 선별

① 기준

ㄱ) 신선한 것 : 산란 후 1주일 이내인 것

ㄴ) 표준형인 것
- 무게가 55~60g인 것
- 지나치게 길거나 둥글지 않은 것

※ 달걀의 등급

소란	중란	대란	특란	왕란
44g 미만	44g 이상~52g 미만	22g 이상~60g 미만	60g 이상~68g 미만	68g 이상

ㄷ) 외관이 좋은 것

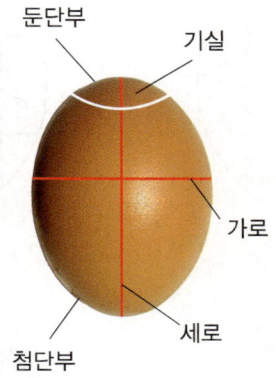

- 알껍데기가 깨끗하고 실금이 없는 것
- 알껍데기에 흠이 없고 오톨도톨하지 않은 것
- 알껍데기의 두께가 너무 얇지 않은 것(0.25~0.35mm)

ㄹ) 품질이 좋은 것
- 기실이 제자리에 있는 것
- 혈반이나 육반이 없는 것
- 그 밖의 이물질이 없는 것
- 노른자가 1개인 것
- 알의 내용물이 흔들리지 않는 것

② 선별
　㉠ 모양에 의한 선별 : 난형지수가 72보다 작으면 종란이 너무 길고 76보다 크면 너무 둥글다(정상란 세로 : 가로 = 4 : 3).

　　※ 난형지수 = $\dfrac{\text{종란 가로길이}}{\text{종란 세로길이}} \times 100$

　㉡ 종란의 검사는 어두운 곳에서 검란기를 사용한다.

③ 저장
　㉠ 깨끗하고 바람이 통하는 곳
　㉡ 온도 : 10~13℃
　㉢ 습도 : 70~80%
　㉣ 저장하는 동안에는 매일 1~2회 전란(알굴리기)을 한다.

(2) 수정률과 부화율 계산

① 수정률과 부화율

　㉠ 수정률 = $\dfrac{\text{총입란 수} - \text{무정란 수}}{\text{총입란 수}} \times 100$

　㉡ 부화율(입란대비) = $\dfrac{\text{병아리 발생 수}}{\text{총입란 수}} \times 100$

　㉢ 부화율(수정대비) = $\dfrac{\text{병아리 발생 수}}{\text{총입란 수} - \text{무정란 수}} \times 100$

② 산출 방법

입란수	1차 검란			2차 검란		3차 검란		발생	
	무정란	중지란	발육란	중지란	발육란	중지란	발육란	사롱란	병아리
800	80	10	710	20	690	20	670	10	660

　㉠ 수정률 = $\dfrac{800 - 80}{800} \times 100$

　㉡ 부화율(입란대비) = $\dfrac{660}{800} \times 100$

　㉢ 부화율(수정대비) = $\dfrac{660}{800 - 80} \times 100$

(3) 부화기 조작 및 4대 요소

① 실습 방법 및 순서

　㉠ 난좌를 작업대 위에 비스듬히 놓고, 아랫부분부터 넣는다.

　㉡ 종란의 둔단부가 위로 향하게 하여 45~60°로 세워 넣는다.

　㉢ 종란이 움직이지 않도록 채워 넣되, 알과 알이 서로 부딪쳐 깨지지 않도록 조심한다.

　㉣ 종란이 난좌에 완전히 차지 않을 경우 칸막이 막대로 가로막고, 공간은 신문지 등으로 채워서 사이를 없앤다.

　㉤ 정란을 끝낸 난좌는 부화기에 넣기 전에 입란 일자, 입란수, 품종 또는 계통명을 기입한다 (종란을 먼 곳에서 운반했을 때에는 10시간 정도 바람이 잘 통하는 곳에 두었다가 입란).

　㉥ 부화 온도, 습도 및 환기 조절
　　• 온도는 발육실 38.7℃, 발생실 36.5~37℃
　　• 습도는 부화 18일까지 60%, 18일 이후에는 75%로 조절
　　• 환기는 산소 21%, 이산화탄소 0.5% 미만(환기 구멍을 조절)

　㉦ 전란을 1일 6~8회씩 실시한다.
　　• 목적 : 부화 초기에 배자가 난각막에 부착되는 것 방지, 후기에는 노른자와 요막이 서로 붙는 것을 막아 배자가 죽는 것 방지
　　• 입체 부화기 전란 각도 : 상하 또는 좌우 90° 각도

　㉧ 부화 기간 중 1일 4~5회 정도로 온도, 습도 및 환기 구멍의 개폐 상태를 점검하여 기록한다.

(4) 소독제 선택 및 소독약 처리

① 청소한 부화기에 청결한 달걀을 입란한다.

② 부화기 내에 질그릇이나 유리그릇을 들여 놓은 다음, 과망가니즈산칼륨을 먼저 넣고 포르말린을 혼합하되, $1m^3$당 과망간산칼륨 6~7g과 포르말린 12~14mL를 혼합한다.

③ 두 약품을 혼합하고 수 초 지나면 서로 반응하여 가스가 발생하기 때문에 속히 부화기의 문을 닫고 접착용 종이를 사용하여 밀폐한다.

④ 그 다음 10분 후에 부화기의 문을 열고 환기한 다음에 부화를 시작한다.

(5) 황색 색소의 퇴색 및 착색 상태에 의한 감별

① 퇴색 순서는 항문 주위, 눈 주위, 귓불, 부리, 정강이이며, 착색 순서도 이와 같다.

② 부리의 황색 색소의 퇴색과 착색은 부리의 기부로부터 시작되므로 황색 색소가 퇴색되면 다산계이고, 황색이면 과산계이다.

핵심이론 05 사료 감별

(1) 사료

[가루사료(산란계 사료) 굵은 입자의 석회석 함유] [가루사료(육성돈 사료) 당밀이나 지방사료 첨가] [크럼블(육계 전기사료)]

[익스투루전(어류, 개사료)] [펠렛(비유 중인 젖소) 다량의 당밀 첨가] [옥수수 글루텐]

[혈분] [어분] [인산칼슘]

[석회석] [소맥피] [미강]

(2) 발아율 및 발아세 계산

① 실험 결과

종류	치상일 수	1	2	3	4	5	6	7	8	9	10
알팔파	발아종자 수	0	8	17	53	12	4	2	1	0	1

② 산출 방법

㉠ 발아율(%) = $\dfrac{\text{발아한 종자 수}}{\text{사용된 종자 수}} \times 100$

= $\dfrac{0+8+17+53+12+4+2+1+0+1}{100} \times 100 = 98\%$

㉡ 발아세(%) = $\dfrac{\text{예정 일수 수 내에 발아한 종자 수}}{\text{사용된 종자 수}} \times 100$

= $\dfrac{0+8+17+53}{100} \times 100 = 78\%$

(3) 사일리지의 수분 측정

① 사일리지를 손으로 한웅큼 집어 20~30초간 꽉 잡았을 때 손가락 사이로 흘러나오는 수분의 정도를 확인한다.
② 손가락 사이로 물이 흐르거나 사일리지가 뭉쳐 있으면 수분의 함량은 70% 이상이다.

※ 적당한 수분은 물기가 흐르지 않고 주먹을 폈을 때 서서히 모양이 흐트러지는 상태이다.

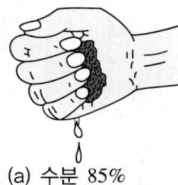 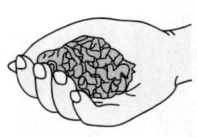 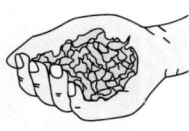 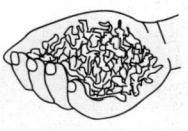

(a) 수분 85%   (b) 수분 70~80%   (c) 수분 65~70%   (d) 수분 65% 이하

③ 수분이 너무 많으면 적당히 말리거나 재료를 추가한다(볏짚, 건초, 밀기울, 보릿겨 등).
④ 수분이 너무 적으면 물을 넣거나 소금을 추가한다.

핵심이론 06 차단방역과 매몰

① 차단방역
- ㉠ 1단계(농장 입구)
  - 차량 : 모든 차량 소독 후 출입 허용
  - 사람
    - 방역복, 덧신, 장갑 착용 확인
    - 철저한 소독 조치 후 출입 허용
- ㉡ 2단계(농장 내 통로 및 시설 주변)
  - 농장 입구에서부터 축사까지의 농장로 출하대, 분뇨처리장, 사료 저장 시설
  - 물을 뿌리고 생석회를 살포
- ㉢ 3단계(축사 입구)
  - 방역에 가장 중요한 장소
  - 가급적 외부인 출입 금지
  - 방역복과 장화를 갈아 신고 출입
  - 출입자의 손과 기구 및 장비 소독

② 매몰
- ㉠ 준비 : 매몰 장소는 수원지, 하천, 도로 및 주민이 집단적으로 거주하는 지역이 인접하지 아니한 곳으로서 사람이나 가축의 접근을 제한할 수 있는 곳으로 한다.
- ㉡ 매몰
  - 매몰 구덩이는 사체를 넣은 후 당해 사체의 상부부터 지표까지의 거리가 2m 이상 되도록 한다.
  - 구덩이의 바닥과 벽에는 비닐을 깐다.
  - 구덩이의 바닥에는 비닐로부터 적당한 양의 흙을 넣은 후 생석회를 살포한다.
  - 사체를 넣고 다시 생석회를 살포한 후 지표면까지 복토하고 지표면에서 1.5m 이상 성토한다.
  - 매몰지 주변에 배수로 및 저류조를 설치하고 배수로는 저류조와 연결되도록 하는데 우천 시 빗물이 배수로에 유입되지 않도록 둔덕을 쌓는다.

실패하는 게 두려운 게 아니라 노력하지 않는 게 두렵다.

– 마이클 조던 –

우리 인생의 가장 큰 영광은 결코 넘어지지 않는 데 있는 것이 아니라
넘어질 때마다 일어서는 데 있다.

- 넬슨 만델라 -

참 / 고 / 문 / 헌

- 교육부(2018). NCS 학습모듈(가금사육). 한국직업능력개발원.
- 교육부(2018). NCS 학습모듈(돼지사육). 한국직업능력개발원.
- 교육부(2018). NCS 학습모듈(젖소사육). 한국직업능력개발원.
- 교육부(2018). NCS 학습모듈(축산). 한국직업능력개발원.
- 교육부(2018). NCS 학습모듈(한우사육). 한국직업능력개발원.
- 국립농업과학원(2018). 농업기술길잡이 99 축산기계. 농촌진흥청.
- 국립축산과학원 초지사료과(2022). 농업기술길잡이 91 조사료. 농촌진흥청.
- 국립축산과학원 가축유전자원센터(2022). 농업기술길잡이 148 가축인공수정과 수정란 이식. 농촌진흥청.
- 국립축산과학원 가축질병방역과(2022). 농업기술길잡이 132 가축위생과 질병(소). 농촌진흥청.
- 심영근 외(1993). 최신농업경영학개론. (재)농림수산정보센터.
- 이장희(2023). 가축인공수정사 필기+실기 한권으로 끝내기. 시대고시기획.
- 최광희(2022). 축산기사산업기사 필기 한권으로 끝내기. 시대고시기획.

참 / 고 / 사 / 이 / 트

- 국립축산과학원 축사로 https://chuksaro.nias.go.kr
- 국립축산과학원 축산기술정보 http://www.nias.go.kr
- 국립축산과학원 축종별품종해설 https://nias.go.kr/lsbreeds

Win-Q 축산기능사 필기+실기

개정2판1쇄 발행	2026년 01월 05일 (인쇄 2025년 10월 24일)
초 판 발 행	2023년 10월 05일 (인쇄 2023년 06월 28일)
발 행 인	박영일
책 임 편 집	이해욱
편 저	윤예은
편 집 진 행	윤진영, 장윤경
표지디자인	권은경, 길전홍선
편집디자인	정경일, 심혜림
발 행 처	(주)시대고시기획
출 판 등 록	제10-1521호
주 소	서울시 마포구 큰우물로 75 [도화동 538 성지 B/D] 9F
전 화	1600-3600
팩 스	02-701-8823
홈 페 이 지	www.sdedu.co.kr
I S B N	979-11-434-0178-6(13520)
정 가	25,000원

※ 저자와의 협의에 의해 인지를 생략합니다.
※ 이 책은 저작권법의 보호를 받는 저작물이므로 동영상 제작 및 무단전재와 배포를 금합니다.
※ 잘못된 책은 구입하신 서점에서 바꾸어 드립니다.

기능사 / 기사·산업기사 / 기능장 / 기술사

단기합격을 위한 완전 학습서

Win-Q 윙크시리즈
WIN QUALIFICATION

Win-Q
승강기기능사
필기+실기

Win-Q
전기기능사
필기

Win-Q
피복아크용접기능사
필기

Win-Q
컴퓨터응용선반·밀링기능사
필기

Win-Q
설비보전기능사
필기+실기

Win-Q
자동화설비기능사
필기

Win-Q
전산응용기계제도기능사
필기

Win-Q
화학분석기능사
필기+실기

자격증 취득에 승리할 수 있도록 **Win-Q시리즈**가 완벽하게 준비하였습니다.

Win-Q
위험물기능사
필기

Win-Q
환경기능사
필기+실기

Win-Q
화훼장식기능사
필기

Win-Q
원예기능사
필기+실기

Win-Q
공조냉동기계산업기사
필기

Win-Q
화학분석기사
필기

Win-Q
위험물산업기사
필기

Win-Q
소방설비기사[전기편]
필기

Win-Q
설비보전산업기사
필기+실기

Win-Q
가스산업기사
필기

Win-Q
에너지관리기사
필기

Win-Q
실내건축산업기사
필기

※ 도서의 이미지 및 구성은 변경될 수 있습니다.

합격을 앞당기는 시대에듀의

축산분야 시리즈

시대에듀

현 축산물품질평가원
축산마케터 감수!

식육처리기능사
한권으로 끝내기

- 필기 핵심요약 및 실기 컬러사진 수록
- 12개년 기출복원문제로 최종 마무리
- 4×6배판 / 28,000원

국가공인 경매사 합격을 위한
초단기 공략 기법!

농·축·수산물 경매사
한권으로 끝내기

- 과목별 핵심이론+적중예상문제 구성
- 최신 개정법령 완벽 반영
- 4×6배판 / 40,000원

NCS 기반
최신 출제기준 반영!

Win-Q 축산기능사
필기+실기 단기합격

- 필수 핵심이론 및 최근 기출복원문제 수록
- 실기(작업형) 올컬러 수록
- 별판 / 25,000원

학점은행 기사 20학점,
산업기사 16학점 인정!

축산기사·산업기사
필기 한권으로 끝내기

- 최신 출제기준 완벽 반영
- 핵심이론+적중예상문제+
  기출복원문제 구성
- 4×6배판 / 36,000원

현 농업고등학교 교사가 집필한
완전 학습서!

축산기사·산업기사
실기 한권으로 끝내기

- 핵심만 담은 과목별 핵심이론
- 적중예상문제와 기출복원문제로
  최종 마무리
- 4×6배판 / 28,000원

※ 도서의 구성 및 이미지와 가격은 변경될 수 있습니다.